"十二五"职业教育国家规划教材
经全国职业教育教材审定委员会审定

供高等职业教育药学类、中医药类、护理类、食品药品管理类、医学技术类、药品制造类、康复治疗类等相关专业使用

生物化学

（第五版）

主　编　黄　纯　马永超
副主编　严永旺　罗小莉　莫小卫
李肖晓　王辅明　沈红元
编　者（按姓氏汉语拼音排序）
程红娜（漯河医学高等专科学校）
程艳菊（正大天晴药业集团股份有限公司）
杜　江（合肥职业技术学院）
付凤洋（重庆医药高等专科学校）
洪宏海（广州医科大学附属第三医院）
黄　纯（中国药科大学）
李肖晓（山东医学高等专科学校）
罗小莉（雅安职业技术学院）
马永超（漯河医学高等专科学校）
莫小卫（梧州职业学院）
沈红元（湖北职业技术学院）
王辅明（聊城职业技术学院）
魏碧娜（福建卫生职业技术学院）
严永旺（长沙卫生职业学院）
虞菊萍（中国药科大学）
郑　敏（江西医学高等专科学校）

科学出版社

北　京

内 容 简 介

本教材为“十二五”职业教育国家规划教材之一，分为 3 篇：第 1 篇为生命的化学基础，重点介绍生物分子的结构、功能、理化性质以及常用的制备技术；第 2 篇为物质代谢和能量转换的生化过程，重点介绍生物分子在体内的代谢过程及伴随物质代谢而进行的能量转换；第 3 篇为生物化学实践技能训练，由 6 个基本技能训练项目和 4 个综合技能培养项目构成课程的实践应用体系。

本教材有较强的实用性和针对性，并尽可能体现科学性和先进性，特别适合作为药学类、中医药类、护理类、食品药品管理类、医学技术类、药品制造类、康复治疗类等相关专业使用。

图书在版编目（CIP）数据

生物化学 / 黄纯，马永超主编．-- 5版．-- 北京 ：科学出版社，2025. 1. --（“十二五”职业教育国家规划教材）. -- ISBN 978-7-03-081156-1

Ⅰ. Q5

中国国家版本馆 CIP 数据核字第 20251PM231 号

责任编辑：丁海燕 / 责任校对：周思梦

责任印制：师艳茹 / 封面设计：涿州锦晖

科学出版社 出版

北京东黄城根北街16号

邮政编码：100717

http://www.sciencep.com

天津市新科印刷有限公司印刷

科学出版社发行　各地新华书店经销

*

2004年9月第　一　版　开本：850×1168　1/16

2025年1月第　五　版　印张：13 1/2

2025年1月第三十一次印刷　字数：407 000

定价：65.80元

（如有印装质量问题，我社负责调换）

前　言

党的二十大报告指出“人民健康是民族昌盛和国家强盛的重要标志。把保障人民健康放在优先发展的战略位置，完善人民健康促进政策。”贯彻落实党的二十大决策部署，积极推动健康事业发展，离不开人才队伍建设。“培养造就大批德才兼备的高素质人才，是国家和民族长远发展大计。”教材是教学内容的重要载体，是教学的重要依据、培养人才的重要保障。本次教材修订旨在贯彻党的二十大报告精神，坚持为党育人、为国育才。

为深入贯彻党的二十大精神，积极落实《关于深化现代职业教育体系建设改革的意见》《国家职业教育改革实施方案》等文件精神，坚持立德树人根本任务，深化产教融合，对接国际先进职业教育理念，适应人才培养模式创新和优化课程体系的需要，科学出版社适时启动了本轮教材修订。本教材编委依据新版《高等职业学校药学专业教学标准》，在保持第四版特色和优势的基础上，进行了第五版的修订工作。

生物化学既是一门有自身的理论、实践体系的独立课程，又是承前启后的专业基础课程。《生物化学》（第五版）正文部分的内容设计充分体现了这两个特性：第1篇为生命的化学基础，注重与有机化学等关联学科的自然衔接，重点介绍生物分子的结构、功能、理化性质及常用的制备技术；第2篇为物质代谢与能量转换的生化过程，重点介绍生物分子在体内的代谢过程及伴随物质代谢而进行的能量转换，为后续的药剂学、药理学等专业课程打好基础；第3篇为生物化学实践技能训练，由6个基本技能训练项目和4个综合技能培养项目组成，这样由简单到复杂、由单元操作到综合技能提升，逐级构建本课程的实践应用体系。此外，学科理论和技术的新进展、新成就，也是本次教材修订融入的重要内容。

对于正文之外的内容设计，本教材进一步体现以学生为中心的编写理念：每章前设教学目标，引导学生有方向、有重点、有目标地进行自主学习；中间穿插内容丰富的链接——有学习技巧分享、生活案例剖析和趣闻轶事点缀，更有大师事迹介绍、家国情怀展示、政策法规解读，以期在激发学生学习兴趣的同时，帮助学生树立正确的世界观、人生观和价值观；文中新增了二维码展示形式，旨在满足不同学习者的需求，方便学生随时随地学习，实现学习资源的移动化；与考试相关的考点和自测题贯穿全书，以便帮助学生更好地消化书本知识，及时检查学习效果，分散期末考试的压力；实践部分的每个项目都有安全提示模块，强化学生的安全意识，培养学生以人为本、安全发展的理念。

在本教材编写过程中，编者参考了多位专家和学者的著作（参考文献附后），还得到了编者单位的领导和同仁的大力支持，在此表示衷心的感谢！由于编者水平有限，教材中如有不当之处，恳请广大师生批评指正，编者一定虚心接受，在修订时更正。

编　者

2024年10月

配 套 资 源

欢迎登录“中科云教育”平台，**免费** 数字化课程等你来！

本系列教材配有图片、视频、音频、动画、题库、PPT课件等数字化资源，持续更新，欢迎选用！

“中科云教育”平台数字化课程登录路径

电脑端

- 第一步：打开网址 http://www.coursegate.cn/short/ZN8Z2.action
- 第二步：注册、登录
- 第三步：点击上方导航栏“课程”，在右侧搜索栏搜索对应课程，开始学习

手机端

- 第一步：打开微信“扫一扫”，扫描下方二维码

中科云教育

- 第二步：注册、登录
- 第三步：用微信扫描上方二维码，进入课程，开始学习

PPT 课件，请在数字化课程中各章节里下载！

目　录

第3篇 生物化学实践技能训练

绪　论

学习目标

1. 知识目标： 掌握生物化学的概念，理解生物化学的研究内容，了解生物化学的发展过程及生物化学与药学的关系。

2. 能力目标： 能够设计思维导图概括本章内容。

3. 素质目标： 树立唯物史观，增强民族自豪感。

一、认识生物化学

（一）生物化学的概念

生物化学（biochemistry）是研究生物体的化学组成和生命活动过程中化学变化规律的一门学科。它主要运用化学的原理和方法进行研究，同时涉及生物学、微生物学、物理学、生理学、数学等许多学科的理论和技术，是一门研究手段多样、研究范围广泛、研究意义深远的前沿学科，同时也是一门为多个领域、多门学科提供原理和研究方法的基础学科。

（二）生物化学的研究内容

生物化学又被称为生命的化学，其研究对象是生物体，研究的根本目的是在分子水平上阐明生命现象的化学本质。现代生物化学的研究内容主要集中在三个方面。

1. 生命现象的物质基础　组成生物体的重要物质包括蛋白质、核酸、糖类、脂类、水、无机盐，以及含量较少但对生命活动过程极为重要的维生素、信号分子等。蛋白质、核酸、糖类、脂类属于生物大分子，也被称为四大基本物质，是生物化学的主要研究对象。它们种类繁多，结构复杂，功能各异，是生命现象的物质基础。对它们的化学组成、分子结构、理化性质、生理功能、结构与功能的关系的研究，是生物化学的基础内容，又称静态生物化学。

2. 物质代谢及其调节　物质代谢又称新陈代谢，是生命最基本的特征。生物体内物质代谢由许多互相联系又相互制约、复杂多样又具有规律的化学变化组成。通过物质代谢，生物体与外界环境得以进行物质交换，组成生物体的各种物质得以完成其化学组成成分的更新，生物分子中储存的能量得以释放出来满足机体生命活动的需要。物质代谢一旦紊乱，就会导致不同程度的生理异常。在漫长的进化过程中，生物体内形成了精密、细致、完善的调控机制，用以保证物质代谢的有序进行，保证内环境的稳定和各种组织器官功能的正常发挥。对物质代谢及其调节规律这些动态过程的研究，是生物化学的中心内容，又被称为动态生物化学。

3. 遗传信息传递、表达和调控　遗传的主要物质是DNA（脱氧核糖核酸）。DNA通过复制产生和亲代相同的子代DNA，完成遗传信息的传递；DNA转录生成RNA（核糖核酸），RNA参与和指导蛋白质的生物合成，完成遗传信息的表达；RNA复制和逆转录是对遗传信息传递形式、方向和过程的补充和完善。基因是携带遗传信息的DNA片段。生物体内对基因的复制和表达有一整套严密的调控机制，保证了基因表达与否、表达量、表达时间和部位能够满足自身需求并适应内外环境的变化。遗传信息的传递、表达和调控是现代生物化学研究的重要内容，也是学好分子生物学必须具备的基础。

二、生物化学的学习方法

由于生物大分子结构复杂多样、物质代谢途径纵横交错、化学反应过程抽象繁冗，初学者会感到有一定的难度。为帮助同学们尽快适应新课程的学习，我们有几点建议。

1. 全面了解、明确重点 生物化学的研究内容面广量大，全部死记硬背，不仅非常困难也相当枯燥。所以学习时应先通读，在全面了解的基础上找出重点、难点，区别对待，合理分配时间。

2. 课上速记、课下补记 生物化学课上内容多、进度快，建议同学们上课紧跟老师的思路，先记一些提示性文字，或将老师讲述的重点在课本上做标记，课后再补记笔记。切不可为了记笔记而耽误听讲，这样会“捡了芝麻，丢了西瓜”。

3. 归纳总结、巧法记忆 生物化学的既内容错综复杂又相互联系，如能经常归纳、总结、对比，就不易混淆。例如，采用画图或列表的方式，对知识点进行梳理、解析，在理解的基础上进行记忆；还可以将一些知识点归纳为简短的词句或顺口溜，便容易记住。

4. 学而时习、事半功倍 记忆本身具有一定的规律性，如能做到课前预习、课后复习，再阶段性回顾，这样可以温故知新、一举两得。每章内容之后附有自测题及参考答案，可供同学们在复习之后进行自测，便于及时消化知识和发现问题。

考点： 生物化学的概念、研究内容

三、生物化学发展简史

生物化学是一门既古老又年轻的学科——我国人民很早就已经在生产、生活和医疗等方面积累了许多与生物化学有关的实践经验，但直到20世纪初期生物化学才成为一门独立的学科而备受关注。当今，生物化学已成为自然科学领域发展最快、成就最多、影响最大的学科之一。

（一）我国古代与生物化学相关的实践

在食品制造方面，我国人民4000多年前就能够用粮食酿酒，公元前11世纪已能制造饴、醋和酱。上述食品的生产过程实际上是利用了生物体内的酶催化的化学反应过程。

在医药方面，我国人民积累了许多与生物化学相关的实践经验。《左传》记载，鲁宣公十二年（公元前597年）利用“麹”（类似植物淀粉酶制剂）治疗消化道疾病。4世纪，葛洪的《肘后备急方》中有用海藻酒治疗瘿病（地方性甲状腺肿）的记载。在7世纪孙思邈提出脚气病为食米区的疾病，可用麸皮、大豆等治疗，还提出可用羊肝治疗雀目（夜盲症）——这些都与现代医学对维生素缺乏症的治疗方法不谋而合。11世纪沈括所著的《沈存中良方》中，就有从男性尿中分离沉淀出秋石（一种类固醇激素）的记载。16世纪李时珍撰写的《本草纲目》记载了1892种药物，除动植物药外，书中还详述了可入药的人体代谢物、分泌物及排泄物等。

（二）生物化学学科的萌芽、形成与发展

从18世纪中叶到20世纪中叶，无数科学家为揭开生命的奥秘不懈努力，为生物化学学科的形成和发展作出了杰出贡献。其中比较重要的人物和事件见绪表1。

绪表1 推动近代生物化学形成和发展的重要人物和贡献

时间	人物	国籍	贡献
1785年	Antoine L. Lavoisier	法国	首先提出呼吸的化学本质，开创了生物氧化及能量代谢的研究
1828年	Friedrich Wohler	德国	由氰酸铵合成尿素，开创有机物人工合成先河

续表

时间	人物	国籍	贡献
1877年	Hoppe-Seyler	德国	提出德文术语"biochemie"，即英文"biochemistry"（生物化学）
1897年	Eduard Buchner	德国	发现无细胞酵母提取液可发酵糖类生成酒精，奠定了近代酶学的基础
1903年	Carl A. Neuberg	德国	正式推广使用"biochemistry"这个术语，推动其成为该学科的通用名称
1906年	Arthur Harden，William Young	英国	发现了具有热稳定性的参加发酵过程的辅酶，推动了酶学的发展
1912年	Casimir Funk	波兰	鉴定出糙米中能对抗脚气病的物质是胺类，提出维生素的概念
1919年	吴宪	中国	提出血液系统分析法
1926年	James B. Sumner	美国	结晶出脲酶，提出酶的化学本质是蛋白质
1929年	吴宪	中国	提出蛋白质变性学说，奠定蛋白质空间构象的研究基础
1937年	Hans A.Kerbs	英国	创立了三羧酸循环理论，奠定物质代谢的基础
1944年	Oswald Avery	美国	完成肺炎球菌转化试验，发现DNA是遗传物质

（三）生物化学进入分子生物学新纪元

20世纪中叶以来，细胞内两类重要的生物大分子——蛋白质和核酸，成为研究的焦点。随着DNA双螺旋结构的确定和核酸、蛋白质生物合成途径的阐明，各种生命现象的本质被逐渐揭示，生物化学蓬勃发展，取得了令全世界炫目的成就。

1951年，L.Pauling和R.B.Corey发现了蛋白质的α螺旋结构；两年后，F.Sanger完成了胰岛素全序列测定——这些研究成果揭开了蛋白质一级结构和空间构象的神秘面纱。1953年，J.D.Waston和F.H.Crick提出DNA双螺旋结构模型，确定了核酸作为遗传物质的结构基础，推动生物化学进入分子生物学新纪元。1958年，F.H.Crick提出遗传信息传递的中心法则这一重要的基础理论，并在1970年对其进行了完善和重申。经历了20世纪50年代的数学推理阶段和1961～1966年的实验研究阶段后，M.Nirenberg、F.H.Crick等破译了遗传密码——这是20世纪60年代分子生物学最辉煌的成就。1957年，E.W.Sutherland发现环磷酸腺苷（cAMP），并于1965年提出第二信使学说，这是认识细胞信号转导机制的第一个里程碑。1962年，J.B.Gurdon将爪蛙体细胞核转入无核的卵细胞中并发育成了爪蛙，动物克隆技术自此问世。但直到1997年I.Wilmut公布了用母羊乳腺细胞克隆出小母羊多莉后，该技术才引起全世界的瞩目。1965年，我国率先人工合成了有生物学活性的结晶牛胰岛素，标志着人类在探索生命奥秘的征程中迈出了重要一步。1973年，S.Cohen和H.Boyer建立重组DNA技术，使主动改造生物成为可能，基因工程技术自此诞生。1982年，T.R.Cech发现四膜虫rRNA的前体具有催化功能，并命名为核酶，打破了"酶的化学本质是蛋白质"的传统观念。1985年，K.Mullis发明了聚合酶链反应（PCR）技术，使得在体外高效扩增DNA 成为可能。1993年，V.Ambros和G.Ruvkun在小蠕虫秀丽隐杆线虫中发现了微小核糖核酸（microRNA），揭示了一种全新的基因调控原理。1998年，A.Fire和C.Mello发现了RNA干扰现象。RNA干扰技术可以特异性剔除或关闭特定基因的表达，已被广泛用于探索基因功能和医学领域。2001年，来自中国的留美博士后王磊，人为扩充了生物体的遗传密码，在细胞中引入新型氨基酸，为生命科学研究开辟了一个崭新领域。2006年，山中伸弥在小鼠成纤维细胞中转入四个关键基因，将完整、成熟细胞的细胞核重新编辑，转化成多能干细胞，打破了胚胎发育及细胞分化不可逆的传统认识。还是2006年，随着美国、英国科学家在*Nature*杂志网络版上发表了人类1号染色体的基因序列，这项由美、英、法、德、日、中六国科学家共同参与的人类基因组计划（Human Genome Project，HGP），1990年正式启动，历时16年终于画上了圆满的句号。HGP之后的另一个大规模的国际性科技工程——人类蛋白质组计划（Human Proteome Project，HPP），于2002年提出。率先开始的两个组别之一——中国科学家贺福初领衔的"国际人类肝脏蛋白质组计划"，于2018年公布了由17个国家的顶尖科学家团队共同努力的成果：成功构建了肝脏蛋白质组的表达谱、修饰谱、连锁图及其综合数据库；首次实现人类组织/器官转录组和蛋白质组的全面对接；发现一批针对肝脏疾病、恶性肿瘤等重大疾病的生物标志物、潜在药靶和蛋白质药物等。2005年，K.Karikó和D.Weissman发现核苷碱基修饰后的mRNA可以阻断炎症反应的激活并在mRNA递送至细胞时增加蛋白质的合成，扫除了mRNA技术临床应用道路上的关键障碍，从而在2020年新型冠状病毒感染（COVID-19）大流行时得以开发出有效抗COVID-19的mRNA疫苗。2012年，E. Charpentier、J.Doudna发明了CRISPR-Cas9基因编辑技术；2013年初，出生于中国的美籍科学家张锋将其改进并应用于哺乳动物细胞，使得人类通过基因编辑手段治愈遗传性疾病的梦想更近，带动了基因编辑疗法开发的空前繁荣。2023年，赖良学等中国科学家使用CRISPR-Cas9技术，在世界上开创了在另一物种（猪）体内培养出实体人源器官的先河。

除蛋白质组学和核酸组学外，代谢组学、糖组学、脂类组学等组学的研究也是方兴未艾、成果迭出。这些都将为人类认识自身和研究疾病带来根本性的变革。

生物化学从成为一门独立的学科至今的100多年间，已发展成为自然科学领域进步最快、成就最多、影响最大的学科之一。

链接 国之重器——π-HuB计划

国际人类肝脏蛋白质组计划完成后，中国科学家领衔发起人体蛋白质组导航国际大科学计划（简称π-HuB计划），吸引了一批具有全球影响力的国际组织和科学家加盟。该计划的国际总部于2023年9月22日在广州挂牌，计划在未来30年，投入数十亿元人民币，探索人体构成原理与演变规律，揭示人体生殖、发育、衰老、膳食营养、环境适应及重大疾病等的发生发展机制，打造针对人体蛋白质组的导航系统，创制人体全生命周期精准防控诊治康养新策略，为构建人类卫生健康共同体提供中国方案。

三、生物化学与药学

（一）生物化学是药学学科重要的专业基础

进入21世纪，药学学科已步入一个崭新的时代，以化学为主的模式迅速转化为以化学和生物学相结合的新模式。生物化学是药学各专业的重要的基础学科，它为微生物学、药理学、药剂学、药动学、药物分析、临床医学基础等许多学科提供了必需的基础理论知识和基本操作技能，为学生未来在药物研究、药物生产、药物质量控制与药物临床等领域的应用奠定了坚实的基础。不仅如此，生物化学作为生命科学与药学领域的前沿学科，还对培养学生科学素养、激发学生创新潜能具有极其重要的引领作用。

由于生命科学理论和技术的迅速发展，加上学科本身具有极强的交叉性，作为专业基础学科的生物化学已渗透到许多学科之中，衍生出生化药理学、生物药剂学、生物化学工程等新兴学科，成为了现代药学学科发展的先导。

（二）生物化学对现代药物研究不可或缺

生物化学是现代药学研究不可或缺的支撑学科。无论是寻找、设计、筛选新药还是开发新的作用靶点，无论是研究药物的构效关系、量效关系还是阐明药物在体内的代谢过程及作用机制，都需要生物化学的理论知识和实验方法。例如，应用现代生物化学技术从生物体获取的生理活性物质，既可以直接开发为生物药物，也可以从中寻找到结构新颖的先导化合物，设计合成新的化学实体；生物化学从分子水平展示了活细胞内的化学变化，阐明了许多疾病的发病机制，为新药的合理设计提供了理论依据；研究药物作用的分子机制、药物在体内的代谢动力学，以及药物剂型因素、生物因素与疗效之间的关系，常常需要借助生物化学的代谢与调控理论，以及酶联免疫、透析、实时荧光定量PCR等许多新的实验技术。

（三）生物化学在制药工业中应用广泛

生物化学在制药工业中的应用很广，学科的前进促进了制药工业产品更新、技术进步和行业发展。以三大药源为例：生物药物，不论是早期的脏器制剂，还是后来的生化药物或者现代的生物技术药物，其生产过程中生物化学的原理和技术无处不在；中药的原料也取自自然界，其有效成分的分离纯化常常用到生物化学的原理和技术；化学合成药生产过程存在高污染、高能耗、高毒性等问题，生物合成技术有望为现代绿色化学制药工业提供有效手段。

以生物化学、微生物学、分子生物学的理论和技术为基础发展起来的生物技术（biotechnology），是利用生物有机体或其组成部分开发新产品或新工艺的一种技术体系，主要包括基因工程、细胞工程、酶工程、发酵工程、蛋白质工程等。随着生物技术，特别是基因工程、蛋白质工程的快速发展，越来越多的生物技术药物如重组细胞因子、重组激素、重组疫苗、基因药物等在临床广泛使用，而生物技术制药也快速成长为制药工业新的增长点。有分析预测到2100年生物技术将成为推动世界经济增长的主要技术动力，届时不仅在医药行业，还会在农业、食品制造、化工、环保、新能源及传统产业改造升级等方面大放异彩，由此带来的经济效益和人们生活、健康水平的提高是不可估量的。

鉴于生物化学在药学学科中处于基础地位，同时又在药学发展中处于中心位置，每个有志于为祖国医药事业作贡献的药学专业学生都应该以学好这门课为己任。

考点：生物化学发展史上的里程碑式事件、生物技术的概念

自测题

（一）名词解释

生物化学

（二）填空题

1. 参与人类基因组计划的有_______、_______、_______、_______、_______、_______等6国科学家。
2. 生物技术主要包括_______、_______、_______、_______、_______等。

（三）选择题

【A型题】

1. 遗传的基本物质主要是
   A. 蛋白质　　B. 维生素
   C. DNA　　D. 多糖
   E. 脂类
2. 研究基本物质的化学组成、分子结构、理化性质、生理功能属于
   A. 静态生物化学　　B. 动态生物化学
   C. 信息生物化学　　D. 机能生物化学
   E. 生物技术

【B型题】

（第3～6题共用选项）
A. 1877年　　B. 1944年
C. 1953年　　D. 1965年
E. 1990年

3. 我国在世界上首先合成结晶牛胰岛素的时间是
4. 生物化学一词提出于
5. DNA双螺旋结构提出于
6. 人类基因组计划正式启动于

【X型题】

7. 下列物质属于生物大分子的是
   A. 蛋白质　　B. 核酸
   C. 维生素　　D. 多糖
   E. 脂类

（黄　纯）

第 1 篇　生命的化学基础

第 1 章
蛋白质化学

学习目标

1. 知识目标： 掌握蛋白质的元素组成特点、基本组成单位、一级结构、空间结构、理化性质；理解蛋白质结构与功能的关系、蛋白质的分类及蛋白质分离纯化的原理和方法；了解蛋白质的生物学功能和食物蛋白质的营养作用。

2. 能力目标： 能够解读蛋白质类药物的相关制备工艺、储存要求，协助开展相关药学社会服务，协助指导日常食物搭配。

3. 素质目标： 增强民族自豪感，提高法治意识。

蛋白质（protein）是由氨基酸组成的、具有复杂结构和特定功能的大分子物质。蛋白质和核酸是生命活动最重要的物质基础。无论是复杂的高等生物，还是简单的低等生物，甚至没有细胞结构的病毒，都毫无例外地含有蛋白质。人体有10万种以上的蛋白质，而整个生物界蛋白质的种类约为10^{10}数量级。蛋白质的多样性直接决定了生物界的多样性。

第 1 节　蛋白质的化学组成

一、蛋白质的元素组成

对蛋白质的元素分析表明，所有的蛋白质都含有碳、氢、氧、氮，大部分蛋白质含硫，少数蛋白质还含有磷、铁、锰、碘、锌等元素。

大多数蛋白质的含氮量比较接近，平均为16%。这是蛋白质元素组成的重要特点，也是定氮法测定蛋白质含量的计算基础。在样品的主要含氮物为蛋白质的前提下，用定氮法测得的氮含量，再乘以100/16（即6.25），可粗略得出样品中蛋白质的含量。

链接　警钟长鸣——绝不能让“三聚氰胺”事件重演

2008 年，婴幼儿奶粉受三聚氰胺污染，导致群发性的婴幼儿肾结石，在社会上引起极大震动。三聚氰胺化学式为$C_3H_6N_6$，含氮量为66.7%。食品行业通常采用定氮法来估算蛋白质含量。该法易受样品中的无机含氮物、有机非蛋白质含氮物的干扰。一些不法商人为牟取暴利，将三聚氰胺添加到奶粉中以“提高”奶粉的蛋白质含量。2011年4月6日发布的《关于三聚氰胺在食品中的限量值的公告》中指出：三聚氰胺不是食品原料，也不是食品添加剂，禁止人为添加到食品中。对在食品中人为添加三聚氰胺的，依法追究法律责任。

考点： 蛋白质的元素组成，定氮法测定蛋白质含量的计算方法

二、蛋白质的基本组成单位——氨基酸

所有蛋白质的水解终产物都是氨基酸（amino acid），氨基酸是组成蛋白质的基本单位。

（一）氨基酸的结构特点

自然界中已发现的氨基酸种类很多，参与天然蛋白质合成的通常只有20种。它们都有特定的遗传密码，被称为基本氨基酸，也称编码氨基酸。基本氨基酸的结构特点如下：

1. 除脯氨酸为亚氨基酸外，其余皆为*α*-氨基酸。

2. 不同*α*-氨基酸的R基团不同。R基团对蛋白质的空间结构和理化性质有重大的影响。

3. 除R基团为H的甘氨酸外，其他氨基酸的*α*-碳原子都是不对称碳原子，可形成*D*-型和*L*-型两种不同的构型，具有不同的旋光性。天然蛋白质中的氨基酸皆为*L*-型。*L*-型和*D*-型氨基酸的化学结构通式如下：

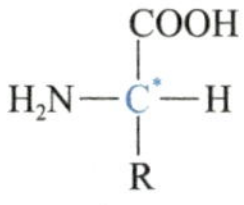
L-氨基酸

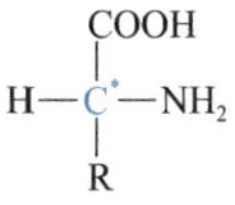
D-氨基酸

20种基本氨基酸的名称、缩写形式及R基团的结构见表1-1。

（二）氨基酸的种类

氨基酸的分类方法有多种，最常见的是以R基团的结构和性质作为分类的基础。根据R基团在中性溶液中解离状态不同，可将20种基本氨基酸分为4类（表1-1）。

表1-1　氨基酸的分类

名称		英文名称	三字母缩写	单字母缩写	R基团结构式	等电点
非极性R基氨基酸	丙氨酸	alanine	Ala	A	CH_3—	6.00
	缬氨酸	valine	Val	V	$(CH_3)_2CH$—	5.96
	亮氨酸	leucine	Leu	L	$(CH_3)_2CH\ CH_2$—	5.98
	异亮氨酸	isoleucine	Ile	I	$CH_3CH_2CH(CH_3)$—	6.02
	甲硫氨酸（蛋氨酸）	methionine	Met	M	$CH_3SCH_2CH_2$—	5.74
	色氨酸	tryptophan	Trp	W	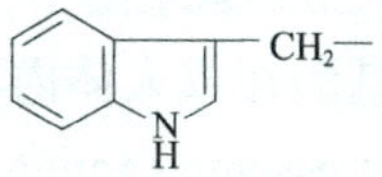	5.89
	脯氨酸	proline	Pro	P	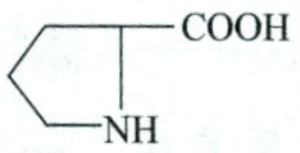 *	6.30
	苯丙氨酸	phenylalanine	Phe	F	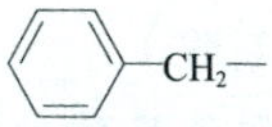	5.48
极性不解离R基氨基酸	甘氨酸	glycine	Gly	G	H—	5.97
	丝氨酸	serine	Ser	S	$HOCH_2$—	5.68
	苏氨酸	threonine	Thr	T	$CH_3CH(OH)$—	5.60
	半胱氨酸	cysteine	Cys	C	$HSCH_2$—	5.07
	酪氨酸	tyrosine	Tyr	Y	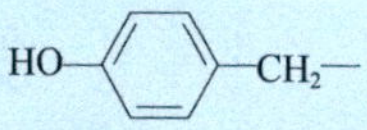	5.66
	天冬酰胺	asparagine	Asn	N	NH_2COCH_2—	5.41
	谷氨酰胺	glutamine	Gln	Q	$NH_2COCH_2CH_2$—	5.65

续表

名称		英文名称	三字母缩写	单字母缩写	R基团结构式	等电点
酸性R基氨基酸	天冬氨酸	aspartic acid	Asp	D	$HOOCCH_2$—	2.97
	谷氨酸	glutamic acid	Glu	E	$HOOCCH_2CH_2$—	3.22
碱性R基氨基酸	赖氨酸	lysine	Lys	K	$NH_2CH_2CH_2CH_2CH_2$—	9.74
	精氨酸	arginine	Arg	R	NH=C(NH_2)—NH—CH_2—CH_2—CH_2—	10.76
	组氨酸	histidine	His	H	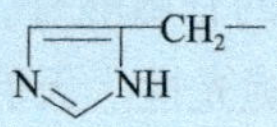	7.59

注：* 为脯氨酸的分子结构。

1. 非极性R基氨基酸　共8种。其R基团为非极性的疏水基团。

2. 极性不解离R基氨基酸　共7种。其R基团有极性，但在中性溶液中不解离。

3. 酸性R基氨基酸　共2种。其R基团中含有羧基，pH=7时，可解离出H^+而使R基团带负电荷。由于它们分子中酸性基团总数多于碱性基团，所以等电点比中性氨基酸低。

4. 碱性R基氨基酸　共3种。赖氨酸、精氨酸、组氨酸的R基团上分别有氨基、胍基、咪唑基，pH=7时，可质子化而使R基团带正电荷。它们的等电点比中性氨基酸高。

1.2项中两类氨基酸，因其分子中酸性基团和碱性基团数目相等，所以也被称为中性氨基酸。由于*α*-羧基的解离程度比*α*-氨基大，所以中性氨基酸的水溶液呈弱酸性。

除上述20种氨基酸外，近年来又发现了2种罕见的、可参与蛋白质生物合成的氨基酸，即硒代半胱氨酸和吡咯赖氨酸。它们是由遗传密码中的终止密码子在特殊情况下编码形成。

天然蛋白质被水解后，还会发现羟脯氨酸、羟赖氨酸、二碘酪氨酸等其他几种氨基酸。它们是基本氨基酸的衍生物，是蛋白质生物合成后由相应的氨基酸残基经加工修饰形成的。

此外，还有许多非蛋白质氨基酸，如*β*-丙氨酸、瓜氨酸、鸟氨酸、*D*-型苯丙氨酸等。它们并不参与组成蛋白质，但也在某些生命活动过程中发挥重要作用。

表1-1列出的20种氨基酸中，异亮氨酸、苯丙氨酸、蛋氨酸、赖氨酸、苏氨酸、色氨酸、亮氨酸、缬氨酸等8种氨基酸在成人体内不能自行合成或合成速度不能满足机体需要，所以必须由食物供给，称为必需氨基酸（essential amino acid）。婴幼儿除了上述8种外，组氨酸也是其必需氨基酸。

链接　助记口诀——人体必需氨基酸的种类

成人的8种必需氨基酸：一笨蛋赖宿舍晾鞋。（异亮氨酸、苯丙氨酸、蛋氨酸、赖氨酸、苏氨酸、色氨酸、亮氨酸、缬氨酸）

婴幼儿的9种必需氨基酸：笨蛋赖宿舍晾一组鞋。（苯丙氨酸、蛋氨酸、赖氨酸、苏氨酸、色氨酸、亮氨酸、异亮氨酸、组氨酸、缬氨酸）

考点： 组成蛋白质的20种氨基酸的名称、结构特点、分类，必需氨基酸的概念、种类

第2节　蛋白质的分子结构

一、蛋白质的一级结构

（一）肽键

一个氨基酸的*α*-羧基与另一个氨基酸的*α*-氨基脱水缩合形成的酰胺键称肽键（peptide bond）。肽

键为共价键，是蛋白质分子中最基本、最主要的化学键。

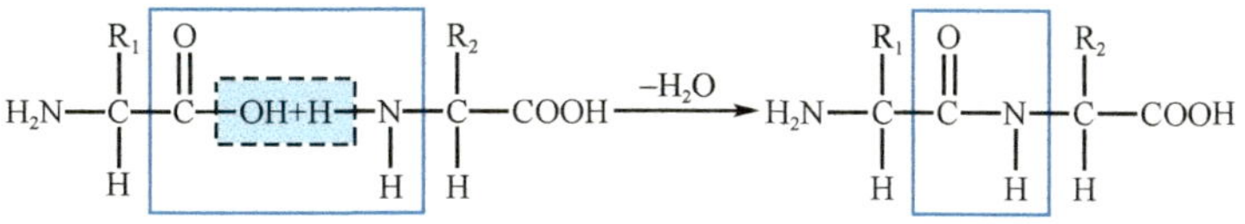

（二）肽

氨基酸通过肽键相连形成的化合物称为肽（peptide）。由2个氨基酸形成的肽称二肽，由3个氨基酸形成的肽称三肽，以此类推。十肽及以下称寡肽，十肽以上称多肽，五十肽以上称蛋白质。肽中的氨基酸单位由于脱水导致结构不完整，称为氨基酸残基。多肽呈链状，称为多肽链（图1-1）。多肽链中，由肽键连接α-碳原子而成的骨架称为主链，各氨基酸残基的R基团统称侧链。主链的一端具有完整的α-氨基，称氨基末端（N端），通常写在左侧；另一端具有完整的α-羧基，称羧基末端（C端），通常写在右侧。多肽链的合成方向是从N端到C端，详细命名时也是沿此方向按氨基酸残基的顺序称其为“某酰某酰……某酸”。

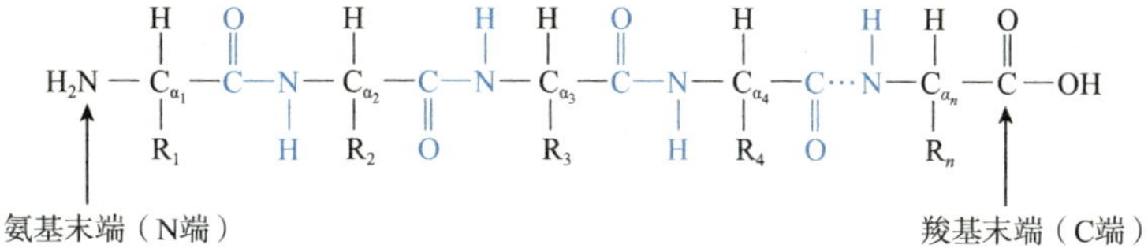

图1-1 多肽链的链状结构

（三）一级结构的概念

多肽链中氨基酸的组成和排列顺序称为蛋白质的一级结构。维持蛋白质一级结构的主要化学键是肽键，其次是两个半胱氨酸残基之间形成的二硫键。

一级结构是蛋白质的基本结构。第一个被确定一级结构的蛋白质是牛胰岛素（图1-2），由英国生物化学家F.Sanger于1953年测得。目前，一级结构明确的蛋白质已达数千种。

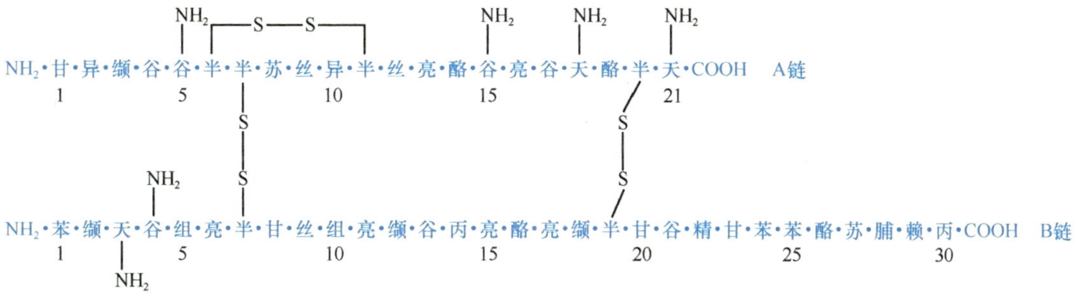

图1-2 牛胰岛素的一级结构

链接 团结协作力量大，集体智慧立丰碑——我国在世界上首先合成牛胰岛素

1956年初，党中央发出了“向科学进军”的号召，随后，中华人民共和国第一个中长期科技发展规划《1956—1967年科学技术发展远景规划》正式出炉。1958年6月，中国科学院上海生物化学研究所提出一个大胆的设想——用化学方法合成胰岛素。此后，该研究所和中国科学院上海有机化学研究所、北京大学化学系联合，经过群策群力、周密研究、艰辛探索和不断实践，在1965年9月17日完成了牛胰岛素的全合成。这是世界上首个人工合成的蛋白质，经过严格鉴定，其结构、生物活性、理化性质、结晶形状都和天然牛胰岛素相同。这一开创性的成果在全世界引起了强烈反响，标志着人类在揭示生命奥秘的历程中向前迈进了一大步。

考点： 肽键、肽、主链、侧链、蛋白质一级结构的概念，多肽链的书写和命名方式

二、蛋白质的空间结构

蛋白质的空间结构又称空间构象、高级结构，其实质是蛋白质分子内的原子或基团围绕某些共价键旋转而形成的各种空间排布。

（一）肽键平面

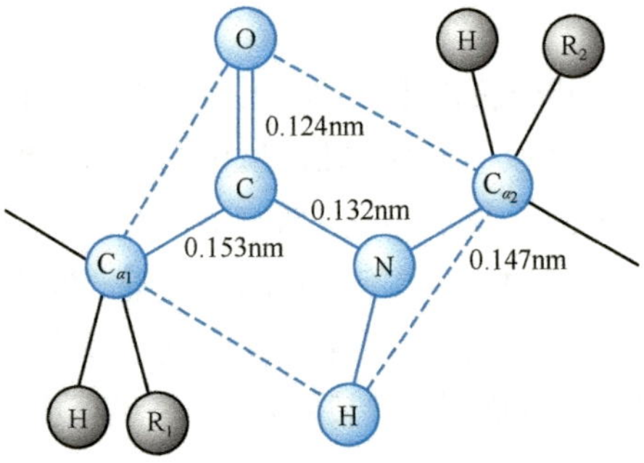

图1-3　肽键平面示意图

肽键的N原子上的孤对电子与羰基具有共轭作用，故C—N键具有部分双键的性质，不能自由旋转。参与组成肽键的四个原子及相邻的两个α-碳原子被约束在同一刚性平面内，称肽键平面（peptide plane）或肽单位（图1-3）。肽键的C—N键呈反式构型，键长为0.132nm，比C—N单键（键长0.149nm）短，比C═N双键（键长0.127nm）长。

多肽链的主链由许多重复的肽单位连接而成（图1-4）。肽单位中的C—N键不能自由旋转，但C_α—N键和C_α—C键是典型的单键，可以旋转，从而形成了多肽链主链的折叠、盘旋或卷曲。绕C_α—N键旋转的角度用φ表示，绕C_α—C键旋转的角度用ψ表示。φ角和ψ角的大小决定了相邻两个肽平面在空间上的相对位置，被称为二面角，也称构象角。

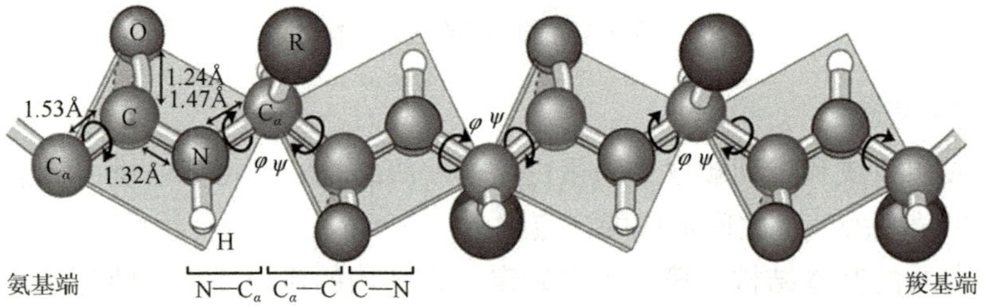

图1-4　肽键平面连接成主链

（二）维持蛋白质空间结构的化学键

维持蛋白质空间结构的化学键（图1-5），主要是氢键、疏水键、离子键、范德瓦耳斯力、配位键等次级键，有的蛋白质分子中还有二硫键参与维持三级结构的稳定。

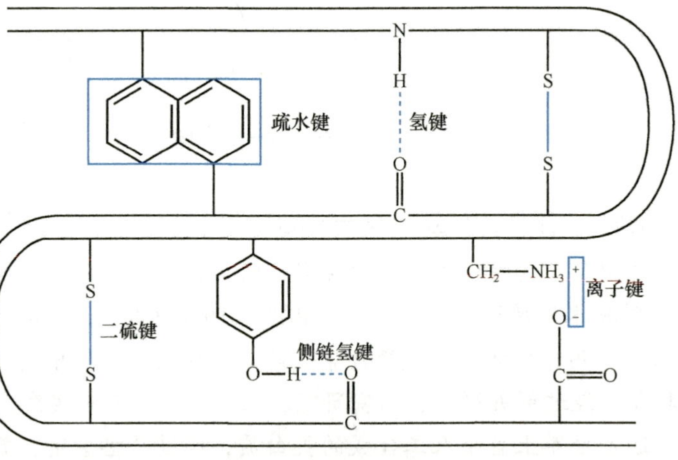

图1-5　维持蛋白质空间结构的化学键

1. 氢键　可以在蛋白质分子的主链之内、主链与侧链之间、侧链与侧链之间形成。氢键虽然键能小，但数量众多，是维持蛋白质空间构象的最重要的次级键之一。

2. 疏水键　是蛋白质分子侧链上的非极性基团因避开水相而相互接近，黏附聚集在一起而形成的相互作用。疏水键是维持蛋白质三、四级结构的最主要次级键。

3. 离子键　是蛋白质分子中带正电荷的基团和带负电荷的基团之间静电吸引所形成的化学键。离子键参与维持蛋白质的三、四级结构。

4. 范德瓦耳斯力　是由相邻中性原子或分子相互感应而产生的瞬时极性所造成的一种弱的静电作用力。范德瓦耳斯力在蛋白质内部非极性结构中比较重要。

5. 二硫键　通常是在两个半胱氨酸侧链的巯基之间形成。二硫键是共价键，是较强的化学键，对于维持蛋白质分子的空间结构和稳定性十分重要。

6. 配位键　某些含有金属离子的蛋白质（如细胞色素），多肽链上的原子与金属离子结合时，常由一个原子单方面提供共用电子对，形成配位键，参与维持蛋白质的三、四级结构。

（三）蛋白质的二级结构

蛋白质二级结构是指多肽链主链的若干肽单位沿一定的轴盘旋或折叠，并以氢键为主要次级键而形成的有规则的构象。由于肽键的C—N键不能自由旋转，加上R基团和肽键上的氢、氧原子对C_α—N键和C_α—C键有空间位阻，故二级结构的构象是有限的，通常包括以下几种。

1. *α*螺旋（*α* helix）　由美国科学家Linus Pauling 和Robert B. Corey 提出。蛋白质分子中多个肽单位通过*α*-碳原子的旋转，使多肽链的主骨架沿中心轴盘曲成稳定的*α*螺旋构象（图1-6）。其结构特点是：①*α*螺旋一般为右手螺旋，每3.6个氨基酸残基旋转1周，每个氨基酸残基高度为0.15nm，螺距为0.54nm。②相邻螺旋的两个氨基酸残基之间（即第1个肽单位亚氨基上的氢和第四个肽单位羰基上的氧之间）形成的链内氢键，是稳定*α*螺旋的主要次级键。③氨基酸残基的R基团分布在螺旋的外侧，其形状、大小及电荷等均影响*α*螺旋的形成和稳定。带同种电荷的R基团集中时，同性相斥，不利于*α*螺旋形成；较大的氨基酸残基（如异亮氨酸、苯丙氨酸残基）的R基团集中的区域，因空间位阻的影响，不利于*α*螺旋的形成；脯氨酸因其氮原子位于吡咯环中，C_α—N单键不能旋转，加之它形成肽键后氮上没有氢，无法形成氢键，故不能形成*α*螺旋。

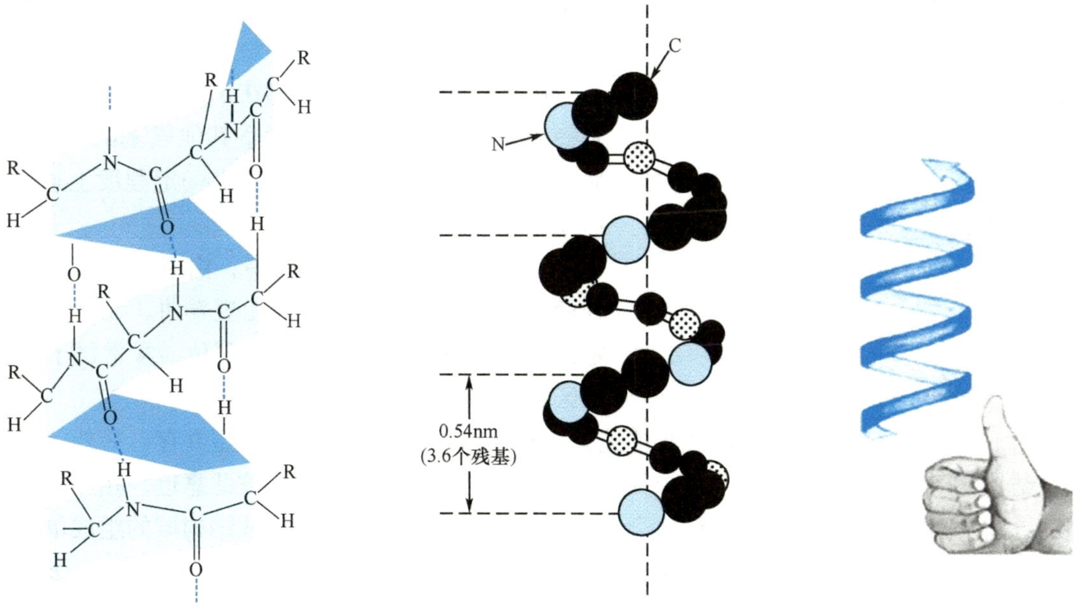

图1-6　蛋白质分子的*α*螺旋结构

2. *β*折叠　又称*β*片层结构（*β*-pleated sheet structure），也是由Pauling 等人提出的。该结构（图1-7）的特点是：①肽链充分伸展使肽键平面之间折叠成锯齿状结构，侧链R基团交替分布于锯齿状结构的上下方。②两条以上的肽链（或同一肽链回折后的不同肽段）平行排列，相邻肽链的肽键之间形成交替排列的氢键，是稳定β折叠的主要次级键。③相邻排列的两条β折叠结构走向相同，称为正平行（顺向平行）；反之，称为反平行（逆向平行）。从能量角度看，反平行的β折叠更为稳定。

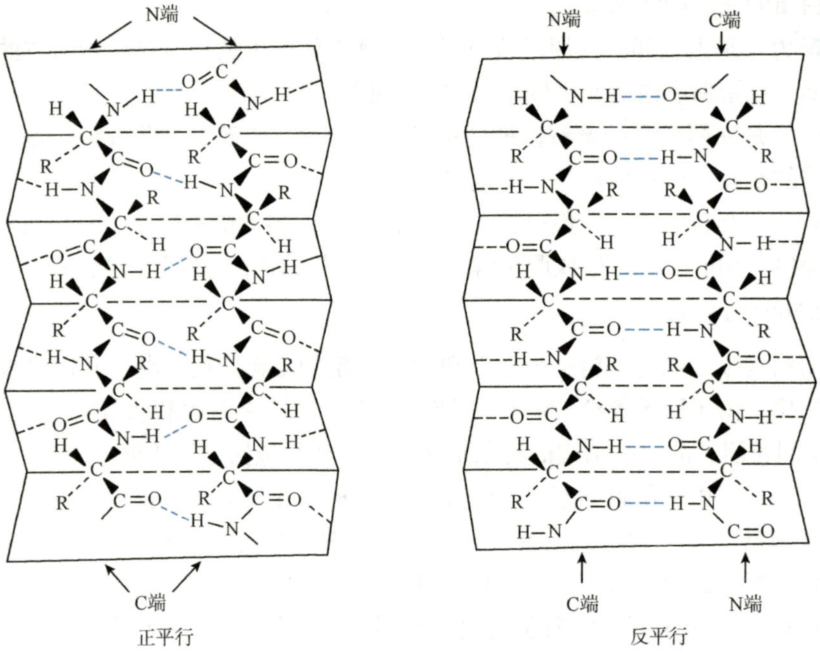

图1-7　蛋白质分子的β折叠结构

同样，R基团的形状、大小及电荷也能影响β折叠的形成和稳定。

3. β转角　多肽链经180°的回折形成的U形结构，即β转角（β-turn）（图1-8）。它由4个连续的氨基酸残基构成，由第一个氨基酸残基羰基上的氧与第四个氨基酸残基亚氨基上的氢形成的氢键维持其构象的稳定。

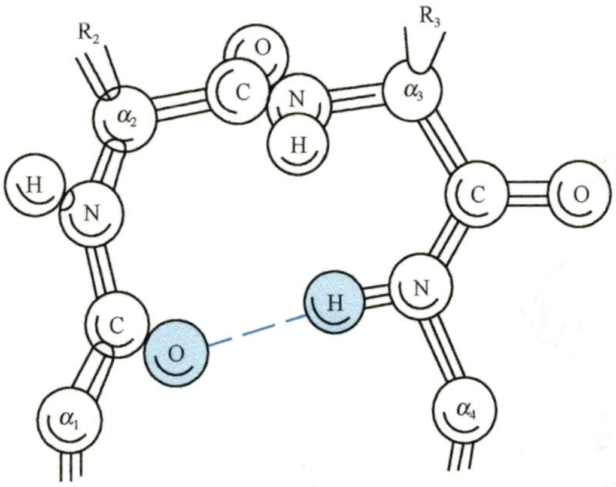

图1-8　蛋白质分子的β转角结构

甘氨酸和脯氨酸常出现在β转角中。前者R基团只是一个氢原子，能很好地调整其他氨基酸的空间阻碍；后者具有环状结构和固定角，在一定程度上迫使β转角形成。

4. 无规卷曲　在多肽链中，由于肽键平面不规则排列而形成的松散结构，称为无规卷曲。无规卷曲也是稳定的结构，酶和蛋白质的功能部位，常常位于这种结构的区域内。

实际上，许多蛋白质的二级结构并非单纯含有某一种构象，而是几种类型并存。另外，在二级结构和三级结构之间，还可以细分出一些结构层次。例如，相邻的二级结构彼此靠近、相互作用，形成有规则的、在空间上能辨认的二级结构组合体，并以此形式充当三级结构或结构域的组成单位。这样的二级结构组合体被称为超二级结构，又被称为基序或模序，常见的有α螺旋组合（$\alpha\alpha$）、β折叠组合（$\beta\beta\beta$）和α螺旋β折叠组合（$\beta\alpha\beta$）。

（四）蛋白质的三级结构

在二级结构基础上，氨基酸残基的R基团相互作用，多肽链进一步折叠、盘曲，形成的包括主、侧链在内的整条肽链的空间排布，称蛋白质的三级结构。各R基团间相互作用产生的化学键，如疏水键、氢键、离子键、二硫键、范德瓦耳斯力等，维持三级结构的稳定。其中，疏水键是维持三级结构稳定的最主要的作用力。

肌红蛋白由一条肽链和一个血红素辅基组成，是具有典型三级结构的蛋白质（图1-9）。肽链含153个氨基酸残基，形成长短不一的8段α螺旋。分子中约80%的氨基酸位于α螺旋区域内，其余组成一些卷曲结构。极性R基团几乎都位于分子表面；非极性R基团聚集在蛋白质分子内部，形成疏水空穴，血红素非共价结合在此空穴中。

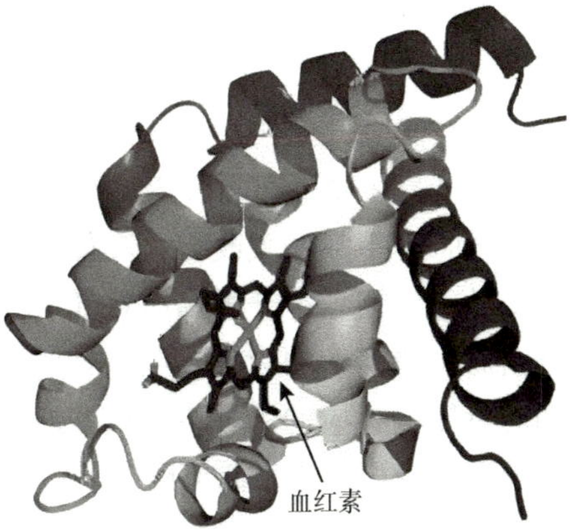

图1-9 肌红蛋白的三级结构

在一些较大的蛋白质分子中，多肽链上相邻的基序紧密联系，进一步折叠形成一个或多个相对独立的致密三维实体，与分子整体以共价键相连，有独特的空间构象，并承担特定的生物学功能，被称为结构域。结构域是蛋白质三级结构内的独立折叠单元。由四条多肽链组成的乳酸脱氢酶，每条肽链上都有两个结构域，分别是还原型烟酰胺腺嘌呤二核苷酸（NADH）和乳酸的结合位点。

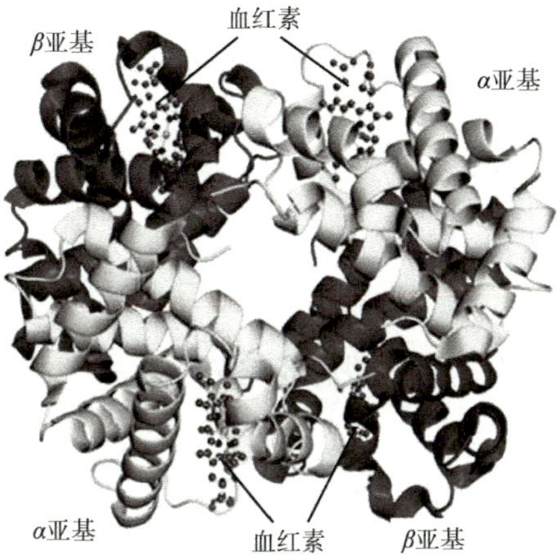

图1-10 血红蛋白的四级结构

（五）蛋白质的四级结构

由两个或两个以上具有完整三级结构的多肽链借非共价键缔合而成的复杂的空间结构称蛋白质的四级结构。具有完整三级结构的多肽链是构成蛋白质四级结构的单位，称为亚基或亚单位。亚基由一条多肽链或以共价键连接在一起的几条多肽链组成。亚基单独存在时，一般无活性；当它们形成具有完整四级结构的蛋白质时，才表现出生物学活性。亚基间相互作用形成的次级键维持着四级结构的稳定，疏水键是其中最主要的作用力。

血红蛋白是具有四级结构的蛋白质（图1-10）。它由2个α亚基、2个β亚基组成，亚基之间以非共价键连接。两种亚基的三级结构都与肌红蛋白相似，含有8段α螺旋并连接1个血红素分子。

考点：肽键平面的概念、特点，蛋白质一级、二级、三级、四级结构的概念，蛋白质二级结构的存在形式、结构特点，维持蛋白质各级结构的化学键

三、蛋白质结构与功能的关系

（一）蛋白质的一级结构和功能的关系

蛋白质的一级结构是空间构象的基础，也是蛋白质功能的基础。不同的蛋白质具有不同的生物学功能，根本原因是一级结构不同。例如，抗利尿激素（又称加压素）和缩宫素（又称催产素）都是九肽激素，都由下丘脑合成、输送，都由神经垂体分泌。两者仅存在两个氨基酸残基的差异（图1-11），但生理功能却截然不同——前者对肾脏有直接的抗利尿作用，还能使心血管收缩，血压升高；后者刺激妊娠子宫平滑肌收缩与乳腺平滑肌收缩排乳。

抗利尿激素的氨基酸序列 Gly-Arg-Pro-Cys-Asn-Gln-Phe-Try-Cys
└─S————S┘

缩宫素的氨基酸序列 Gly-Leu-Pro-Cys-Asn-Gln-Ile-Try-Cys
└─S————S┘

图1-11 抗利尿激素和缩宫素的氨基酸序列

研究还发现一级结构中关键部分相同，其功能也

相同；关键部分变化，其生物学活性也随之改变。例如，促肾上腺皮质激素（ACTH）是39肽激素，其N端第1～24位氨基酸组成的肽段是其活性所必需的关键部分。不同动物来源的ACTH，氨基酸顺序差异主要在第25～33位，1～24位的氨基酸顺序都相同，所以表现出相同的生物学功能。若第1位丝氨酸被酰基化，则活性下降为原来的3.5%；如果切去第25～29位的氨基酸，仍然具有全部活性。

（二）蛋白质的空间构象和功能的关系

蛋白质的空间构象是蛋白质表现其生物学活性所必需的。若蛋白质特定的空间构象被破坏，则其生物学活性也丧失，本章第4节“三、蛋白质的变性”对此有详细的阐述。

有时候空间构象改变，功能也会随之发生相应的变化，生物体内普遍存在的变构效应即是此例。变构效应指某种小分子物质特异地与某种蛋白质（或酶）的非活性部位（即变构部位）结合后，引起蛋白质（或酶）的构象发生微妙而有规律的变化，从而导致其活性改变的现象。血红蛋白是最早发现的具有变构效应的蛋白质；代谢通路中的很多关键酶，如糖无氧氧化中的6-磷酸果糖激酶-1，其活性也是通过变构效应来调节的。

某些蛋白质空间结构异常变化可引起疾病的发生，称为蛋白质构象病。牛海绵状脑病（疯牛病）就是一种典型的蛋白质构象病，是由朊病毒（一类不含核酸、只含蛋白质的亚病毒）的肽链错误折叠引起。人和动物细胞中朊病毒蛋白富含α螺旋。若其α螺旋转变成β折叠，则正常蛋白变成有致病性和感染性的蛋白，能引起哺乳动物中枢神经系统疾病。

考点：蛋白质一级结构、空间结构与功能的关系

第3节　蛋白质的分类与功能

一、蛋白质的分类

蛋白质种类繁多，分类方法也多种。通常可以根据其化学组成和分子形状进行粗略分类。

（一）按组成分类

1. 单纯蛋白质　指水解产物全部是氨基酸的蛋白质，如清蛋白、球蛋白、组蛋白等。

2. 结合蛋白质　水解产物除氨基酸外，还有其他的非蛋白质成分。非蛋白质部分被称为辅基。根据辅基不同又可将结合蛋白质分为核蛋白、糖蛋白、脂蛋白、色蛋白、磷蛋白、金属蛋白等六类，它们的辅基分别是核酸、糖类、脂类、色素、磷酸、金属离子。

（二）按分子形状分类

1. 球状蛋白质　蛋白质分子盘曲成球形或椭圆形。多属功能蛋白质，有特异的生物活性，如血红蛋白、酶、免疫球蛋白等。球状蛋白质较易溶于水。

2. 纤维状蛋白质　分子呈纤维状，多属结构蛋白质。少数可溶，如血纤维蛋白；大多数都不溶，如胶原蛋白、弹性蛋白、丝心蛋白等。

二、蛋白质的生物学功能

蛋白质是每种生物的生物学行为的主要执行者。其生物学功能主要有以下几种。

1. 催化功能　生命的最基本特征是物质代谢，而物质代谢中几乎所有化学反应都是在酶的催化下进行的。截至目前，已发现的酶绝大部分由蛋白质组成。

2. 代谢调节功能　生物体内精密的代谢调节系统保证了生命活动的正常进行。参与代谢调节的许多激素是蛋白质或多肽，如调节血糖水平的胰岛素、促进生长发育的生长激素等。

3. 转运和贮存功能　体内许多物质的转运和贮存要靠特殊的蛋白质来完成。例如，血浆运铁蛋白转运铁并在肝中形成铁复合物而贮存，许多药物吸收后也常与血浆蛋白结合而转运。

4. 运动和支持功能 动物的躯体运动、血液循环等都要通过肌肉收缩来进行，而肌肉收缩是由肌动蛋白、肌球蛋白等负责完成的；鞭毛是细菌的运动器官，其化学成分为蛋白质。生物体的结构蛋白（如胶原蛋白、角蛋白等）具有支持功能，维持着器官、细胞的正常形态。

5. 免疫保护功能 机体的免疫功能与抗体密切相关，而抗体是一类特异的球状蛋白质。抗体能识别进入体内的抗原，与之特异性结合并清除之，从而保护机体免受外界病原体侵袭。

6. 接收和传递信息 具有这种功能的蛋白质称为受体蛋白，如细胞膜上的蛋白质类激素受体、一些药物受体等。受体可与相应的配体结合，接收信息，并通过特定反应将信息传递、放大。

7. 控制生长和分化 一些蛋白质分子（如组蛋白、阻遏蛋白等）通过控制、调节某些蛋白质基因的表达来控制和保证机体生长、发育和分化的正常进行。

8. 参与组成生物膜 蛋白质和脂类是生物膜的基本成分。生物膜将细胞区域化以保证细胞正常的代谢。生物膜还和生物体内物质转运密切相关，也是能量转换的重要场所。

三、食物蛋白质的作用

（一）食物蛋白质的营养作用

1. 维持组织器官的生长、发育和修补作用 人体任何一个组织器官都含有蛋白质。蛋白质在人体内每天以3%左右的速度更新，所以人必须摄入足量蛋白质才能保证正常的生长发育、组织蛋白更新及组织损伤的修补。

2. 作为体内许多重要生理活性物质合成和更新的原料 酶、抗体、血红蛋白、肌肉收缩蛋白、多肽激素等的合成和更新皆需要氨基酸作为原料。如果蛋白质长期供应不足，会导致人体易疲劳、抵抗力下降、贫血、运动能力降低等现象。

3. 维持体内水分的正常分布 蛋白质长期摄入不足，会造成血浆蛋白合成障碍，导致血浆胶体渗透压下降，从而逐渐形成水肿。

4. 氧化供能 经消化吸收后，每克蛋白质在体内氧化分解可产生16.7kJ的能量。通常人体总能量的10%～20%由蛋白质提供。因蛋白质不能被彻底氧化分解，故作为能量来源不经济。

（二）食物蛋白质的互补作用

食物蛋白质的必需氨基酸种类、含量和比例越接近人体需要的模式，其利用率越高。两种或两种以上的食物蛋白质混合食用，如果它们所含有的必需氨基酸能够相互补充，就可以达到较好的比例，从而提高蛋白质利用率，这种作用称为食物蛋白质的互补作用。

为了充分发挥食物蛋白质的互补作用，我们在搭配和食用食物时，应遵循3个原则：①食物的生物学种属越远越好；②搭配种类越多越好；③食用时间越近越好，最好同时食用。

考点： 蛋白质分类与生物学功能

第4节 蛋白质的理化性质

一、蛋白质的两性电离

蛋白质是两性电解质，其分子两端和侧链上的氨基和羧基，以及侧链上的某些其他基团，如精氨酸残基的胍基、组氨酸残基的咪唑基，在一定条件下都可以解离而带正电荷或负电荷。蛋白质在溶液中解离成正、负离子的趋势相等即净电荷为零时溶液的pH称为蛋白质的等电点（isoelectric point，pI）。蛋白质在溶液中的带电情况，取决于它的等电点和溶液的pH。

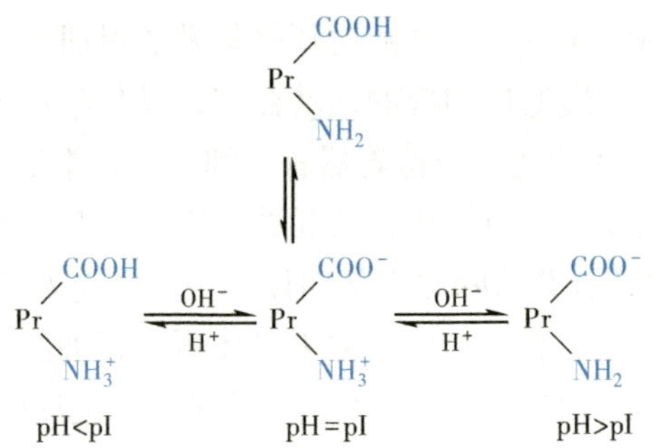

蛋白质的等电点与其所含的氨基酸的种类和数量有关。一般来说，含酸性氨基酸较多的蛋白质，等电点偏酸；含碱性氨基酸较多的蛋白质，等电点偏碱。

两性电离和等电点等性质，经常是制订蛋白质分离纯化和鉴定方案的重要依据。例如，利用电泳速度的差异进行蛋白质的分离，利用等电点时溶解度差异沉淀蛋白质等。电泳（electrophoresis）是指带电粒子在电场中向电性相反的电极移动的现象。电泳速度除了取决于带电粒子所带净电荷的数量、本身的分子大小和形状，还跟电场强度及溶液的pH、黏度、离子强度等有关。蛋白质在等电点时溶解度最小，所以经常选择在其等电点附近进行沉淀操作。

考点：蛋白质的带电状况、等电点、溶液pH之间的关系，等电点、电泳的概念

二、蛋白质的高分子性质

蛋白质是生物大分子，在溶液中所形成的质点的分子直径为1～100nm，达到了胶体颗粒的范围，所以具有布朗运动、光散射现象、不能透过半透膜、吸附能力等胶体溶液的一般特征。

蛋白质水溶液是较稳定的亲水胶体。使其稳定的基本因素有两个：蛋白质分子表面的水化层和同种电荷。蛋白质分子中，疏水的非极性基团大多内包，亲水的极性基团位于分子表面。这些极性基团易与水产生水合作用，在表面形成较厚的水化层，从而使蛋白质分子相互隔开。同种蛋白质颗粒在pH偏离等电点的溶液中带同性电荷，相互排斥，因而不易聚集。

在生物体中，蛋白质与大量的水结合，形成了各种流动性不同的胶体系统，如血浆、胞质溶胶（cytosol）等。胞质溶胶是指细胞质中除细胞器和不溶性细胞骨架以外的无色、半透明、无定形的胶体物质，也称细胞基质，主要成分是水、蛋白质，还有无机离子、脂类、糖类、RNA等。

蛋白质的胶体性质也是许多蛋白质分离纯化方法的基础，如利用透析法去除蛋白质中混有的小分子物质，利用中性盐、有机溶剂沉淀蛋白质等。本章后续有详细的介绍。

考点：蛋白质亲水胶体稳定的因素及其应用

三、蛋白质的变性

1929年，我国生物化学家吴宪首先提出蛋白质变性理论。在某些理化因素作用下，蛋白质分子的空间构象发生改变或破坏，导致其生物学活性的丧失和一些理化性质的改变，这种现象称为蛋白质的变性作用（denaturation）。现代研究表明，变性的本质是外界因素破坏了维持蛋白质分子空间构象的次级键，并不涉及一级结构的改变或肽键的断裂。

使蛋白质变性的因素有高温、紫外线、X射线、超声波、剧烈搅拌、强酸、强碱、有机溶剂、尿素、重金属盐等。不同蛋白质对各种因素的敏感度不同，故变性程度各异。除去变性因素后，蛋白质恢复天然构象和生物活性的过程称为蛋白质的复性。能够复性的变性为可逆变性，反之则为不可逆变性。可逆变性：用尿素和β-巯基乙醇（前者竞争氢键，后者将二硫键还原）处理核糖核酸酶，导致核糖核酸酶丧失生物学活性；用透析法除去尿素和β-巯基乙醇，并在有氧条件下使巯基缓慢氧化成二硫键后，该酶又恢复了活性（图1-12）。但如果用高温加热的方式使核糖核酸酶变性则为不可逆变

性，恢复到常温后酶也不可能复性。

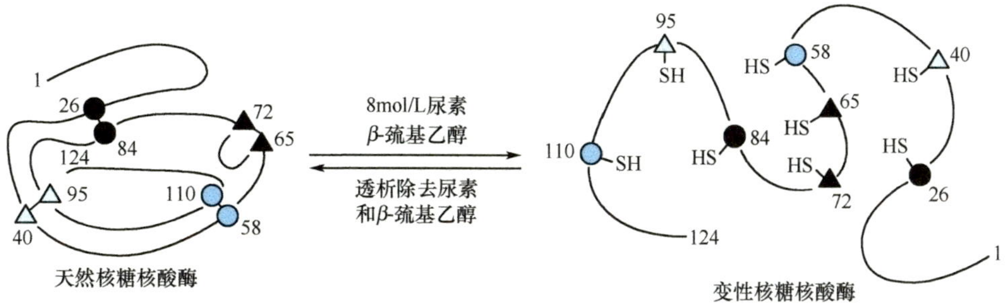

图 1-12　核糖核酸酶的变性与复性

蛋白质变性的最主要特征是生物学活性的丧失，酶的催化能力、蛋白质类激素的调节功能、抗体识别抗原的能力、血红蛋白运输 O_2 和 CO_2 的能力等皆会丧失。此外，某些理化特征也会改变，如溶解度降低、不能结晶、黏度增加、扩散系数降低、易被蛋白酶水解等。

实践中对蛋白质的变性作用有不同的要求，有时必须尽力避免，有时则要充分利用。在保存有生物活性的酶、蛋白质或其他生物制品（如疫苗、菌苗）时，应采用低温等方法，尽量减少变性的发生；酒精、紫外线消毒，高温、高压灭菌，都是利用理化因素使细菌蛋白质变性而失去活性；鸡蛋、肉等食物做熟了吃，是通过加热使蛋白质变性以利于消化。

考点： 蛋白质变性的概念，引起变性的因素，变性的本质、特征、应用

四、蛋白质的沉淀

蛋白质分子聚集而从溶液中析出的现象，称为蛋白质的沉淀。沉淀方法主要有以下几种。

1. 盐析法　向蛋白质溶液中加入大量中性盐，使蛋白质沉淀析出的现象称为盐析（salting out）。中性盐在溶解时争夺了蛋白质颗粒表面的水化层，解离后又中和了蛋白质分子表面的电荷，导致稳定蛋白质亲水胶体的两个因素被破坏，于是蛋白质分子聚集沉淀。常用的中性盐有硫酸铵、氯化钠、硫酸钠等。通常二价离子的中性盐比一价离子的中性盐对蛋白质的溶解度影响更大，更易使其沉淀。不同蛋白质因表面结构、电荷多少不同，盐析时所需的盐浓度各异，故混合蛋白质溶液可用不同盐浓度使它们分别沉淀，这种方法称为分级沉淀。盐析法的主要优势是沉淀出的蛋白质不变性，因此常用于酶、激素等生物活性蛋白质的分离制备。

值得注意的是，如果向蛋白质溶液中加入少量中性盐，反而会增加蛋白质分子表面的电荷，增强蛋白质分子与水分子的作用，导致蛋白质溶解度增加，这种现象称为盐溶作用。

2. 有机溶剂沉淀法　向蛋白质溶液中加入能与水互溶的有机溶剂，可破坏蛋白质分子表面的水化层，还能降低溶剂的介电常数，从而导致蛋白质分子聚集沉淀。沉淀不同蛋白质所需的有机溶剂的浓度不同，因此对混合蛋白质可以用改变有机溶剂浓度的方法分级沉淀。常用的有机溶剂包括丙酮、乙醇、甲醇等，其中丙酮的介电常数最小，故沉淀能力最强。本法沉淀蛋白质的选择性较高，且不需脱盐。缺点是易引起蛋白质变性，变性程度与有机溶剂的浓度、操作温度、操作过程所用的时间等因素有关，故应在低温下快速操作。

3. 重金属盐沉淀法　蛋白质在 pH > pI 的溶液中呈阴离子，可与重金属离子（Cu^{2+}、Hg^{2+}、Pb^{2+}、Ag^{+} 等）结合成不溶性蛋白盐而变性沉淀。临床上抢救误食重金属盐的患者时，常给予大量蛋白质以减少重金属离子的吸收。

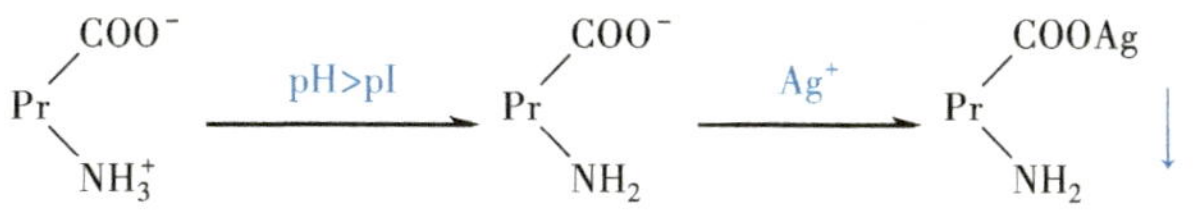

4. 生物碱试剂沉淀法 蛋白质在pH＜pI时呈阳离子，可与一些生物碱试剂（如苦味酸、磷钨酸、磷钼酸、三氯乙酸等）结合生成不溶性的盐而变性沉淀。血液样品分析中无蛋白滤液的制备、中草药注射液中蛋白质的检查等，皆以此反应为依据。

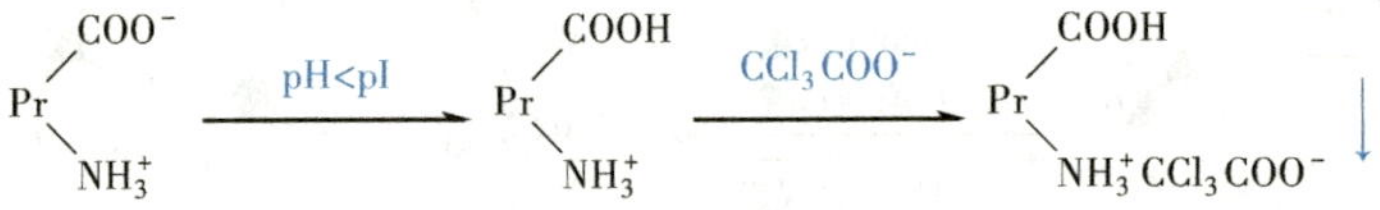

考点：蛋白质沉淀的概念，蛋白质沉淀的方法、原理、主要特点

五、蛋白质的紫外吸收性质

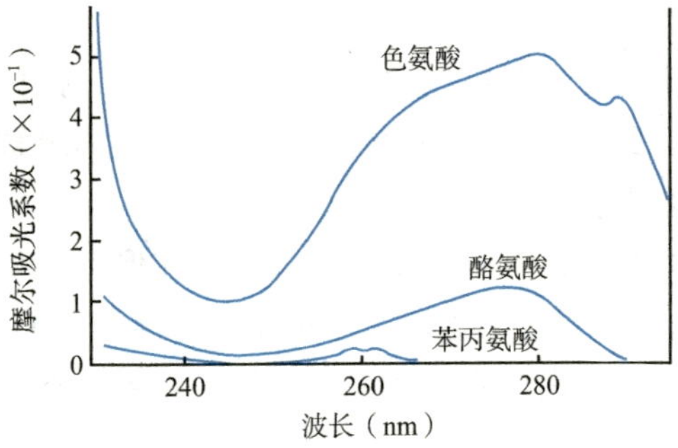

图1-13 酪氨酸、色氨酸、苯丙氨酸的紫外吸收光谱

蛋白质分子中，酪氨酸、色氨酸、苯丙氨酸残基的侧链含有共轭双键，能够吸收紫外光（图1-13）。蛋白质分子的最大吸收峰通常在280nm处，故紫外分光光度法测量蛋白质含量常选择在此波长下进行。

考点：蛋白质紫外吸收的性质、最大吸收峰的波长

六、蛋白质的颜色反应

蛋白质中的一些基团能与某些试剂反应，生成有色物质，称为蛋白质的颜色反应。颜色反应可用于蛋白质及多肽的定性和定量分析，但并非是蛋白质的特异反应，所以不能单独利用这些反应来鉴别蛋白质。蛋白质常见的颜色反应见表1-2。

表1-2 蛋白质常见的颜色反应

反应名称	反应基团	显色试剂	反应现象
双缩脲反应	肽键（2个及以上）	碱性Cu^{2+}	紫红色
酚试剂反应	酪氨酸、色氨酸	磷钼钨酸	蓝色
黄色反应	苯环	浓硝酸	黄色
坂口反应	胍基	次氯酸钠、α-萘酚、氢氧化钠	红色
茚三酮反应	α-氨基	茚三酮丙酮溶液	蓝紫色

考点：蛋白质常见的颜色反应及反应基团

第5节 蛋白质的制备技术

虽然不同蛋白质的制备方法各不相同，但一般都涉及提取、分离纯化、鉴定和含量测定等最基本的过程。

一、蛋白质的提取

对于以可溶形式存在于细胞外的蛋白质，可按其性质选择适当的溶媒直接提取。但多数蛋白质存在于细胞内，很多还结合在细胞器上，故需先破碎细胞，然后再以溶媒提取。一般用超声波、组织捣碎、匀浆、反复冻融、渗透压冲击等方法破坏动物组织和细胞，用加砂研磨、高压挤压、纤维素酶等方法破碎植物组织和细胞，用珠磨、高压匀浆、喷雾撞击、酶溶等方法破坏微生物细胞。选择的操作条件既要尽量提取所需蛋白质，还要防止蛋白酶的水解作用和其他因素对蛋白质特定构象的破坏。蛋白质的粗提液可进一步分离纯化。

二、蛋白质的分离纯化

（一）以溶解度为依据的分离纯化方法

影响蛋白质溶解度的主要因素有溶液的pH、离子强度、温度、溶剂的介电常数等。恰当地改变这些因素，可造成蛋白质溶解度的改变而沉淀。常用的方法有盐析法、低温有机溶剂沉淀法、等电点沉淀法。这些方法在本章第4节已述及。

（二）以密度为依据的分离纯化方法

蛋白质在离心时的沉降速度取决于它的密度和颗粒大小，据此可以用密度梯度离心法对密度不同的蛋白质进行分离。用一定的介质（如氯化铯、蔗糖、多聚蔗糖等）在离心管内形成一连续或不连续的密度梯度，蛋白质溶液从介质顶部加入，离心时每种蛋白质分子沉降到与自身密度相等的介质梯度时，即停滞不前，因此可以分部收集。

（三）以分子大小和形状为依据的分离纯化方法

1. 透析法 蛋白质大分子不能透过半透膜而小分子物质可以透过，透析法正是利用这个特点使两者分开（图1-14）。此法简便，常用于蛋白质的脱盐，但需时较长。

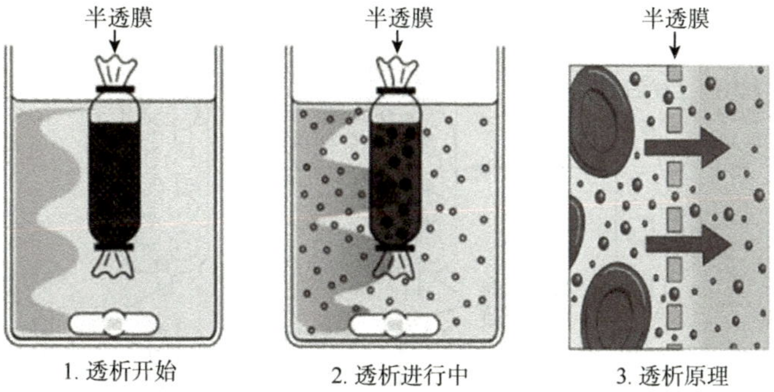

图1-14 透析过程和原理

2. 超滤法 超滤是以压力为推动力的膜分离技术。利用超滤膜（孔径一般是1～100nm），在一定的压力或离心力的作用下，大分子物质被截留而小分子物质透过超滤膜排出。超滤的条件温和，蛋白质不易变性，常用于蛋白质的脱盐、浓缩、分级纯化等。

3. 凝胶过滤层析法 蛋白质溶液通过多孔的、具有分子筛性质的凝胶，由于分子量的差异而分离（图1-15）。常用的凝胶有葡聚糖凝胶、聚丙烯酰胺凝胶等。被分离物中，直径大于凝胶孔径的分子，被排阻于凝胶颗粒之外；直径小于凝胶孔径的分子则可以进入凝胶颗粒内部。用适当的洗脱液洗脱时，大分子因为流程短而先流出，小分子因为流程长而后流出，因此分子量大小不同的物质得以分离。

（四）以电离性质为依据的分离纯化方法

1. 电泳法 是蛋白质分离和分析的常用方法。一定条件下，不同蛋白质因所带电荷的性质、数量及分子大小、形状不同，在电场中的泳动速度有差异，最终在支持物上处于不同的位置而得以分离。常用的有醋酸纤维素薄膜电泳、聚丙烯酰胺凝胶电泳、等电聚焦电泳等。

2. 离子交换层析法 是利用溶液中各种带电粒子与离子交换剂之间静电结合力的差异进行分离的方法（图1-16）。选择一定的条件，使混合物中的某些蛋白质结合在离子交换剂上；洗脱时通过改变pH和盐离子强度可改变结合力——结合力小的蛋白质先由层析柱中流出，这样依次而行，可将不同的蛋白质分开。适合于蛋白质分离纯化的介质有离子交换纤维素、离子交换凝胶（具有离子交换和分子筛两种作用）、大孔型离子交换树脂等。

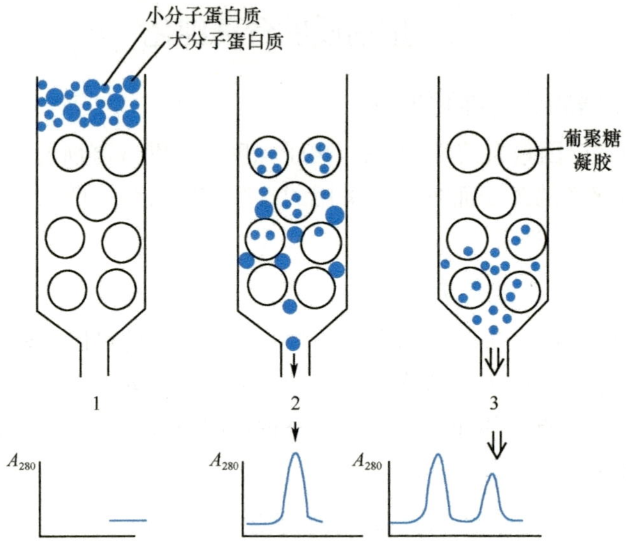

图 1-15 凝胶过滤层析法示意图

1. 为最先流出的洗脱液（不含蛋白质）；2. 为含大分子蛋白质的洗脱液；3. 为含小分子蛋白质的洗脱液

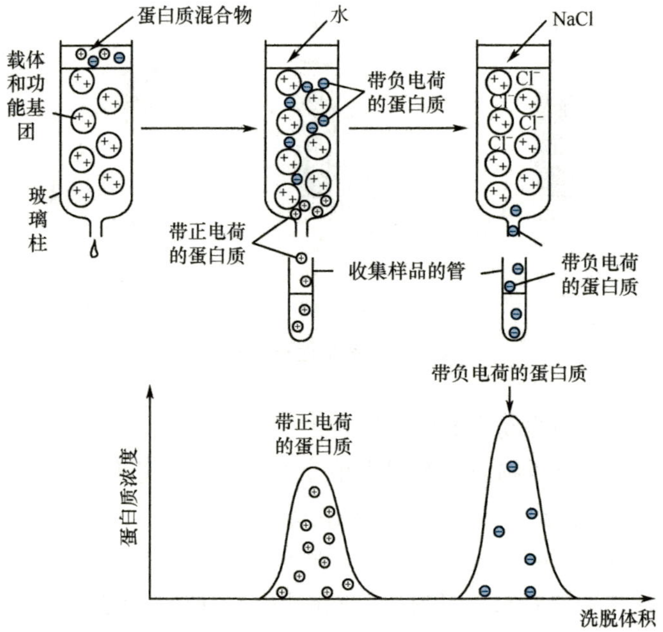

图 1-16 离子交换层析法示意图

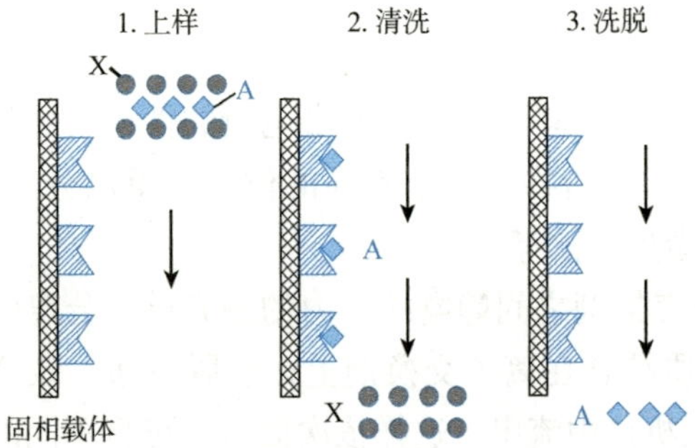

图 1-17 亲和层析法的基本过程

X 为其他成分；A 为目标蛋白

（五）以配基特异性为依据的分离纯化方法

亲和层析又名生物特异层析。能与目标蛋白特异而又可逆结合的物质称为配基。将配基用化学方法连接到固相载体上，装入层析柱中。样品混合物中只有目标蛋白能与配基特异性结合，被吸附在柱上；其他组分不能被特异性吸附，直接流出层析柱。再变换洗脱液，促使配基与蛋白质复合物解离。亲和层析法的基本过程见图 1-17。

（六）以疏水性为依据的分离纯化方法

蛋白质分子在形成高级结构时趋向于将疏水基团包

裹在分子内部，但其表面仍存在较多分散的疏水基团。不同的蛋白质，其表面疏水基团的数量和分布存在较大差异，与疏水性配体（配体偶联在固定相载体上）形成的疏水键的强弱就存在差异，疏水层析就是利用这种差异实现蛋白质分离的。通常盐浓度越高，形成的疏水键越强，所以，可以先用高浓度的盐溶液使目标分子结合到固定相介质上，再用低浓度的盐溶液将蛋白质洗脱下来。与配体结合力弱的蛋白质先由层析柱中洗脱出来，这样依次可将疏水性不同的蛋白质分开。

上述方法是蛋白质分离纯化的常用方法。当一种方法达不到较好的分离效果时，可以两种或多种方法联用。

三、蛋白质的鉴定和含量测定

蛋白质的鉴定通常包括纯度分析、分子量测定、等电点测定、生物活性分析、结构鉴定。纯度分析目前应用较多的是凝胶过滤层析法、反相高效液相层析法、聚丙烯酰胺凝胶电泳法、毛细管电泳法和免疫化学法，应选用多种方法从不同角度去确定其均一性。相对分子质量测定时常用凝胶过滤层析法、SDS-聚丙烯酰胺凝胶电泳法、超速离心法、质谱法。等电点测定常用等电聚焦电泳法或毛细管电泳法。生物活性分析即根据蛋白质的特殊生物活性，建立相应的分析检测方法。例如，绒毛膜促性腺激素可促进卵巢黄体发育转变为妊娠黄体，其生物活性检测用小白鼠子宫增重法或大白鼠卵巢增重法。结构鉴定主要包括物理分析和化学分析。物理分析常用质谱法、磁共振法、X射线衍射法、红外光谱法、圆二色谱法来确定蛋白质的一级结构和空间结构。化学分析常用Edman降解法进行部分氨基酸序列分析，再用互补DNA（cDNA）的推导来完善该序列。

蛋白质含量测定常用凯氏定氮法、Folin-酚试剂法、双缩脲法、考马斯亮蓝法、紫外分光光度法等。凯氏定氮法是将待测蛋白质与浓硫酸、催化剂一同加热消化，蛋白质分解出的氨与硫酸结合生成硫酸铵，然后加碱蒸馏使氨释放，用定量的硼酸吸收释出的NH_3，再用标准浓度的酸滴定，求出含氮量即可计算出蛋白质含量。其他几种方法的原理和实施过程，见本教材第3篇的项目1蛋白质的定量测定。

考点：蛋白质分离纯化和含量测定常用的方法

第6节　蛋白质类药物

蛋白质是生命活动过程中最重要的物质基础，同时在疾病的诊断、预防、治疗中也有举足轻重的地位。蛋白质类天然生物药物的应用由来已久，而基因工程药物则是现代生物医药产业发展的热点，也是人类防病抗病的强有力的手段。

一、蛋白质类天然生物药物

天然生物药物指从微生物、动物、植物和海洋生物中发现、研究、生产的非重组药物，可分为微生物药物、天然生化药物和海洋生物药物。

微生物药物包括微生物的初级代谢产物、次级代谢产物，以及借助微生物转化产生的用化学方法难以合成的药物或中间体。蛋白质类天然生物药物，微生物来源的主要有*L*-天冬酰胺酶、淀粉酶、溶菌酶、链激酶等酶类药物。另外，以相应菌体为原料提取的结核菌素纯蛋白衍生物、卡介菌纯蛋白衍生物、布鲁氏菌纯蛋白衍生物等药物，主要活性成分也是蛋白质。

天然生化药物广义上是指从动物、植物和微生物等生物体中提取的、具有生理活性的化学物质；狭义上指的是从动物的组织、器官、腺体、体液、分泌物、附属物中提取的药物，故也称脏器生化药物。狭义上的天然生化药物，跟蛋白质相关的包括血清白蛋白、免疫球蛋白、丙种球蛋白、纤维蛋白原、胰岛素、催产素、胰高血糖素、促甲状腺激素释放激素、甲状旁腺激素、降钙素、细胞生长因子、促红细胞生成素、抗毒素等多肽和蛋白质类药物，消化酶（胃蛋白酶、胰酶等）、消炎酶（胰蛋白酶等）、心血管疾病治疗酶（激肽释放酶等）、抗肿瘤酶（谷氨酰胺酶等）、细胞色素c等酶和辅酶类药物等。

海洋生物药物指以海洋生物和海洋微生物为药源，运用现代科学方法和技术制备而成的药物。现有的海洋生物药物大多属于天然药物范畴（即直接从海洋生物中提取的有效成分）。由于海洋生物的生活环境与陆地完全不同，所以海洋生物药物往往有其独特的生物活性。跟蛋白质相关的海洋生物药物主要是海洋生物毒素，如河鲀毒素、海蛇毒素、海葵毒素、芋螺毒素等。这些毒素对哺乳动物的毒性很强，但经过纯化和适当控制剂量，会产生麻醉、升压、降压、强心、抗癌、抗病毒等药理作用。

二、基因工程药物

基因工程药物指应用基因工程和蛋白质工程技术制造的重组活性多肽、蛋白质及其修饰物，用于疾病的预防、治疗和诊断。

基因工程药物包括：重组人干扰素α1b、重组人干扰素γ等干扰素类，重组人白介素-2、重组人白介素-11等白介素类，重组人TNF-α和重组人TNF受体等肿瘤坏死因子类，重组人促红细胞生成素（CHO细胞）、重组人表皮生长因子、重组人粒细胞刺激因子、重组牛碱性成纤维细胞生长因子等生长因子类，重组人胰岛素、重组人生长激素等多肽与蛋白质类激素，重组尿激酶原、重组链激酶等心血管病治疗剂与酶制剂类，重组乙型肝炎疫苗、重组B亚单位/菌体霍乱疫苗等疫苗类，尼妥珠单抗、利妥昔单抗等重组单克隆抗体制品类，维迪西妥单抗、德曲妥珠单抗等抗体偶联药物（ADC），康柏西普、阿柏西普等融合蛋白，聚乙二醇重组人生长激素等人用聚乙二醇化重组蛋白及多肽制品类。

另外，还有一些用细胞工程技术生产的蛋白质类药物是非重组蛋白，如抗A抗B血型定型试剂（单克隆抗体）、Muromonab单抗等。

自测题

（一）名词解释

肽平面　等电点　盐析　必需氨基酸　蛋白质的空间构象

（二）填空题

1. 所有的蛋白质都含有________、________、________、________等元素。
2. 通常来说，组成天然蛋白质的氨基酸有________种。根据分子中R基团的结构和性质，这些氨基酸可以分为______类，其中酸性R基氨基酸包括______和______。
3. 氨基酸通过________键相连而形成的化合物称为肽，一般________肽以上称为多肽。多肽链书写时，通常________端写在左侧，________端写在右侧。
4. 维持蛋白质亲水胶体稳定的因素有________、________。
5. 结合蛋白质的非蛋白部分，通常被称为________。
6. 通常以______、______、________、________、________、________等为依据对蛋白质进行分离纯化。

（三）选择题

【A型题】

1. 蛋白质的平均含氮量是
   A. 6.25%　B. 16%　C. 26%　D. 36%　E. 60%
2. 下列氨基酸中，不参与蛋白质生物合成的是
   A. 甘氨酸　B. 丙氨酸　C. 鸟氨酸　D. 精氨酸　E. 半胱氨酸
3. 第一个确定一级结构的蛋白质是
   A. 血红蛋白　B. 肌红蛋白　C. 生长激素　D. 胰岛素　E. 血红素
4. 下列物质中，具有四级结构蛋白质的是
   A. 血红蛋白　B. 肌红蛋白　C. 胰岛素　D. 催产素　E. 血红素
5. α螺旋中，与第1个肽单位亚氨基上的H形成氢键的O位于第几个肽单位中
   A. 第6个　B. 第5个　C. 第4个　D. 第3个　E. 第2个

6. 下列过程中蛋白质一定变性的是
   A. 盐析　　B. 盐溶
   C. 加热凝固　　D. 等电点沉淀
   E. 透析
7. 蛋白质吸收紫外光时最大吸收峰产生在
   A. 260nm处　　B. 280nm处
   C. 320nm处　　D. 360nm处
   E. 400nm处
8. 葡聚糖凝胶G-50（Sephadex G-50）适用于分子量范围在1500～30 000Da的物质的分离，以该凝胶为介质分离下列分子量的蛋白质，最先流出的蛋白质分子量是
   A.1000Da　　B. 16 000Da　　C. 20 000Da
   D. 24 000Da　　E. 100 000Da
9. 下列结构形式中，能承担特定的生物学功能的是
   A. α螺旋　　B. α螺旋组合（$\alpha\alpha$）
   C. β折叠　　D. β转角
   E. 结构域

【B型题】

（第10～14题共用选项）
   A. 肽键　　B. 氢键
   C. 疏水键　　D. 二硫键
   E. 离子键

10. 维持蛋白质一级结构的最主要的化学键是
11. 维持蛋白质二级结构的主要作用力是
12. 维持蛋白质三级结构的最重要的作用力是
13. 维持蛋白质四级结构的最重要的作用力是
14. 参与维持蛋白质三级结构稳定的共价键是

【X型题】

15. 关于肽键，下列说法正确的有
   A. 肽键中的C—N键不能自由旋转
   B. 肽键是一种特殊的酰胺键
   C. 参与组成肽键的四个原子及与之相邻的两个α-碳原子位于同一个平面
   D. 肽键是维持蛋白质一级结构的最主要的化学键
   E. 同种氨基酸之间不能形成肽键
16. 蛋白质与氨基酸共同的性质是
   A. 双缩脲反应　　B. 高分子性质
   C. 两性电离　　D. 胶体性质
   E. 茚三酮反应
17. 蛋白质在溶液中带何种电荷取决于
   A. 蛋白质的等电点
   B. 溶液的pH
   C. 环境的温度
   D. 蛋白质的浓度
   E. 蛋白质的分子量
18. 电泳速度与下列哪些因素有关
   A. 粒子所带净电荷的数量
   B. 分子大小和形状
   C. 电场强度
   D.溶液的pH
   E. 溶液的离子强度
19. 有机溶剂沉淀法沉淀蛋白质常用的溶剂是
   A. 三氯乙酸　　B. 乙醇
   C. 甲醇　　D. 苯酚
   E. 丙酮
20. 关于亚基，下列说法正确的有
   A. 单独存在一般没有活性
   B. 单独存在一般有活性
   C. 具有一、二、三级结构
   D. 具有四级结构
   E. 是构成蛋白质四级结构的单位

（四）简答题

1. 何谓蛋白质变性？叙述引起蛋白质变性的因素、蛋白质变性的本质，并举一例说明蛋白质变性在实践中的应用。
2. 简述蛋白质的结构和功能之间的关系。

（黄　纯　程艳菊）

第2章 核酸化学

学习目标

1. 知识目标： 掌握核酸的概念、分类、分布与功能、化学组成及基本结构单位，核酸的一级结构及特点，DNA二级结构的要点，RNA的分类及tRNA二级结构的特点；理解核酸序列的书写方式，核酸的理化性质；了解核苷酸的衍生物，DNA的三级结构，RNA的空间结构，核酸的制备技术。

2. 能力目标： 能够协助开展遗传病和核酸类药物的药学社会服务。

3. 素质目标： 通过核酸相关知识的学习，对生命科学的本质有进一步了解，领悟核酸研究创新的思路和策略。

核酸（nucleic acid）是由多个核糖核苷酸或脱氧核糖核苷酸通过3′，5′-磷酸二酯键连接而成的一类生物大分子。因最初从脓细胞的细胞核中提取获得，呈酸性，故称为核酸。

核酸是构成生物体的重要大分子，它不仅与生物的生长繁殖、遗传变异、细胞分化等正常生命过程息息相关，而且与异常活动如肿瘤的发生发展、遗传病、病毒感染等也紧密关联，因此，人们对核酸的认识和研究是现代生物化学、分子生物学与医药领域发展的重要内容。

考点： 核酸的概念

第1节　核酸的分类与功能

一、核酸的分类与分布

核酸分为脱氧核糖核酸（deoxyribonucleic acid，DNA）和核糖核酸（ribonucleic acid，RNA）两大类。

（一）脱氧核糖核酸

真核细胞中，98%以上的DNA分布于细胞核内，其余分布在细胞核外，如线粒体、叶绿体等细胞器及质粒中；原核细胞中，DNA主要集中在拟核区，少量分布在质粒中。

（二）核糖核酸

生物体内已发现多种天然RNA。真核细胞中，RNA约90%分布在细胞质中，仅有10%在细胞核内。在细胞内参与蛋白质生物合成的RNA主要有三种：信使核糖核酸（messenger RNA，mRNA）、转运核糖核酸（transfer RNA，tRNA）、核糖体核糖核酸（ribosomal RNA，rRNA）。除上述三种主要RNA外，细胞内还含有其他种类的RNA，如核内不均一RNA（hnRNA）、核小RNA（snRNA）、小干扰RNA（siRNA）和微小RNA（microRNA）等。此外，生物体内还存在线粒体RNA（mtRNA）、叶绿体RNA（ctRNA）等。

考点： 核酸的分类，DNA和RNA的分布

二、核酸的生物学功能

核酸的主要功能与生物的遗传和变异直接相关。DNA是遗传变异的物质基础，RNA主要参与遗传

信息的表达和调控。

1. 核酸是传递遗传信息的载体 生物体的遗传信息主要储存在DNA分子上（RNA病毒的遗传信息储存在RNA分子上），通过mRNA进行传递，在多种RNA和蛋白质的共同作用下，翻译出蛋白质参与各项生命活动。

2. 核酸是遗传变异的物质基础 遗传是相对的，变异是绝对的。遗传可以保持物种的相对稳定，而变异使得物种演变和生物优化发展成为可能。现代DNA重组技术可实现跨越物种的遗传基因转移，并展现特定的生物学性状和功能。

3. 核酸可以进行信号调控 随着对核酸的研究不断深入，人们发现核酸不仅是遗传信息的载体，还具有信息调控功能。微小RNA通过与特定mRNA的特定区域结合可抑制基因表达，在机体细胞的繁殖、发育、死亡及多种肿瘤的发生发展过程中发挥了重要作用。siRNA与mRNA结合，可导致目标mRNA断裂或降解，从而抑制基因表达。

4. 核酸可以进行生物催化 核酶（ribozyme）是一类具有催化活性的RNA分子，可通过碱基配对特异性地与相应的RNA结合，继而对RNA进行切割或剪接。在生物医药领域，研究者们将核酶定点切割RNA的特性用于抗病毒、抗肿瘤药物的设计和研发。脱氧核酶（deoxyribozyme）则是具有催化功能的DNA分子，一般通过体外筛选获得。

考点：核酶的概念，核酸的生物学功能

第2节 核酸的分子组成

一、核酸的元素组成

组成核酸的元素有C、H、O、N、P等。磷元素是核酸的特征元素，且含量比较恒定，占9%～10%，可作为核酸定量测定的依据。

考点：核酸的元素组成

二、核酸的基本结构单位

核酸由数量众多的单核苷酸聚合而成，单核苷酸是核酸的基本结构单位。单核苷酸可分为核糖核苷酸和脱氧核糖核苷酸，前者是RNA的结构单位，后者是DNA的结构单位。

（一）核酸的化学组成

核酸水解生成核苷酸，核苷酸可水解成核苷和磷酸，核苷进一步水解则生成碱基（base）和戊糖。因此，核酸的化学组成包括碱基、戊糖和磷酸。

1. 碱基 核酸中的碱基根据母核的不同分为嘌呤碱和嘧啶碱两类，它们分别含嘌呤环和嘧啶环结构，均为含氮的杂环化合物，具有弱碱性，故称为碱基。

（1）嘌呤碱 常见的嘌呤类碱基有腺嘌呤（adenine，A）和鸟嘌呤（guanine，G），它们都是RNA和DNA的组成碱基，结构见图2-1。

（2）嘧啶碱 常见的嘧啶类碱基有胞嘧啶（cytosine，C）、尿嘧啶（uracil，U）、胸腺嘧啶（thymine，T），结构见图2-1。其中胞嘧啶为RNA和DNA共有，尿嘧啶主要存在于RNA中，胸腺嘧啶主要存在于DNA中。

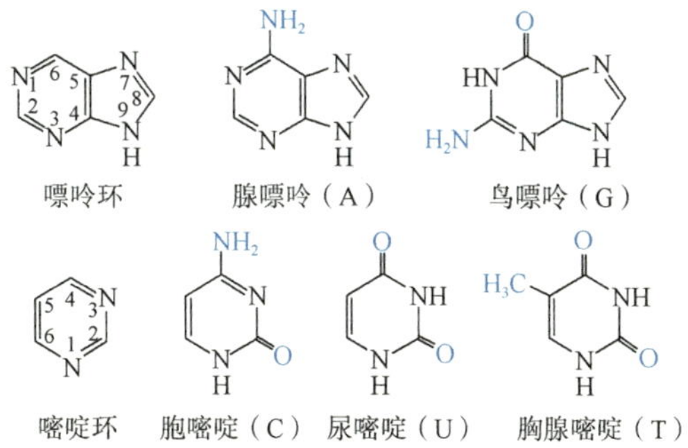

图2-1 核酸中的两类主要碱基

核酸中还有一些含量甚少的碱基，称为稀有碱基。稀有碱基种类很多，它们是常见碱基的衍生物，如1-甲基腺

图2-2 核酸中的稀有碱基

嘌呤、1-甲基鸟嘌呤、1-甲基次黄嘌呤、次黄嘌呤、二氢尿嘧啶等，其结构见图2-2。

2. 戊糖 RNA和DNA两类核酸所含戊糖不同。在给核酸中的戊糖编号时，编号数字上要加撇“′”，以便与碱基编号区别。构成RNA的戊糖是*β-D-*核糖（*β-D*-ribose，R），构成DNA的戊糖是*β-D*-2′-脱氧核糖（*β-D*-2′-deoxyribose，dR），两者结构的差异在于第2位碳原子（$C_{2'}$）上的基团不同（图2-3）。

3. 磷酸 DNA及RNA中均含有磷酸，磷酸基团通过形成二酯键的方式连接两个核苷酸分子，使核苷酸聚合成长链。

（二）核苷酸的结构组成

1. 核苷 戊糖第1位碳原子（$C_{1'}$）上的羟基与嘌呤碱第9位氮原子（N_9）或嘧啶碱第1位氮原子（N_1）上的氢脱水缩合后通过糖苷键形成核苷（nucleoside）。核糖与碱基通过糖苷键连接形成核糖核苷，脱氧核糖与碱基通过糖苷键连接形成脱氧核糖核苷。

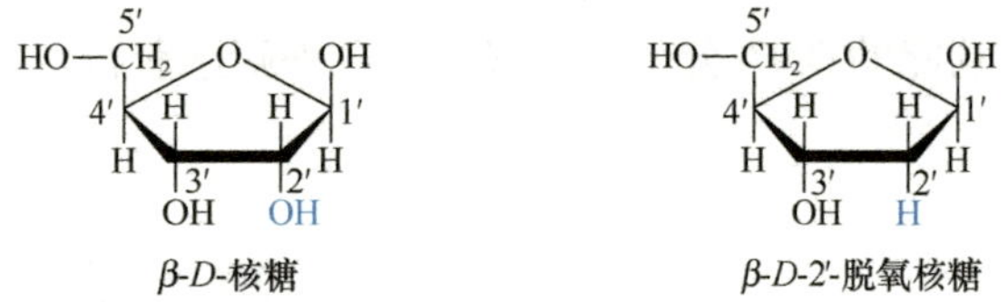

图2-3 戊糖的结构

RNA中常见的核糖核苷有四种：腺苷（A）（腺嘌呤核苷简称腺苷，以此类推）、鸟苷（G）、胞苷（C）和尿苷（U）。DNA中的脱氧核糖核苷也是四种：脱氧腺苷（dA）（d表示脱氧，腺嘌呤脱氧核苷简称脱氧腺苷，以此类推）、脱氧鸟苷（dG）、脱氧胞苷（dC）和脱氧胸苷（dT）。图2-4是部分核苷分子的结构式。

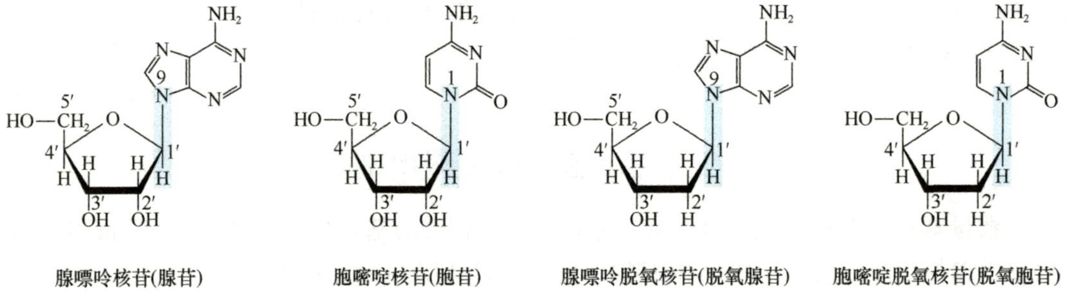

图2-4 核苷的结构

2. 核苷酸 即核苷的磷酸酯，是由核苷分子中戊糖的羟基磷酸酯化而成。核糖有3个羟基可被酯化，分别形成5′-核苷酸、3′-核苷酸、2′-核苷酸；而脱氧核糖只有5′和3′两个羟基可被酯化。自然界存在的游离核苷酸以5′-核苷酸为主。

核苷酸可根据其核苷及磷酸残基数命名。例如，腺嘌呤核苷的5′-一磷酸酯，命名为腺嘌呤核苷一磷酸（AMP），简称一磷酸腺苷或腺苷一磷酸；若核苷是脱氧腺嘌呤核苷，即命名为脱氧腺嘌呤核苷一磷酸（dAMP），简称一磷酸脱氧腺苷或脱氧腺苷酸。核苷一磷酸用NMP表示，脱氧核苷一磷酸用dNMP表示。图2-5展示了腺苷酸和脱氧胞苷酸的结构式。

表2-1总结了DNA和RNA中主要的碱基、核苷及核苷酸组成。

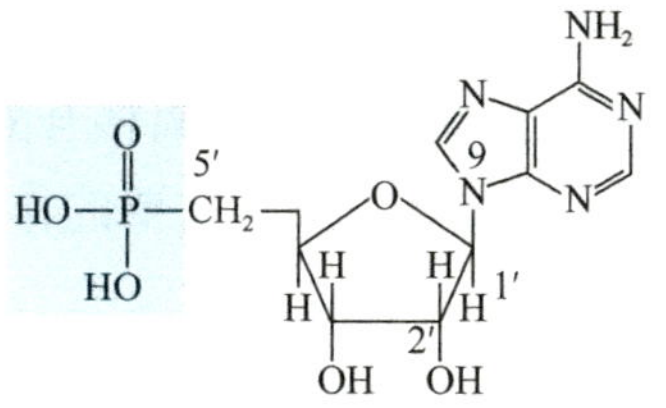

5′-腺苷酸

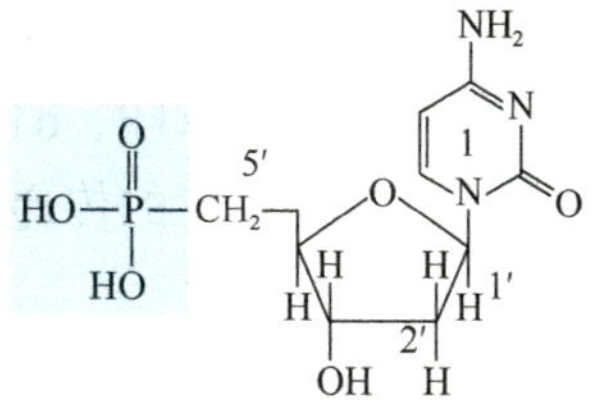

5′-脱氧胞苷酸

图2-5 核苷酸的结构

表2-1 两类核酸的主要碱基、核苷及核苷酸组成

核酸	碱基	核苷	核苷酸
DNA	腺嘌呤（A）	脱氧腺苷（dA）	脱氧腺苷酸（dAMP）
	鸟嘌呤（G）	脱氧鸟苷（dG）	脱氧鸟苷酸（dGMP）
	胞嘧啶（C）	脱氧胞苷（dC）	脱氧胞苷酸（dCMP）
	胸腺嘧啶（T）	脱氧胸苷（dT）	脱氧胸苷酸（dTMP）
RNA	腺嘌呤（A）	腺苷（A）	腺苷酸（AMP）
	鸟嘌呤（G）	鸟苷（G）	鸟苷酸（GMP）
	胞嘧啶（C）	胞苷（C）	胞苷酸（CMP）
	尿嘧啶（U）	尿苷（U）	尿苷酸（UMP）

考点：核酸的化学组成、基本结构组成单位及表示方法

三、核苷酸的衍生物

核苷酸是重要的生物分子，除了聚合为核酸外，细胞内还存在多种游离的核苷酸和核苷酸衍生物，它们参与细胞的物质代谢及其调控。

（一）多磷酸核苷酸

含有多个磷酸基团的核苷酸称为多磷酸核苷酸。多磷酸核苷酸分为核苷二磷酸（NDP）、核苷三磷酸（NTP），以及脱氧核苷二磷酸（dNDP）、脱氧核苷三磷酸（dNTP）。其中最重要的是腺嘌呤核苷三磷酸（ATP），简称三磷酸腺苷或腺苷三磷酸，结构如图2-6所示。

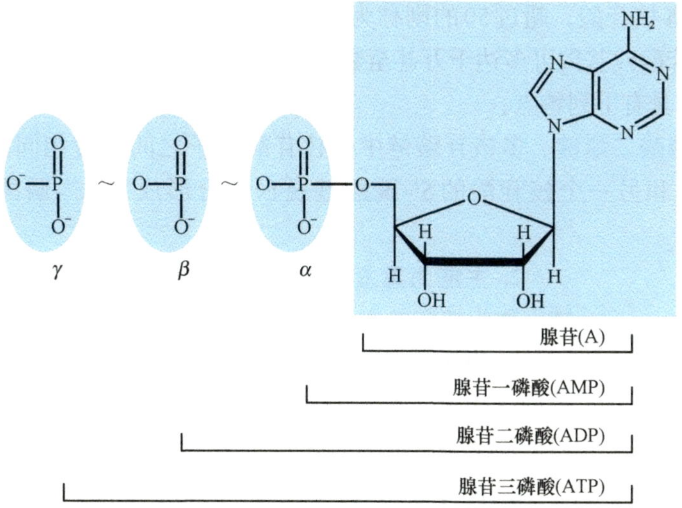

图2-6 AMP、ADP、ATP的结构

ATP是重要的能量载体，其分子中的β-磷酸基和γ-磷酸基水解时会释放大量能量，称为高能磷酸，用～P表示。GTP、CTP、UTP及dATP、dTTP等多磷酸核苷酸或多磷酸脱氧核苷酸都是高能磷酸化合物，在物质代谢及其调节、遗传信息的传递与表达等生命活动过程中发挥重要的作用。

（二）环化核苷酸

细胞中普遍存在两种环化核苷酸：3′，5′-环腺苷酸（cAMP）和3′，5′-环鸟苷酸（cGMP），其结构式如图2-7所示。

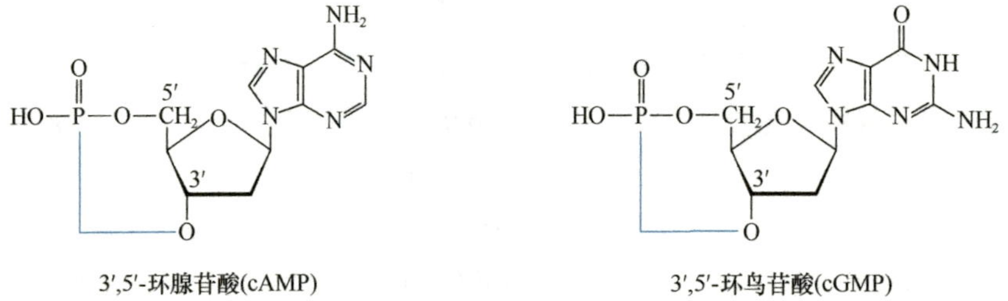

图2-7 环化核苷酸的结构

环化核苷酸不参与构成核酸，在细胞中含量很少。现已证明，两者分别具有放大激素信号和缩小激素信号的功能，因此称为激素的第二信使，在细胞的代谢调节中具有重要作用。外源cAMP不易通过细胞膜，而cAMP的衍生物——丁酰cAMP可通过细胞膜，在临床应用中对心绞痛、心肌梗死等有一定疗效。

（三）辅酶类核苷酸

一些核苷酸的衍生物是重要的辅酶（辅基），如烟酰胺腺嘌呤二核苷酸（NAD^+，辅酶Ⅰ）、烟酰胺腺嘌呤二核苷酸磷酸（$NADP^+$，辅酶Ⅱ）、黄素单核苷酸（FMN）、黄素腺嘌呤二核苷酸（FAD）等。

考点：多磷酸核苷酸的结构

第3节 核酸的结构

一、核酸的一级结构

核酸的一级结构是指核酸分子中核苷酸或碱基的排列顺序。核酸是由核苷酸聚合而成的，两个核苷酸通过磷酸二酯键连接时脱去了1分子水，故核酸中的核苷酸被称为核苷酸残基。一般将核苷酸残基数不超过50的称为寡核苷酸，超过50的则称为多核苷酸。不同核酸含有的核苷酸残基数量差异很大，DNA分子中的核苷酸残基数可多达千万甚至数亿，而某些RNA分子则仅含有几十个。

多核苷酸链的结构具有下列特点：

1. 主键为3′，5′-磷酸二酯键 多核苷酸链中的核苷酸分子之间通过相同的方式彼此连接，即由一个核苷酸的3′-羟基和另一个核苷酸的5′-磷酸基脱水缩合形成3′，5′-磷酸二酯键，其结构如图2-8所示。

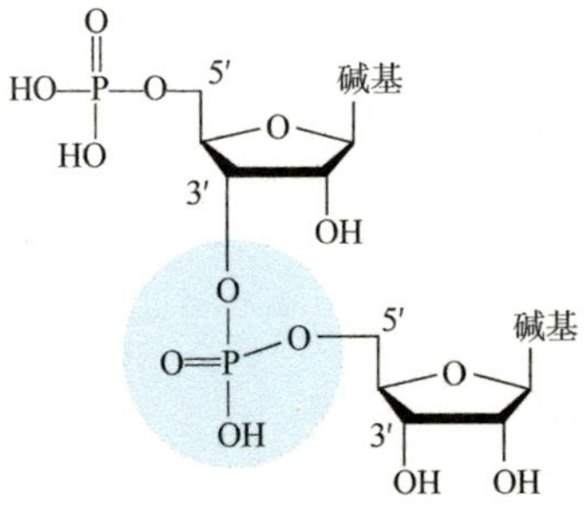

图2-8 3′，5′-磷酸二酯键的结构

2. 主链为重复的结构单元 磷酸和戊糖交替排列构成无分支的长链，称为核酸的主链。同类核酸的主链结构相同。

3. 侧链为碱基 碱基的种类、数量及排列顺序差异不仅影响核酸的理化性质，更影响核酸的生物学意义。不同的碱基序列蕴藏了不同的生物遗传信息。

4. 具有方向性 长链的一端具有游离的5′-磷酸基（5′-P），称为5′端；另一端具有游离的3′-羟基（3′-OH），称为3′端。在书写时，核酸链的5′端通常写在左侧，3′端写在右侧，统一规定5′→3′为正方向。

核酸的结构常使用简化方法来表示，见图2-9。其中，A、G、C、U、T等缩写字母既可代表核酸中的碱基，也可代表相应核苷酸。

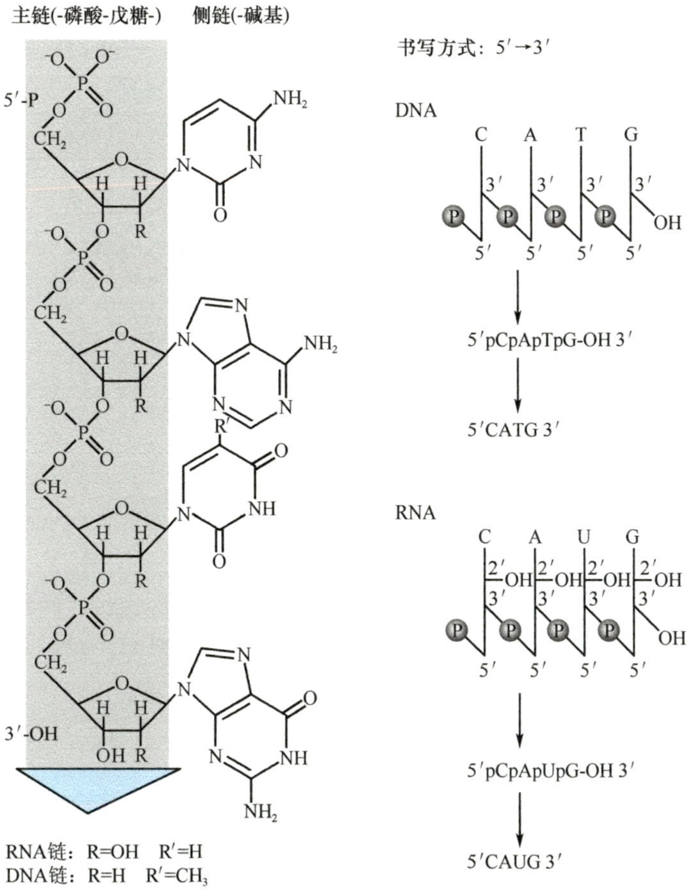

图2-9 多核苷酸链的结构及表示方法

考点：核酸一级结构的概念及特点

二、核酸的空间结构

（一）DNA 分子的空间结构

20世纪50年代初，美国生物化学家Chargaff在对多种生物来源的DNA碱基组成进行定量测定后，发现了DNA分子的碱基组成规律，称为Chargaff规则。其要点包括：①所有的DNA都由A、G、T、C四种碱基组成，且A与T摩尔数相等，G与C摩尔数相等；②不同生物种属的DNA碱基组成不同；③同一个体不同组织或器官的DNA具有相同的碱基组成。同时，Franklin和Wilkins用X射线衍射技术得到DNA晶体的衍射图谱（图2-10），显示其为螺旋结构。这些发现为DNA双螺旋结构模型的提出奠定了基础。

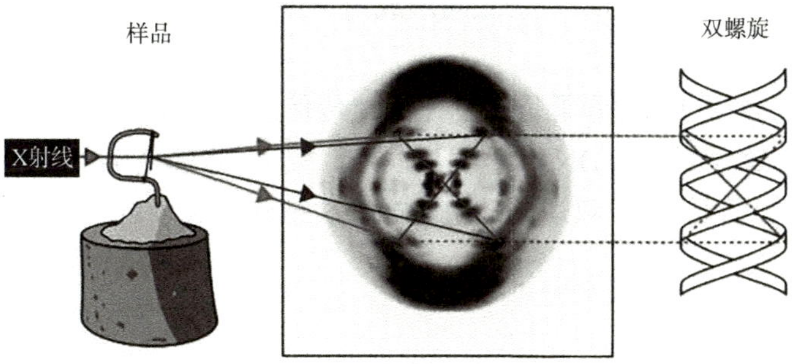

图2-10 DNA晶体的X射线衍射图谱

1. DNA分子的二级结构 1953年，Watson和Crick根据DNA的X射线衍射分析数据和Chargaff规则，提出了DNA的双螺旋结构模型（图2-11）。

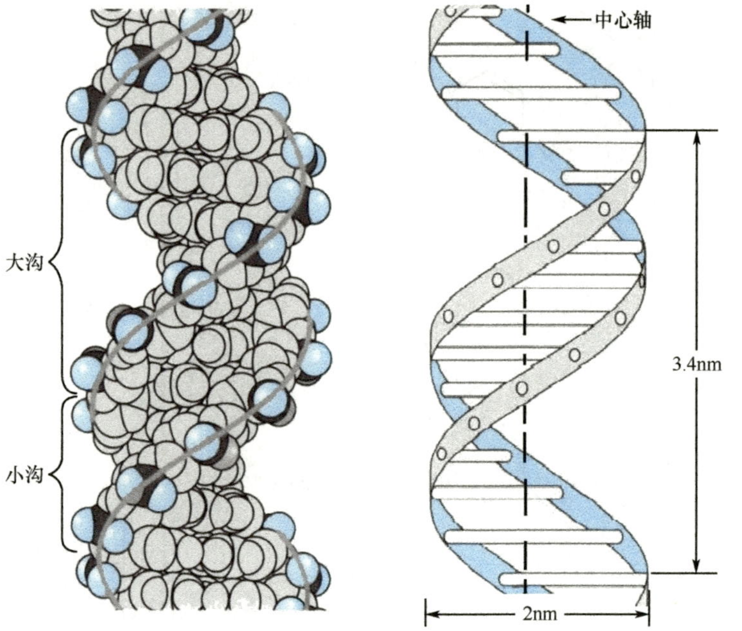

图2-11 DNA的双螺旋结构

DNA双螺旋结构模型的要点如下：

（1）DNA分子是由两条反向平行的脱氧多核苷酸链围绕同一中心轴形成的右手螺旋结构，即一条链走向为5′→3′，另一条链为3′→5′。磷酸和脱氧核糖位于螺旋外侧，彼此通过3′, 5′-磷酸二酯键连接形成双螺旋结构的骨架；碱基位于螺旋的内侧，碱基平面与中心轴垂直。两条链在空间上形成较深的大沟和较浅的小沟，是蛋白质识别DNA并相互作用的基础。

（2）两条链上位于同一平面的碱基通过氢键相连形成碱基对。配对时A和T之间形成两个氢键，G和C之间形成三个氢键（图2-12）。这种配对原则称为碱基互补规律，配对的两个碱基称为互补碱基，通过互补碱基而结合的两条链称为互补链。碱基配对规律具有十分重要的生物学意义，DNA复制、转录、RNA的反转录及翻译等过程都遵循这一规律。

（3）双螺旋的直径为2nm，螺旋一周包含10个碱基对，相邻碱基对的距离为0.34nm，夹角为36°，双螺旋的螺距为3.4nm。

（4）双螺旋结构的稳定力量，包括①碱基对之间的氢键使两条互补链缔合在一起，维系双螺旋结构的横向稳定。②疏水性的碱基之间层层堆积，使得碱基对紧密缔合形成疏水核心，这种作用力称为碱基堆积力。碱基堆积力是稳定双螺旋结构的主要作用力，维持双螺旋结构的纵向稳定。③天然DNA分子中的磷酸残基阴离子与介质中的阳离子之间形成离子键，可降低DNA双链之间的静电排斥力，对双螺旋结构也起到一定的稳定作用。

2. DNA分子的三级结构 DNA分子是生物体的遗传信息库，所有生物的DNA双螺旋长链都远远超出其细胞所能容纳的长度。因此，DNA分子必须在双螺旋结构的基础上进一步盘曲折叠以压缩其长度，才能纳入极其微小的细胞核中。双螺旋的扭曲或再次螺旋构成了DNA的三级结构。

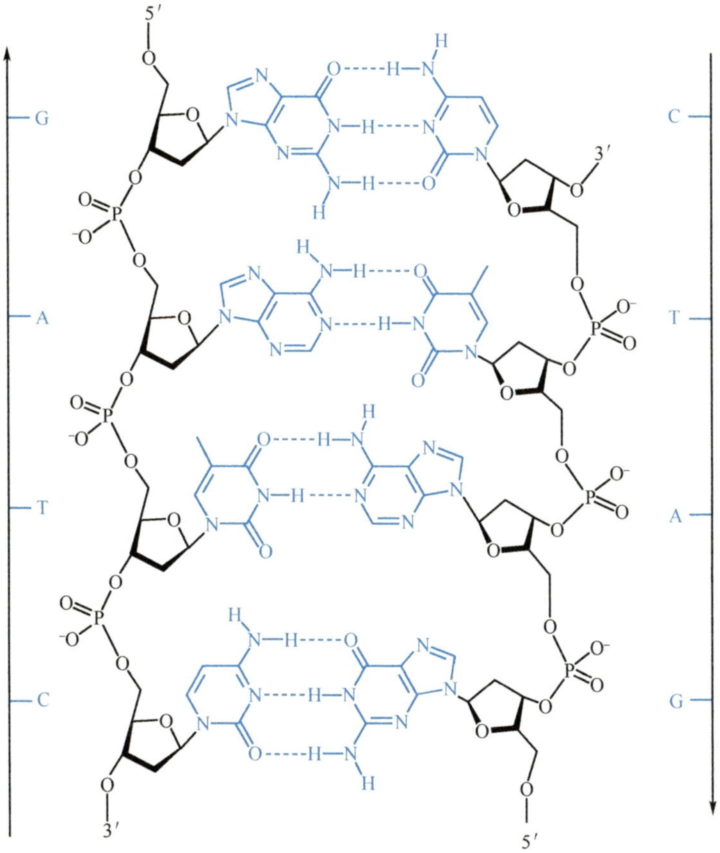

图2-12 碱基配对示意图

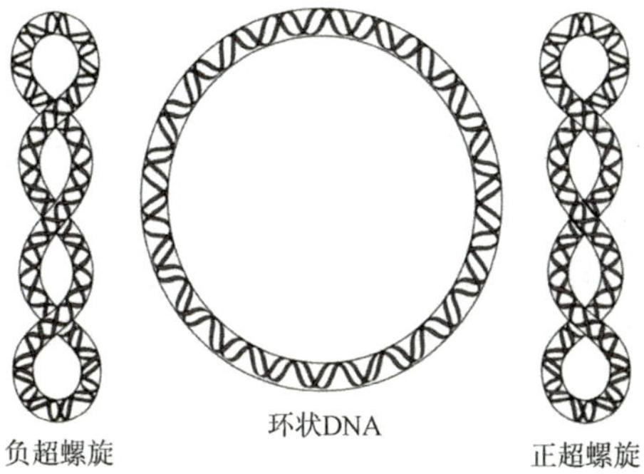

图2-13 DNA的超螺旋结构

（1）超螺旋结构 双螺旋结构每周包含10个碱基对时能量最低。若螺旋结构过紧或过松，而双链又呈闭合环形，便只能通过本身的扭曲来降低双链内部的张力，这种扭曲即为超螺旋结构（图2-13）。根据螺旋的方向可分为正超螺旋和负超螺旋。正超螺旋使双螺旋结构更紧密，双螺旋圈数增加，而负超螺旋可以减少双螺旋的圈数。非环形DNA的两端转动受限时，局部也会出现这种超螺旋结构。

原核生物的DNA大多以双链环状形式存在，某些病毒DNA、噬菌体DNA及真核细胞中的线粒体DNA、叶绿体DNA也呈环形。环状DNA常常因为盘绕不足而形成负超螺旋结构。负超螺旋为右手螺旋，有利于DNA的复制与转录。

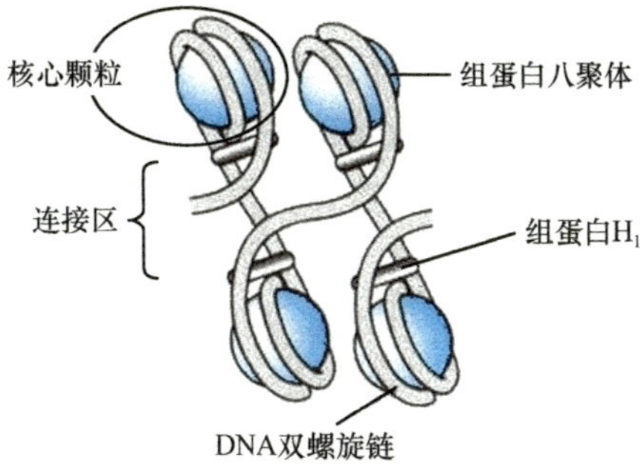

图2-14 核小体结构示意图

（2）核小体、染色质和染色体 真核细胞的DNA分子比原核细胞的大得多，通常与蛋白质结合，并在超螺旋基础上进一步通过精密的包装，压缩为更加致密的染色质或染色体。

染色质的基本单位是核小体（图2-14），包括核心颗粒和连接区两个部分，其化学组成主要是DNA、组蛋白、非组蛋白和少量RNA。其中的组蛋白是一类富含赖氨酸和精氨酸的碱性蛋白，包括H_1、H_2A、H_2B、H_3和H_4五种类型。核心颗粒是由H_2A、H_2B、H_3和H_4各两分子形成的八聚体，长度约146个碱基对的DNA链在它的表面缠绕1.75圈；1分子的H_1与DNA两端结合，稳定核小体的空间结构。两个相邻核小体之间以连接DNA相连，不同种生物的连接DNA长度不一，一般含数十个碱基对。

DNA组装成为染色体的过程（图2-15），大致包括下列几个层次：DNA首先组装为许多彼此相连的核小体，形成串珠状结构；这种串珠状结构进一步螺旋卷曲，形成每一圈含6个核小体的螺线管；螺线管继续卷曲为环袢结构；环袢结构再折叠即形成染色质；在细胞分裂期，染色质更进一步折叠螺旋化，凝集为在光学显微镜下可见的染色体。通过多层次盘旋折叠，DNA长链被压缩8400多倍，储存在细胞核中。

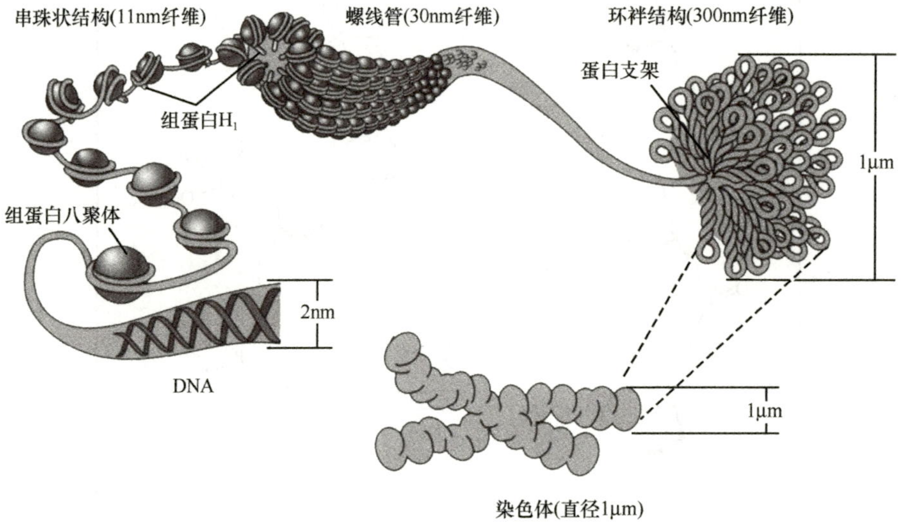

图2-15 DNA组装为染色体的示意图

考点：DNA双螺旋结构要点；DNA的超螺旋结构形式

（二）RNA分子的空间结构

RNA是由核糖核苷酸通过3′, 5′-磷酸二酯键聚合形成的链状大分子，常以单链形式存在。单链自身回折，某些区域可进行碱基互补配对（A与U配对、G与C配对），形成局部双螺旋，非互补区则形成环状突起。这种短的双螺旋区域和环组成最典型的RNA二级结构形式，称为"茎环"结构或"发夹"结构。在此基础上进一步折叠即可形成三级结构。RNA也需要形成高级结构才能发挥其生物学功能。

参与蛋白质生物合成的RNA主要包括mRNA、tRNA、rRNA三种，它们在含量、结构、功能等方面都各有不同。

1. mRNA mRNA的功能是将细胞核中的基因信息转录后携带出来，作为指导蛋白质生物合成的直接模板。mRNA在三种RNA中含量最少，但种类最多，分子大小极不均一，含几百至几千个核苷酸残基，是细胞内最不稳定的一类RNA。

原核生物中，转录后的mRNA一般无须加工，可直接指导蛋白质的翻译。真核生物的mRNA并非细胞核中DNA转录的直接产物，而是由其前体hnRNA变化而来。hnRNA分子比mRNA要大得多，需经过剪接、修饰后才能进入细胞质中指导蛋白质合成。

真核细胞成熟mRNA的结构具有如下特点（图2-16）。

（1）5′端帽子结构　绝大多数真核细胞mRNA的5′端在成熟过程中会加上7-甲基鸟嘌呤核苷三磷酸（m^7Gppp），称为帽子结构。该结构与mRNA的稳定性有关，并与其转运出细胞核、与核糖体结合及蛋白质生物合成的起始等过程都有一定关系。

（2）3′端尾巴结构　绝大多数真核细胞mRNA在3′端有一段含20～200个腺苷酸的多聚腺苷酸尾

部，与mRNA的稳定性和转运出细胞核的过程等有关。

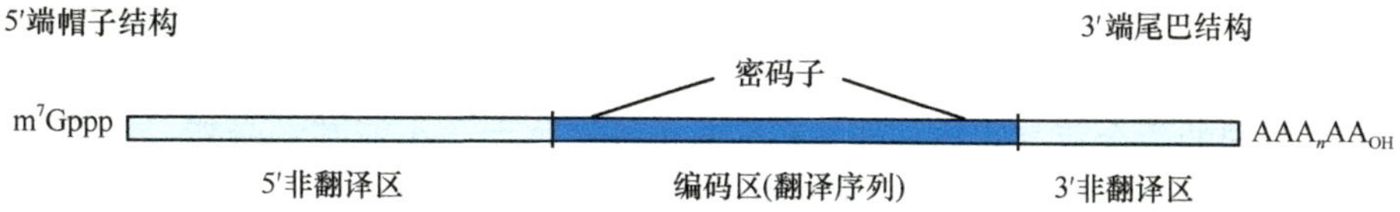

图2-16 真核细胞mRNA的结构示意图

mRNA的高级结构中也存在局部的双螺旋区域或发夹结构，但其数目、位置各不相同，因此形态各异。

2. tRNA tRNA的主要功能是转运蛋白质合成所需的氨基酸，并按mRNA上的密码顺序“对号入座”地将其定位于多肽链上。

tRNA约占总RNA的15%，细胞内每种氨基酸都有其相应的一种或几种tRNA，每一种tRNA转运一种特定的氨基酸。目前已知的tRNA有100多种，其基本特点包括：①在三种RNA中分子最小，由70～90个核苷酸组成一条单链；②含有较多的稀有碱基，一般每分子含有7～15个，如二氢尿嘧啶（DHU）、胸腺嘧啶（T）、假尿嘧啶（ψ）、次黄嘌呤（I）等；③其5′端多为pG，3′端为CCA—OH；④碱基组成具有保守性，所有tRNA分子中约有30%的碱基固定不变。

tRNA的空间结构比较有规律。tRNA的二级结构为“三叶草”形（图2-17A）。配对碱基形成局部双螺旋而构成臂，不配对的单链部分则形成环，形似三叶草，主要由氨基酸臂、DHU环、反密码环、TψC环和可变环五部分组成。氨基酸臂位于三叶草的柄部，由7对碱基组成双链区，3′端为4个核苷酸残基的单链区，末端序列总是CCA—OH，腺苷酸残基的羟基可与特异的氨基酸α-羧基结合而携带氨基酸。DHU环由8～12个核苷酸组成，含有两个二氢尿嘧啶核苷酸。反密码环含有由3个核苷酸残基组成的反密码子，可以识别mRNA上的密码子，实现了遗传密码信息向蛋白质的氨基酸序列信息的流通。TψC环中含有胸腺嘧啶（T）、假尿嘧啶（ψ）和胞嘧啶（C）序列，由此得名。可变环由3～18个核苷酸组成，不同tRNA的可变环大小不同，因此，可变环是tRNA分类的重要指标。

tRNA的三级结构是在三叶草形二级结构的基础上折叠而成的三维结构，呈倒L形（图2-17B）。

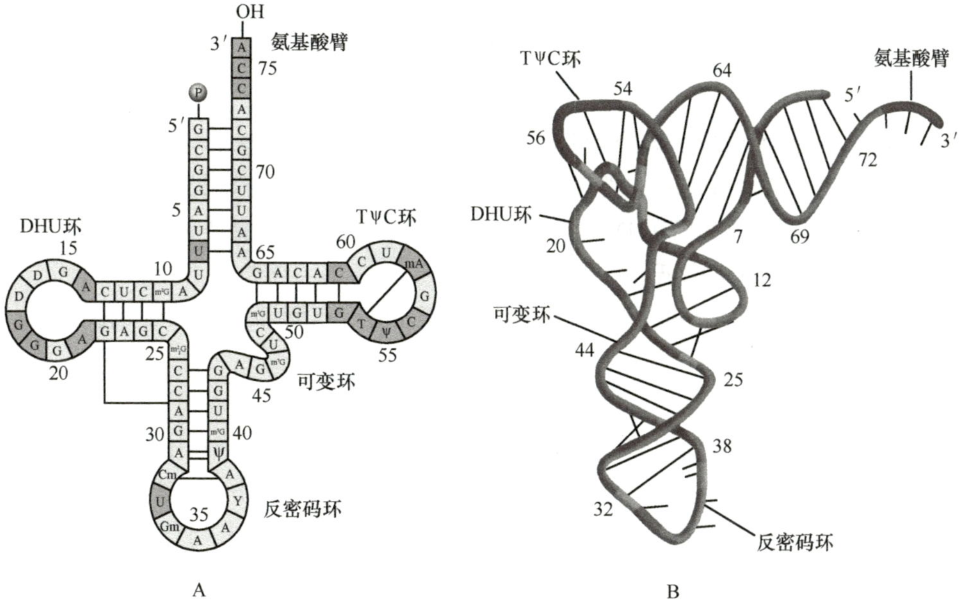

图2-17 tRNA的分子结构

A. tRNA的一、二级结构；B. tRNA的三级结构

3. rRNA rRNA在细胞内含量最多，占RNA总量的80%以上。rRNA分子也是单链，局部有双螺旋区，具有复杂的空间结构。rRNA的功能是与多种核糖体蛋白组成核糖体，提供蛋白质生物合成的场所，因此也被称为蛋白质装配机。

核糖体由大小不同的两个亚基组成。rRNA是构成核糖体大、小亚基的骨架，决定着整个复合体的结构及蛋白质组分所附着的位置，其含量往往高于核糖体的蛋白质组分。

考点：tRNA二级结构的特点；RNA空间结构的主要形式

链接 中国首创的“三叶草”——酵母丙氨酸tRNA人工全合成

1965年，美国生物化学家R. W. Holley测定了酵母丙氨酸tRNA（$tRNA^{Ala}$）的核苷酸顺序，并因此获得1968年的诺贝尔奖。1968年，一个代号“824”的研究人工合成核酸的项目在中国启动。1981年11月20日，经过中国科学院上海生物化学研究所等10余家单位近200名科研工作者的共同努力，利用化学-酶法完成了酵母丙氨酸转运核糖核酸的人工全合成。这是世界上首次人工合成结构完全相同，并具有生物活性的核酸分子，该项成果在世界范围获得了高度重视和赞扬。从1968～1981年历时13年，研究人员从缺乏原料尤其是稀有核苷酸，到驻扎啤酒厂提纯制备核苷酸单体，再到厕所收集尿液提取假尿苷，历经无数次实验失败，最终实现了7种稀有核苷酸原料的自给自足，继而合成全长76个核苷酸的$tRNA^{Ala}$。这枚首次合成的“三叶草”凝结了我国研究人员即使再艰难困苦也磨灭不了的永攀科学高峰的坚毅精神。

第4节 核酸的理化性质

一、核酸的分子大小

核酸是生物大分子，最小的tRNA分子量也在2×10^4Da以上，DNA的分子量则高达10^6～10^{11}Da。核酸分子大小常用核苷酸数nt（单链）、碱基对数bp（双链）表示。一般来说，进化程度越高的生物，DNA分子越大，能储存更多的遗传信息。但进化的复杂程度与DNA大小并不完全一致，如哺乳类动物DNA约为3×10^9bp，而有些两栖类动物DNA大小可达10^{10}～10^{11}bp。

二、核酸的黏度与溶解度

高分子化合物溶液通常比普通溶液的黏度大得多，而线形分子比球形分子的黏度更大。核酸为线形高分子化合物，因而核酸溶液具有非常高的黏度。天然DNA分子的双螺旋结构极其细长，长度与直径之比可达10^7。因此，即使是极稀的DNA溶液黏度也很大。当DNA变性时，双螺旋结构向线团结构转变，空间伸展长度变短，黏度降低。

DNA和RNA均属于极性化合物，微溶于水，不溶于乙醇、乙醚、氯仿等有机溶剂。

三、核酸的酸碱性质

核酸分子中含有酸性的磷酸基和碱性的碱基，因此属于两性化合物，在不同pH的溶液中的解离情况不同。因为核酸等电点较低（pI 2～3），所以在生理条件下，核酸分子中磷酸基团解离呈多价阴离子状态。DNA双螺旋两条链间氢键的形成与其解离状态有关，在pH 4.0～11.0范围内碱基对结合最为稳定，超出此范围，DNA即发生变性。根据核酸在不同pH条件下具有不同的解离特性，可应用离子交换柱层析和电泳等方法分离核苷酸及其衍生物。

四、核酸的紫外吸收

嘌呤碱和嘧啶碱分子中具有共轭双键，因此核苷、核苷酸、核酸都具有紫外吸收的特征，最大吸收峰波长为260nm。不同的核酸具有不同的吸收特性，利用此特性，实验室常采用紫外分光光度法对核酸样品进行定性定量分析，也可借此鉴别核酸样品中的蛋白质杂质（蛋白质的最大吸收峰为280nm）。

五、核酸的变性、复性和分子杂交

（一）DNA 的变性和复性

在某些理化因素作用下，DNA双螺旋结构中碱基对之间的氢键断裂，变成单链的现象称为DNA变性。引起DNA变性的因素很多，实验室常用加热的方法，称为热变性。DNA变性后，由于双螺旋结构内部的碱基暴露出来，其在260nm处紫外吸收值（A_{260}）会大幅增加，称为增色效应。同时，由于螺旋向线团的转变，溶液的黏度明显降低。

由于热变性作用并不改变DNA的一级结构，分离产生的两条单链仍然是互补结构。在适当的条件下，两条互补单链重新缔合并恢复天然的双螺旋结构，这一现象称为复性，又称为退火。DNA复性后，对紫外光的吸收又降至原有水平，这种现象称为减色效应。若DNA加热变性后迅速冷却至4℃以下，则很难发生复性，可利用这个方法保持DNA的变性状态。

增色效应与DNA解链程度存在一定的关系。如果缓慢加热DNA溶液，并测定其不同温度时的A_{260}值，以温度对A_{260}相对值作图，可得到S形DNA解链曲线（图2-18）。通常把加热变性时DNA溶液A_{260}升高达到最大值一半时，即DNA解链50%时的温度称为该DNA的熔点或熔解温度（melting temperature，T_m）。T_m是研究核酸变性的重要参数，一般在85～95℃。T_m值与DNA分子大小及所含碱基的G+C比例有关，DNA分子越大，G+C比例越高，T_m值也越高。因此，测定T_m值可以推算DNA分子的G+C的含量。

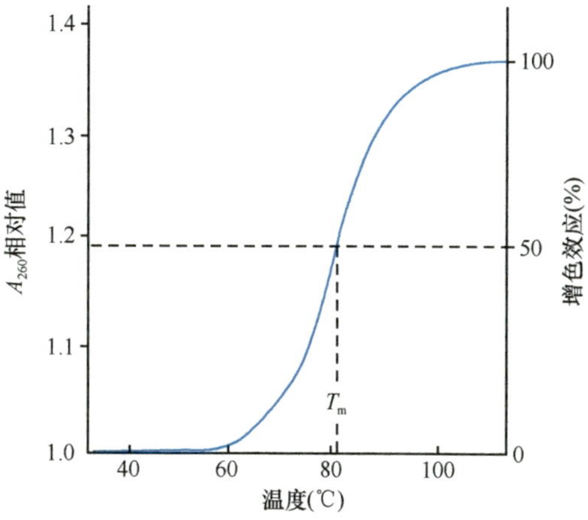

图2-18 DNA解链曲线

（二）核酸分子杂交

将不同来源的DNA经热变性后，降温使其复性。在复性时，异源的DNA单链之间具有一定的互补序列，它们就可以结合形成杂交的DNA分子，DNA与互补的RNA之间也能形成杂交分子。因此，将具有一定同源序列的两条核酸单链（DNA或RNA），在一定条件下经过退火处理，按碱基互补配对原则形成异源双链的过程统称为核酸杂交。

应用核酸杂交技术，可使用已知序列的单链核酸片段作为探针，去筛选各种不同来源的基因组DNA分子中的同源基因或同源序列，是研究核酸结构和功能的一种有力工具。

考点： 核酸的溶解性、酸碱性、紫外吸收、变性、复性

链接 独一无二的你——DNA 指纹技术

生物个体间的差异本质上是DNA分子序列的差异，人类不同个体（同卵双生除外）的DNA各不相同。例如，人类DNA分子中存在着高度重复的序列，不同个体重复序列的数目不同，差异很大，但重复序列两侧的碱基组成高度保守，且重复序列有共同的核心序列。因此，针对保守序列选择同一种限制性核酸内切酶，针对重复序列的核心序列设计探针，将人的基因组DNA经酶切、电泳、核酸杂交及放射自显影等处理，可获得检测的杂交图谱。杂交图谱上的杂交带数目和分子量大小具有个体差异性，这如同一个人的指纹图形一样各不相同，因此，把这种杂交带图谱称为DNA指纹。

第5节　核酸的制备技术

核酸不仅与正常生命活动，如生长繁殖、遗传变异、细胞分化等有着密切关系，而且与生命的异常活动如肿瘤产生、辐射损伤、遗传病、代谢病、病毒感染等也息息相关。自20世纪70年代以来，研究者们发现核酸类物质及其衍生物可通过增强机体的正常功能或抑制机体的异常活动而发挥其抗病毒及抗肿瘤作用，核酸类物质在医药行业的用途越来越广。此外，核酸类物质在食品工业和农业上也有诸多应用。部分常用的核酸类物质及其用途见表2-2。

表2-2　常用的核酸类物质举例

类别	品种	来源	用途
碱基类	腺嘌呤	合成	升高白细胞
核苷类	阿昔洛韦	合成	抗病毒
	5′-肌苷酸	发酵	与谷氨酸钠并用可作为食用调料的增味剂
核苷酸及其衍生物	ATP	提取（兔肉、菠菜等）、发酵	改善物质代谢和能量平衡，修复受损组织，临床上用于治疗心肌炎、肝炎、动脉硬化等
	转移因子	提取（人血、脾、扁桃体或畜禽组织）	用于病毒、真菌感染疾病及肿瘤辅助治疗
	聚肌胞	酶法合成	用于治疗病毒感染性疾病及肿瘤等
核酸	免疫核糖核酸	提取（猪或牛的肝、脾及酵母等）	免疫触发剂和免疫调节剂
	RNA	提取（猪或牛的肝、脾及酵母等）	促白细胞生成，用于治疗精神迟缓、痴呆、慢性肝炎、肝硬化等
	DNA	提取（小牛胸腺、鱼精）	有抗放射作用，能提高细胞毒药物对癌细胞的选择性；与红霉素合用，可降低毒性，提高抗癌疗效

目前核酸类物质的制备途径，主要有：①从生物材料中提取；②微生物发酵；③酶法合成；④化学合成。

一、核酸的合成

核酸的合成通常采用化学合成和酶法合成。化学合成主要是利用有机合成方法，通过逐个添加核苷酸来合成目标核酸链。酶法合成则是利用聚合酶反应，在酶的催化下逐个连接核苷酸。本章仅介绍酶法合成。

20世纪80年代中后期，K.B. Mullis发明了体外核酸扩增技术——聚合酶链式反应（polymerase chain reaction，PCR），又称PCR反应。这种在体外利用DNA聚合酶对特定DNA片段进行大量扩增的技术，具有特异性强、灵敏度高、易重复、简便、快速等突出优点。

PCR反应需要DNA模板、dNTP原料、特异性引物、耐热DNA聚合酶（*Taq*酶）和含Mg^{2+}的缓冲液。反应通常由下述三个步骤循环往复进行——①变性：酶促反应体系的温度加热至90～95℃，模板DNA双链变性解离成单链DNA；②退火：温度降至50～55℃，引物与单链DNA结合，形成局部双链；③延伸：反应体系的温度升高至72℃，由*Taq*酶催化dNTP原料，合成一条与模板链互补的新DNA链。经过大约30个循环，可将待扩增目的DNA片段扩增数百万倍以上。

另外，核酸的合成还可通过将质粒DNA导入能够高拷贝扩增质粒的大肠埃希菌（如*DH5α*菌株）中，利用细菌DNA复制机制，合成数量更多的目标DNA分子。

二、核酸的提取、分离和纯化

天然核酸大多与蛋白质结合为核蛋白。在不同pH、不同浓度的电解质溶液中，两类核蛋白的溶解度存在较大差异（表2-3），可利用此特性进行提取分离。

表2-3 两类核蛋白的溶解特性

种类	0.14mol/L NaCl	1.0mol/L NaCl	溶解度最低时 pH
RNA核蛋白	溶解度大	溶解度小	2.0～2.5
DNA核蛋白	溶解度小	溶解度大	4.2

（一）核酸的提取

从天然生物材料中提取核酸的过程一般分四步：①破碎细胞；②提取核蛋白；③去蛋白；④用乙醇沉淀核酸。

为获得天然状态的核酸，在提取过程中要特别注意防止核酸的降解。为了防止内源性核酸酶对核酸的降解，通常需加入核酸酶抑制剂；在提取时还应注意酸碱对核酸的化学降解作用，尽量避免酸碱度过高；高温、机械作用力等物理因素均可破坏核酸分子的完整性，因此核酸的提取过程应在低温（0℃左右）、pH 4～10等条件下进行，同时还要避免剧烈搅拌。去除蛋白常用蛋白质变性剂，如苯酚或去垢剂十二烷基硫酸钠（SDS）等，也可用蛋白酶处理以除去蛋白质。

若通过发酵法制备核酸，则可以选择富含核酸的微生物种类。以RNA发酵为例，不同微生物细胞内的RNA含量差异较大（表2-4），生产中常选用酵母菌。在一些发酵液和其他生产废液、废渣中通常有一些富含RNA的菌体，如从味精生产废液中的菌体和啤酒酵母中可提取RNA产品。

表2-4 不同微生物中RNA的含量比较

微生物	RNA（%）	RNA/DNA
金黄色葡萄球菌	8.75	3.10
埃伯泽氏菌	9.12	2.50
大肠埃希菌	9.73	2.30
酿酒酵母	3.95	12.70
热带假丝酵母	14.82	29.60

培养富含RNA的酵母来生产RNA的工艺，具有以下优点：①酵母菌体中RNA含量普遍高于其他微生物，且大大高于DNA含量；②酵母培养容易，对培养基的要求极低，而且可以连续培养；③酵母菌体较易收集，且RNA提取容易；④能够得到大量纯度高的RNA；⑤提取RNA后的脱核酵母可作为优质的蛋白饲料。

（二）核酸的分离纯化

从生物材料中提取获得的核酸一般都是多种RNA或多种DNA的混合物。有的核酸制品可直接应用，如以动物肝脏为材料提取制备的RNA，可直接用于治疗慢性肝炎、肝硬化等疾病。若需要均一的核酸，就要进一步分离纯化。常用的纯化方法有密度梯度离心法、柱层析法、凝胶电泳法等。

1. 密度梯度离心法 一般采用蔗糖溶液作为介质，使浓度由离心管底部的30%，逐渐降至最上面的5%，形成密度变化梯度。将待分离的核酸溶液小心加在蔗糖液面上，高速离心（20 000r/min以上），分子大小不同的核酸组分即分布在相应密度的蔗糖溶液区域。然后从管底依次收集不同密度的系列样品，分别测定260nm处的吸光度并绘制吸收曲线，合并同一峰内的收集液，即得较纯的核酸。

2. 柱层析法 该法分离纯化核酸的优点是容量大、效率高。柱层析法按原理分为凝胶过滤层析、离子交换层析等。凝胶过滤层析常用的载体有葡聚糖凝胶和聚丙烯酰胺凝胶；离子交换层析常用的离子交换剂为二乙基氨基乙基纤维素。对于这两种方法，前者按照分子大小差异，后者按离子交换能力强弱，不同的核酸依次从层析柱上被洗脱下来，分开收集即可。

3. 凝胶电泳法 凝胶电泳法是目前应用很普遍的分离纯化核酸的方法。一般用聚丙烯酰胺凝胶和琼脂糖凝胶作载体。由于不同核酸分子的电荷量与分子量之比差异不大，迁移率相似，因此，一般电泳法无法将其分开。但若使用凝胶作载体，利用其分子筛效应，大小和构象不同的核酸分子的迁移率即出现较大差异，可实现分离纯化。

随着新技术的不断涌现，亲和层析技术、体外重组技术及应用探针通过原位杂交提取纯化基因片段等各种技术手段也被用于分离纯化核酸等生物大分子。

三、核酸的纯度检测和含量测定

核酸在波长260nm处有最大吸收峰，这一特性不仅可以作为核酸及其组分定性和定量测定的依据，同时也可用来鉴定核酸样品的纯度。先测定核酸样品溶液的A_{260}和A_{280}值，然后计算A_{260}与A_{280}的比值，纯DNA样品比值为1.8，纯RNA样品比值为2.0。核酸样品中如含有蛋白质或苯酚等杂质，比值显著降低。

核酸的含量测定方法有定磷法、定糖法、紫外分光光度法等。这些方法的原理和操作过程见本书第3篇的项目2。

四、核酸的序列测定

核酸的一级结构测定，即核酸的序列测定，对于了解核酸所蕴藏的遗传信息具有十分重要的意义。核酸测序也曾使用过类似于蛋白质多肽测序的降解法，但由于核酸只含有4种核苷酸，故而难度非常大，难以测定基因组的大量信息。

1975年，F. Sanger提出了一种全新的双脱氧法，也称为末端终止法，该法通过加入2′，3′-双脱氧核苷酸获得一系列末端核苷酸固定的多核苷酸片段，然后通过测定片段长度来推测核苷酸的序列。这一方法的提出具有划时代的意义。以Sanger所建立和在其基础上加以改进的测序技术称为第一代测序技术。依赖于第一代测序技术，人类基因组计划提前完成。该技术最大的优势在于它具有较高的准确性，被称为测序行业的金标准，但同时受限于通量低，对于大样本的测序成本较高。

2005年，454测序系统的发布标志着第二代测序技术应运而生。该技术引入PCR和高通量微阵列技术，故称为高通量测序技术，又称下一代测序技术。该技术大大提高了测序速度，在数周内即可完成Gb（10^9bp）级的测序工作。但是第二代测序技术的测序长度较短，误差较大，适合于已知序列的重新测序。

以单分子实时测序技术为代表的新一代测序技术被称为第三代测序技术，其主要特点是单分子测序，不仅加快了测序速度，也提高了测序长度和精确度，同时还降低了成本。第三代测序技术可以在一天甚至数小时内，完成Gb级的测序工作。

第四代测序技术的核心特征是不再使用光检测，而是利用离子流测序，也称为后光测序。这种方法测定的是伴随一个新脱氧核苷酸的掺入释放出来的质子。离子流测序的基本原理是：在半导体芯片的微孔中固定DNA链作为模板，随后依次掺入ACGT。DNA聚合酶按碱基互补原则合成互补的DNA链。DNA链每延伸1个碱基就会释放1个H^+，当离子传感器检测到pH变化后，便将化学信号转变为数字电子信号，从而通过对质子的检测，实时判读碱基。如果DNA链含有两个相同的碱基，则记录电压信号是双倍的。如果碱基不匹配，则无质子释放，也就没有电压信号的变化。这种方法属于直接检测DNA的合成，因此测序速度极快，且相应的测序仪器比前几代要便宜很多。

2014年纳米孔技术面世，该技术所用的牛津纳米孔检测器特别细，一个纳米孔一次只允许一条

DNA单链通过，这种纳米孔是由蛋白质制备而成的。在毫伏级电压的作用下，DNA的一条单链通过纳米孔向前泳动。随着单链DNA分子通过小孔，检测器记录到纳米孔的电流变化。电流的差别取决于每一个碱基以及不同碱基的组合。纳米孔技术的主要优点不仅在于能快速测定一条长链DNA，还可以同时并行测定许多DNA分子。

第6节 核酸类药物

核酸类药物在疾病的预防和治疗中发挥着重要作用。目前临床上广泛应用的核酸类药物主要包括核苷类药物、小核酸药物、核酸疫苗和基因治疗药物等。

一、核苷类药物

核苷类药物已被广泛应用于各种病毒性疾病和肿瘤的治疗。核苷类抗病毒药是治疗艾滋病、疱疹及肝炎等病毒性疾病的首选药物，其作用靶点多为RNA病毒的逆转录酶或DNA病毒的聚合酶。核苷类药物多与天然核苷结构相似，该类药物一方面竞争性地作用于酶的活性中心，另一方面嵌入到正在合成的DNA链中，终止DNA链的延长，从而抑制病毒复制增殖。核苷类抗肿瘤药物多为抗代谢化疗药，可通过干扰肿瘤细胞的DNA合成，以及DNA合成中所需嘌呤、嘧啶、嘌呤核苷酸和嘧啶核苷酸的合成来抑制肿瘤细胞的存活和增殖。部分在临床上广泛应用的核苷类药物，见表2-5。

表2-5 核苷类药物实例

药物名称	英文名称	核苷类似物	适应证	FDA批准/上市时间
伐昔洛韦	valaciclovir	鸟嘌呤类似物	单纯疱疹、带状疱疹	1992
拉米夫定	lamivudine	胞嘧啶类似物	艾滋病、乙型肝炎	1992
阿德福韦	adefovir	腺嘌呤类似物	乙型肝炎	1994
阿昔洛韦	aciclovir	鸟嘌呤类似物	单纯疱疹、带状疱疹	2001
齐多夫定	zidovudine	胸腺嘧啶类似物	艾滋病	2002
司他夫定	stavudine	脱氧胸苷类似物	艾滋病	2003
索非布韦	sofosbuvir	尿嘧啶类似物	慢性丙型肝炎	2013
富马酸丙酚替诺福韦	tenofovir alafenamide fumarate	腺嘌呤类似物	乙型肝炎	2015
瑞德西韦	remdesivir	嘌呤类似物	新型冠状病毒感染	2021
阿兹夫定	azvudine	脱氧胞苷类似物	艾滋病	2021
莫努匹拉韦	molnupiravir	胞苷类似物	新型冠状病毒感染	2021
阿兹夫定	azvudine	脱氧胞苷类似物	普通型新型冠状病毒感染肺炎	2022

二、小核酸药物

小核酸药物专指靶向作用于RNA或蛋白质的一类寡聚核苷酸，分子量相对较小，通常认为是小于50bp的核酸片段。主要包括小干扰RNA药物（siRNA）、反义寡核苷酸（ASO）、微小RNA（miRNA）、小激活RNA（saRNA）、mRNA、RNA适配体（aptamer）、CpG寡核苷酸等多种类型。小核酸药物能够在转录后水平进行治疗，攻克难以成药的特殊蛋白靶点，具有开发治疗不可成药疾病的潜力和重要的临床意义。

截至2024年8月已有17款小核酸药物获批上市，其中ASO药物是目前获批最多的药物类型。目前全球已上市的部分小核酸药物，见表2-6。

表2-6 部分已上市的小核酸药物概览

分类	药物中文名称	药物英文名称	适应证	FDA批准/上市时间
ASO	诺西那生	nusinersen	脊髓性肌萎缩症	2016
	依普勒森	eteplirsen	杜氏肌营养不良症	2016
	伊诺特生	inotersen	家族性淀粉样多发性神经病变	2018
	沃兰奈生	volanesorsen	脂蛋白脂肪酶缺乏症	2019
	戈罗迪生	golodirsen	杜氏肌营养不良症	2019
	维托拉生	viltolarsen	杜氏肌营养不良症	2020
	卡西莫森	casimersen	杜氏肌营养不良症	2021
	托夫生	tofersen	*SOD1*基因突变肌萎缩侧索硬化	2023
	依普隆特生	eplontersen	转甲状腺素蛋白淀粉样变性多发性神经病	2023
	艾泰司他	imetelstat	骨髓增生异常综合征	2024
siRNA	帕替司兰	patisiran	人类遗传性转甲状腺素淀粉样变性病	2018
	吉沃西兰	givosiran	急性肝卟啉症	2019
	鲁玛西兰	lumasiran	1型原发性高草酸尿症	2020
	英克司兰	inclisiran	高胆固醇血症1型	2020
	夫曲赛仑	vutrisiran	家族性淀粉样多发性神经病变	2022
	尼德司瑞	nedosiran	1型原发性高草酸尿症	2023
aptamer	佩格塞塔科普兰	pegcetacoplan	黄斑变性引起的地图样萎缩	2023

三、核酸疫苗

核酸疫苗（nucleic acid vaccine）是指用能表达目标抗原的核酸制备成的疫苗，主要有DNA疫苗和RNA疫苗两类。其基本原理都是将编码目标抗原的核酸序列通过不同方式转入生物体细胞内，进行目标抗原表达进而诱导免疫反应。世界卫生组织于1994年将由DNA或RNA诱导产生抗体的疫苗统称为核酸疫苗。核酸疫苗根据递送载体不同又可以分为以病毒为递送载体的疫苗和以脂质纳米颗粒为递送载体的疫苗。

四、基因治疗药物

基因治疗（gene therapy）是指以核酸（DNA或RNA）为治疗物质，通过特定的基因转移技术将治疗性核酸输送到患者细胞中发挥治疗作用。基因治疗药物可以通过表达正常功能蛋白或抑制异常功能蛋白的表达、纠正或替换异常基因等方式发挥治疗作用。基因治疗可分为生殖细胞基因治疗和体细胞基因治疗，两者的区别在于：体细胞基因治疗改变的是某些特定细胞的基因，这种改变不会遗传给后代；生殖细胞基因治疗中改造后的基因将遗传给后代。目前在伦理上只允许开展体细胞基因治疗的研究与实践。

自测题

（一）名词解释

核酸　双螺旋结构　核酸变性　核酸杂交

（二）填空题

1. 核酸中的________是含氮杂环化合物，按结构母核分为________和________两类。
2. 腺嘌呤第________位N原子与脱氧核糖的第________位C原子形成________键，即生成________（全称），简称________，用________表示。
3. tRNA的氨基酸臂3′端最后三个碱基是________，在反密码环中有________个相连的核苷酸组成反密码子。

4. 核酸分子中的________和________具有共轭双键的结构，因此核酸具有紫外吸收的特征。其最大吸收峰波长为________nm。

（三）选择题

【A型题】

1. 组成核酸的基本结构单位是
   A. 碱基　　B. 核苷
   C. 核苷酸　　D. 多核苷酸
   E. DNA和RNA
2. 在DNA和RNA分子结构中
   A. 戊糖不同，碱基相同
   B. 戊糖和碱基都不同
   C. 戊糖和碱基都相同
   D. 戊糖相同，碱基不相同
   E. 戊糖不同，部分碱基相同
3. 下列哪种核苷酸不是DNA的组成部分
   A. dAMP　　B. dCMP
   C. dGMP　　D. dUMP
   E. dTMP
4. 在DNA分子中，与碱基序列5′-ATCTGC-3′互补的片段为
   A. 5′-ATCTGC-3′　　B. 5′-CGTCTA-3′
   C. 5′-GCAGAT-3′　　D. 5′-TAGACG-3′
   E. 5′-TGCATC-3′
5. 已知双链DNA中一条链的A=25%，C=35%，其互补链的碱基组成应是
   A. T+A=60%　　B. A+C=40%
   C. G+C=70%　　D. T+G=55%
   E. T+C=50%
6. DNA分子中（G+C）碱基的含量越高，在热变性时的T_m值越大的原因是
   A. G-C之间形成了一个共价键
   B. G-C之间形成了离子键
   C. G-C之间形成了两个氢键
   D. G-C之间形成了三个氢键
   E. G-C形成了共轭双键
7. 下列有关DNA热变性的叙述哪一项是正确的
   A. 磷酸二酯键断裂
   B. 形成超螺旋
   C. 解链温度随A与T碱基的含量增加而增加
   D. DNA分子的双链间氢键断裂而解链
   E. 在波长260nm处的吸光度值减小

【B型题】

（第8～12题共用选项）

A. 糖苷键　　B. 磷酸二酯键
C. 氢键　　D. 离子键
E. 碱基堆积力

8. 维系DNA双螺旋结构横向稳定的是
9. 保持DNA双螺旋结构纵向稳定的是
10. 维系DNA的一级结构的是
11. 维系核苷酸之间的连接的是
12. 配对碱基之间的结合力是

（第13～17题共用选项）

A. 双螺旋结构　　B. 超螺旋结构
C. 三叶草形结构　　D. 倒L形结构
E. 茎环结构

13. tRNA的二级结构是
14. tRNA的三级结构是
15. DNA的二级结构是
16. DNA的三级结构是
17. 最典型的RNA二级结构形式是

【X型题】

18. 下列关于DNA的碱基组成，叙述正确的是
    A. 不同种属生物中DNA碱基组成不同
    B. 同一生物不同组织器官的细胞DNA具有相同的碱基组成
    C. A=G，C=T
    D. A=U，G=C
    E. 生物体的DNA碱基组成随着年龄的增长会发生变化
19. 关于DNA，以下说法中正确的有
    A. 翻译的模板
    B. 转录的模板
    C. 复制的模板
    D. 携带遗传信息
    E. 存在于所有生物中
20. 关于ATP，以下说法中正确的是
    A. 含有3个磷酸酯键
    B. 含有2个高能磷酸酯键
    C. 可以游离存在
    D. 具有内酯环结构
    E. 是体内能量的直接来源

（四）简答题

1. 试比较DNA与RNA的分子组成及分子结构的异同。
2. 简述tRNA的结构特点。

（虞菊萍）

第3章
酶

学习目标

1.知识目标： 掌握酶的概念、分类、分子组成、催化作用特点、活性中心、作用机制，掌握影响酶促反应速度的因素及其影响；理解酶的命名方法以及酶原、同工酶、调节酶的概念和作用；了解酶类药物的工业生产过程。

2.能力目标： 能正确保存、保管酶类药品并协助开展相关的药学社会服务。

3.素质目标： 培养学生的家国情怀，践行社会主义核心价值观，爱岗敬业；培养学生敬佑生命的情感和精益求精的工匠精神。

新陈代谢是生命活动的基本特征之一。生物体内新陈代谢过程中发生的各种化学反应，几乎都是在酶（enzyme，E）的催化下进行的，因此，酶是维持生命活动的必要条件。学习酶学知识对了解生命活动规律、分析疾病及指导酶类药物的研发、生产与应用等具有重要的意义。

第1节 概　　述

一、酶的概念

1926年，J. B. Sumner从刀豆中提取获得了脲酶结晶，并提出酶的化学本质是蛋白质。后来发现的许多酶都支持这一观点。1982年，T. Cech首先发现rRNA前体具有自我催化作用，并提出核酶的概念，为生物催化剂的发展作出了新的贡献。总之，酶是由活细胞合成的具有高效催化作用的生物催化剂。由于目前已发现的酶绝大多数都是蛋白质，所以本章只介绍化学本质为蛋白质的酶。

由酶催化的化学反应称为酶促反应；在酶促反应中被酶催化的物质称为底物（substrate，S），也称为反应物；催化反应所生成的物质称为产物（product，P）；酶所具有的催化能力称为酶的活性；酶丧失催化能力称为酶的失活。

考点： 酶的概念

链接　大爱寄情微生物，益国利民执着心——致敬张树政先生

张树政（1922—2016）是我国酶工业领域的先驱，我国生物化学界首位女院士。20世纪50年代初，她确定了黑曲霉在酒精工业的优越性（这一项技术节约的粮食，每年可以养活68万人）。20世纪60年代初，她阐明了白地霉的木糖和阿拉伯糖代谢途径，纯化了木糖醇脱氢酶并证明其为诱导酶，发现并纯化了NADP-甘露醇脱氢酶。20世纪70年代初，首次得到红曲霉糖化酶的结晶。20世纪80年代，选育出*β*-淀粉酶高产细菌，该菌的活力当时在国际上处于领先地位；首次发现了有严格底物专一性的*β*-*D*-岩藻糖苷酶；从嗜热菌中纯化了8种酶。20世纪90年代，古稀之年的她积极倡导和推动我国糖生物学和糖生物工程的发展。

张树政把毕生精力奉献给了我国的科学事业。她对中国生物化学和工业微生物发展的功绩将永垂史册。

二、酶的分类

1961年，国际生物化学与分子生物学联盟下属的酶学委员会（IEC）确定了酶的分类原则，将所有的酶按照催化反应的类型分为六大类。2018年8月，IEC在六大类之外又引入了第七大类。

1. 氧化还原酶类 催化底物进行氧化还原反应的酶类，如乳酸脱氢酶、琥珀酸脱氢酶、细胞色素氧化酶等。该类酶的辅酶有NAD^+、$NADP^+$、FMN、FAD等。

2. 转移酶类 催化底物之间进行基团转移或交换的酶类，如氨基转移酶、己糖激酶、甲基转移酶等。

3. 水解酶类 催化底物发生水解反应的酶类，如淀粉酶、蛋白酶、脂肪酶、核酸酶等。

4. 裂合酶类或裂解酶类 催化一种化合物分解为两种（或两种以上）化合物的反应或其逆反应的酶类，如醛缩酶、氨基酸脱羧酶、碳酸酐酶等。

5. 异构酶类 催化各种同分异构体间相互转化的酶类，如磷酸丙糖异构酶、磷酸己糖异构酶、消旋酶等。

6. 合成酶类（或连接酶类） 催化两分子底物合成为一分子化合物，同时偶联有ATP的磷酸键断裂释放能量的酶类，如谷氨酰胺合成酶、氨酰tRNA合成酶、丙酮酸羧化酶等。

7. 转位酶（或易位酶） 催化离子或分子跨膜转运或在膜内移动的酶类，如ATP合酶、钠钾ATP酶、ABC型硫酸转运蛋白等。

考点：酶的分类

三、酶的命名

酶的命名方法分为习惯命名法和系统命名法。

1. 习惯命名法 通常是以酶催化的底物、反应性质及酶的来源来命名。根据底物命名的多是水解酶，如淀粉酶、胆碱酯酶、蛋白酶等。有时还在底物名称前冠以酶的来源，如唾液淀粉酶、胰蛋白酶等。依据催化反应的类型命名的如脱氢酶、氨基转移酶等。也有很多酶是采用底物加反应类型来命名，如乳酸脱氢酶、氨基酸氧化酶等。

习惯命名法简单、易记，应用历史较长，但缺乏系统性，有时会出现混乱。

2. 系统命名法 鉴于新酶的不断发现和习惯命名法的混乱，IEC于1961年提出了系统命名法。它包括酶的系统命名和用4个数字分层次表示的分类编号。酶的系统命名需标明所有底物与反应性质，底物名称之间以“：”分隔。系统命名法虽然合理，但比较烦琐，使用不方便，故国际酶学委员会又从每种酶的数个习惯名称中选定一个简便实用的推荐名称。例如，对下列反应的酶命名。

$$\text{乳酸} + NAD^+ \longrightarrow \text{丙酮酸} + NADH + H^+$$

催化该反应的酶的系统名称为“乳酸：NAD^+氧化还原酶”，而其推荐的名称为“乳酸脱氢酶”。该酶的分类编号是E.C1.1.1.27。E.C代表按国际酶学委员会的规定命名；第一个数字代表酶所属的大类（“1”为第一大类，即“氧化还原酶类”）；第二个数字表示亚类（“1”代表第一亚类，即“氧化基团为CHOH基团”）；第三个数字表示亚-亚类（“1”代表第一亚-亚类，即“H的受体为NAD^+”）；第四个数字代表在亚-亚类中的排序（该酶在该亚-亚类中位列第27）。

考点：酶的命名方法

四、酶的催化作用特点

酶和一般的催化剂有许多共性：仅能催化热力学上允许发生的化学反应；能使可逆的酶促反应加快达到平衡点，但不能改变反应的平衡常数；反应前后没有质和量的变化。但作为生物催化剂，酶也有自身的特点。

（一）高度的催化效率

酶的催化效率比相应的非酶促反应要高10^8～10^{20}倍，比一般催化剂高10^7～10^{13}倍。例如，每个碳酸酐酶分子每分钟可以催化10^6个CO_2分子转变成碳酸，比无催化剂时快10^7倍；脲酶水解尿素时，反应速度比用酸水解时快7×10^{12}倍，比无催化剂时快10^{14}倍。

（二）高度的专一性

酶对所催化底物的选择性，称为酶的专一性或特异性。根据酶对底物选择的严格程度不同，酶的高度专一性分为以下三种类型。

1. 绝对专一性 一些酶只能作用于特定结构的底物，进行专一的反应，这种专一性称为绝对专一性。例如，脲酶只能催化尿素水解为NH_3和CO_2，而对其他一切尿素的衍生物都不起作用。

2. 相对专一性 一种酶可作用于一类底物或一种化学键，这种不太严格的选择性称为相对专一性。例如，脂肪酶不仅能催化脂肪水解，也可水解简单的酯类化合物；蔗糖酶既能水解蔗糖，也可水解棉籽糖中的同一糖苷键。

3. 立体异构专一性 一种酶只对底物的一种立体异构体具有催化作用，这种特性称为酶的立体异构专一性。例如，*L*-乳酸脱氢酶只催化*L*-乳酸脱氢转变为丙酮酸的反应，而对*D*-乳酸没有催化作用；*α*-淀粉酶只能水解淀粉中的*α*-1，4-糖苷键，而不能水解纤维素中的*β*-1，4-糖苷键。

（三）高度不稳定性

酶是蛋白质，凡能影响蛋白质结构稳定的因素如强酸、强碱、重金属盐、有机溶剂、高温、紫外线、剧烈振荡等都可以影响酶的活性，甚至使酶变性失活。在生产、保存酶制剂和临床测定酶活性时应避免这些因素的影响。

（四）酶活性的可调节性

生物体内，酶活性受多种因素（如底物、产物和激素等）的调控，以适应机体内外环境的不断变化和生命活动的需要，使体内各种化学反应有条不紊地进行。酶的活性调节方式包括变构调节、共价修饰调节、酶含量的调节等。

考点：酶催化作用特点

第2节 酶分子结构与作用机制

一、酶的基本形式

本章讨论的酶，其化学本质是蛋白质，故而酶分子具有蛋白质的分子结构和理化性质。根据酶蛋白的结构与功能特点，可将酶分为单体酶、寡聚酶、多酶体系与多功能酶（又称串联酶）。

（一）单体酶

单体酶由一条多肽链所构成，具有三级结构才有生物学活性。单体酶分子量较小，通常在13 000～15 000Da。这类酶大多是催化水解反应的，如溶菌酶、胰蛋白酶等。

（二）寡聚酶

寡聚酶由若干个相同或不同的肽链（即亚基）组成。一般来讲，单个亚基没有催化活性，只有形成完整的四级结构才有催化活性。寡聚酶分子量从35 000Da到几百万道尔顿。己糖激酶、3-磷酸甘油醛脱氢酶都属于寡聚酶。

（三）多酶体系

多酶体系由催化功能密切相关的几种酶（每一个酶单独存在时都有特定的催化活性）通过非共价

键相互作用，彼此嵌合在一起而形成。其特点是可催化一个代谢途径中的一系列反应，使反应连续进行。前一个酶催化生成的产物，直接作为后一个酶的底物，直到终产物生成才离开复合体，这样极大地提高了催化效率。例如，线粒体中的丙酮酸脱氢酶复合体、α-酮戊二酸脱氢酶复合体都是由3个酶组成的多酶体系。

（四）多功能酶

有一些多酶体系在进化过程中由于基因的融合，形成由一条多肽链组成却具有多种不同催化功能的酶，或者说一条多肽链上同时具有几种酶的催化活性，进而使酶的催化效率进一步提高。例如，体内脂肪酸合成的多酶体系中的6个酶就存在于一条多肽链上，因此相关的连锁反应就都在一条多肽链上由众多酶活性中心催化进行。

二、酶的化学组成

根据酶的分子组成，可将酶分为单纯酶（simple enzyme）和结合酶（conjugated enzyme）两类。

（一）单纯酶

水解后仅含有氨基酸而无其他组分的酶称为单纯酶。单纯酶通常只由一条多肽链构成，其催化活性仅决定于蛋白质结构。淀粉酶、脂肪酶、蛋白酶、脲酶、核糖核酸酶等均属于单纯酶。

（二）结合酶

结合酶由蛋白质部分和非蛋白质部分共同组成。蛋白质部分称为酶蛋白，非蛋白质部分统称为辅助因子，两者结合形成的复合物称为结合酶或全酶。全酶才具有催化活性，若酶蛋白或辅助因子单独存在均无催化作用。

酶的辅助因子多为金属离子或小分子有机化合物。金属离子常见的有Mg^{2+}、Cu^{2+}（或Cu^{+}）、Zn^{2+}、Fe^{2+}（或Fe^{3+}）、Ca^{2+}等。其作用有：①稳定酶的空间构象，甚至参与酶活性中心的形成；②传递电子；③作为连接酶与底物的桥梁，形成三元复合物；④中和阴离子，降低反应中的静电斥力。小分子有机化合物最常见的是维生素及其衍生物，它们的主要作用是参与酶的催化过程，在酶促反应中传递电子、质子或转移某些基团。各种维生素的具体作用见表3-1。

表3-1 某些维生素类辅酶（辅基）的作用

辅酶或辅基	所含维生素	转移的基团
硫胺素焦磷酸（TPP）	维生素B_1（硫胺素）	醛基
黄素单核苷酸（FMN） 黄素腺嘌呤二核苷酸（FAD）	维生素B_2（核黄素）	氢原子 氢原子
烟酰胺腺嘌呤二核苷酸（NAD^+） 烟酰胺腺嘌呤二核苷酸磷酸（$NADP^+$）	维生素PP（烟酰胺）	氢原子 氢原子
磷酸吡哆醛 磷酸吡哆胺	维生素B_6（吡哆醛、吡哆胺）	氨基

辅助因子可按其与酶蛋白结合的紧密程度不同分成辅酶和辅基两类。辅酶与酶蛋白结合疏松（一般非共价结合），可以用透析或超滤方法除去；辅基与酶蛋白结合紧密（一般共价结合），不易用透析或超滤的方法除去。

体内结合酶的种类很多，而辅助因子的种类却较少。通常一种酶蛋白只能与一种辅助因子结合，成为一种特异的酶；但一种辅助因子往往能与不同的酶蛋白结合构成多种特异性的酶。所以，酶促反应的特异性、高效性及酶对一些理化因素的不稳定性均决定于酶蛋白部分，而辅助因子则决定酶的反应类型与性质。

考点：单纯酶、结合酶的概念及组成，辅助因子的种类及作用

三、酶的活性中心

酶分子中存在着许多功能基团，如—NH_2、—COOH、—SH、—OH等，但并不是所有基团都与酶活性有关。与酶活性密切相关的基团称为酶的必需基团。

有些必需基团在一级结构上相距很远，但在形成特定空间结构时彼此靠近，集中在一起，形成具有特定空间构象的区域。该区域能与底物特异性结合并将底物转化为产物，所以被称为酶的活性中心。酶的活性中心在酶分子空间结构中深入到酶分子内部，或为裂缝，或为凹陷，大量疏水氨基酸残基在此聚集，形成疏水“口袋”。辅酶或辅基上的一部分结构往往是结合酶活性中心的组成成分（图3-1）。

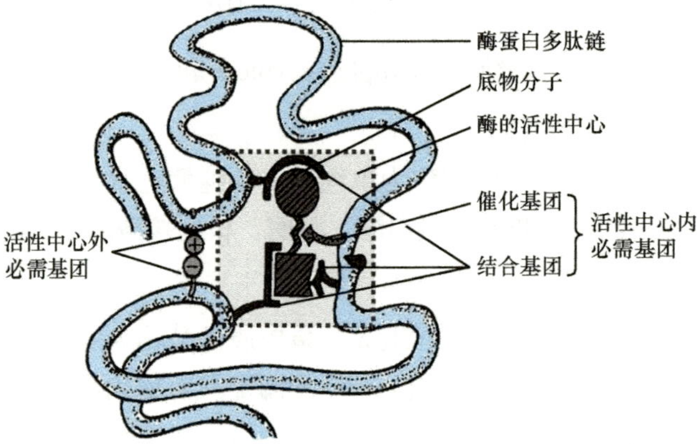

图3-1 酶活性中心示意图

构成酶活性中心必需基团分为两类：直接与底物结合的必需基团称为结合基团；影响底物中某些化学键的稳定性，促进底物转化为产物的基团称为催化基团。活性中心内有的必需基团可同时具有这两方面的功能。还有一些必需基团不在活性中心内，但为维持活性中心应有的空间构象所必需，这些基团称为活性中心外必需基团。不同的酶有不同结构的活性中心，故酶对底物有严格的选择性。酶促反应的高度特异性及高效性均依赖于酶的活性中心。

考点：酶的必需基团、活性中心及活性中心外必需基团的概念及作用

四、酶作用的基本原理

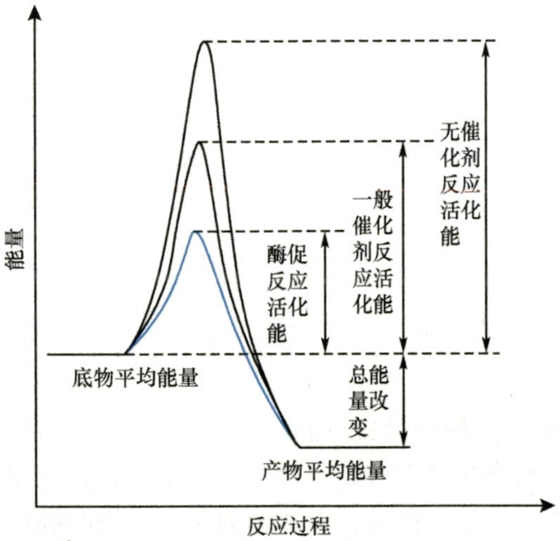

图3-2 催化剂对反应活化能的影响

（一）酶降低活化能的基本过程

酶和一般催化剂加速反应的机制都是降低反应的活化能。底物分子从初态转变为容易发生反应的活化状态所需的能量称为活化能。在反应体系中，底物分子所含的能量各不相同，只有那些达到或超过活化能的分子才有可能发生化学反应，这样的分子被称为活化分子。反应体系中活化分子数目越多，反应速度越快。与一般催化剂相比，酶之所以具有高度催化效率就是因为能大幅度地降低反应所需要的活化能。随着活化能的降低，更多的底物分子成为活化分子，反应速度大大加快（图3-2）。

例如：$H_2O_2+H_2O_2 \longrightarrow 2H_2O+O_2$，无催化剂存在时，反应所需活化能为75kJ/mol；用胶体钯作催化剂时活化

能为49kJ/mol；若由过氧化氢酶催化时，活化能降低到8kJ/mol。可见在过氧化氢酶催化下，反应速度会大幅度提升。

中间产物学说可以很好地解释酶降低活化能的过程。酶在发挥催化作用时，首先与底物（S）结合形成酶-底物复合物（ES）。这种中间产物的形成，致使S分子内的某些化学键发生极化，呈现不稳定状态，称为过渡态。过渡态不稳定，所以ES很快分解为产物（P）和游离的酶。释放出来的酶又可以和下一个底物结合，继续发挥催化作用，所以少量的酶就可以催化大量的底物发生反应。此过程可用下式表示：

$$E + S \longleftrightarrow ES \longrightarrow E + P$$

酶与底物结合的能量来自酶活性中心功能基团与底物相互作用时形成的多种非共价键（如氢键、离子键、疏水键等），它们结合时产生的能量称为结合能。当E与S结合生成ES复合物并进一步形成过渡态时，此过程释放较多的结合能，可抵消部分反应物分子所需的活化能，整个反应的活化能大大降低。酶作为生物催化剂，能否发挥高度催化效率，关键在于酶活性中心的结合基团能否与底物结合，并进一步形成过渡状态。

考点：中间产物学说

（二）酶的催化作用机制

酶大幅度降低反应活化能，是通过以下机制单独或同时发挥作用来实现的。

1. 诱导契合作用 酶与底物的结合不完全是锁与钥匙的关系。20世纪60年代，D. E. Koshland提出的诱导契合学说，合理地解释了酶-底物复合物形成的过程。酶在催化反应时，与底物相互靠近，在结构上相互诱导、变形、适应，进而相互结合，称为诱导契合学说（图3-3）。酶与底物接触时，在底物的诱导下空间结构发生变化，使其能更好地和底物契合，并对底物分子产生张力使之扭曲；底物在酶的诱导下也发生变形，处于不稳定的过渡态。过渡态时，底物与酶的活性中心吻合度最高，很容易受酶的催化攻击而转化为产物，从而大幅度地降低酶促反应所需的活化能，反应速度大大加快。

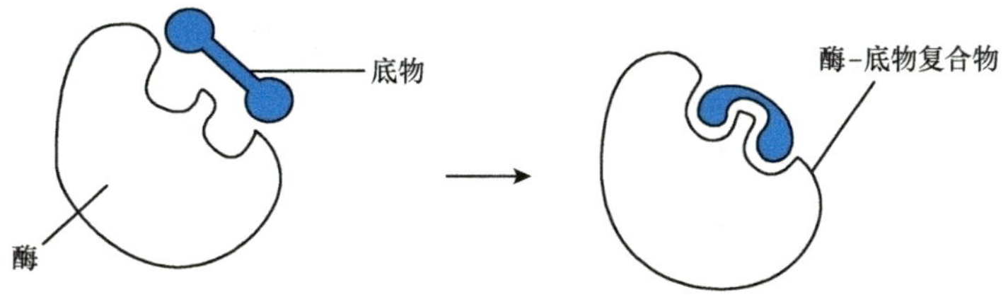

图3-3 诱导契合假说示意图

2. 底物的趋近和定向效应 趋近效应是指两个以上底物参加的反应，底物分子结合在酶分子表面的某一狭小的局部区域，其反应基团互相靠近，从而降低了进入过渡态所需的活化能。显然，趋近效应大大增加了底物的有效浓度，反应速度相应提高。

酶不仅能使反应物在其表面某一局部范围互相接近，而且还可以使反应物在其表面对着特定的基团定向排列，因而反应物就可以用正确的方式互相碰撞而发生反应，这就是定向效应。

通过趋近和定向效应，酶将分子之间的反应变成类似于分子之内的反应，使得反应可以高速进行。

3. 表面效应 酶的活性中心多为疏水基团，酶促反应在此疏水环境中进行，使底物分子脱溶剂化，可排除周围水分子对酶和底物功能基团的干扰性吸引或排斥，防止在底物和酶之间形成水化膜，利于酶与底物密切接触和结合。

4. 多元催化作用 酶是两性电解质，其活性中心的某些基团可以释放出质子（酸），另一些基团则可以接受质子（碱）；有时同一种功能基团（如咪唑基）在一定的条件下既可以作为质子供体，又可以作为质子受体。因此，同一种酶常常兼有酸、碱双重催化作用。多种基团（包括辅酶或辅基）的协同作用可极大地提高酶的催化效率。

某些酶可以与底物形成反应活性很高的共价中间物，该中间物很容易转变为过渡态，因此反应活化能大为降低。这种共价催化分为亲核催化和亲电催化。具有亲核催化能力的酶，分子中有含未共用电子对的基团或原子，可攻击缺少电子而具有部分正电性的底物上的原子，并利用未共用电子对形成共价键。这些酶的活性中心一般含有咪唑基、巯基、羟基等基团，它们都有未共用电子对，可作为电子供体和底物中的某些基团共价结合。此外，许多辅助因子也具有亲核中心。在亲电催化中，酶分子亲电子的基团从底物中吸取一个电子对形成共价键。亲电子的基团可以是酶蛋白分子中被质子化的碱基，也可以是辅助因子如金属阳离子等。

考点：诱导契合学说，酶的催化作用机制

第3节 酶的几种特殊形式

一、酶 原

（一）概念

某些酶在细胞内合成或初分泌时没有活性，这种无活性的酶的前身称为酶原（zymogen）。酶原是体内某些酶暂不表现催化活性的一种特殊存在形式。在一定条件下，酶原受某种因素作用后，水解掉一个或几个肽段，分子结构发生变化，暴露了或形成了活性中心，转变成为有活性的酶的过程，称为酶原的激活。

体内的胃蛋白酶、胰蛋白酶、糜蛋白酶（胰凝乳蛋白酶）、羧基肽酶、弹性蛋白酶等在初分泌时均以无活性的酶原形式存在，其激活过程概括，见表3-2。

表3-2 部分酶原的激活过程

酶原	激活条件	激活后的酶	水解掉的片段
胃蛋白酶原	H^+或胃蛋白酶	胃蛋白酶	六个多肽片段
胰蛋白酶原	肠激酶或胰蛋白酶	胰蛋白酶	六肽
糜蛋白酶原	胰蛋白酶或糜蛋白酶	糜蛋白酶	两个二肽
羧基肽酶原A	胰蛋白酶	羧基肽酶A	几个碎片
弹性蛋白酶原	胰蛋白酶	弹性蛋白酶	几个碎片

（二）酶原激活的机制

酶原激活的实质是酶的活性中心形成或暴露的过程。现以胰蛋白酶原为例加以说明。胰蛋白酶原在胰腺细胞内合成和初分泌时并无活性。当它随胰液进入肠道后，在肠激酶的作用下，N端第6位赖氨酸与第7位异亮氨酸残基之间的肽键断裂，水解掉一个六肽片段，肽链分子空间构象随之发生改变，形成了活性中心，胰蛋白酶原转变成具有催化活性的胰蛋白酶（图3-4）。

（三）生理意义

酶原激活不仅保护了产生酶原的组织细胞免受自身酶的消化，而且保证了酶在特定部位和特定环境发挥催化作用，所以具有重要的生理意义。例如，胰腺合成的胰蛋白酶原、糜蛋白酶原如果在胰腺组织内被提前激活，会消化胰腺自身的组织蛋白质，导致胰腺炎；在肠道被激活，起到消化食物的作用。血液中有关凝血和纤维蛋白溶解的酶类，都是以酶原的形式存在，其意义也在于此。

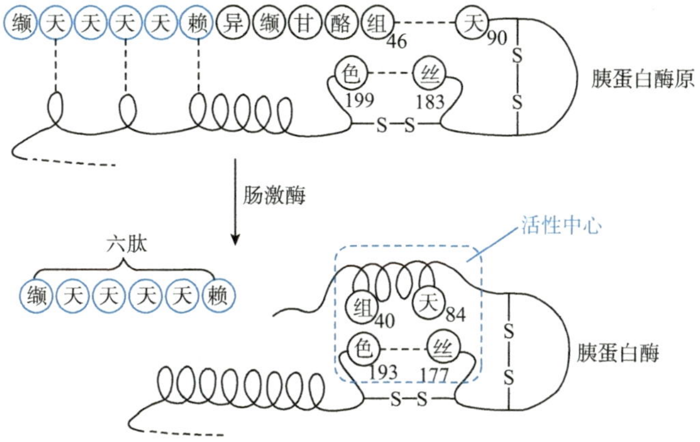

图3-4 胰蛋白酶原在肠道的激活过程

考点：酶原及酶原激活的概念和意义

二、同 工 酶

同工酶（isoenzyme）是指能催化相同的化学反应，但酶的分子结构、理化性质及免疫性质不同的一组酶。同工酶不仅存在于同一机体的不同组织，也存在于同一细胞的不同亚细胞结构，在代谢调节中起着重要作用。

现已发现百余种酶具有同工酶。其中发现最早、研究最多的同工酶是乳酸脱氢酶（LDH）。LDH是由骨骼肌型（M 型）亚基和心肌型（H 型）亚基组成的四聚体，两种亚基以不同比例组成五种同工酶：LDH_1（H_4）、LDH_2（H_3M）、LDH_3（H_2M_2）、LDH_4（HM_3）和LDH_5（M_4）。LDH 同工酶在不同组织器官中的含量与分布比例不同，如心肌中以LDH_1较为丰富，主要催化乳酸脱氢生成丙酮酸，有利于心肌细胞利用丙酮酸氧化供能；肝和骨骼肌中含LDH_5较多，催化丙酮酸还原为乳酸，有利于骨骼肌进行糖酵解供能。

同工酶的测定是现代医学诊断中较为灵敏可靠的手段。当某个组织发生病变时，可能有某些特定的同工酶释放出来，使同工酶谱发生改变。因此，可以通过检测患者血清中的同工酶来鉴别病变器官和判断损伤程度（图3-5）。例如，心肌受损患者血清中LDH_1含量上升，肝细胞受损的患者血清中LDH_5含量显著增高。

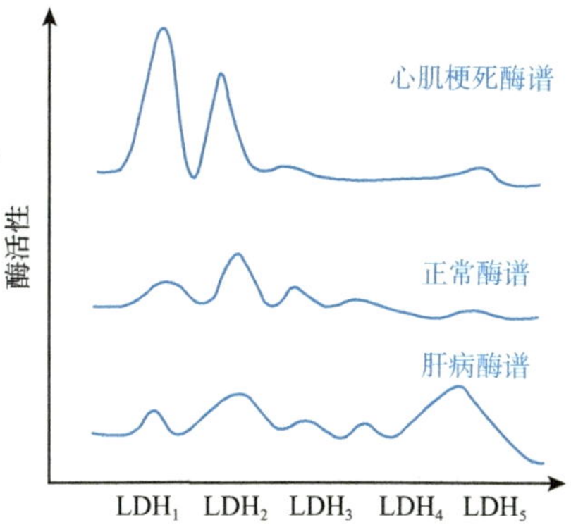

图3-5 心肌梗死和肝病患者血清LDH同工酶电泳图谱的变化

考点：同工酶的概念及意义

三、调 节 酶

（一）变构酶

体内一些代谢产物可以与某些酶分子活性中心外的一个或几个部位特异、可逆地结合，使酶的构象发生变化从而改变酶活性，此现象称为酶的变构效应。具有变构效应的酶称为变构酶，导致酶分子变构的物质称为变构剂。变构酶分子中除了有可以结合底物的活性中心外，还有可以与变构剂结合的变构中心。这两个中心可位于不同的亚基，也可位于同一亚基的不同部位。在酶与底物浓度不变的情况下，若变构效应使酶与底物的亲和力增加，反应速度加快，则称为变构激活效应，该变构剂称为变构激活剂；反之，则称为变构抑制效应，该变构剂称为变构抑制剂。

变构剂可以引起酶在紧密构象与疏松构象之间互变，或者是亚基聚合与解聚的互变。这种变化影响了酶活性中心与底物的结合，因而改变了酶活性。变构剂可以是酶的底物、产物或其他小分子物质，其浓度发生变化即可产生变构效应，从而快速改变代谢的速度甚至代谢途径的方向，这对于机体适应各种生理活动的需要具有重要意义。

变构调节的特点：①酶活性的改变通过酶分子构象的改变而实现；②酶的变构仅涉及非共价键的变化；③调节酶活性的因素为代谢物；④是非耗能过程；⑤无放大效应。

（二）共价修饰酶

酶蛋白分子中的某些基团可以在其他酶的催化下发生共价修饰，从而导致酶活性的改变，这称为共价修饰调节。能够被共价修饰调节的酶即为共价修饰酶。共价修饰调节也是体内快速调节代谢活动的重要方式。共价修饰酶通常在两种不同酶的催化下发生共价修饰或去修饰，从而引起酶分子在有活性形式与无活性形式之间进行相互转变。常见的修饰方式有磷酸化/去磷酸化、腺苷酰化/去腺苷酰化、乙酰化/去乙酰化、尿苷酰化/去尿苷酰化、甲基化/去甲基化、S—S/S—H等，以磷酸化/去磷酸化最为常见。

共价修饰调节的特点：①酶以两种不同修饰和不同活性的形式存在；②有共价键的变化；③受其他调节因素（如激素）的影响；④一般为耗能过程；⑤存在瀑布放大效应。

考点：变构酶和共价修饰酶的概念

四、诱导酶

诱导酶（inducible enzyme）是指当细胞中加入特定物质时诱导产生的酶。诱导物往往是酶的底物类似物或底物本身，酶的含量在诱导物存在下显著增高。诱导酶在微生物中较为多见。例如，大肠埃希菌一般是利用葡萄糖作为碳源，如果把培养基中的葡萄糖全部换成乳糖，开始时大肠埃希菌的代谢强度非常低。随着培养时间的延长，代谢强度慢慢提高。这是因为在乳糖的诱导下，大肠埃希菌体内属于诱导酶的半乳糖苷酶含量逐渐升高，乳糖经该酶水解后成为可以被大肠埃希菌利用的碳源。

许多药物能加强体内药物代谢酶的合成，因而能加速其本身或其他药物的代谢转化。研究药物代谢酶的诱导生成对于阐明药物的耐药性非常重要。

第4节 影响酶促反应速度的因素

酶最重要的特征是具有高效催化功能，因而，酶促反应速度可以代表酶的活性。酶促反应速度可用单位时间内底物的消耗量或产物的生成量来表示。酶蛋白的空间构象受某些因素影响而改变时，酶的活性也随之改变。在研究某种因素对酶促反应速度的影响时，必须使反应体系中其他因素保持不变，并以反应的初速度来表示酶促反应速度。因为只有初速度才与酶浓度成正比，而且受产物及其他因素的影响也最小。了解影响酶促反应速度的因素，有利于阐明酶的结构和功能的关系；有利于优化酶促反应条件，以最大限度发挥酶的催化效率；有利于了解酶在代谢中的作用和某些药物的作用机制，对于疾病的诊断和治疗都有指导意义。

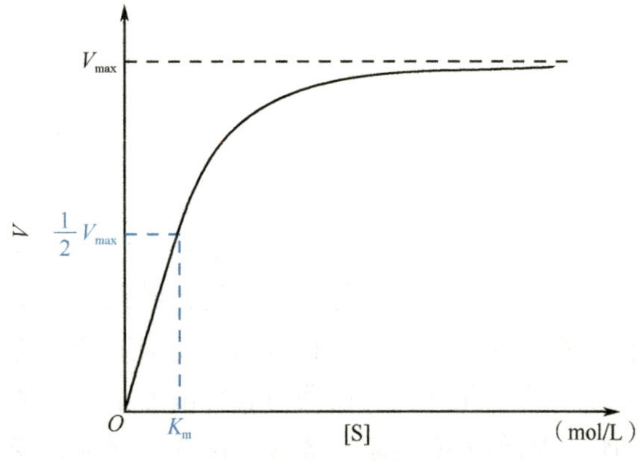

图3-6 底物浓度对酶促反应速度的影响

V为反应速度，V_{max}为反应的最大速度；K_m为米氏常数；[S]为底物浓度

一、底物浓度对酶促反应速度的影响

酶促反应速度与底物浓度密切相关。在酶浓度（[E]）和其他反应条件不变的情况下，以反应速度（V）对底物浓度（[S]）作图呈矩形双曲线（图3-6）。

从图3-6曲线可以看出：当[S]很低时，V随[S]的增加而急骤加快，成正比关系；随着[S]的不断增加，

V虽加快但不成正比；当[S]增加到一定程度时，再增加[S]，V也不再加快——此时的反应速度称最大反应速度（V_{max}），说明酶的活性中心已被底物所饱和。

底物浓度对反应速度的影响曲线可以用中间产物学说来解释。酶催化反应时，E与S首先结合成ES中间复合物，然后转变成产物（P）。

$$S+E \longrightarrow ES \longrightarrow E+P$$

由此可知，酶促反应速度主要取决于ES复合物的浓度（[ES]），[ES]越多，V越快。当[S]很低时，增加[S]，E立即与S结合生成ES，故而V与[S]成正比；随着[S]的增加，多数E已与S结合，新的ES形成渐缓，V的增幅减小，故而V与[S]不再成正比；当[S]增加到一定程度时，所有E的活性中心均被S所饱和，[ES]将保持不变，即反应速度接近最大值V_{max}。

（一）米-曼氏方程式

1913年 Michaelis与Menten根据中间产物学说，提出了底物浓度与酶促反应速度关系的数学表达式，称为米-曼氏方程式，简称米氏方程。

$$V=\frac{V_{max}[S]}{K_m+[S]}$$

式中，V为反应初速度；[S]为底物浓度；V_{max}为反应的最大速度；K_m为米氏常数。K_m值是酶的特征性常数，通常只与酶的结构、酶所催化的底物和反应环境有关，而与酶的浓度无关，K_m值等于反应速度达最大反应速度一半时的底物浓度（单位为mol/L）。

（二）K_m与V_{max}的意义

1. K_m值可用来表示酶与底物的亲和力大小 K_m值小，说明不需要很高的底物浓度便可达到最大反应速度，表示酶与底物的亲和力大；K_m值越大，则表示酶与底物的亲和力越小。

2. K_m值可以判断酶作用的最适底物 酶的种类不同，K_m值不同；同一种酶与不同底物作用时，K_m值也不同。各种酶的K_m值范围很广，在10^{-7}～10^{-1}mol/L。同一种酶如果有几种底物，就有几个K_m值，其中K_m值最小的底物为该酶的最适底物或天然底物。

3. V_{max}是酶完全被底物饱和时的反应速度 V_{max}与酶浓度呈正比关系，但在现实条件下，酶促反应很难达到V_{max}。

4. K_m值可用于计算反应速度 已知某个酶的K_m值，可计算出在某一底物浓度时，某反应速度相当于V_{max}的百分率。例如，当$[S]=3K_m$时，代入米氏方程得

$$V=V_{max}\times 3K_m/(K_m+3K_m)=3/4V_{max}=75\%V_{max}$$

必须指出，米氏方程只适用于较为简单的单底物酶促反应过程。对于比较复杂的酶促反应过程，如多酶体系、多底物、多产物、多中间体等，则不能用该方程进行概括与说明，必须借助于复杂的计算过程。

考点： 底物浓度与反应速度的关系，米氏方程及K_m与V_{max}的意义

二、酶浓度对酶促反应速度的影响

在底物浓度足够大的前提下，酶浓度与反应速度成正比（图3-7）。因为酶浓度越大，活性中心数量就越多，可结合的底物就越多，反应速度成正比例增加。

考点： 酶浓度与反应速度的关系

三、pH对酶促反应速度的影响

酶促反应体系的pH可影响酶分子中的极性基团特别是酶活性中心的必需基团的解离状态，以及必需基团中质子供体或质子受体所需的离子状态，同时也可影响底物和辅酶（如NAD^+、CoA、氨基酸

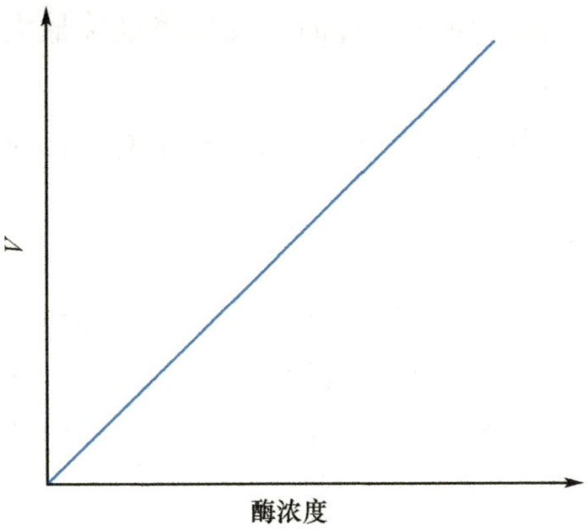

图3-7 酶浓度对酶促反应速度的影响

等）的解离状态，从而影响酶与底物的结合，进而影响酶促反应速度。酶、底物和辅酶的解离情况最适合于它们之间互相结合时，酶的催化活性最高，此时反应体系的pH称为酶的最适pH。

最适pH不是酶的特征性常数，它受底物浓度、缓冲液的种类与浓度以及酶的纯度等因素的影响。溶液的pH高于或低于最适pH时，酶的活性降低，酶促反应速度减慢；偏离最适pH越远，酶的活性越低，甚至变性失活（图3-8）。每种酶都有其各自的最适pH。生物体内大多数酶的最适pH接近中性，但也有例外，如肝精氨酸酶的最适pH在9.8左右，胃蛋白酶的最适pH大约为1.8。此外，同一种酶催化不同底物的最适pH也稍有不同。

考点：最适pH的概念及pH对酶活性的影响

四、温度对酶促反应速度的影响

化学反应速度可随温度升高而加快；低温时，随着温度升高，酶的活性也是逐步增加的；但酶是蛋白质，温度过高会引起酶蛋白变性。因此，温度对酶促反应速度具有多重影响。综合这几方面，将酶促反应速度达到最大时的环境温度称为酶的最适温度（图3-9）。哺乳类动物体内酶的最适温度一般为35～40℃。环境温度低于最适温度时，升温加快反应速度这一效应起主导作用，温度每升高10℃，反应速度可加大1～2倍。超过最适温度后，酶受热变性的因素占主导。当温度升高到60℃以上时，大多数酶开始变性；达到80℃时，多数酶的变性不可逆转。

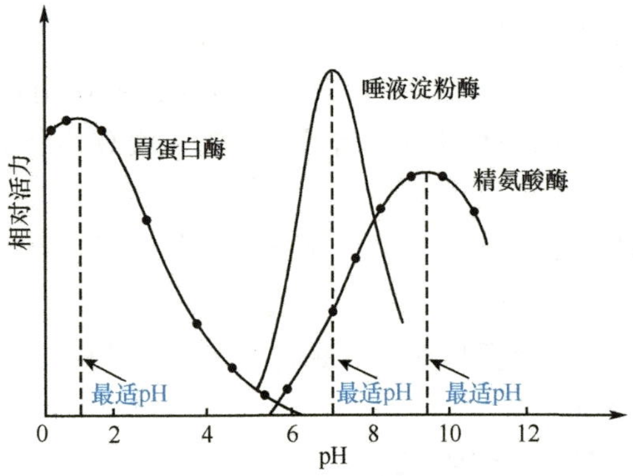

图3-8 pH对一些酶活性的影响

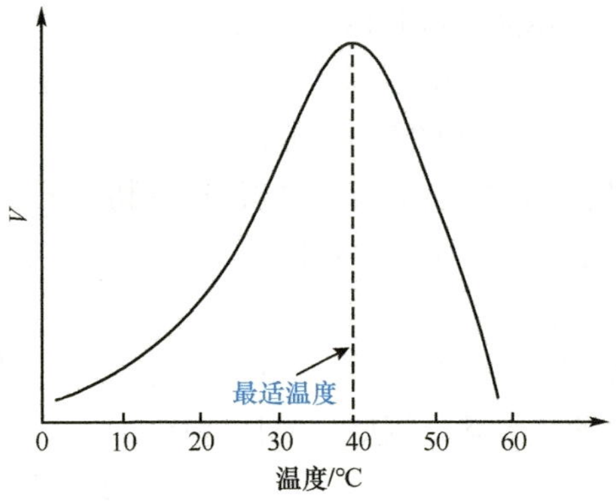

图3-9 温度对淀粉酶活性的影响

温度对酶促反应速度的影响在临床上具有理论指导意义。低温条件下，由于分子碰撞机会少，酶的催化作用难以发挥，酶活性处于抑制状态。但低温一般不会破坏酶活性，一旦温度升高，酶活性即恢复。鉴于此，酶制剂和酶检测标本（如血清、血浆等）通常低温保存，临床上为提高机体在手术过程中对氧和营养物质缺乏的耐受性常采用低温麻醉。最适温度并非酶的特征性常数，因为最适温度与反应进行时间有关：酶可以在短时间内耐受较高的温度；相反，延长反应时间，最适温度会降低。因此，在生化检验中，可以采取适当提高温度、缩短反应时间的方法，进行酶的快速检测诊断。

考点：最适温度的概念及温度对酶活性的影响

五、抑制剂对酶促反应速度的影响

凡能使酶的活性下降但不引起酶蛋白变性的物质统称为酶的抑制剂（inhibitor，I）。抑制剂多与酶的必需基团结合，从而抑制酶的催化活性，通常对酶有选择性。若除去抑制剂，酶活性可恢复。某些因素如强酸、强碱、高温等，对酶的变性失活作用没有选择性，故不属于抑制剂。

根据抑制剂与酶结合的紧密程度不同，把酶的抑制作用分为不可逆性抑制作用和可逆性抑制作用两大类。

（一）不可逆性抑制作用

抑制剂与酶的必需基团共价结合而使酶的活性丧失，且不能用透析、超滤等物理方法除去抑制剂而恢复酶的活性，称为不可逆性抑制作用。不可逆抑制剂对于人体通常是有毒的。例如，有机磷农药（敌百虫、敌敌畏等）能专一性地与胆碱酯酶活性中心的丝氨酸残基的羟基结合，使酶失去活性，引起有机磷农药中毒。

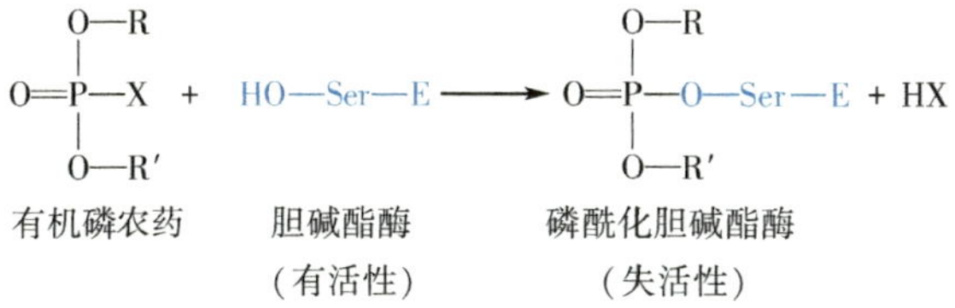

胆碱酯酶能催化乙酰胆碱水解为乙酸和胆碱。当遇到有机磷化合物时，此酶活性受到抑制，胆碱能神经末梢分泌的乙酰胆碱因不能及时水解而蓄积，造成胆碱能神经过度兴奋故而呈现中毒症状（如流涎、肌痉挛、瞳孔缩小等）。临床上常用解磷定（PAM）、氯解磷定等抢救有机磷化合物中毒的患者。解磷定可夺走磷酰化胆碱酯酶分子中的磷酰基，使胆碱酯酶游离，从而解除有机磷化合物对酶的抑制作用，使酶恢复活性。

某些重金属离子（Pb^{2+}、Ag^{+}、Hg^{2+}等）及路易斯氏剂（含砷的化合物）可与酶分子的巯基共价结合，使巯基酶失去活性，导致人畜中毒。用二巯基丙醇或二巯基丁二酸钠等含巯基的化合物可使酶恢复活性。

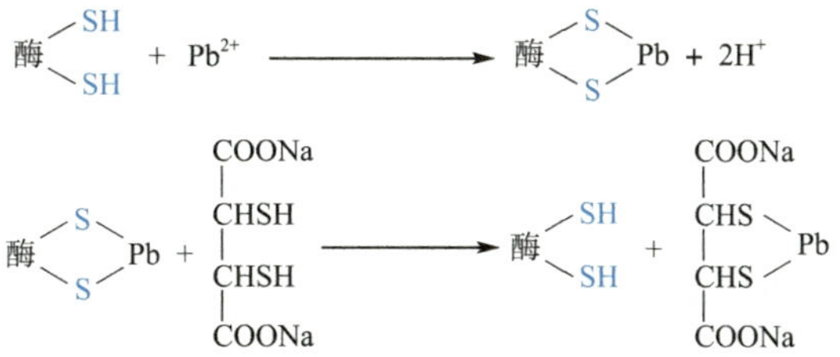

考点：不可逆抑制作用的概念，有机磷中毒和重金属离子中毒的机制及抢救方法

（二）可逆性抑制作用

抑制剂与酶以非共价键结合，引起酶活性的降低或丧失，可以用透析、超滤等物理方法除去抑制剂而使酶活性恢复，称为可逆性抑制作用。通常分为三种类型：

1. 竞争性抑制作用 指抑制剂与底物的结构相似，因而可以竞争同一个酶的活性中心，使底物与酶结合的概率下降，ES生成减少，从而使酶促反应速度降低。竞争性抑制作用具有以下特点：①抑制剂在结构上与底物相似，两者竞相争夺同一个酶的活性中心；②酶既可以与底物结合，也可以与抑制剂结合，但不能同时与两者结合；③抑制剂与酶的活性中心结合后，酶分子失去催化作用；④竞争性抑制作用的强弱取决于抑制剂与底物的浓度之比，抑制剂浓度不变时，通过增加底物浓度可以减弱甚至解除抑制作用；⑤在酶浓度不变的条件下，如果底物浓度足够大，底物可以占据全部酶的活性中心，因此竞争性抑制的V_{max}不变；⑥抑制剂与底物竞争结合酶的活性中心，导致酶与底物的亲和力减小，故K_m值增大。E、S、I及其催化反应的关系见图3-10。

临床上很多药物通过竞争性抑制发挥作用，如磺胺药。磺胺药作用机制见图3-11：对磺胺药敏感

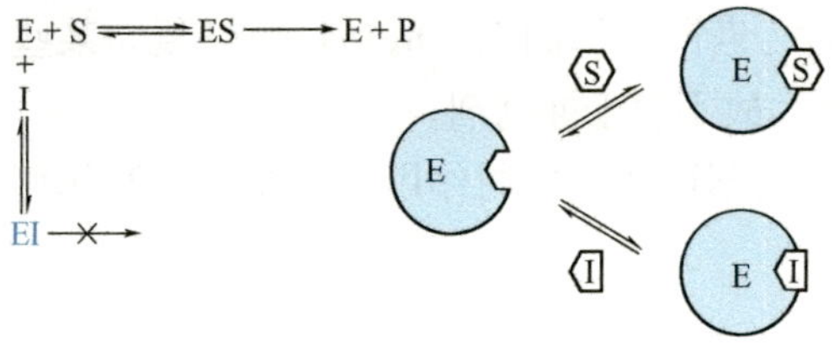

图 3-10 竞争性抑制作用示意图

E为酶；S为底物；P为产物；I为酶的抑制剂

的细菌在生长和繁殖时不能利用现成的叶酸，只能利用对氨基苯甲酸合成二氢叶酸（FH_2），FH_2再还原为四氢叶酸（FH_4）。磺胺药与对氨基苯甲酸结构类似，能竞争性地占据FH_2合成酶，从而抑制FH_2的合成，进而抑制FH_4的合成。FH_4是一碳单位转移酶的辅酶，参与嘌呤、嘧啶及核酸的合成。磺胺药的竞争性抑制作用使细菌的核酸合成受阻，导致其生长繁殖受到抑制。抗菌增效剂甲氧苄啶（TMP）与FH_2结构类似，能抑制二氢叶酸还原酶的活性，故能增强磺胺药的抑菌作用。由于竞争性抑制作用的强弱取决于抑制剂与底物的浓度之比，因此服用磺胺药时可以采取首剂加倍的方法，迅速达到有效的血药浓度，提高药物的抑菌作用。由于人类可以直接利用食物中的叶酸，故核酸合成不受磺胺药的干扰。

对氨基苯甲酸　　　　磺胺药

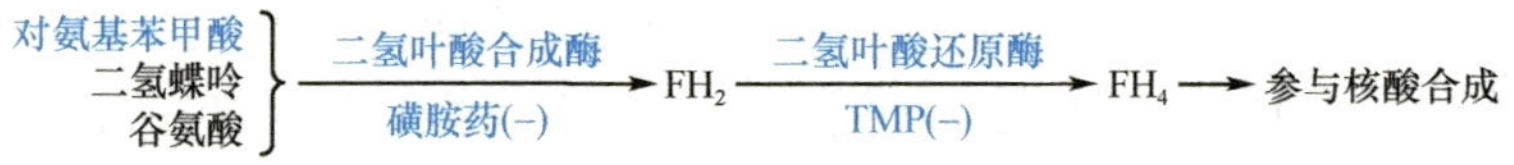

图 3-11 磺胺药的作用机制

还有许多抗代谢类抗癌药物，如甲氨蝶呤、氟尿嘧啶、6-巯基嘌呤等，都是酶的竞争性抑制剂，可抑制肿瘤的生长。

2. 非竞争性抑制作用 指抑制剂的结构和底物不相似，不与底物竞争酶的活性中心，而是与活性中心外的必需基团结合，从而抑制酶的活性。

由于I结合在E的活性中心外的部位，I与S之间无竞争关系，二者与E的结合相互不影响。I可以与游离的E结合形成EI，也可与ES结合形成ESI，EI也可以再与S结合形成ESI，但形成的ESI不能分解为产物，从而抑制了酶的活性（图3-12）。

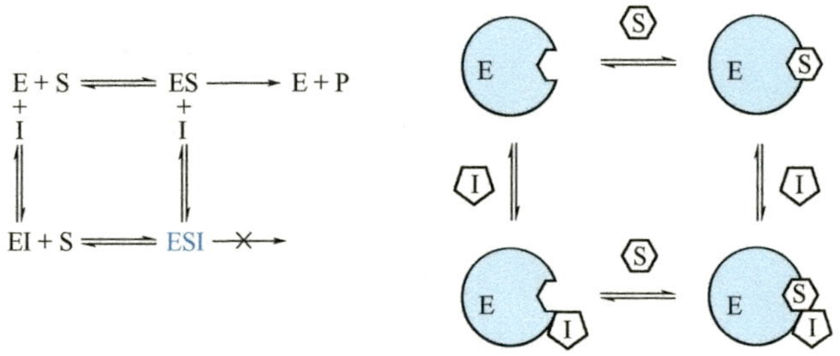

图 3-12 非竞争性抑制作用示意图

E为酶；S为底物；P为产物；I为酶的抑制剂

非竞争性抑制作用中，由于I与E的结合并不影响S与E的结合，故K_m值不变。但由于ESI“死端”复合物的生成，使有效酶浓度减小，故V_{max}减小。在酶浓度不变的条件下，抑制作用强弱只取决于抑制剂浓度的大小，增加底物浓度不能改变抑制剂对酶的抑制程度。

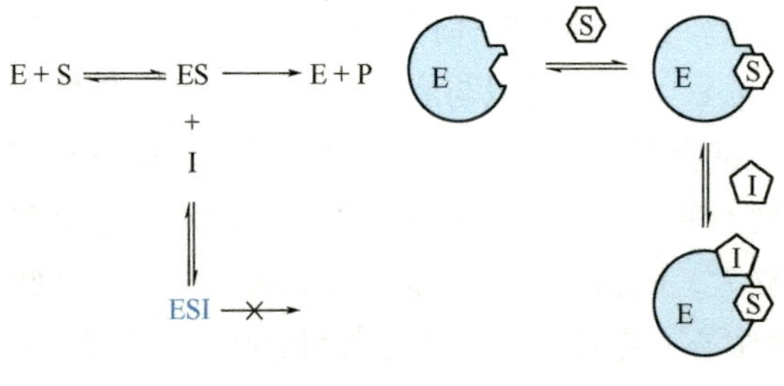

图 3-13 反竞争性抑制作用示意图

E为酶；S为底物；P为产物；I为酶的抑制剂

3. 反竞争性抑制作用 反竞争性抑制剂的结构和底物不相似，且不与酶直接结合，而是在底物与酶结合形成ES后，再与ES结合生成ESI复合物。ESI同样不能释放产物，也形成所谓死端（图3-13）。因此，该反应体系中的有效酶浓度下降，V_{max}下降；而当I与ES结合后，又会使更多的S加速形成ESI，故S与E的亲和力增加，K_m值减小。

三种可逆性抑制作用的特点总结见表3-3。

表3-3 三种可逆性抑制作用的特点

抑制作用	可与I结合的成分	V_{max}变化	K_m变化
竞争性抑制作用	E	不变	增大
非竞争性抑制作用	E及ES	降低	不变
反竞争性抑制作用	ES	降低	降低

考点：竞争性抑制作用、非竞争性抑制作用、反竞争性抑制作用的概念与特点，磺胺药的抑菌机制

六、激活剂对酶促反应速度的影响

凡能使酶活性增加的物质称为酶的激活剂（activator）。激活剂通常包括无机离子和小分子有机物，如Mg^{2+}、K^+、Mn^{2+}、Cl^-及胆汁酸盐、维生素C等。如果缺少激活剂，酶即失去催化能力，这类激活剂称为必需激活剂。大多数金属离子是酶的必需激活剂，如Mg^{2+}是己糖激酶的必需激活剂。有些激活剂不存在时，酶仍有催化活性，但效率较低，加入激活剂后，酶活性显著提高，这类激活剂称为非必需激活剂，如Cl^-是唾液淀粉酶的非必需激活剂。

考点：激活剂的概念与作用

第5节 酶的制备技术

制备酶类药物的原料原则上选取酶含量高的材料，可以是天然的动植物，也可以是人工培养的微生物、动植物细胞等。工业上大多采用微生物培养的方法来获得大量的酶制剂。目前酶制剂的来源总结见图3-14。从生物材料中制备酶一般包括四个基本步骤：预处理、提取、纯化和结晶。

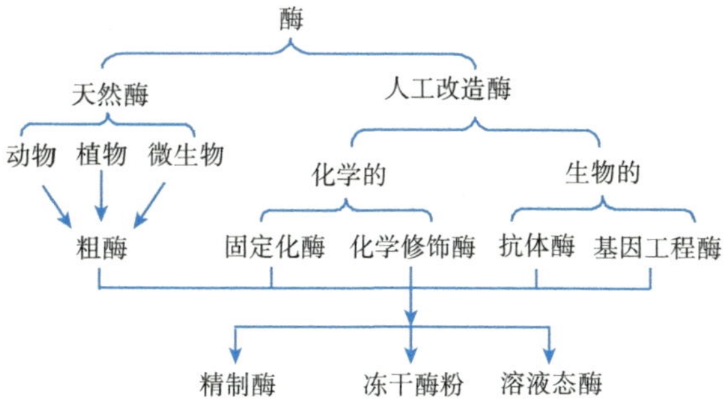

图3-14 酶制剂的来源

一、酶的分离纯化

（一）生物材料的预处理

细胞外的酶只需用水或缓冲液浸泡，过滤后即可得到粗提液。细胞内的酶要先破碎细胞才能使酶释放出来，然后再进行提取。常用的细胞破碎法有以下几种。

1. 机械法 如绞碎、研磨、组织捣碎匀浆、高速匀浆、超声波破碎法等。

2. 化学法 用盐、碱、表面活性剂、乙二胺四乙酸（EDTA）、丙酮等可使细胞破碎、亚细胞结构解体。

3. 酶解法 用组织自溶或用溶菌酶、磷脂酶等降解细胞壁、膜结构。

4. 冻融法 采用反复冷冻与融化交替进行。由于细胞中形成了冰晶及剩余液体中盐浓度的增高，细胞发生破裂。

（二）酶的提取

根据目的酶的等电点、最适pH、最适温度、激活剂、抑制剂、稳定性等性质，选择适宜的方法；根据酶的结构和溶解特性选择适当的提取液。

1. 水溶液法 常用稀盐溶液或缓冲溶液提取。提取时加入少量盐可提高酶的溶解度。应在酶稳定的pH范围内，选择偏离等电点的适当pH。低温下操作可防止酶失活。

2. 有机溶剂法 某些结合酶如微粒体和线粒体膜的酶，由于与脂质结合牢固，用水溶液很难提取，通常用不引起酶变性的有机溶剂除去脂质。最常用的有机溶剂是丁醇，其亲脂性强，兼有亲水性，能

透入酶的脂质结合物中，有类似表面活性剂的作用。

（三）酶的纯化

酶是蛋白质，因此凡可用于蛋白质的纯化手段（见本书第1章第5节）均适用于酶的纯化。不同之处是酶的纯化过程尚需选用迅速简便的活力测定方法，以追踪酶的去向。

酶纯化过程常包括多个单元操作，应选用步骤少、纯化效果好的方法，并追踪每一步的总活力和比活力，判别每步方法的可行性。常将吸附法、盐析法和有机溶剂分级沉淀法串联起来进行纯化。当这些方法仍达不到要求时，还可以采用一些包括电泳、层析法在内的其他类型的纯化方法。

（四）酶的结晶

当酶达到一定纯度和浓度后，加入晶种，在一定条件下，经缓慢的过程，可使酶的溶解度降低，从而慢慢结晶出来。酶的结晶方法主要是缓慢地改变酶蛋白的溶解度，使其略处于过饱和状态。一般新样品往往要使用几种方法才能得到结晶。常用的结晶方法有盐析法、有机溶剂法、复合结晶法、透析平衡法、等电点法等。

二、酶的分析鉴定

（一）酶的纯度

酶的纯度（酶蛋白的均一性）可用多种方法相互验证。酶可作为研究对象、药用试剂、实验试剂或生产用催化剂，不同的用途要求的纯度不同。例如，作为静脉注射用酶，不能有热原；作为工具酶，必须无杂酶，否则不可能有准确无误的切点。

（二）酶的保存

在合适的条件下，酶一般可保存较长的时间。例如，在4℃条件下，可将酶悬浮在浓硫酸铵或聚乙二醇（PEG）溶液中保存；浓酶液可加入25%～50%甘油保存；需还原性巯基维持催化活性的酶，可与1mmol/L的EDTA及还原性巯基试剂一起在液氮中保存。

第6节　酶在医药领域的应用

一、酶类药物

酶类药物是指用于预防、治疗、诊断疾病的一类酶制剂。酶类药物在医药领域具有广泛的应用，如促进消化、抗炎、治疗心脑血管疾病、抗肿瘤等。酶类药物可以根据其功效和临床应用进行分类，主要包括以下几类。

1. 消化酶类　如胰酶、胰脂肪酶、胃蛋白酶、淀粉酶、纤维素酶等，主要用于治疗消化功能受阻等疾病。

2. 抗炎　如胰蛋白酶、糜蛋白酶等，用于消肿、清疮、排脓和促进伤口愈合；溶菌酶用于治疗细菌和病毒感染疾病的炎症反应。

3. 心血管疾病治疗酶类　如弹性蛋白酶、激肽释放酶等，用于降低血脂、扩张血管、降低血压等；凝血酶用于治疗各种出血；尿激酶、链激酶可作为溶栓药，适用于心肌梗死等。

4. 抗肿瘤酶类　如门冬酰胺酶、谷氨酰胺酶等，通过干扰或破坏肿瘤组织代谢来治疗肿瘤。

5. 其他酶类　如超氧化物歧化酶（SOD）、细胞色素c等，在抗衰老、抗辐射、抗炎、调节人体内分泌系统等方面有显著疗效；核酸酶类可用于基因治疗。

随着生物技术的不断发展，酶类药物的制备工艺将不断优化和完善。新型酶类药物的研发将更加注重药物的靶向性、安全性和有效性。酶类药物在医药领域的应用范围将不断扩大，为更多疾病的治疗提供新的选择。

二、工具酶在医学诊断中的应用

工具酶是指在酶学分析、生物技术等领域中作为试剂使用的酶。它们种类繁多，功能各异，主要包括限制性核酸内切酶、DNA连接酶、DNA聚合酶、核酸酶、尿酸酶、葡萄糖氧化酶等。

工具酶在医学诊断中发挥着关键作用，它们具有高效、专一、灵敏等特点，能够用于检测生物体内的特定化合物和酶的活性，从而辅助医生进行疾病的诊断和治疗。工具酶在医学诊断中的应用包括以下几个方面。

（一）基因检测与诊断

1. 限制性核酸内切酶 在基因诊断中，限制性核酸内切酶常被用于切割特定的DNA序列，以检测基因突变、多态性等遗传信息。通过PCR扩增目标基因片段后，利用限制性核酸内切酶进行切割，结合电泳等技术手段，可以实现对特定基因型的快速准确检测。

2. DNA连接酶 在基因克隆和基因工程中，DNA连接酶用于连接DNA片段，构建重组DNA分子。虽然其直接应用于医学诊断的情况较少，但为后续的基因检测和诊断提供了重要的技术支持。

3. DNA聚合酶 如*Taq*酶，用于PCR扩增，广泛应用于DNA序列的扩增和检测。

（二）代谢物检测

某些工具酶可用于检测生物体内的代谢物水平，如尿酸酶用于测定血液中的尿酸含量，以诊断痛风等疾病；利用葡萄糖氧化酶检测血糖水平，用于糖尿病的诊断；利用胆固醇氧化酶测定血液中胆固醇的含量，以诊断高血脂等疾病。这些检测方法具有灵敏度高、特异性强的特点，能够为医生提供准确的诊断依据。

（三）病原体检测

核酸酶等工具酶可用于病原体的核酸检测，如PCR扩增技术结合核酸酶切割技术，可以实现对病毒、细菌等病原体的快速检测。这种方法在传染病诊断中具有重要的应用价值。

三、酶的活力测定与疾病诊断

酶在生物体内广泛存在并发挥着重要作用。当机体发生疾病时，某些酶的活力可能会发生变化。因此，通过检测体液中特定酶的活力变化可以辅助医生进行疾病的诊断。酶活力测定在疾病诊断中的应用有以下几类。

1. 急性胰腺炎诊断 通过测定血清和尿液中淀粉酶的水平和活力，可以为急性胰腺炎的诊断、监测和评估提供有力的支持。

2. 肝功能检测 通过检测血清中谷丙转氨酶（GPT）、谷草转氨酶（GOT）等酶的活力变化可以评估肝功能的受损程度。肝硬化时，血清碱性磷酸酶不能被及时清除，胆管阻塞也可影响其排泄，均可造成血清中此酶含量明显升高。

3. 心肌梗死诊断 心肌细胞受损时会释放心肌酶如肌酸激酶（CK）和肌酸激酶同工酶（CK-MB）等入血，通过检测这些酶的活力变化可以辅助诊断心肌梗死。

4. 癌症诊断 某些癌症相关酶如癌胚抗原（CEA）、甲胎蛋白（AFP）等的检测在癌症的诊断和预后评估中具有重要意义；前列腺癌患者有大量酸性磷酸酶释放入血，其活性是前列腺癌诊断的重要指标。

5. 遗传病 许多遗传病是由于先天性缺乏某种有活性的酶所致，故在出生前可从羊水或绒毛中检出该酶的缺陷或其基因表达的缺失，从而可采取早期流产，防患于未然。

酶的活力测定在疾病诊断中具有重要的应用价值，具备以下优势。①灵敏度高：能够检测到微量的酶活力变化；②特异性强：不同疾病往往伴随不同的酶活力变化模式；③方便快捷：随着检测技术的发展，酶活力测定已经越来越便捷和高效。通过选择合适的测定方法和严格控制实验条件，可以准确地评估酶的活力变化并辅助医生进行疾病的诊断和治疗。

四、固定化酶技术

固定化酶是指通过物理或化学方法处理，将酶限制在一定的空间范围内，同时保持其催化活性，以便反复使用并能发挥催化作用的酶制剂。

（一）固定化酶的目的

1. 提高酶的稳定性 固定化后，酶能够抵抗环境中的不利因素，如变性剂、抑制剂等，从而提高其稳定性。

2. 便于回收和重复使用 固定化酶可以通过简单的过滤、离心等方法从反应体系中分离出来，实现重复使用，降低生产成本。

3. 简化产物分离 固定化酶与底物、产物的分离更加容易，有助于提高产物的纯度和收率。

4. 实现连续化生产 固定化酶可以与酶生物反应器结合，实现酶催化反应的连续化和自动化生产。

（二）固定化酶的方法

固定化酶的方法多种多样，主要包括以下几种。

1. 吸附法 利用物理吸附作用将酶固定在固体吸附剂表面。优点：操作简便，条件温和，不易使酶变性失活，载体廉价易得。缺点：结合力弱，易解吸附，酶易脱落。

2. 共价结合法 通过化学方法使酶与载体之间形成共价键，从而牢固结合。优点：结合力强，酶不易脱落，稳定性高。缺点：操作复杂，条件激烈，易引起酶失活，成本高。

3. 交联法 使用双功能或多功能试剂，使酶分子之间或酶与载体之间发生交联反应，形成网状结构。优点：酶的结合力强，稳定性高。缺点：交联条件激烈，易引起酶失活，且交联后的酶难以从载体上分离。

4. 包埋法 将酶包埋在多孔载体或高分子聚合物膜内，使酶固定在一定的空间内。优点：操作简单，条件温和，对酶活影响小。缺点：底物和产物扩散阻力大，影响催化效率，且不适用于大分子底物的催化。

（三）固定化酶的应用

固定化酶技术在工业生产、医药、环境保护等领域具有广泛的应用前景。例如，①工业上用于生产氨基酸、有机酸、抗生素等化工产品；②医药方面，用于生产药物、诊断试剂等；③环境保护领域，用于废水处理、废气净化等过程。

尽管固定化酶技术已经取得了显著进展，但仍面临一些挑战，如固定化过程中酶活力的损失、固定化酶的传质阻力等。未来，随着材料科学、生物技术等相关领域的不断发展，固定化酶技术将不断创新和完善，为生物催化反应的工业化应用提供更加有力的支持。

自测题

（一）名词解释

酶　辅酶　必需基团　酶的活性中心　酶原　同工酶　抑制剂

（二）填空题

1. 全酶的组成包括________部分与________部分。在催化反应时，两者所起的作用不同，其中，________决定酶的专一性和高效性，________起传递电子、原子或化学基团的作用。
2. 酶促反应特点有__________、__________、__________、________。
3. 结合酶，其蛋白质部分称________，非蛋白质部分称________，两者结合后其复合物称________。
4. 可逆性抑制是指抑制剂与酶进行________结合影响酶的反应速度，________抑制剂与酶的活性中心结合，________抑制剂与酶的活性中心外的必需基团结合。
5. 酶分为________、______、________、________、________、________、________等七大类。
6. 酶的催化作用机制包括________、________、________、

________。

（三）选择题

【A型题】

1. 通常意义上的酶，其化学本质主要是
   A. 蛋白质　　B. 金属离子
   C. 糖类　　D. 脂类
   E. 维生素
2. 关于pH对酶活性的影响，描述错误的是
   A. 影响必需基团解离状态
   B. 影响底物的解离状态
   C. 不同的酶最适pH不同
   D. 酶在最适pH范围内发挥最高活性
   E. 通常会破坏酶蛋白的一级结构
3. 关于酶原的叙述正确的是
   A. 酶原是失去活性的酶
   B. 酶原的活性中心未形成或未暴露
   C. 酶原不是蛋白质
   D. 所有的酶都有酶原形式
   E. 酶原受到不可逆抑制剂作用
4. 酶辅基的叙述正确的是
   A. 与酶蛋白结合较紧密
   B. 决定酶催化作用的专一性
   C. 由酶分子的氨基酸组成
   D. 能用透析或超滤方法使之与酶蛋白分开
   E. 以非共价键与酶蛋白结合
5. 酶促反应中决定酶专一性的部分是
   A. 酶蛋白　　B. 辅酶
   C. 金属离子　　D. 底物
   E. 辅基
6. 下列物质中，常作为酶的辅助因子的是
   A. 维生素　　B. 碳水化合物
   C. 脂肪　　D. 水
   E. 核酸
7. 一种酶只催化一种底物的立体异构体发生一定的化学反应称酶的
   A. 相对专一性　　B. 绝对专一性
   C. 立体异构专一性　　D. 高效性
   E. 酶的不稳定性
8. 重金属离子对巯基酶的抑制作用属于
   A. 可逆性抑制作用　　B. 竞争性抑制作用
   C. 非竞争性抑制作用　　D. 不可逆性抑制作用
   E. 反竞争性抑制
9. 为避免变性，酶类药品保存条件是
   A. 37℃保存　　B. 低温保存
   C. 溶于乙醇保存　　D. 煮沸保存
   E. 日光直射
10. K_m值的概念是
    A. 与酶对底物的亲和力无关
    B. 是达到V_{max}所必需的底物浓度
    C. 酶的种类相同，K_m值相同
    D. 是达到1/2 V_{max}时的底物浓度
    E. 是达到1/2 V_{max}时的酶浓度

【B型题】

（第11～15题共用选项）

A. 有机磷杀虫剂　　B. 二巯基丙醇
C. B族维生素　　D. 对氨基苯甲酸
E. 路易氏剂

11. 与磺胺药结构相似的物质是
12. 能对胆碱酯酶产生不可逆抑制作用的是
13. 能保护酶的必需基团—SH 的物质是
14. 可用解磷定解除其对人体产生毒性的是
15. 参与酶的辅助因子构成的物质是

【X型题】

16. 有关酶的活性中心叙述正确有
    A. 具有一定空间构象的区域
    B. 是底物结合的部位
    C. 能将底物转变成产物
    D. 是催化基团存在的区域
    E. 是所有必需基团存在的区域
17. 影响酶促反应速度的因素有
    A. 温度　　B. 底物浓度
    C. 激活剂和抑制剂　　D. 酶浓度
    E. pH
18. 酶与一般催化剂的不同点，在于酶
    A. 可改变反应平衡常数
    B. 具有高度的催化效率
    C. 具有对反应环境的高度不稳定性
    D. 具有高度的专一性
    E. 具有活性可调节性
19. 关于同工酶，正确的说法是
    A. 由相同的亚基组成的多聚复合物
    B. 同工酶的理化性质相同
    C. 同工酶的分子结构不同
    D. 同工酶免疫学性质相同
    E. 同工酶催化相同的化学反应
20. 关于酶的竞争性抑制作用说法正确的是
    A. 抑制剂结构与底物结构相似
    B. V_{max}不变
    C. 增加底物浓度可减弱抑制作用
    D. K_m值增大
    E. 抑制程度与底物浓度无关

（四）简答题

1. 解释磺胺药的抑菌机制。
2. 说明酶原与酶原激活的生理意义。

（李肖晓）

第4章
糖类化学

学习目标

1. 知识目标： 掌握糖类的概念、分类；理解淀粉、糖原的化学结构和性质；了解糖类的生理功能和糖类物质的制备方法。

2. 能力目标： 能设计化学方法鉴别直链淀粉、支链淀粉和糖原。

3. 素质目标： 培养科学探索精神，为后续课程学习、科研实践等夯实基础。

糖类（saccharide）是一类重要的有机化合物。日常食用的蔗糖、粮食中的淀粉、植物体中的纤维素、人体血液中的葡萄糖等均属于糖类。糖类在生命活动过程中起着重要的作用，是生物体维持生命活动所需能量的主要来源。植物中最重要的糖类是淀粉和纤维素，动物细胞中最重要的糖类是葡萄糖和糖原。

第1节 概　　述

一、糖类的概念和分布

（一）糖类的概念

糖类是一大类在自然界广泛存在的多羟基醛或多羟基酮及其衍生物，主要由碳、氢、氧3种元素组成。大多数糖的分子式符合（CH_2O）$_n$，因而被称为碳水化合物。但有些糖，如鼠李糖（$C_6H_{12}O_5$）和脱氧核糖（$C_5H_{10}O_4$），分子中氢、氧原子数之比并非2∶1。

（二）糖类的分布

糖类在生物界分布极广，几乎存在于所有生物体内。其中以植物界最多，约占其干重的80%。人和动物的器官组织中含糖量不超过组织干重的2%。微生物体含糖量占菌体干重的10%～30%。糖类或以单独糖的形式，或以与蛋白质、脂类结合成复合糖的形式存在。

二、糖类的分类

糖类物质根据所含糖单位的数目可以分成以下几类。

1. 单糖　凡不能被水解成更小分子糖的糖类称为单糖。单糖可根据分子中所含碳原子的数目分类。最简单的单糖是三碳糖，如*D*-甘油醛、二羟丙酮等。在自然界分布最广的是五碳糖（戊糖）和六碳糖（己糖）。

2. 寡糖　由单糖缩合而成的短链结构的糖（一般含2～10个单糖分子）称为寡糖。二糖是寡糖中存在最为广泛的一类，包括蔗糖、麦芽糖和乳糖等。二糖水解时可产生2分子单糖，如麦芽糖水解产生2分子葡萄糖。单糖和寡糖能溶于水，多有甜味。

3. 多糖　由10个以上单糖分子缩合而成的长链结构的糖称为多糖。多糖分子量很大，在水中不能形成真溶液，有的形成胶体溶液，有的根本不溶于水。均无甜味，也无还原性。多糖有旋光性，但无变旋现象。常见的重要多糖有淀粉、糖原和纤维素等。

三、糖类的主要生物学作用

1. 糖类是人和动物的主要能源物质 糖类物质的主要生理功能是通过氧化分解释放出能量以满足生命活动的需要。糖类也是自然界能量储存的重要形式。

2. 作为结构成分参与生物体的组成 戊糖是核苷酸的重要组成成分；纤维素是植物茎的主要成分；黏多糖是细胞间质中的重要物质；细胞结构中的有些蛋白质和脂类通过与糖结合成糖蛋白或糖脂形式存在。

3. 具有多种生物活性与功能 1，6-二磷酸果糖（果糖-1，6-二磷酸）可治疗急性心肌缺血性休克，多糖（如香菇多糖、猪苓多糖、肝素等）则广泛用于免疫系统、血液系统和消化系统疾病的治疗。

考点：糖类的化学组成、分类及主要的生物学作用

第2节　多糖的化学

一、多糖的分类

迄今为止，人类已发现了几百种天然多糖。按组成成分进行分类，多糖可分为三类。

1. 均一多糖 也称为同聚多糖，是由一种单糖缩合而成，如淀粉、糖原、纤维素等。

2. 不均一多糖 也称为杂聚多糖，由不同类型的单糖缩合而成。其中含氮的不均一多糖称为糖胺聚糖或黏多糖，其化学组成通常为糖醛酸及氨基己糖或其衍生物，有的还含有硫酸。透明质酸、肝素、硫酸软骨素、硫酸角质素等都是糖胺聚糖。

3. 结合糖 也称为糖复合物或复合糖，是指多糖和蛋白质、脂类等非糖类物质结合形成的复合分子。结合糖主要有以下几类。

（1）糖蛋白　是多糖与蛋白质以共价键结合形成的复合分子，其中多糖的含量一般小于蛋白质。常见的糖蛋白包括人红细胞膜糖蛋白、血浆糖蛋白、黏液糖蛋白等。

（2）蛋白聚糖　也是由蛋白质与多糖结合形成的大分子复合物，主要由糖胺聚糖链共价连接于核心蛋白所组成，其中蛋白质含量一般少于多糖。常见的蛋白聚糖有硫酸软骨素蛋白聚糖、肝素蛋白聚糖、硫酸角质素蛋白聚糖等。

（3）糖脂　是多糖与脂类通过共价键结合形成的复合物，组成和总体性质以脂类为主。常见的糖脂有鞘糖脂、甘油糖脂等。

（4）脂多糖　是多糖与脂类结合形成的复合物，以多糖为主体成分。常见的脂多糖有胎盘脂多糖、细菌脂多糖等。

二、自然界中重要多糖的化学结构和生理功能

天然多糖广泛存在于自然界中。下面介绍几种重要的天然多糖的化学结构与生理功能。

1. 淀粉 是高等植物的储存多糖，在植物种子、块根与果实中含量最多，如谷物、薯类、豆类中含有大量淀粉。淀粉是人体最主要的供能营养素。天然淀粉可分为直链淀粉和支链淀粉两类，它们都是由*α-D-*葡萄糖缩合而成的同聚多糖。

（1）直链淀粉　葡萄糖通过*α*-1，4-糖苷键相连而成的直链结构（图4-1）。其空间结构为空心螺旋状，每一圈螺旋约含6个葡萄糖单位。

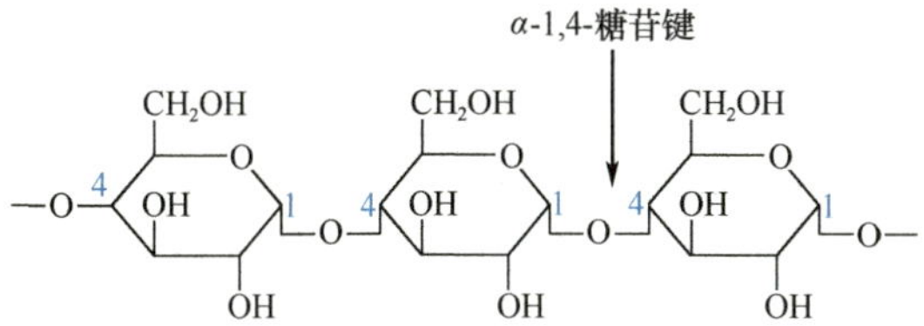

图4-1　直链淀粉的结构

（2）支链淀粉　含有很多分支，分子量比直链淀粉大。它是由多个短直链（24～30个葡萄糖单位以*α*-1，4-糖苷键连接）结合而成，两个短直链之间以*α*-1，6-糖

苷键连接（图4-2）。

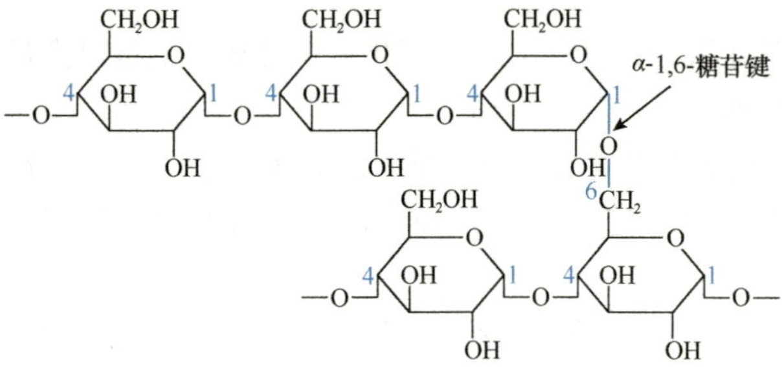

图4-2 支链淀粉的结构

直链淀粉遇碘变成蓝色，支链淀粉遇碘则变成紫红色。淀粉在冷水中不溶解，但在加热的情况下可吸水膨胀成糊状。淀粉水解过程中产生的一系列分子大小不等的多糖称为糊精，一般先生成淀粉糊精（遇碘呈蓝色），继而生成红糊精（遇碘呈红色），再生成无色糊精（遇碘不显色）及麦芽糖，最终生成葡萄糖。

链接 杂交水稻，中国带给世界的礼物

“在位于冈比亚中河区萨普地区的稻田里，中冈农业技术合作项目开始收割杂交水稻。”2024年6月，冈比亚《论点》周刊网站报道了中国杂交水稻在当地“落地生根”的情况：“杂交水稻产量是当地常规水稻产量的1.6倍至2倍”“1800多名当地人员参加了该项目组织的技术培训”……

这样的故事不止发生在冈比亚。据统计，自1979年起，中国在约70个国家和地区研究和推广杂交水稻技术，种子出口到50多个国家和地区。作为中国带给世界的珍贵礼物，杂交水稻满载着金灿灿的希望，也传递着沉甸甸的情谊。

水稻是全球一半以上人口的主粮。杂交水稻技术被联合国粮食及农业组织列为解决发展中国家粮食短缺问题的首选技术。它既帮助中国实现了粮食自给奇迹，也助力多国提高粮食产量，为维护全球粮食安全发挥了重要作用。

2. 糖原 又称动物淀粉，是动物体内的储存多糖，主要存在于肝脏及肌肉中。糖原也是由*α-D-*葡萄糖构成的同聚多糖（图4-3）。它的结构与支链淀粉相似，不同的是糖原分支比支链淀粉多，每一短链含8～12个葡萄糖单位。高度的分支化可增加分子的水溶性，同时提供更多的非还原末端，有利于水解酶的同时作用。糖原遇碘呈红色。

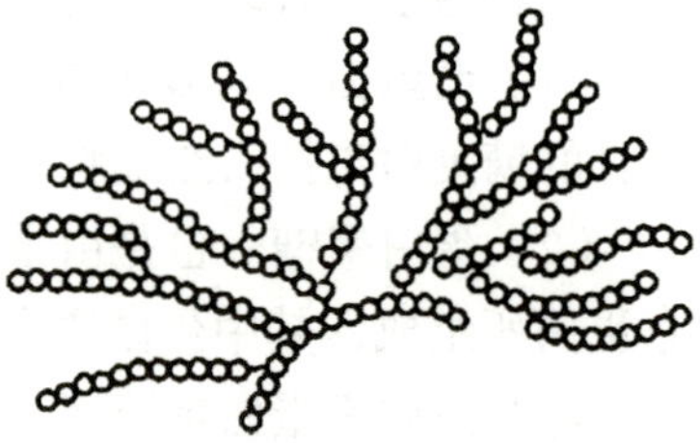

图4-3 糖原分子结构示意图

3. 纤维素 是植物的结构多糖，为自然界含量最丰富的多糖。纤维素是由*β-D-*葡萄糖通过*β*-1，4-糖苷键连接而成的直链结构。人体内没有纤维素酶，不能通过水解纤维素提供营养。但纤维素对维持人体健康，特别是肠道健康不可或缺。

4. 葡聚糖 是酵母菌及某些细菌中的储存多糖。它是由葡萄糖通过不同方式形成的聚糖的总称。葡聚糖中的右旋糖酐已用于临床。右旋糖酐是由肠膜状明串珠菌等细菌产生的胞外多糖。主要通过*α*-1，6-糖苷键连接葡萄糖形成，有时也有*α*-1，2、*α*-1，3、*α*-1，4-糖苷键分支结构。不同分子量的右旋糖苷在临床上有多种用途，如作为血浆代用品、疏通微血管、防治血栓等。

5. 糖胺聚糖 糖胺聚糖中的透明质酸存在于动物的结缔组织、玻璃体、角膜、关节液中，有黏合与保护细胞的作用。其结构为二糖聚合物——由*D-*葡萄糖醛酸和*N-*乙酰氨基葡萄糖连接成二糖单位，二糖单位再连成线性结构。硫酸软骨素是体内最多的糖胺聚糖，为软骨的主要成分。其结构也是一类二糖的聚合物，分为A、B、C三种。硫酸软骨素A的组成单位是葡萄糖醛酸-1，3-*N-*乙酰氨基半乳糖-4-硫酸酯；硫酸软骨素B的组成单位是艾杜糖醛酸-1，3-*N-*乙酰氨基半乳糖-4-硫酸酯；硫酸软骨素C的组成单位是葡萄糖醛酸-1，3-*N-*乙酰氨基半乳糖-6-硫酸酯。肝素存在于肝、肺、血管壁、肠黏膜等组织中，是动物体内一种天然的抗凝血物质，由硫酸氨基葡萄糖、葡萄糖醛酸和艾杜糖醛酸的硫酸酯组成。

考点：多糖分类，淀粉和糖原的化学结构

链接 纤维素与身体健康

纤维素在水果、蔬菜及粗粮中含量较高，是健康饮食不可或缺的成分。食用高纤维的食物可以降低患肠癌、糖尿病和憩室疾病的可能性，而且还不易发生便秘。这是因为纤维素可以吸收水分使食物残渣膨胀变松，更容易通过消化道，可以更快地以粪便的形式排出。对于经常食肉者，如果饮食中纤维素含量很低，食物残渣在肠道中停留的时间将会延长，会导致食物消化及肠道菌腐败作用产生的有毒有害物质增多、侵害时间加长、重吸收增加，有害菌也有时间大量繁殖，这些都对健康不利。因此，日常饮食中应当保证足量纤维素的摄入。

第3节　糖类物质的制备技术

一、单糖及其衍生物的制备方法

游离单糖及小分子寡糖易溶于冷水及温乙醇，可以用水或乙醇作为提取剂。植物材料磨碎后经乙醚或石油醚脱脂，拌加碳酸钙，以50%乙醇温浸。浸液于40～50℃减压浓缩至适当体积，用中性乙酸铅去除杂蛋白及其他杂质，再浓缩至黏稠状后以甲醇或乙醇温浸，去除不溶物。醇液经活性炭脱色、浓缩、冷却、滴加乙醚，析出结晶，即为粗产品。可用吸附层析法或离子交换层析法进行纯化。

二、多糖类物质的分离、纯化

（一）多糖的分离

1. 预处理　提取天然来源的多糖，需要先对材料进行预处理。动物多糖一般采用丙酮、乙醚、乙醇进行脱脂预处理。微生物或植物多糖的脱脂方法是将材料粉碎，用甲醇或乙醇-乙醚混合液（1∶1）加热搅拌处理。

2. 提取　多糖的粗提方法常根据其溶解性质来确定。对于难溶于水、可溶于稀碱的多糖，将原料粉碎后再用NaOH溶液提取，提取液经中和、浓缩后加入乙醇，沉淀即为粗多糖。对易溶于温水的多糖，原料粉碎后用热水提取，提取液用Sevage法、三氯乙酸法等方法去除蛋白，经透析、浓缩后醇沉。糖胺聚糖常与蛋白质结合在一起，可用碱解法（常用氢氧化钠溶液）或酶解法（选用专一性较低的蛋白酶）破坏结合键，先使多糖释放出来，再经去蛋白、透析、醇沉处理，沉淀出黏多糖粗品。

（二）多糖的纯化

多糖的纯化方法很多，需根据目的物的性质进行，必要时可考虑多种方法联合使用。

1. 乙醇分级沉淀法　用乙醇分级沉淀是分离多糖混合物的经典方法，且适用于大规模分离。例如，应用此法可从动物软骨消化液中提取硫酸软骨素和硫酸角质素。

2. 季铵盐络合法　糖胺聚糖的聚阴离子能与某些季铵盐表面活性剂（如十六烷基三甲基溴化铵、十六烷基氯化吡啶等）形成季铵络合物。络合物随着溶液离子强度的增大，可以解离、溶解、释放。该法是分级分离糖胺聚糖和从稀溶液中回收糖胺聚糖的最有效方法之一。

3. 离子交换层析法　糖胺聚糖具有糖醛酸和硫酸基等酸性基团，在溶液中以聚阴离子形式存在，因而可用阴离子交换剂进行交换吸附。常用的交换剂有DEAE系列、Dowex系列等。此法适用于分离各种酸性、中性多糖。

此外，区带电泳法、凝胶过滤法、固定化凝集素的亲和层析法等在多糖的分离纯化中也常被采用。

考点：多糖分离、纯化的常用方法

三、多糖的分析鉴定

多糖的种类繁多，结构非常复杂，分析鉴定的方法也很多。但迄今为止，还没有一种方法可以独立完成多糖的结构分析。必须将多种方法联用，才能达成。

多糖的结构分析首先要确定其单糖组成及比例。通常通过将多糖链降解来确定组成成分。降解可采用酸进行完全或部分水解，也可进行甲醇解或乙酰解。降解成寡糖片段或单糖后，再选用纸色谱、薄层色谱、气相色谱等方法，得到组成多糖的各单糖的定性和定量数据。

甲基化分析是多糖结构分析的常用手段。用甲基化试剂将多糖中单糖的游离羟基转化成甲醚，再通过水解、还原、乙酰解后，得到各部分甲基化的糖醇乙酰化衍生物。通过气相色谱或气相色谱-质谱联用等方式，可确定组成多糖链的单糖的种类、比例及糖苷键的位置。

过碘酸氧化反应也是常用的分析手段。根据过碘酸的消耗量与甲醛、甲酸的生成量，可以判断糖苷键的位置、直链多糖的缔合度、支链多糖的分支数目等。

酶也可以应用于多糖结构的分析鉴定。利用外切糖苷酶顺序降解，可以阐明多糖的一级结构。内切糖苷酶能水解内部糖苷键，释放出多糖链片段，有利于结构分析。

质谱分析技术与各种电离技术（如电喷雾、快速原子轰击电离等）连接起来，既提高了分辨率，又能提供分析物的结构信息，使多糖的分析鉴定有了很大的进步。

第4节　糖类药物

狭义的糖类药物是指不含糖类以外的其他组分的药物，主要包括不同来源的多糖、寡糖和一些单糖及其衍生物等。而广义的糖类药物则是指含有糖结构的药物，除了包括狭义的糖类药物外，还包括以糖基或糖链为修饰的药物，如糖蛋白、蛋白多糖、糖脂、脂多糖、糖苷类等。细胞表面的受体分子几乎都属于糖蛋白或糖脂类，糖类作为细胞表面的识别标志物，参与生物体内各种生理或病理过程，因此糖类药物在体内发挥了重要的药理作用，如提供能量、维持渗透压、抗凝血、双向调节血糖、降血脂、抗动脉粥样硬化、抗病毒、抗感染、抗肿瘤、调节肠道菌群和提高机体免疫力等。

糖类药物根据其聚合糖基数量的不同可分为：①单糖类药物，如葡萄糖、果糖、氨基葡萄糖等；②寡糖类药物，如蔗糖、麦芽乳糖、乳果糖等；③多糖类药物，如右旋糖酐、肝素、硫酸软骨素、中药类多糖等；④糖的衍生物，如1，6-二磷酸果糖、6-磷酸葡萄糖（葡萄糖-6-磷酸）和磷脂酰肌醇等。

一、单糖及其衍生物类药物

单糖及低聚寡糖类药物除葡萄糖、蔗糖及其制剂作为重要的供能物质并影响血糖外，一些不提供热量的单糖还可作为甜味剂替代品应用于临床，如木糖醇被广泛用作糖尿病患者专用的食品甜味剂，或在各种减肥食品和药剂中作为蔗糖替代品。除此之外，不同的单糖还可聚合成具有不同理化性质的多糖或修饰蛋白质、胆固醇等大分子而发挥多种生理和药理作用。

下面介绍一些临床较常见的单糖及其衍生类药物。

1. *D*-甘露糖　是一种化学性质稳定、对人体无毒害作用和刺激性的单糖，广泛分布于体液和组织中，尤其是神经、皮肤、睾丸、视网膜、肝和肠。*D*-甘露糖是多种多糖的组成成分，可直接用于合成糖蛋白，参与人体免疫调节，促进组织生长及伤口愈合，其衍生物在新生血管相关性疾病及年龄相关性黄斑变性的治疗方面也有所应用。*D*-甘露糖能够有效地抑制炎症反应，可以改善多种疾病引起的红肿、疼痛等症状，还能够起到抑制感染、抑制肿瘤生长、抑制肿瘤转移等功效。

2. 葡萄糖胺 是一种氨基单糖，在生理条件下可由葡萄糖通过己糖胺生物合成途径生成，是氨基葡聚糖生物合成的底物和蛋白多糖的重要组成部分，可用于合成人体中的胶原蛋白，且极易被人体吸收，对人体无明显毒副作用。临床上作为关节退行性病变的治疗或辅助治疗药物广泛应用，其作用机制是通过强烈刺激软骨细胞促进人体中的胶原蛋白的合成，不断修复已被磨损的关节软骨，生成新的关节软骨和滑膜，从而恢复关节部位的正常生理功能。此外，葡萄糖胺对于长期服用消炎镇痛类药物而造成的关节软骨细胞的损伤，也具有很好的修复作用。

3. 2-脱氧-*D*-葡萄糖（简称2-DG） 是一种葡萄糖的类似物，其结构与葡萄糖非常相似，但缺少了一个关键的羟基基团，这一微小的结构差异使得2-DG在细胞内的代谢途径与葡萄糖截然不同。当细胞试图利用2-DG作为能量来源时，会陷入无法完成糖无氧氧化的困境，从而导致能量供应受限。

2-DG是天然抗代谢物类抗生素，具有抑制病毒、细菌感染及肿瘤细胞生长等多种生理药理效应，还具有抗癫痫、抗衰老等作用。许多肿瘤细胞依赖于糖无氧氧化来提供能量，以支持其快速增殖和生长，而2-DG能够干扰这一途径，导致肿瘤细胞能量供应不足，从而抑制其生长和扩散。因此，2-DG被认为是一种潜在的抗肿瘤药物，具有广泛的应用前景。此外，通过调节神经细胞的葡萄糖代谢，2-DG还可能影响神经元的兴奋性和传导性，为神经退行性疾病的治疗提供新的策略。同时，2-DG还能够影响心肌细胞的能量代谢和心功能，为心血管疾病的治疗提供新的思路。

4. 2-脱氧糖苷 糖苷类化合物是天然药物中一类广泛而重要的存在形式，以各种不同的苷元（又称糖苷配基）和单糖或寡糖糖链通过苷键连接而成。种类各异的苷元决定了糖苷类化合物一般具有较强的生理活性，作为天然药物中的有效成分发挥作用。

2-脱氧糖苷是指糖环的C_2位羟基被氢原子取代的糖苷，存在于很多有生物活性的天然产物和药物中，发挥多种药理作用，包括抗肿瘤、抗菌和抗心力衰竭等。例如，抗肿瘤药物柔红霉素和多柔比星基本结构就是由蒽环与2-脱氧糖苷连接而成。强心苷类药物由来已久，其中地高辛作为治疗心力衰竭和房性快速型心律失常的关键药物已有几百年的历史，其结构母核是由多个2-脱氧糖苷组成的寡糖和甾体连接而成。

5. 单糖标记的靶向性药物 糖类分子作为细胞膜结构的重要组分，分布于细胞膜内外，与细胞膜具有良好的相容性。因此将靶定分子的单糖配体与胆固醇分子结合，并将经单糖修饰的胆固醇嵌入脂质体的双层膜结构中，可将所携载的药物带至目标细胞如肿瘤组织的癌细胞与癌干细胞，并通过胞吞作用使药物进入目标细胞中。

二、多糖类药物

多糖具有多种生物学效应，如抗氧化、抗肿瘤、免疫调节、抗突变、抗炎、抗菌、抗凝血、降血糖、降血脂、保护肝脏等作用，还能够直接影响机体物质和能量的代谢，维持人类身体健康。多糖类药物副作用小，具有一定的靶向性，而且能降低使用剂量，已被广泛投入临床应用。此外，多糖作为肠道菌群的主要能源和营养来源，可以通过调节肠道菌群的组成和活性，改变肠道环境从而维护人体健康，对多种由于肠道菌群紊乱引起的疾病如炎症性肠病、结肠癌等起到预防和改善作用。

下面介绍一些临床较常见的多糖类药物。

1. 肝素 因首先于肝脏中发现而得名，是一种动物体内天然的抗凝血物质。肝素的主要生理及药理功能包括：①增强抗凝血酶Ⅲ与凝血酶的亲和力，加速凝血酶的失活；②抑制血小板的黏附聚集，增加血管壁的通透性；③增强蛋白C的活性，刺激血管内皮细胞释放抗凝物质和纤溶物质。

肝素在临床上主要作为抗凝血剂用于防治血栓栓塞性疾病、各种原因引起的弥散性血管内凝血，还用于心肌梗死、心血管手术、心脏导管检查、体外循环、血液透析的抗凝处理等。此外，肝素可作用于补体系统的多个环节，以抑制补体系统的过度激活。与此相关，肝素还具有抗炎、抗过敏、调节血脂的作用。随着药理学及临床医学的进展，肝素的应用也在进一步扩大。

2. 硫酸软骨素 是一类硫酸化的糖胺聚糖，广泛分布于人和动物结缔组织中，如软骨、骨、肌腱、肌膜和血管壁等。

硫酸软骨素与氨基葡萄糖联合能够促进人关节软骨细胞中Ⅱ型胶原蛋白的合成，促进软骨细胞的增殖和迁移，减少软骨细胞死亡，保持软骨细胞外基质的合成代谢与分解代谢的平衡，因此临床上常被用以改善和缓解骨关节炎的症状。除此之外，硫酸软骨素还有降脂、抗凝血、抗血栓形成等作用，可用于治疗角膜炎、神经痛、关节痛、动脉硬化、高脂血症等疾病。

3. 透明质酸 又名玻尿酸，1934年由美国哥伦比亚大学眼科教授Meyer等首先从牛眼玻璃体中分离而得。透明质酸分子中含有大量的羧基和羟基，在水溶液中形成分子内和分子间的氢键，使其具有良好的保水性；透明质酸浓度较高时，分子间形成的复杂的三维网状结构又使其具有高度的黏弹性。透明质酸是构成人体细胞间质、眼玻璃体、关节滑液等软结缔组织的主要成分。

透明质酸广泛应用于各类眼科手术，如晶状体植入、角膜移植和抗青光眼手术等；还可用于治疗关节炎、作为骨性关节炎和类风湿关节炎等关节手术的填充剂，用于预防术后粘连和促进皮肤伤口愈合等。此外，透明质酸与其他药物反应形成的化合物可对药物发挥缓释作用，达到定向和定时释放的目的。

4. 其他天然多糖 天然多糖广泛存在于菌类、藻类、根茎类及果实种子类等药材中，不仅是我们日常摄入碳水化合物的重要来源，而且因其溶解度、黏度、初级结构及高级结构等理化性质的差异而具有不同的生理及药理活性。天然中药多糖有助于维持身体的动态平衡状态，具有显著的抗炎、抗肿瘤和免疫调节活性。

由于天然中药多糖活性强、毒副作用小，近年来对其深入研究和产品开发日渐增多，一些中药多糖已在临床上得到应用。例如，黄芪多糖可作为免疫增强剂或激活剂，治疗免疫系统疾病，同时其也是一种理想的疫苗佐剂，具有复合佐剂的优点，可以通过多种途径调节机体的免疫反应。人参多糖除作为免疫调节剂用于急慢性肝炎及各种肝损伤、各种慢性感染、糖尿病及各种免疫性疾病外，也用于减轻肿瘤放疗及化疗引起的副作用，亦可作为肿瘤治疗的辅助用药。

此外，天然多糖具有良好的可修饰性、生物相容性和生物降解性，独特的理化结构使其可以对多功能纳米复合材料进行化学修饰，以获得高稳定性和高生物利用度，在肿瘤的协同治疗方面也具有巨大的潜力。基于多糖的抗肿瘤药物纳米递送系统可以通过物理包载和化学接枝轻松地负载两种或两种以上的药物并将其靶向输送到肿瘤组织中，这对于克服肿瘤的多药耐药、提高治疗效果具有重要意义。

自测题

（一）名词解释

多糖　结合糖

（二）填空题

1. 糖类物质根据所含糖单位的数目分为________、______、________。

2. 自然界中重要的多糖有________、________、________、________。

（三）选择题

【A型题】

1. 麦芽糖水解的产物是

A. 葡萄糖和果糖

B. 葡萄糖

C. 果糖

D. 葡萄糖和半乳糖

E. 甘露糖

2. 下列物质中哪种不是糖胺聚糖

A. 果胶 B. 硫酸软骨素

C. 透明质酸 D. 肝素

E. 硫酸角质素

3. 构成淀粉的糖苷键是

A. α型 B. β型 C. γ型

D. X型 E. Y型

【B型题】

（第4～6题共用选项）

A. 红色 B. 紫红色

C. 蓝色 D. 棕色

E. 橙色

4. 直链淀粉遇碘变成

5. 支链淀粉遇碘变成

6. 糖原遇碘变成

（四）简答题

糖类的主要生物学作用有哪些？

（洪宏海）

第5章
脂类化学

学习目标

1. 知识目标：掌握脂类的分类和主要生理功能，甘油三酯的结构，必需脂肪酸的概念和种类；理解脂类的分布，脂肪酸的分类和命名；了解类脂的化学性质及脂类物质的制备。

2. 能力目标：能协助开展脂类药物的药学社会服务。

3. 素质目标：培养学生严谨科学、尊重生命的职业素质，帮助学生树立健康生活理念。

第1节 概　　述

一、脂类的概念与分类

脂类（lipid）又称脂质，是由脂肪酸和醇作用生成的酯及其衍生物的统称，是一类不溶于水而溶于脂溶性溶剂的有机化合物。

脂类包括甘油酯（又称脂酰甘油）和类脂两大类。

甘油酯包括甘油一酯（又称单酰甘油）、甘油二酯（又称二酰甘油）和甘油三酯（又称三酰甘油）。其中最主要也是最重要的是甘油三酯，习惯上称其为脂肪。

类脂主要包括磷脂、糖脂、胆固醇及胆固醇酯等，是一类复合脂类。

二、脂类的分布

脂肪是人体内含量最多的脂类，以皮下、肠系膜、腹腔大网膜、肾周围等处脂肪组织储存最多。储存脂肪的组织称为脂库。脂库中的脂肪代谢活跃，其含量受年龄、机体活动量和营养状况等因素的影响变动较大，故称为可变脂。脂肪含量因人而异：成年男性体内脂肪含量占体重的10%～20%；女性体内脂肪含量高于男性，占体重的20%～30%。

类脂主要分布在细胞的各种膜结构中，常温下以液态或半固态形式存在，其含量不受营养状况和机体活动量大小的影响，约占体重的5%，因此称为固定脂或基本脂。

三、脂类的生理功能

（一）脂肪的生理功能

1. 供能和储能　脂肪不溶于水，在体内不伴有水的储存，所占体积小。1g脂肪所占体积仅为1g糖原的1/4，而氧化1g脂肪释放的热量是等量糖或蛋白质的2倍以上，因此脂肪是体内储存能量的最有效的方式。正常情况下，人体所需能量的20%～30%由脂肪氧化提供。在饥饿或禁食情况下，机体所需能量主要由脂肪氧化供给。

2. 促进脂溶性维生素的吸收　食物中的脂肪在肠道内可协助维生素A、维生素D、维生素E、维生素K的吸收。胆道梗阻的患者不仅脂肪消化吸收障碍，还常伴有脂溶性维生素的吸收障碍。

3. 维持体温和保护脏器　脂肪是热的不良导体，皮下脂肪组织可以防止机体热量散失，具有隔热保温作用。脏器周围的脂肪组织能够减少脏器之间的摩擦并缓冲机械撞击，从而起到保护脏器的作用。

4. 提供必需脂肪酸 必需脂肪酸（essential fatty acid）是指机体生命活动必不可少的，但机体自身不能合成，必须由食物提供的脂肪酸。必需脂肪酸主要包括亚油酸和α-亚麻酸。

（二）类脂的生理功能

1. 构成生物膜结构成分 磷脂和胆固醇是细胞膜、核膜、线粒体膜和神经髓鞘膜等生物膜的主要结构成分。在膜结构中磷脂占60%～70%，而胆固醇约占20%。磷脂中的不饱和脂肪酸有利于膜的流动性，饱和脂肪酸和胆固醇则有利于膜的坚韧性，膜上部分脂类还参与细胞间的识别和信息传递。

2. 转变成多种重要生理活性物质 如胆固醇在体内可转变成胆汁酸、维生素D_3、性激素及肾上腺皮质激素等具有重要生理功能的物质；磷脂中的花生四烯酸是合成前列腺素及血栓素等的原料。

脂类物质除以上生理功能外，还可以作为药物。例如，卵磷脂、脑磷脂用于肝病及动脉硬化的治疗，胆固醇可作为人工牛黄的原料。近年来研究发现，在脑、睾丸及深海鱼油中含量丰富的长链多不饱和脂肪酸如二十碳五烯酸（EPA）、二十二碳六烯酸（DHA）等，具有降血脂、抗血小板聚集、延缓血栓形成、保护脑血管、抗肿瘤等特殊功能，对心脑血管疾病的防治具有重要价值。甘油二酯具有第二信使的作用，食物中的甘油二酯具有减少内脏脂肪、抑制体重增加、降低血脂等作用，近年来也受到广泛的关注。

考点： 脂类的概念和分类，脂肪和类脂的主要生理功能、必需脂肪酸的概念

第2节 重要脂类的化学

一、甘油三酯和脂肪酸

（一）甘油三酯

甘油三酯由一分子甘油与三分子脂肪酸通过酯键结合而成。其结构式通式为

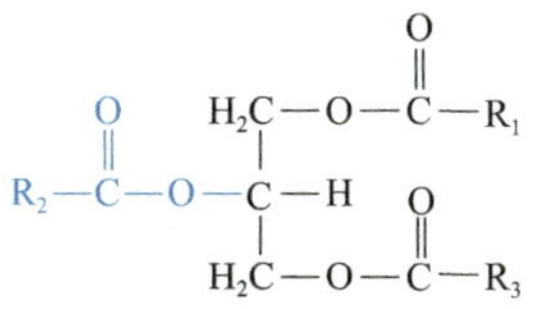

式中的R_1、R_2、R_3代表脂肪酸的烃基，它们可以相同也可以不同，可以是饱和的也可以是不饱和的。天然脂肪中的脂肪酸大多数为偶数碳原子的长链脂肪酸。习惯上把常温下为固态或半固态的甘油三酯称为脂，其脂肪酸的烃基多数是饱和的；常温下为液态的称为油，其脂肪酸的烃基多数是不饱和的。动物源性的甘油三酯常为固态或半固态（鱼油除外），植物源性的甘油三酯常为液态。

（二）脂肪酸

天然脂肪酸种类很多，分类方式各不相同。根据其烃链是否含有双键，脂肪酸分为饱和脂肪酸和不饱和脂肪酸；不饱和脂肪酸根据所含双键的多少，又可分为单不饱和脂肪酸和多不饱和脂肪酸。习惯上将含两个或两个以上双键的不饱和脂肪酸称为多不饱和脂肪酸，其双键位置之间通常相距3个碳原子。绝大多数天然不饱和脂肪酸中的双键为顺式结构（用*cis*或*c*表示），所以也称顺式脂肪酸。

链接 政企共同努力 远离反式脂肪酸

天然不饱和脂肪酸多为顺式，反式脂肪酸是植物油在氢化过程中产生的。氢化植物油具有易成型、起酥性好、价廉、延长货架期等特点。蛋糕、饼干、巧克力、冰淇淋、蛋黄派等大多数含植物奶油、人造黄油的食品，都含有一定量的反式脂肪酸。

研究表明，反式脂肪酸对健康有多方面的危害，包括提高低密度脂蛋白，降低高密度脂蛋白，导致动脉粥样硬化；促进2型糖尿病的发生；增加血液黏稠度和凝聚力，促进血栓形成；影响婴幼儿生长发育等。

我国政府采取了多种措施降低公众摄入反式脂肪酸的健康风险，如国家卫生健康委员会会同相关部门发布了多项食品安全国家标准以降低或限制对反式脂肪酸的使用。我国食品工业界也在不断改进生产工艺，降低油脂和食品中反式脂肪酸含量。

脂肪酸的命名有习惯命名法和系统命名法。习惯命名法主要是以碳原子数目或脂肪酸的来源、性质命名，如丁酸、花生四烯酸、油酸等。系统命名法则要标明脂肪酸的碳原子数量、双键的数量、双键的位置。双键的位置用成键的两个碳原子中位次低的表示。从脂肪酸的羧基碳原子开始计算碳原子的位次，称Δ编号系统；从离羧基最远的甲基碳原子开始计算碳原子的位次，称ω或n编号系统。为书写简便，还可以用数字简写式表示，如硬脂酸是含有18个碳原子的饱和脂肪酸，其系统名为n-十八烷酸，简写式为18：0。不饱和脂肪酸的系统名称和数字简写式则要复杂一些，常见的不饱和脂肪酸的结构和名称见表5-1。

动物体内的饱和脂肪酸以软脂酸（16：0）、硬脂酸（18：0）含量最多、分布最广。不饱和脂肪酸以棕榈油酸、油酸分布最广，亚油酸、亚麻酸、花生四烯酸等最为重要。

表5-1 常见的不饱和脂肪酸

习惯名称	系统名称	分子结构简式	数字简写式		类别	分布
			Δ系	ω系		
棕榈油酸	顺-9-十六碳烯酸	$CH_3(CH_2)_5CH{=}CH(CH_2)_7COOH$	16：1Δ^{9}	16：1ω^{7}	ω-7	广泛
油酸	顺-9-十八碳烯酸	$CH_3(CH_2)_7CH{=}CH(CH_2)_7COOH$	18：1Δ^{9}	18：1ω^{9}	ω-9	
亚油酸	顺，顺-9，12-十八碳二烯酸	$CH_3(CH_2)_4(CH{=}CHCH_2)_2(CH_2)_6COOH$	18：2$\Delta^{9,12}$	18：2$\omega^{6,9}$	ω-6	植物油
α-亚麻酸	全顺-9，12，15-十八碳三烯酸	$CH_3CH_2(CH{=}CHCH_2)_3(CH_2)_6COOH$	18：3$\Delta^{9,12,15}$	18：3$\omega^{3,6,9}$	ω-3	
γ-亚麻酸	全顺-6，9，12-十八碳三烯酸	$CH_3(CH_2)_4(CH{=}CHCH_2)_3(CH_2)_3COOH$	18：3$\Delta^{6,9,12}$	18：3$\omega^{6,9,12}$	ω-6	
花生四烯酸	全顺-5，8，11，14-二十碳四烯酸	$CH_3(CH_2)_4(CH{=}CHCH_2)_4(CH_2)_2COOH$	20：4$\Delta^{5,8,11,14}$	20：4$\omega^{6,9,12,15}$		
鱼油五烯酸（EPA）	全顺-5，8，11，14，17-二十碳五烯酸	$CH_3CH_2(CH{=}CHCH_2)_5(CH_2)_2COOH$	20：5$\Delta^{5,8,11,14,17}$	20：4$\omega^{3,6,9,12,15}$	ω-3	鱼油
二十二碳六烯酸（DHA）	全顺-4，7，10，13，16，19-二十二碳六烯酸	$CH_3CH_2(CH{=}CHCH_2)_6CH_2COOH$	22：6$\Delta^{4,7,10,13,16,19}$	22：6$\omega^{3,6,9,12,15,18}$		鱼油及脑

链接 多不饱和脂肪酸与心血管健康

1970年，两位丹麦医学家研究发现：格陵兰岛上的因纽特人患有心脑血管疾病的人数要比丹麦本土的居民少得多。无独有偶，日本北海道的渔民心脑血管发病率较欧美国家少得多。在我国，也有研究发现浙江舟山地区渔民血压水平普遍较低。经研究发现，这些人的膳食以深海鱼类为主，其中富含

ω-3多不饱和脂肪酸，如EPA和DHA等。EPA具有清理血管中垃圾（胆固醇和脂肪）的功能，俗称“血管清道夫”；DHA具有软化血管、健脑益智、改善视力等功效。有研究人员提出，平均每天摄取200～500mg的ω-3多不饱和脂肪酸，冠状动脉心脏病死亡率减少30%～50%。

考点：甘油三酯的结构特点、脂肪酸的命名与分类

二、磷　　脂

磷脂是含磷酸的脂类物质，包括甘油磷脂和鞘磷脂两大类。前者为甘油酯衍生物，后者为鞘氨醇酯衍生物。人体内含量最多的是甘油磷脂。

（一）甘油磷脂

甘油的两个羟基和脂肪酸结合成酯，第三个羟基被磷酸酯化，即为甘油磷脂。根据与磷酸相连的取代基不同，甘油磷脂的种类也不相同。甘油磷脂分子结构式见图5-1。式中R_1和R_2代表脂肪酸的烃基。当X=H时即为磷脂酸，它是各种甘油磷脂的母体化合物；如果X为胆碱、乙醇胺（胆胺）、丝氨酸、肌醇，生成的甘油磷脂就是磷脂酰胆碱（卵磷脂）、磷脂酰乙醇胺（脑磷脂）、磷脂酰丝氨酸、磷脂酰肌醇。

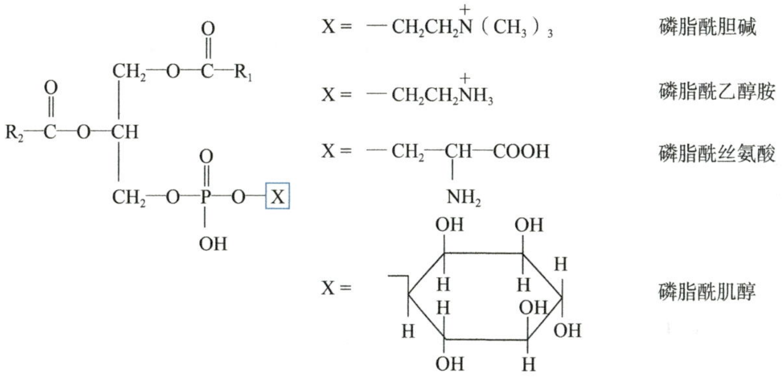

图5-1　甘油磷脂分子的结构

甘油磷脂分子中一般含有一分子饱和脂肪酸（多连在C_1上）和一分子不饱和脂肪酸（多连在C_2上）。这两个长链脂肪酸为疏水基团，而C_3位上的磷脂酰基团为亲水基团，故甘油磷脂是两性脂类。甘油磷脂是构成生物膜和合成血浆脂蛋白的重要物质，并能促进脂类的消化吸收。

（二）鞘磷脂

人体含量最多的鞘磷脂是神经鞘磷脂，由鞘氨醇、脂肪酸及磷酸胆碱组成。神经鞘磷脂是以鞘氨醇为骨架，其氨基与脂肪酸羧基通过酰胺键相连，构成非极性的尾部；其末端羟基与磷酸胆碱通过磷酸酯键相连，构成极性头部。神经鞘磷脂是神经髓鞘的主要成分，也是构成生物膜的重要磷脂。神经鞘磷脂的结构如下。

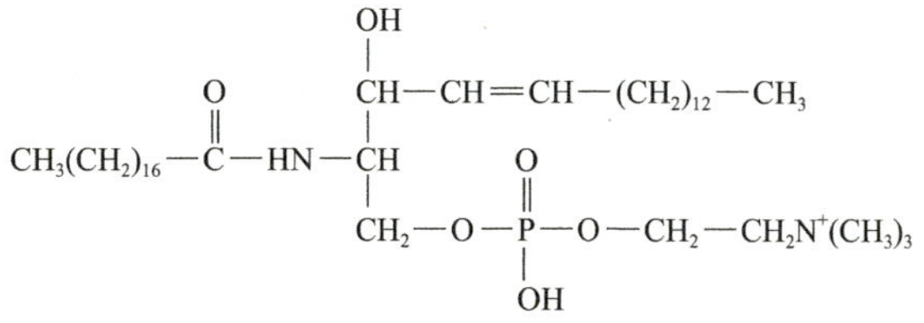

考点：磷脂的分类

三、糖　脂

糖脂是一类含有糖成分的复合脂，分为甘油糖脂和鞘糖脂。甘油糖脂中主链是甘油，甘油中相邻的两个羟基与脂肪酸形成酯键，糖类残基通过糖苷键连接在甘油的C_3位上。鞘糖脂分子由鞘氨醇、脂肪酸和含糖基的极性头部构成，鞘氨醇和脂肪酸以酰胺键相连，含糖基的极性头部通常连接在鞘氨醇第一个碳原子的羟基上。

四、胆固醇和胆固醇酯

胆固醇最初是从动物胆石中分离出来的，是环戊烷多氢菲的衍生物。胆固醇C_3位上的羟基可与脂肪酸酯化形成胆固醇酯。其结构如下。

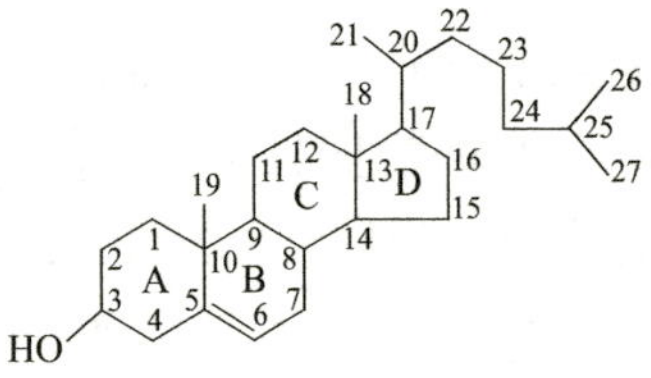

胆固醇

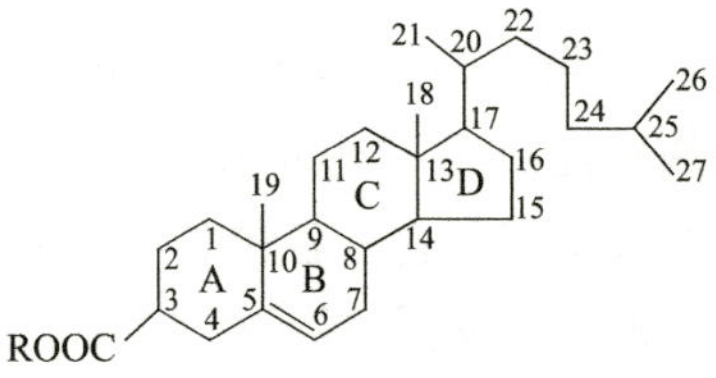

胆固醇酯

第3节　脂类物质的制备技术

脂类药物是一类具有重要生理生化、药理药效作用的化合物，具有较好的营养、预防和治疗效果。脂类存在于细胞内的细胞器和细胞外的体液如血浆、胆汁和肠液中。由于脂类不溶于水，从组织中提取和随后的分级分离都要求使用有机溶剂和某些特殊技术。

一、脂类物质的提取

脂类物质可以从生物材料中提取，提取的原理是根据脂类物质的溶解性质，选择合适的有机溶剂，如乙醚、丙酮、石油醚、氯仿等，有时也可选用甲醇、乙醇等能与水混溶的溶剂，或者采用几种溶剂组合的混合溶剂（常用的有氯仿/甲醇、丙酮/异丙醇等）提取。近年来还有采用超临界CO_2/乙醇混合物作溶剂，或通过加压使某些气体（如CH_4、C_2H_6）变成液态作溶剂提取。如果是结合脂类，通常需要将结合的非脂类部分先水解掉。

提取一般在室温下进行，以减少氧化与水解反应，必要时可低于室温。提取不稳定的脂类时，应尽量避免加热。提取溶剂要用新鲜蒸馏过的，不可含过氧化物。

此外，来源于生物的某些脂类物质可以用相应的有机化合物或来源于生物体的某些成分为原料，采用化学合成法或半合成法制备。

二、脂类物质的分离

经有机溶剂提取的脂类粗提物，通常还要用溶解度法、层析法等方法进行分离。

1. 溶解度法　利用脂类在不同溶剂中的溶解度差异使不同的脂类分开。例如，卵磷脂溶于乙醇而不溶于丙酮，脑磷脂溶于乙醚而不溶于丙酮和乙醇，所以脑干丙酮抽提液用于制备胆固醇后，不溶物用乙醇抽提可得到卵磷脂，再用乙醚抽提可得到脑磷脂。

2. 层析法　是根据层析介质对不同成分结合力的差异进行分离的方法。常用柱层析法，固定相多用硅胶。例如，当氯仿提取的脂类混合物通过硅胶柱时，极性和荷电的脂类与硅胶结合紧密而被留在柱上，非极性脂类则直接通过柱子，出现在最先的流出液中。不荷电的极性脂类（如脑苷脂）可用丙酮洗脱，极性大的或荷电的脂类（如磷脂）可用甲醇洗脱。分别收集各个组分，然后在不同系统中层析，以分离单个脂类成分。

分离后的脂类中常有微量杂质，还需用适当方法精制以获得纯品。常用的有结晶法、重结晶法、有机溶剂沉淀法。例如，用层析法分离的前列腺素E（PGE）可经乙酸乙酯-己烷结晶精制。

第4节 脂类在医药领域的应用

一、脂类药物

脂类是脂肪、类脂及其衍生物的总称，其中具有特定的生理、药理效应者称为脂类药物。脂类药物有磷脂类药物、胆酸类药物、色素类药物、固醇类药物、人工牛黄、不饱和脂肪酸类药物等。

（一）磷脂类药物

磷脂类药物主要有卵磷脂及脑磷脂，二者具有增强神经元功能、调节高级神经元活动、增加脑乙酰胆碱的利用及抗衰老等作用。磷脂还可乳化脂肪，促进胆固醇的转运，临床上用于防治老年性痴呆、神经衰弱、血管硬化症、动脉粥样硬化等。卵磷脂可用于肝炎、脂肪肝及其引起的营养不良、贫血、消瘦等症状的防治。磷脂类也是一种良好的药物辅料，可用作增溶剂、乳化剂和抗氧化剂。

（二）胆酸类药物

胆酸类药物是人及动物肝脏产生的甾体化合物，可乳化肠道脂肪，促进脂肪消化吸收，同时维持肠道正常菌群的平衡，保持肠道正常功能。常见的胆酸类药物主要有胆酸钠、牛磺去氢胆酸和牛磺去氧胆酸。胆酸钠可用于治疗胆囊炎、消化不良等。牛磺去氢胆酸及牛磺去氧胆酸有抗病毒作用，用于防治艾滋病、流感及副流感病毒感染引起的传染性疾病。

（三）色素类药物

色素类药物有胆红素、胆绿素、血红素、原卟啉、血卟啉及其衍生物。胆红素是由四个吡咯环构成的线性化合物，是抗氧化剂，有清除氧自由基的功能，用于消炎，也是人工牛黄的重要成分。原卟啉可促进细胞呼吸，改善肝脏代谢功能，临床上用于治疗肝炎。血卟啉及其衍生物为光敏化剂，可在癌细胞中潴留，是激光治疗癌症的辅助剂，临床上可治疗多种癌症。

（四）固醇类药物

固醇类药物包括胆固醇、麦角固醇及β-谷固醇。胆固醇是人工牛黄、多种甾体激素及胆酸的原料，是机体细胞膜不可缺少的成分。麦角固醇是机体维生素D_2的原料。β-谷固醇具有调节血脂、抗炎、解热、抗肿瘤及免疫调节功能。

（五）人工牛黄

人工牛黄是在天然牛黄基础上合成的脂类药物，其主要成分为胆红素、胆酸类、胆固醇及无机盐等，是多种中成药的重要原料，具有清热、解毒、祛痰及抗惊厥作用。临床上用于治疗痰热谵妄、神昏不语、小儿惊风及咽喉肿胀等，外用治疗疥疮及口疮等。

（六）不饱和脂肪酸类药物

不饱和脂肪酸类药物包括前列腺素、亚麻酸、EPA、DHA等。前列腺素有广泛的生理作用，如收缩子宫平滑肌、扩张小血管、抑制胃酸分泌、保护胃黏膜等。亚油酸、亚麻酸、EPA、DHA均有调节血脂、抑制血小板聚集、扩张血管等作用，可防治高脂血症、动脉粥样硬化和冠心病。DHA还具有增强大脑神经元功能的作用。

二、脂质体药物

脂质体（liposome）是一种人工合成的、主要由具有亲水性头部和疏水性尾部的两性分子形成的

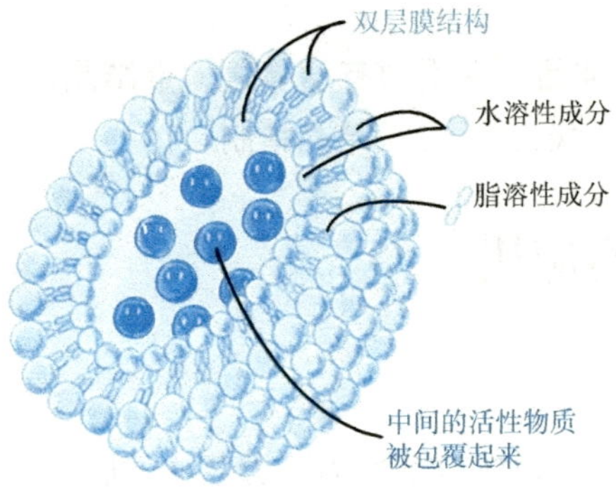

图5-2 脂质体的结构

人工生物膜，一般由磷脂、胆固醇、聚乙二醇等组分组成。当两性分子如磷脂分散于水相时，分子的疏水性尾部倾向于聚集在一起，避开水相，而亲水性头部暴露在水相，形成具有双分子层结构的封闭囊泡（图5-2）。脂质体药物是通过使用脂质体将药物封包于内，形成微型囊泡结构的药物。

当脂质体作为药物制剂时，由于本身的两亲性，能够与各种各样的生物活性化合物结合。脂质体表面可以通过聚乙二醇修饰进行功能化，来构造隐形脂质体，并可以通过与配体（如抗体、多肽、蛋白质、碳水化合物及多种小分子物质）结合促进受体介导的药物内吞作用实现靶向目的。同时，一些亲水性的、疏水性的及两亲性的药物可以分别包封在内部水腔中、磷脂双层内或者直接结合到脂质体表面来进行药物递送。

由于脂质体具有靶向、降低药物毒性、提高药物稳定性、缓释作用等特点，所以被作为载体广泛应用于抗肿瘤药物、抗心脑血管疾病药物、抗精神疾病药物、抗菌药物和疫苗的递送。目前中国已经上市多种脂质体药物，有盐酸多柔比星脂质体注射液、注射用紫杉醇、两性霉素B脂质体、盐酸伊利替康脂质体注射液、盐酸米托蒽醌脂质体注射液等。

自测题

（一）名词解释

脂类　必需脂肪酸　脂库

（二）填空题

1. 脂类主要包括________、________。前者主要分布在________、________和________、________，因其含量可变，故称为________，其储存部位称为________；后者主要分布在________，其含量一般不变，可称为________或________。
2. 脂肪的生理功能主要包括________、________、______、________等。
3. 胆固醇在体内可转变成________、________、________及________等具有重要生理功能的物质。

（三）选择题

【A型题】

1. 下列脂类中属于可变脂的是
   A. 脂肪　B. 磷脂　C. 胆固醇
   D. 胆固醇脂　E. 糖脂
2. 脂肪分子中的3个脂肪酸烃基
   A. R_1、R_2、R_3都相同
   B. R_1、R_2、R_3都不相同
   C. R_1、R_2、R_3可以相同，也可以不同
   D. R_1、R_2、R_3都是饱和的
   E. R_1、R_2、R_3都是不饱和的
3. 下列哪种脂肪酸在人体内不能合成，必须来源于食物
   A. 软脂酸　B. 硬脂酸　C. 棕榈油酸
   D. 油酸　E. 亚油酸

【B型题】

（第4～7题共用选项）
A. 硬脂酸　B. γ-亚麻酸　C. 油酸
D. 软脂酸　E. EPA

4. 系统名称为n-十八烷酸的是
5. 在深海鱼油中含量最丰富的脂肪酸是
6. 属于单不饱和脂肪酸的是
7. 俗称“血管清道夫”的脂肪酸是

【X型题】

8. 下列磷脂中属于甘油磷脂的是
   A. 磷脂酰胆碱（卵磷脂）
   B. 磷脂酰乙醇胺（脑磷脂）
   C. 磷脂酰丝氨酸
   D. 磷脂酰肌醇
   E. 鞘磷脂
9. 下列脂类哪些属于类脂
   A. 脂肪　B. 卵磷脂　C. 脑磷脂
   D. 胆固醇（酯）E. 糖脂

（四）简答题

1. 简述脂肪和类脂的生理功能。
2. 什么是必需脂肪酸？说明多不饱和脂肪酸和必需脂肪酸的关系。
3. 简述磷脂的分类。

（程红娜）

第6章 维生素

学习目标

1. 知识目标： 掌握维生素的概念，维生素A、维生素D、B族维生素、维生素C的活性形式、生理功能、缺乏症；理解维生素的分类命名、引起维生素缺乏和中毒的常见原因；了解维生素的来源、维生素类药物的制备方法。

2. 能力目标： 能够协助开展预防维生素缺乏症的饮食指导和相关药学社会服务。

3. 素质目标： 树立健康生活理念，并培养服务和保健宣传意识。

第1节 概述

一、维生素的概念

维生素是维持机体正常生命活动所必需，但在体内不能合成或合成量很少，必须由食物供给的一类小分子有机化合物。维生素不是构成机体组织的成分，也不是供能物质，然而在调节人体物质代谢和维持正常功能等方面却发挥着极其重要的作用。维生素通常以其本体或有活性的前体形式存在于天然食物中。

考点： 维生素的概念

二、维生素的分类和命名

（一）维生素的分类

按溶解性不同，维生素分为脂溶性和水溶性两大类。脂溶性维生素包括维生素A、维生素D、维生素E、维生素K，水溶性维生素包括B族维生素和维生素C。B族维生素是维生素B_1、维生素B_2、维生素B_6、维生素B_{12}、维生素PP、泛酸、叶酸、生物素的总称。

（二）维生素的命名

维生素的命名一般是按被发现的先后顺序在“维生素”之后加A、B、C、D等字母；对于同一族的维生素，则在英文字母右下角注以阿拉伯数字加以区别，如B_1、B_2、B_6及B_{12}等。维生素也可根据生理功能和治疗作用命名，如维生素B_1又称抗脚气病维生素；还可根据其化学结构特点命名，如维生素B_1分子结构中既含硫又含氨基，故又名硫胺素。

还有一些最初发现时认为是维生素，后经大量的研究证实并非维生素。故目前维生素的命名无论是从字母顺序还是按阿拉伯数字排列来看，都是不连贯的。

考点： 维生素的分类

三、维生素缺乏的主要原因

常见的维生素缺乏原因包括以下几种。

1. 摄取不足　食物中供给的维生素不足或因烹调、存储方法不当，造成维生素大量破坏或流失。

例如，淘米过度、米面加工过细等会损失维生素B_1；蔬菜储存过久、先切后洗等会使维生素C大量破坏。

2. 吸收障碍 消化系统疾病，如长期腹泻、消化道梗阻等可造成维生素吸收障碍。

3. 需要量增加 生长期儿童、妊娠及哺乳期妇女、重体力劳动者及长期高热和慢性消耗性疾病患者对维生素需求量增加，未及时补充则引起维生素相对不足。

4. 服用某些药物 体内肠道细菌可合成维生素K、泛酸、叶酸等。若长期服用抗菌药物，可抑制肠道细菌生长，导致这些维生素的合成不足。某些维生素的拮抗剂也会引起维生素的不足，如治疗结核病的药物异烟肼是烟酰胺的拮抗剂。

5. 其他 特异性的缺陷也可引起维生素缺乏症，如胃切除患者因缺乏内因子，会影响维生素B_{12}的吸收。

为防止各种维生素缺乏症和辅助某些疾病的治疗，维生素类食品和药物应用广泛，但大剂量滥用维生素也可引起某些毒性反应或副作用。

考点：维生素缺乏的原因

第2节 脂溶性维生素

脂溶性维生素均不溶于水而易溶于脂类及有机溶剂，在食物中常与脂类共存，在肠道吸收时需要胆汁的帮助，在脂类吸收不良时其吸收也相应减少。吸收后的脂溶性维生素主要在肝内储存，不能随尿排出，可通过胆汁代谢排出体外，但排泄效率较低，故长期摄入过多时，可在体内蓄积而引起相应的中毒症状。

一、维生素A

（一）化学本质及性质

维生素A又称视黄醇、抗干眼病维生素，是含有β-白芷酮环的不饱和一元醇类。天然的维生素A有维生素A_1（视黄醇）和维生素A_2（3-脱氢视黄醇）两种。其在体内的活性形式包括视黄醇、视黄醛和视黄酸。

维生素A为黄色片状结晶。因其结构高度不饱和，化学性质活泼，易被氧化剂和紫外线破坏，故维生素A制剂应密封并使用棕色瓶避光储存。

（二）来源

维生素A主要来自动物性食品，在动物肝脏、乳制品、蛋黄中含量较多。植物中一般不含维生素A，但在胡萝卜、西兰花、菠菜、番茄等植物中含有丰富的类胡萝卜素。这些类胡萝卜素本身不具有维生素A的活性，但在人及某些动物体内可转变为有活性的维生素A，故称为维生素A原。重要的维生素A原有α-胡萝卜素、β-胡萝卜素、γ-胡萝卜素和玉米黄素等，其中以β-胡萝卜素最为重要。

（三）生理功能与缺乏症

维生素A与人的视觉关系极为密切，是构成视觉细胞内感光物质的成分。视网膜上有两种感光细胞：一种是视锥细胞，感应强光和颜色；一种是视杆细胞，主要感应弱光，产生暗视觉。在视杆细胞内感应弱光的是11-顺视黄醛（维生素A转变而来）与视蛋白结合而成的视紫红质。在弱光下视物时，视紫红质的11-顺视黄醛感光，异构成全反视黄醛并与视蛋白分离。这一光异构反应引起杆状细胞膜上的钙离子通道开放，钙离子迅速流入细胞并触发神经冲动，传导到大脑后产生视觉。视紫红质的合成与分解过程见图6-1。当维生素A缺乏时，11-顺视黄醛的补充不足，视紫红质合成减少，使视网膜不能很好地感应弱光，在暗处辨别物体的能力降低，严重时还会完全丧失暗视觉，医学上称这种病症为夜盲症。

维生素A对维持上皮组织的正常结构有重要的作用。缺乏维生素A，可引起上皮组织干燥、增生和角化等，泪腺上皮角质化易引起眼干燥症。此外，维生素A还具有促进机体生长发育及繁殖、抑制肿瘤细胞生长等作用。

维生素A摄入过多会引起中毒。中毒多见于婴幼儿，主要表现为毛发易脱落、皮肤干燥、烦躁、厌食、肝大及易出血等症状。引起维生素A中毒的原因一般为鱼肝油服用过多。

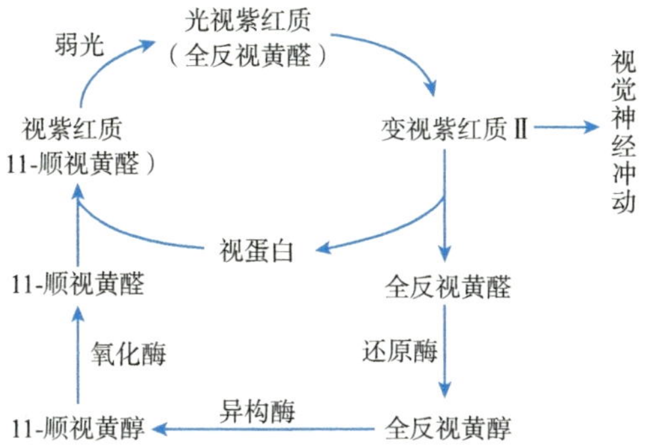

图6-1 视紫红质的合成、分解过程

二、维生素D

（一）化学本质及性质

维生素D又称抗佝偻病维生素、钙化醇，为类固醇衍生物。维生素D为淡黄色晶体，耐热，对氧和碱也较稳定，但不耐酸。通常的加工烹调不会造成维生素D的损失。

（二）来源

维生素D主要来源于动物性食物，鱼肝油、蛋黄、牛奶、肝、肾、脑中都含有。动植物、微生物体内还含有可以转化为维生素D的固醇类物质，称为维生素D原。例如，人及动物皮肤中的7-脱氢胆固醇，经紫外线照射可转化为维生素D_3；酵母中含有不能被人体吸收的麦角固醇，经紫外线照射可以转化为能被人体吸收的维生素D_2。一般人只要接受充分的阳光照射，维生素D就完全可以满足生理需要。

（三）生理功能和缺乏症

1，25-（OH）$_2$$D_3$是维生素D在体内转化之后的活性形式，主要生理功能是促进小肠对钙、磷的吸收，以及肾小管对钙、磷的重吸收，维持血液中钙和磷浓度正常，促使骨骼正常发育。当缺乏维生素D时，儿童易发生佝偻病，成人易发生骨软化症。

如果维生素D摄入过多，会导致体内中毒，引发高钙血症等症状，引起肾结石。

三、维生素E

（一）化学本质及性质

维生素E又称生育酚，是苯并二氢吡喃的衍生物。其多种形式中以α-生育酚的生理活性最高。维生素E为微黄色或黄色透明的油状物，无氧条件下对热稳定，并对酸、碱有一定抵抗力，但极易被氧化，因而能保护其他易被氧化的物质。维生素E在储存与烹饪过程中都有损失，加热时损失更大。

（二）来源

维生素E广泛存在于各种油料种子及植物油中，豆类及绿叶蔬菜中含量也较高。

（三）生理功能和缺乏症

维生素E可促进性激素分泌，与动物的生殖功能密切相关，但人类尚未发现因维生素E缺乏所致的不育症。临床上常用于治疗先兆流产、习惯性流产。维生素E是体内最重要的抗氧化剂，能清除生物膜脂质过氧化产生的自由基，从而保护生物膜的结构和功能；还能保护巯基不被氧化，从而保持某些酶的活性。维生素E能提高血红素合成过程中关键酶的活性，从而促进血红素合成。

由于食物来源广泛，维生素E缺乏较为少见，但可出现在低体重的早产儿和某些脂肪吸收障碍的患者中，表现为红细胞数量减少、寿命缩短，体外实验可见红细胞脆性增加等贫血症。

四、维生素K

（一）化学本质及性质

维生素K又称凝血维生素，为2-甲基-1, 4-萘醌及其衍生物的总称。天然维生素K对热和空气较稳定，但在光照及碱性条件下易被破坏。临床应用的维生素K为人工合成品，能溶于水，性质较稳定，可以口服或注射。

（二）来源

人体维生素K有食物（如深绿色蔬菜、植物油、动物肝脏、鱼类、牛奶、麦麸、大豆等）摄入和肠道菌群（大肠埃希菌、乳酸菌等）合成两种来源。

（三）生理功能和缺乏症

维生素K具有凝血活性，是γ-羧化酶的辅助因子，能促进肝合成凝血酶原（凝血因子Ⅱ）及凝血因子Ⅶ、Ⅸ、Ⅹ。当维生素K缺乏时，凝血因子合成障碍，凝血时间延长，易发生皮下、肌肉及内脏出血。此外，维生素K还具有解痉止痛和类似氢化可的松的作用，可预防偏头痛。

成人一般不缺维生素K，若食物中缺乏深绿色蔬菜或长期服用抗生素影响肠道微生物生长或罹患了引起脂类吸收障碍的疾病（如胰腺疾病、胆管疾病等）可造成维生素K缺乏。新生儿出生后的前3个月内容易缺乏维生素K，为婴儿期较常见的疾病。主要原因是新生儿肠道缺乏能够产生维生素K的细菌及肠道吸收功能不完善。

考点： 脂溶性维生素的生理功能、缺乏症，维生素A原、维生素D原的概念

第3节 水溶性维生素

水溶性维生素包括B族维生素和维生素C。水溶性维生素在体内的储存量不大，过剩的部分可由尿排出体外，一般不会发生中毒，但必须经常从食物中摄取，缺乏时症状发展较明显。

一、维生素B_1

（一）化学本质及性质

维生素B_1又称抗脚气病维生素，因含有硫和氨基，故也称硫胺素。在碱性溶液中加热极易分解；在酸性溶液中较耐热，加热到120℃也不会被破坏；在氧化剂存在时易被氧化成脱氢硫胺素。

（二）来源

维生素B_1分布广泛，主要存在于谷类、豆类的种皮及胚芽中，在酵母、瘦肉、动物肝脏等食物中含量也较丰富。谷物加工过于精细、淘米次数太多、烹调时加碱都可造成维生素B_1大量损失。

（三）生理功能和缺乏症

维生素B_1的活性形式是在体内经磷酸化作用生成的硫胺素焦磷酸（TPP）。TPP是许多脱羧酶的辅酶，参与许多α-酮酸的脱羧反应。TPP也可作为转酮醇酶的辅酶，参与磷酸戊糖途径的转酮醇反应。

维生素B_1和糖代谢关系密切。维生素B_1缺乏时，糖代谢受阻，丙酮酸累积，导致主要依靠糖有氧氧化供能的神经组织能量不足，同时磷酸戊糖途径代谢障碍，使核酸合成及神经细胞膜鞘磷脂合成受影响，出现外周多发性神经炎、心力衰竭、四肢无力、下肢水肿或萎缩等症状，总称为“脚气病”。

维生素B_1还可抑制胆碱酯酶活性。缺乏时，胆碱酯酶活性增强，乙酰胆碱水解加速，神经传导受到影响，可造成胃肠蠕动缓慢、消化液分泌减少、食欲不振等消化功能障碍。

二、维生素 B_2

（一）化学本质及性质

维生素 B_2 又称核黄素，是异咯嗪衍生物。维生素 B_2 具有氧化型和还原型两种形式，呈黄色，在酸性溶液中稳定、耐热，在碱性溶液中不耐热，对光极为敏感，遇光易被破坏。

（二）来源

维生素 B_2 广泛存在于动植物中，米糠、绿叶蔬菜、黄豆、小麦、酵母、动物肝脏、蛋黄中含量丰富。人体肠道细菌也能合成一部分。

（三）生理功能和缺乏症

维生素 B_2 在体内的活性形式是黄素单核苷酸（FMN）和黄素腺嘌呤二核苷酸（FAD）。两者均可和酶蛋白紧密地结合，成为黄素酶的辅基，参与体内多种氧化还原反应。维生素 B_2 能促进糖、脂肪和蛋白质的代谢，对维持皮肤黏膜和视觉的正常功能均有一定作用。缺乏维生素 B_2 时，组织呼吸减弱，代谢强度降低，会引起口角炎、唇炎、阴囊炎、眼睑炎、皮炎等症状。

三、维生素 PP

（一）化学本质及性质

维生素PP又称抗癞皮病维生素，包括烟酸（尼克酸）和烟酰胺（尼克酰胺），两者在体内可以相互转化。维生素PP呈白色，性质稳定，不易被酸、碱及热破坏。

（二）来源

维生素PP在自然界分布很广，酵母、肉类、花生中含量丰富。人体、植物和某些细菌可将色氨酸转化为维生素PP，但转化率较低。玉米中色氨酸含量低，且维生素PP在其中常以不易被吸收的结合形式存在，故长期以玉米为主食的人群易缺乏维生素PP。

（三）生理功能和缺乏症

维生素PP在体内的活性形式是烟酰胺腺嘌呤二核苷酸（NAD^+）和烟酰胺腺嘌呤二核苷酸磷酸（$NADP^+$），为不需氧脱氢酶的辅酶，参与机体内的生物氧化过程。

维生素PP能维持神经组织的健康，对中枢和交感神经系统有保护作用。缺乏时表现出神经营养障碍，缺乏症称为癞皮病（主要表现是皮炎、腹泻及痴呆）。维生素PP也可作为血管扩张药、降胆固醇药在临床使用。抗结核药物异烟肼的结构与维生素PP十分相似，两者有拮抗作用，长期服用可能引起维生素PP缺乏。

四、泛　　酸

（一）化学本质及性质

泛酸又称维生素 B_5、遍多酸，是由 β-丙氨酸与 α，γ-二羟基-β，β-二甲基丁酸通过肽键连接而成，因广泛存在于生物界中而得名。在中性环境下稳定，但对强酸或强碱环境敏感。

（二）来源

泛酸在自然界分布十分广泛，动物内脏、瘦肉、蛋、小麦、米糠、花生、豌豆、酵母中含量丰富，蜂蜜和蜂黄中含量更多，肠内细菌也能合成。

（三）生理功能和缺乏症

泛酸进入人体后，经磷酸化并获得巯基乙胺而生成4-磷酸泛酰巯基乙胺，而成为辅酶A（CoA）及酰基载体蛋白（ACP）的组成部分。CoA及ACP是各种酰基转移酶的辅酶，在糖、脂类、蛋白质代谢及肝的生物转化中起重要作用。CoA在临床上是白细胞减少症、功能性低热、脂肪肝、各种肝炎等疾病的辅助药物。泛酸食物来源广泛，缺乏症很少见。

五、维生素B_6

(一) 化学本质及性质

维生素B_6又名抗皮炎维生素，为吡啶衍生物，包括吡哆醇、吡哆醛和吡哆胺。为无色晶体，在空气中稳定，对光和碱均敏感，高温下迅速被破坏。

(二) 来源

维生素B_6在动植物中分布很广，谷物、种子外皮、麦胚芽、卷心菜、豆类、酵母、肝、肾、蛋黄、肉类和鱼类中含量都很丰富。人体肠道细菌也可以合成，但只有少量被吸收利用。

(三) 生理功能和缺乏症

在体内，吡哆醛和吡哆胺可互相转变。两者磷酸化的产物——磷酸吡哆醛和磷酸吡哆胺，是氨基转移酶的辅酶。磷酸吡哆醛也是氨基酸脱羧酶的辅酶，能促进谷氨酸脱羧生成抑制性神经递质γ-氨基丁酸，故临床上常用维生素B_6治疗小儿惊厥、妊娠呕吐。磷酸吡哆醛还是血红素合成的关键酶的辅酶，维生素B_6缺乏则血红素合成受阻，造成小细胞低色素性贫血和血清铁增高。磷酸吡哆醛还是糖原磷酸化酶的辅酶。

因食物中富含维生素B_6，肠道菌群也可合成，故人类尚未发现维生素B_6缺乏的典型病例。异烟肼可与吡哆醛结合形成腙而从尿中排出，所以服用异烟肼时应及时补充维生素B_6。

六、生　物　素

(一) 化学本质及性质

生物素又称维生素B_7及维生素H，是由噻吩环和尿素结合而形成的双环化合物。生物素常温下比较稳定，但高温和氧化剂可使其失活。

(二) 来源

生物素广泛存在于肝、肾、蛋黄、牛乳、蔬菜、谷类等食物中，人体肠道细菌也能合成。

(三) 生理功能和缺乏症

生物素是体内多种羧化酶的辅助因子，在糖类、脂肪、蛋白质和核酸代谢过程中发挥作用。

人体一般不会缺乏生物素。生鸡蛋清中含有抗生物素蛋白，能与生物素结合而使其不能为肠壁吸收，因此，长期食用生鸡蛋可导致生物素缺乏。长期服用抗生素会抑制肠道正常菌群，也会造成生物素缺乏。人体缺乏生物素主要表现为精神抑郁、严重的皮肤炎、贫血等。

七、叶　　酸

(一) 化学本质及性质

叶酸因绿叶中含量丰富而得名，又称蝶酰谷氨酸。叶酸为黄色结晶，在弱酸性及中性环境中相对稳定，对紫外线敏感，对热敏感，易受光照和高温的影响而发生降解。

(二) 来源

叶酸在植物的绿叶和许多水果中大量存在，酵母、动物肝脏、蛋黄中含量丰富，肠道微细菌也可以合成叶酸。

(三) 生理功能和缺乏症

叶酸在体内二氢叶酸还原酶的作用下还原为二氢叶酸，再进一步还原为5，6，7，8-四氢叶酸

（FH_4）。FH_4是叶酸在体内的活性形式，它是一碳单位转移酶的辅酶，因此叶酸在核酸合成中起重要作用。如果缺乏叶酸，DNA合成会受到抑制，使骨髓幼红细胞分裂、成熟速度减慢，细胞体积变大但不具有成熟红细胞的功能，造成巨幼细胞贫血。

虽然叶酸来源广泛，但食物中的叶酸在高温烹饪过程中很容易被破坏。孕妇及哺乳期妇女因代谢旺盛，所以应适当补充。叶酸是胎儿生长发育不可或缺的营养素，孕妇缺乏叶酸时，胎儿易出现发育迟缓，甚至可能导致出生缺陷。口服避孕药或抗惊厥药物能干扰叶酸的吸收及代谢，如长期服用此类药物时应考虑补充叶酸。

链接 消灭神经管缺陷，国家在努力

我国是出生缺陷高发国家，特别是近年来随着生育政策发生变化，高龄产妇数量增多，增加了出生缺陷发生及死亡的风险。出生缺陷已成为我国婴儿死亡和残疾的主要原因，给社会带来了沉重的经济负担，严重影响家庭和谐幸福和人口素质的提高。

神经管缺陷是出生缺陷中最严重的一种，叶酸缺乏是引起胎儿神经管缺陷的重要原因之一。我国孕妇的叶酸缺乏率为5%～10%，是神经管缺陷高发的国家之一。从1993年开始，国家在育龄人口中全面推广使用叶酸的政策；从2009年开始实施增补叶酸预防神经管缺陷项目，2009～2011年中央财政共投入3.2亿元，为农村孕前和孕早期妇女免费补充叶酸。据统计，叶酸政策实施以来，国产儿神经管缺陷发生率从1996年的1.36‰下降到2011年的0.45‰；与2012年相比，2023年神经管缺陷等严重致残出生缺陷疾病发生率降低约44%。该项目也在2019年被纳入《国家基本公共卫生服务规范（第三版）》。

八、维生素B_{12}

（一）化学本质及性质

维生素B_{12}又名钴胺素，是唯一含金属元素的维生素。为粉红色结晶，在酸性条件下稳定，在碱性条件下不稳定，对日光（尤其是紫外线）和氧化剂敏感。

（二）来源

维生素B_{12}主要来源于动物性食物，在动物肝脏、肾、肉类、鱼类、蛋类等食物中含量丰富，人类肠道细菌也可以合成。

（三）生理功能和缺乏症

维生素B_{12}在体内因结合基团不同，可有多种存在形式。维生素B_{12}具有辅酶功能的是甲基钴胺素和5′-脱氧腺苷钴胺素。甲基钴胺素是甲基转移酶的辅酶，参与体内一碳单位代谢，缺乏时也会影响到DNA的生物合成，导致巨幼细胞贫血。5′-脱氧腺苷钴胺素是*L*-甲基-丙二酰CoA变位酶的辅酶，缺乏时*L*-甲基-丙二酰CoA堆积，竞争性抑制脂肪酸的合成，进而导致髓鞘质变性退化，出现进行性脱髓鞘等神经组织病变。

长期素食者易发生维生素B_{12}缺乏症。另外，维生素B_{12}的吸收依赖胃壁细胞分泌的内因子，因此，胃全切除患者也容易缺乏。

九、维生素C

（一）化学本质及性质

维生素C又称抗坏血酸，是含有6个碳原子的不饱和酸性多羟基化合物，以内酯形式存在。维生素C为无色或白色片状结晶，具有很强的还原性。其水溶液不稳定，高温下容易被破坏，在有氧存在或碱性环境中极易被氧化。

（二）来源

新鲜水果和蔬菜中含有丰富的维生素C，尤其是刺梨、猕猴桃、山楂、橘子、鲜枣、番茄和辣椒中含量最为丰富。植物中有维生素C氧化酶，所以蔬菜、水果久储后维生素C会大幅减少。干的种子中几乎不含维生素C，但种子一经发芽，便开始合成维生素C，因此，各种豆芽菜类也是维生素C的极好来源。

（三）生理功能和缺乏症

1. 维生素C是许多羟化酶的必需辅助因子 羟化酶催化体内的羟化反应，促进胶原蛋白的合成，对于结缔组织的生成和维持完好起着重要作用。维生素C缺乏可造成胶原蛋白合成障碍，细胞间隙增大，导致毛细血管通透性增加、易破裂出血、牙齿易松动、骨骼脆弱易折断、伤口不易愈合等典型的维生素C缺乏症（坏血病）症状。因正常机体内可储存一定量的维生素C，故坏血病症状在维生素C缺乏后3～4个月才会出现。

2. 维生素C参与体内的氧化还原反应 维生素C能保护巯基，具有保护细胞膜和防治重金属中毒的作用。能将食物中的Fe^{3+}还原成Fe^{2+}，使铁易于吸收，使高铁血红蛋白还原为血红蛋白从而恢复运氧功能。此外，维生素C还能保护维生素A、维生素E免遭氧化，促使叶酸转变为四氢叶酸。

3. 其他生化功能 维生素C可促进免疫球蛋白的合成与稳定，增强机体抵抗力。维生素C还具有防治动脉粥样硬化、抗病毒和防癌的作用。

维生素C对人体非常重要，但长期大量食用也可引起维生素C中毒。主要表现为尿中草酸含量显著增加，易发生尿路草酸盐结石。有的患者会出现肠蠕动增加，甚至腹泻。

链接 把关键核心技术掌握在自己手中——维生素C的二步发酵法背后

从中华人民共和国成立开始，为保证人民健康，国家每年花大量外汇进口维生素C。1958年，东北制药总厂率先引进莱氏法生产维生素C，但国外对我们进行技术封锁，不提供除生产方法之外的其他任何技术支持和详细信息。1969年，中国科学院微生物研究所和北京制药厂决心联手攻坚，研究团队群策群力、前赴后继、艰苦奋斗，用10年时间成功研发二步发酵法新路。1986年，二步发酵法以550万美元转让给瑞士的一家大型制药公司，开创了当时对外技术转让的最高纪录。今日中国已成为世界第一大维生素C生产国，占世界85%以上份额。只有把关键核心技术掌握在自己手中，才能从根本上保障国家经济安全、国防安全和其他安全。

考点：水溶性维生素的活性形式、主要生理功能、缺乏症

第4节 维生素类物质的制备和在医药领域的应用

一、维生素类物质的生产方法

维生素类药物的化学结构各不相同，决定了它们生产方法的多样性。目前在工业上大多数维生素是通过化学合成法获得的，微生物发酵法则代表着维生素生产的发展方向，从生物材料中直接提取的不多。

1. 化学合成法 是根据已知维生素的化学结构，采用有机化学合成原理和方法来制造维生素。近代的化学合成，常与酶促合成、酶拆分等结合在一起，以改进工艺条件、提高收率和经济效益。用化学合成法生产的维生素有烟酸、烟酰胺、叶酸、维生素B_1、维生素B_6、维生素D等。

2. 发酵法 即用人工培养微生物的方法生产各种维生素，整个生产过程包括菌种培养、发酵、提取、纯化等。目前完全采用微生物发酵法或微生物转化制备中间体的有维生素B_1、维生素B_2、维生素

C、生物素和维生素A原等。

3. 生物提取法 主要采用缓冲液抽提、有机溶剂萃取等方法从生物组织中提取维生素。例如，从链霉素生产的废液中提取维生素B_{12}。

二、维生素类药物

维生素类药物在临床上主要用于预防维生素缺乏、补充生理需要及特殊食物需要，以及某些疾病的辅助治疗。

营养补充用维生素主要用于预防因饮食不平衡或肠道疾病所引起的维生素缺乏。一般是多品种（也有单品种使用的）、小剂量、经常或连续服用，这样可以全面补充各种维生素，也有利于维生素的吸收和利用。常用的复合维生素类药物有复合维生素和复合维生素B等。复合维生素是各种维生素按照一定剂量比例组成的复合剂型，用于预防和治疗因饮食不平衡所引起的维生素缺乏症，如复合维生素片，含有维生素A、B族维生素、维生素C、维生素D等。复合维生素B含有维生素B_1、维生素B_2以及维生素B_6，同时还含有烟酰胺、泛酸钙等成分，能有效帮助人体补充多种B族维生素。单品种使用的如叶酸，孕妇服用可以预防胎儿神经管缺陷的发生。

治疗用维生素主要用于治疗相应的缺乏症。使用时按缺乏症选择，一般用单品种（如用维生素A治疗夜盲症和干眼病，用维生素B_1治疗脚气病，用维生素PP治疗癞皮病，用维生素C治疗坏血病，用维生素D治疗儿童佝偻病，用维生素E治疗先兆流产及不育症等），也有用复合的（如叶酸和维生素B_{12}合并使用治疗巨幼细胞贫血），须采用治疗剂量，所以用量比较大。

维生素还常用于某些疾病的辅助治疗。例如，维生素C用于辅助治疗和预防感冒、急慢性传染病，还可增强免疫功能，还用于一些癌症、过敏性疾病、心血管疾病和缺铁性贫血的辅助治疗。B族维生素用于辅助治疗神经炎、心肌炎、甲状腺功能亢进、带状疱疹等。维生素E口服用于心脑血管疾病及习惯性流产、不孕症的辅助治疗，注射液适用于棘形红细胞增多症或吸收不良综合征。

需要注意的是，维生素，尤其是脂溶性维生素，过度使用会出现腹部不适、腹泻、呕吐、出血、继发性缺乏等问题；长期过量摄入或一次超大剂量摄入，有发生中毒的危险。

自测题

（一）名词解释

维生素 维生素原

（二）填空题

1. 脂溶性维生素包括维生素________、维生素________、维生素________、维生素________。水溶性维生素包括________和维生素________。
2. ________别名为硫胺素，生育酚是________的别名，核黄素指的是________，抗脚气病维生素指的是________，________又称抗坏血酸，唯一含有金属元素的是维生素________。

（三）选择题

A型题

1. NAD^+中含有以下哪种维生素
   A. 维生素C B. 维生素D
   C. 维生素PP D. 泛酸
   E. 维生素B_{12}
2. 维生素D的活性形式是
   A. 维生素D_3
   B. 25-OH-D_3
   C. 1, 25-$(OH)_2$-D_3
   D. 24, 25-$(OH)_2$-D_3
   E. 25, 26-$(OH)_2$-D_3
3. 坏血病患者需要多吃的食物是
   A. 鱼肉和猪肉 B. 水果和蔬菜
   C. 鸡蛋和鸭蛋 D. 各类干菜
   E. 糙米和肝脏
4. 叶酸在体内的活性形式是
   A. TPP B. FH_2 C. FH_4
   D. FAD E. 黄素腺嘌呤二核苷酸
5. 口腔炎（口角、唇、舌等）患者应服用下面哪种维生素
   A. 维生素B_1 B. 维生素B_2
   C. 维生素C D. 维生素PP

E. 泛酸

6. 缺乏可导致胎儿神经管缺陷的维生素是

A. 生物素　B. 硫辛酸

C. 维生素PP　D. 维生素D

E. 叶酸

B型题

（第7～10题共用选项）

A. 维生素E　B. 维生素D

C. 维生素A　D. 生物素

E. 维生素K

7. 干眼病患者体内最可能缺乏

8. 和动物生殖功能有关的维生素是

9. 缺乏则容易引起儿童佝偻病的维生素是

10. 促进凝血酶原合成的是

（第11～14题共用选项）

A. 维生素B_1　B. 维生素C

C. 维生素A　D. 生物素

E. 维生素PP

11. 缺乏可导致夜盲症的是

12. 缺乏可导致坏血症的是

13. 缺乏可导致癞皮病的是

14. 缺乏可导致脚气病的是

X型题

15. 维生素PP在体内的活性形式为

A. FMN　B. FAD　C. TPP

D. NAD^+　E. $NADP^+$

16. 下列操作会导致维生素B_1大量损失的是

A. 谷物加工非常精细

B. 淘米次数多

C. 烹调时加碱

D. 食材先洗后切

E. 食材洗、切后立即烹饪

（四）简答题

1. 维生素如何分类？每类所包含的维生素有哪些？

2. 为什么叶酸和维生素B_{12}缺乏时易患巨幼细胞贫血？

3. 为尽可能减少维生素的损失，我们在准备食材和烹饪时有哪些注意事项？

（罗小莉）

第2篇 物质代谢和能量转换的生化过程

第7章 生物氧化

学习目标

1.知识目标： 掌握生物氧化的概念、特点，呼吸链的概念、组成及排列顺序，氧化磷酸化的概念，ATP的生成方式和生成数量；理解氧化磷酸化的偶联部位和影响因素，胞质溶胶中NADH的转运和氧化，二氧化碳的生成方式；了解氧化磷酸化机制和非线粒体生物氧化体系。

2.能力目标： 能够协助开展能量代谢异常疾病的预防和治疗的宣教。

3.素质目标： 培养科学的思维能力，树立严谨的科学态度。

第1节 概 述

一、生物氧化的概念

有机物在生物体内氧化分解的过程称为生物氧化（biological oxidation），主要指糖类、脂肪及蛋白质等营养物质在细胞内氧化分解，生成CO_2和H_2O并释放能量的过程（图7-1）。由于该过程在组织细胞内进行，与O_2的摄取利用及CO_2的产生有关，所以生物氧化又称为细胞呼吸或组织呼吸。生物氧化过程中产生的能量一部分以热能的形式散失，用于维持机体体温；另外一部分则以化学能的形式储存在高能化合物中，供机体利用。

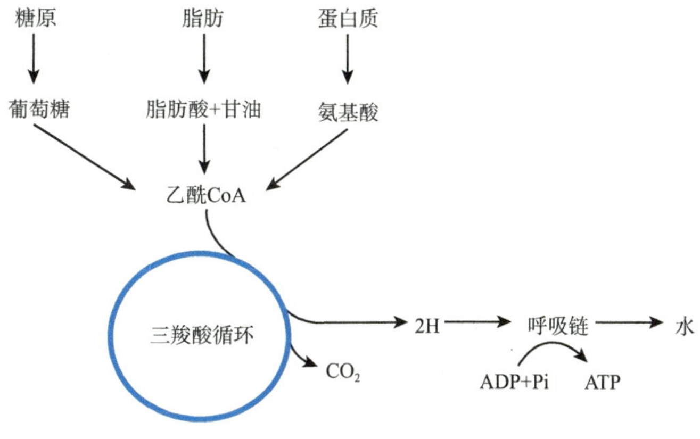

图7-1 糖类、脂肪和蛋白质的氧化分解

生物氧化在线粒体内和线粒体外都可以进行，但两者氧化的作用不同：线粒体内物质氧化主要与能量产生有关；线粒体外物质氧化主要在微粒体、过氧化物酶体中进行，其作用主要是清除体内代谢产生的活性氧类、进行非营养性物质（如激素、药物、毒物）的代谢转化。

二、生物氧化的特点

同种物质在体内或体外彻底氧化，其化学本质是相同的。例如，1mol的葡萄糖在体内氧化和在体外燃烧都是产生H_2O和CO_2，释放出的能量都是2867.5kJ。但二者在氧化条件和表现形式上却有着显著的不同。在机体进行的生物氧化具有以下特点：①生物氧化在细胞内进行，反应条件较为温和（pH近中性，温度为37℃左右）；②物质氧化以脱氢为主，在一系列酶的催化下逐步进行；③CO_2由有机酸脱羧产生，H_2O是物质氧化脱下的氢经呼吸链传递与氧结合生成的；④能量是逐步释放的，这样不会因为温度迅速上升而损害机体，而且有利于机体捕捉其中的一部分并以化学能的形式储存在高能化合物中；⑤生物氧化的速率受体内多种因素的影响和调节。

考点：生物氧化的概念、特点

第2节 线粒体氧化体系及ATP的生成

一、呼吸链的概念

线粒体内膜上存在一些具有氧化还原活性的酶与辅酶，它们按一定顺序组成连锁的递氢和递电子传递链，将代谢物脱下的氢传递给氧生成H_2O，并逐步释放能量。该链式连锁反应体系与细胞摄取氧的呼吸过程密切相关，所以被称为呼吸链（respiratory chain）。在呼吸链中，具有递氢作用的酶或辅酶称为递氢体，具有递电子作用的酶或辅酶称为递电子体。不论递氢体还是递电子体都可以传递电子，所以呼吸链又称电子传递体系或电子传递链。

考点：呼吸链的概念

二、呼吸链的主要成分和作用

用胆酸盐等去污剂反复处理线粒体内膜，可分离出四种具有电子传递活性的酶复合体（表7-1）。

表7-1 呼吸链中的酶复合体

复合体	酶名称	辅酶成分	分子量（kDa）	亚基数
Ⅰ	NADH-CoQ还原酶	FMN，Fe-S	850	＞40
Ⅱ	琥珀酸-CoQ还原酶	FAD，Fe-S	140	4
Ⅲ	CoQ-Cyt c还原酶	Cyt b、Cyt c_1，Fe-S	250	11
Ⅳ	Cyt c氧化酶	Cyt a、Cyt a_3	200	13

注：Cyt为细胞色素；CoQ为泛醌；Fe-S为铁硫蛋白

复合体Ⅰ含有黄素蛋白（辅基为FMN）和铁硫蛋白（Fe-S），其功能是将NADH所脱下的氢经FMN、Fe-S等传递给泛醌；复合体Ⅱ含黄素蛋白（辅基为FAD）、Fe-S、Cyt b，能将氢从琥珀酸传递给泛醌；复合体Ⅲ含有Cyt b、Cyt c_1和Fe-S，可将电子从泛醌传递给Cyt c；复合体Ⅳ由紧密结合的Cyt a和Cyt a_3组成，其功能是将电子从Cyt c传递给O_2。

这四种酶复合体在线粒体内膜上的分布及电子传递方向见图7-2。

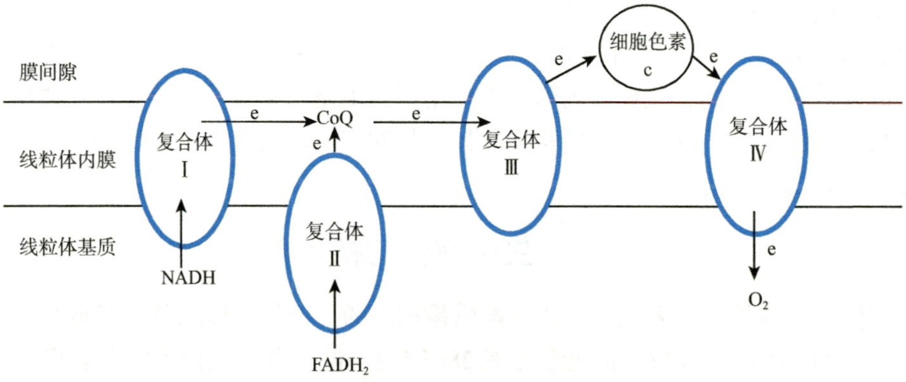

图7-2 四种酶复合体线粒体内膜上的分布

从表7-1中四种复合体的组成可以看出，组成呼吸链的成分主要有以下五类。

1. 烟酰胺腺嘌呤二核苷酸类 烟酰胺腺嘌呤二核苷酸（NAD^+）、烟酰胺腺嘌呤二核苷酸磷酸（$NADP^+$）是多种不需氧脱氢酶的辅酶。生理pH条件下，烟酰胺分子中的氮为五价，带正电荷，能可逆地接受电子成为三价氮，同时导致环内双键发生易位，使对位的碳原子进行可逆的加单氢反应。NAD^+、$NADP^+$能接受代谢物上脱下的一对氢中的一个氢原子和一个电子，另一个H^+则被释放在介质中。NAD^+和$NADP^+$的递氢作用机制如图7-3所示。

2. 黄素蛋白类 是一类以黄素单核苷酸（FMN）和黄素腺嘌呤二核苷酸（FAD）为辅基的酶。辅基中含有核黄素（维生素B_2），其异咯嗪环上N_1和N_{10}能可逆地进行加氢和脱氢反应，从而在呼吸链中起传递氢的作用。FMN和FAD的递氢作用机制如图7-4所示。

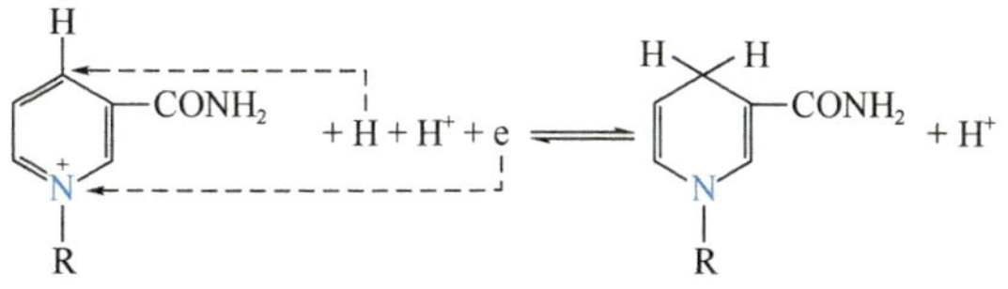

NAD^+（或$NADP^+$）+2H ⇌ NADH（或NADPH）+ H^+

图7-3 NAD^+和$NADP^+$的递氢作用机制

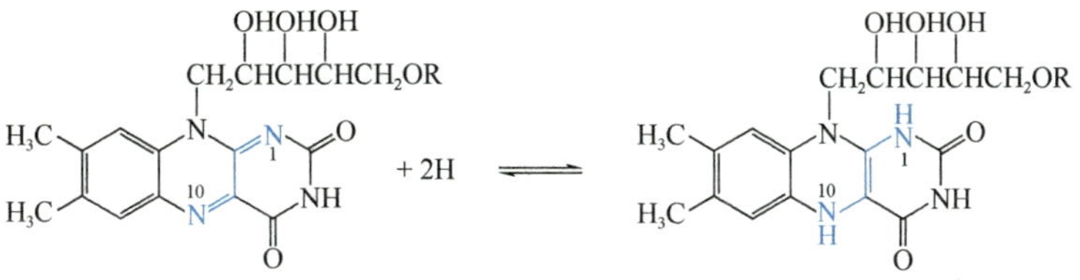

FAD(或FMN)　　　　FADH$_2$(或FMNH$_2$)

图7-4 FMN和FAD的递氢作用机制

3. 泛醌 又称辅酶Q（CoQ）。泛醌是一种黄色脂溶性醌类化合物，因其广泛存在于生物界而称为泛醌。泛醌作为递氢体，其分子中苯醌结构，可先接受代谢物脱下的一个质子和一个电子还原成半醌，再接受一个质子和一个电子还原成二氢泛醌，该过程是可逆进行。泛醌的递氢作用机制如图7-5所示。

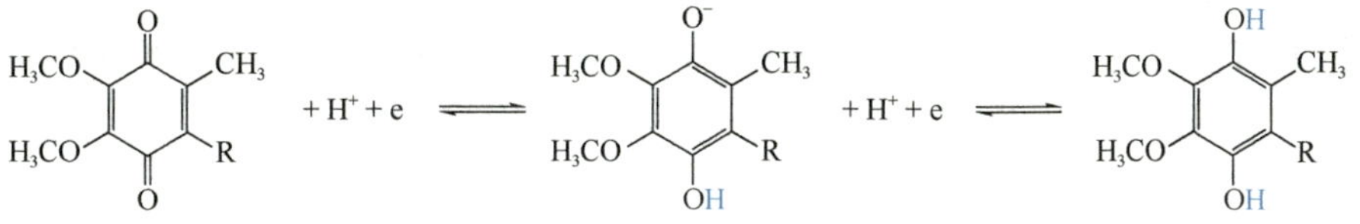

泛醌（醌型或氧化型）　　泛醌H·（半醌型）　　二氢泛醌（氢醌型或还原型）

图7-5 泛醌递氢作用机制

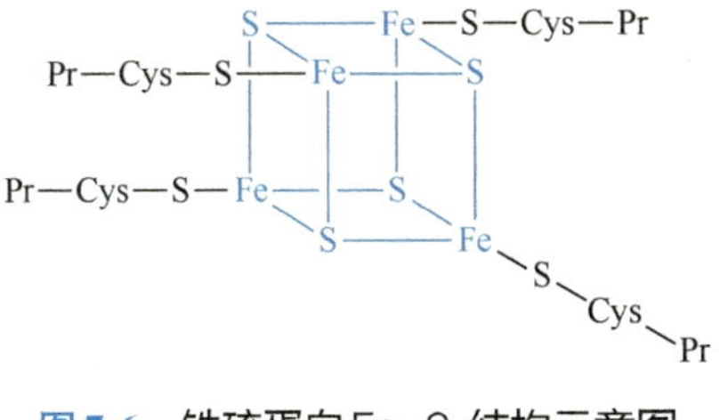

图7-6 铁硫蛋白Fe_4-S_4结构示意图

4. 铁硫蛋白类 又称铁硫中心（Fe-S），主要特点是中心部分含有等量的铁和硫。在呼吸链中，铁通过可逆地得失电子而进行单个电子传递，即Fe^{3+} + e ⇌ Fe^{2+}。不同种类的铁硫蛋白，Fe-S的组合方式不同。哺乳动物中，大多数铁硫中心是Fe_4-S_4（图7-6）。

5. 细胞色素类 是一类以铁卟啉为辅基的结合蛋白质。依据吸收光谱不同，可将其分为a、b、c三类。每类中因其吸收光谱峰值存在细微差异，可再分为若干亚类。辅基铁卟啉中的铁通过可逆地得失电子而起到传递电子作用，每次传递单个电子。由于Cyt a和Cyt a_3很难分开，常统称为Cyt aa_3。细胞色素在呼吸链中的递电子顺序为Cyt b→Cyt c_1→Cyt c→Cyt aa_3，最后由Cyt aa_3将两个电子交给氧生成氧离子（O^{2-}）。Cyt aa_3是唯一被氧直接氧化的细胞色素，因此又被称为细胞色素氧化酶。

链接 我国科学家在线粒体呼吸链研究领域取得重要进展

2019年6月14日，CCTV13《朝闻天下》介绍了清华大学杨茂君教授研究团队的成果。该研究团队突破性地发现了哺乳动物线粒体呼吸链复合物V四聚体的构成形式并解析了其高分辨率结构。

ATP分子是通过线粒体呼吸链中的复合物V转化代谢物中储存的化学能来合成的。高等生物呼吸链中有五种复合物，其中前四种负责电子传递，复合物V负责合成ATP。一百多年以来，大量科学家对复合物V的作用机制进行探究，但其具体作用机制及蛋白质构成并未完全研究清楚。线粒体呼吸链复合物V的功能异常会导致很多种疾病，如心肌病、遗传性视神经病变等。杨茂君团队的发现也为未来可能的靶向治疗提供了重要的结构基础。

考点：呼吸链的组成成分及作用

三、呼吸链组分的排列顺序

呼吸链各组分是根据其标准氧化还原电位由低到高顺序排列的，即电子从氧化端流向还原端。各组分的标准氧化还原电位见表7-2。

表7-2　呼吸链中各种氧化还原对的标准氧化还原电位（E°）

氧化还原对	E°（V）	氧化还原对	E°（V）
$NAD^+/NADH + H^+$	–0.32	Cyt $c_1 Fe^{3+}/Fe^{2+}$	0.22
$FMN/FMNH_2$	–0.30	Cyt c Fe^{3+}/Fe^{2+}	0.25
$FAD/FADH_2$	–0.06	Cyt a Fe^{3+}/Fe^{2+}	0.29
$CoQ/CoQH_2$	0.04（或0.01）	Cyt a_3 Fe^{3+}/Fe^{2+}	0.55
Cyt b Fe^{3+}/Fe^{2+}	0.07	$1/2\ O_2/H_2O$	0.82

线粒体内主要存在两条呼吸链，即NADH氧化呼吸链和$FADH_2$氧化呼吸链。

1. NADH氧化呼吸链　生物氧化中大多数脱氢酶的辅酶都是NAD^+，NADH氧化呼吸链为体内最常见、最重要的呼吸链。代谢物（如丙酮酸、苹果酸等）由相应的脱氢酶催化脱下2个氢原子（2H），交由NAD^+后生成$NADH + H^+$，再通过复合体Ⅰ将2H经FMN传递给CoQ生成$CoQH_2$。$CoQH_2$在复合体Ⅲ作用下，脱下2H后将电子（2e）传递给细胞色素体系，而质子（$2H^+$）则游离于介质中。电子首先由细胞色素b的Fe^{3+}接受，由复合体Ⅲ传递给Cyt c再传递到复合体Ⅳ，也就是沿着Cyt b→Cyt c_1→Cyt c→Cyt aa_3→O_2的顺序，最终传递给氧，生成O^{2-}，O^{2-}与游离于介质中的$2H^+$结合生成水（图7-7）。

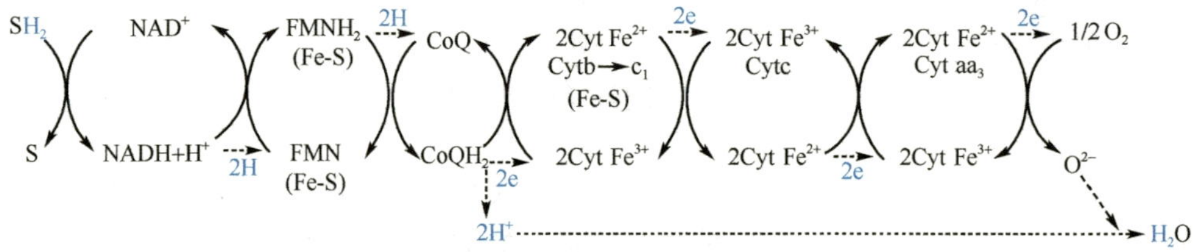

图7-7　NADH氧化呼吸链中氢和电子的传递过程

2. $FADH_2$氧化呼吸链　由复合物Ⅱ、CoQ、复合物Ⅲ、Cyt c及复合物Ⅳ组成。以FAD为辅酶的脱氢酶催化代谢物（如琥珀酸、脂酰CoA等）脱氢，FAD接受脱下的2H后变成$FADH_2$，再通过复合体Ⅱ将这对氢传递给CoQ生成$CoQH_2$。再往下的传递与NADH氧化呼吸链相同（图7-8）。

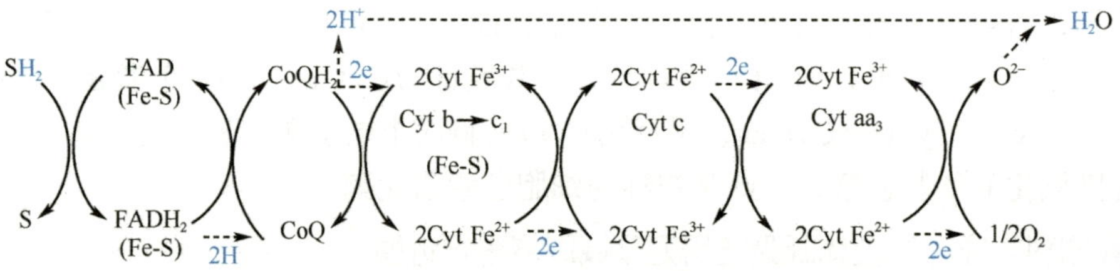

图7-8　$FADH_2$氧化呼吸链中氢和电子的传递过程

考点：呼吸链的排列顺序

四、ATP 的生成、储存和利用

（一）高能化合物

高能键是指水解时释放自由能大于21kJ/mol的化学键，常用“～”表示。高能键通常包括高能磷酸键和高能硫酯键。

含有高能键的化合物称高能化合物。根据所含高能键的不同，分为高能磷酸化合物和高能硫酯化合物。

在生物体内，代谢物氧化分解过程中产生的能量，一部分以热能的形式散失，用于维持体温，另一部分则以化学能的形式储存于高能化合物中。常见的高能化合物主要是高能磷酸化合物，如ATP、UTP、CTP、GTP、dATP、dGTP等。一些中间代谢产物，如乙酰磷酸、磷酸烯醇丙酮酸等也是高能磷酸化合物，而乙酰CoA、琥珀酰CoA、脂酰CoA等则是高能硫酯化合物。

（二）ATP 的生成方式

ATP作为体内生命活动能量的直接供给体，是体内最重要的高能磷酸化合物，因此ATP的生成对机体具有重要意义。ATP是由ADP磷酸化而来，其生成方式有两种：底物水平磷酸化和氧化磷酸化。

1. 底物水平磷酸化 某些物质在代谢过程中，由于脱氢或脱水，导致分子内部能量重新分布而形成了高能键，并将其转移给ADP（GDP）生成ATP（GTP）的方式称为底物水平磷酸化（substrate level phosphorylation）。过程如下。

$$\text{1,3-二磷酸甘油酸+ADP} \xrightleftharpoons{\text{磷酸甘油酸激酶}} \text{3-磷酸甘油酸+ATP}$$

$$\text{磷酸烯醇丙酮酸+ADP} \xrightarrow{\text{丙酮酸激酶}} \text{丙酮酸+ATP}$$

$$\text{琥珀酰CoA+GDP+Pi} \xrightleftharpoons{\text{琥珀酸硫激酶}} \text{琥珀酸+CoA+GTP}$$

$$\text{GTP+ADP} \rightleftharpoons \text{GDP+ATP}$$

2. 氧化磷酸化（oxidative phosphorylation） 是指代谢物氧化脱下的2个氢原子经呼吸链传递给氧生成水时，所释放的能量与ADP磷酸化生成ATP的反应相偶联的过程（图7-9）。氧化磷酸化是体内ATP生成的主要方式，生物体95%的ATP产生自氧化磷酸化过程。

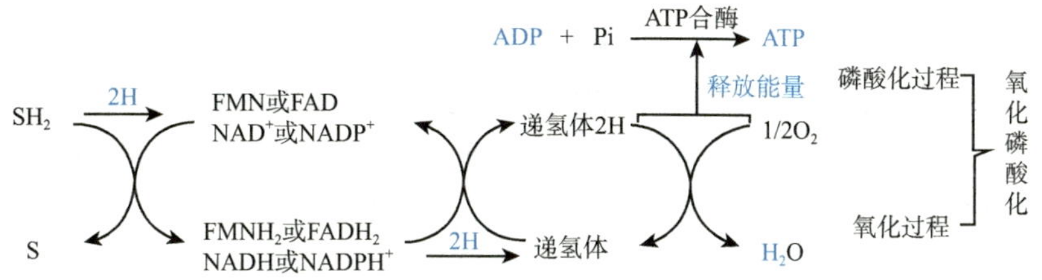

图7-9 氧化磷酸化过程示意图

（1）氧化磷酸化偶联部位 通过化学测定法和计算法（即根据电位差计算自由能变化）两种方法相互印证，氧化磷酸化的偶联部位有三个，即NADH→CoQ、CoQ→Cyt c、Cyt aa_3→O_2（图7-10）。

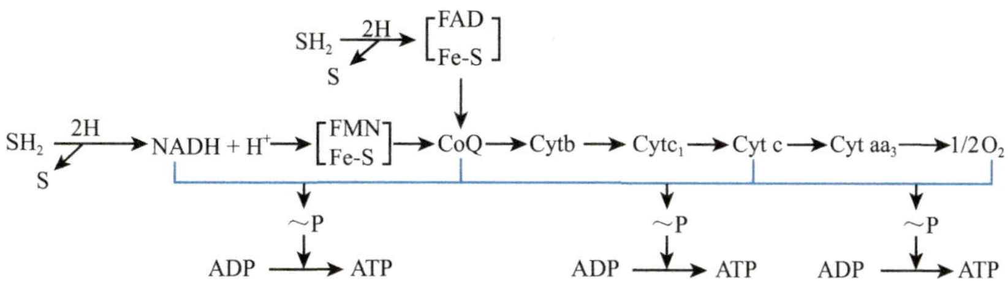

图7-10 两条呼吸链氧化磷酸化偶联部位示意图

（2）P/O比值与ATP生成量的关系　利用不同的底物以及ADP、H_3PO_4、Mg^{2+}等成分，与分离得到的完整的线粒体在体外相互作用，测定其消耗的氧和无机磷酸的量，可以计算出P/O比值（P/O比值指反应掉1mol氧原子所消耗的无机磷酸的摩尔数）。通过氧的消耗可以得出经呼吸链传递的氢原子的数量，通过无机磷酸的消耗可以得出ATP的生成数，因此P/O比值表示底物通过氧化磷酸化所产生ATP的数量。

表7-3　不同底物P/O比值

底物	呼吸链的组成	P/O比值	可能生成的ATP数目
β-羟丁酸	NAD^+→复合体Ⅰ→CoQ→复合体Ⅲ→Cyt c→复合体Ⅳ→O_2	2.5	2.5
琥珀酸	复合体Ⅱ→CoQ→复合Ⅲ→Cyt c→复合体Ⅳ→O_2	1.5	1.5
抗坏血酸	Cyt c→复合体Ⅳ→O_2	0.88	1
细胞色素c（Fe^{2+}）	复合体Ⅳ→O_2	061～0.68	1

通过上述方法测得NADH呼吸链的P/O比值为2.5，$FADH_2$呼吸链P/O比值为1.5，即：1对氢原子经过NADH呼吸链传递给氧生成水可产生2.5个ATP，经过$FADH_2$呼吸链传递给氧生成水可产生1.5个ATP。

（3）氧化磷酸化的偶联机制　目前对于氧化磷酸化的偶联机制还不是完全清楚，大多数学者支持由英国科学家Peter Mitclell在1961年提出的化学渗透假说。其基本要点是：呼吸链中，复合体Ⅰ、Ⅲ、Ⅳ具有质子泵功能，在呼吸链传递电子过程中释放能量，将质子从线粒体内膜的基质侧泵到内膜外侧。由于内膜不允许质子自由回流，因此造成内膜内、外质子电化学梯度（包括H^+浓度梯度和跨膜电位梯度），从而储存呼吸链氧化释放出的能量。当质子顺梯度回流时则驱动ADP与Pi生成ATP。

（4）影响氧化磷酸化的因素　正常机体氧化磷酸化的速率主要受ADP的调节。当机体对ATP的利用增多时，ADP浓度增高，ADP转运入线粒体后使氧化磷酸化速度加快；反之，ADP不足时，氧化磷酸化速度减慢。这种调节作用可使ATP的生成速度适应生理需要。

氧化磷酸化的正常进行依赖于电子传递的有序进行以及有偶联的磷酸化反应发生。异戊巴比妥、鱼藤酮、粉蝶霉素A、抗霉素A、CO、CN^-（氰化物）、H_2S等呼吸链抑制剂能阻断呼吸链某些部位的电子传递（阻断部位见图7-11）。过量的呼吸链抑制剂可导致细胞内呼吸停止，从而引起机体的迅速死亡。2，4-二硝基苯酚、缬氨霉素、哺乳动物的棕色脂肪和骨骼肌中的解偶联蛋白等解偶联剂能分割氧化与磷酸化过程，使氧化反应产生的能量不能用于磷酸化产生ATP，而是以热能形式散发，从而导致体温升高。这些抑制剂的作用结果均使氧化磷酸化不能正常进行，影响ATP的生成。

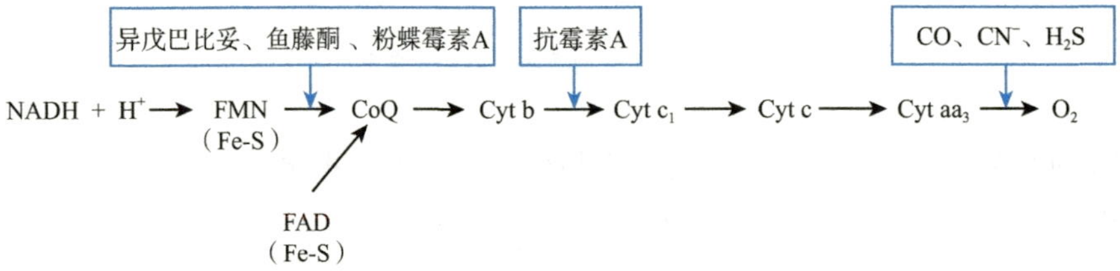

图7-11　呼吸链抑制剂对呼吸链抑制作用示意图

甲状腺激素可诱导细胞膜上Na^+，K^+-ATP酶的生成，该酶可促进ATP分解，使ADP增多，从而促进氧化磷酸化。甲状腺激素还能使解偶联蛋白表达增加，从而引起机体耗氧和产热均增加。甲状腺功能亢进的患者体内甲状腺激素水平升高，所以患者表现出怕热、多汗、食欲亢进及肌体消瘦等基础代谢率升高的现象。

线粒体DNA所编码的蛋白质参与呼吸链复合体的组成，与氧化磷酸化关系密切。线粒体DNA的突变积累到一定程度会影响氧化磷酸化过程。常见的线粒体病有母系遗传性疾病、中老年退化性疾病等。

（三）ATP 的转移、储存及利用

生物氧化最主要的生理意义就是为机体的各种生命活动提供能量。营养物质在体内氧化过程中释放的能量大约40%以化学能的形式储存于ATP等高能化合物中；当机体需要能量时，ATP水解成ADP，释放出能量满足机体所需。ATP是生物体生命活动的直接供能物质，机体内能量的生成、转移、储存及利用都是以ATP为中心（图7-12）。

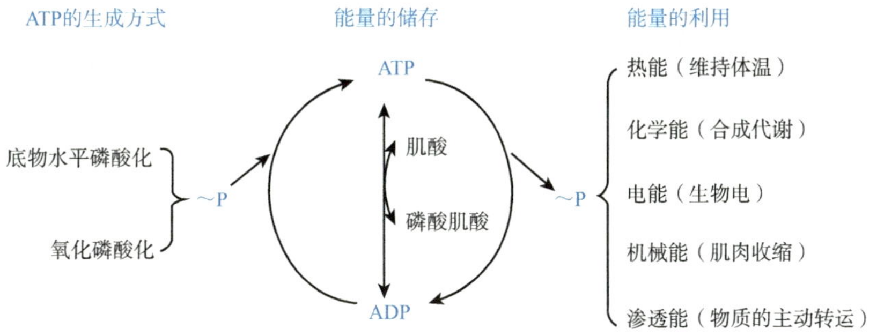

图7-12 ATP的生成、储存和利用示意图

当体内ATP供应充足时，在脑、肌肉等组织中的肌酸激酶的催化下，ATP分子中的高能磷酸键转移给肌酸生成磷酸肌酸，从而储存ATP的高能磷酸键。磷酸肌酸中所含的高能磷酸键并不能被机体直接利用。当机体耗能增加时，磷酸肌酸会将其高能磷酸键重新转移给ADP，生成ATP供机体利用。

虽然ATP是体内大多数生理活动的直接供能物质，但某些代谢过程却需要其他的三磷酸核苷来供能，这些三磷酸核苷中的高能磷酸键都可以由ATP来提供。

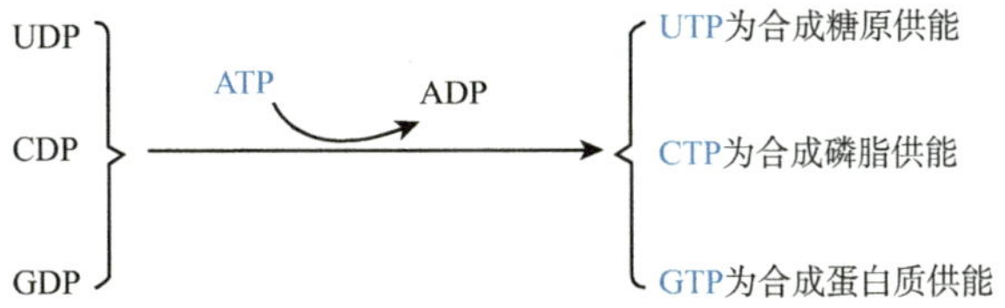

考点： 高能化合物的概念，ATP的生成方式，氧化磷酸化的概念、偶联部位、ATP生成数量、影响因素

五、胞质溶胶中 NADH 的转运和氧化

代谢物脱氢氧化主要在线粒体内进行，产生的NADH和$FADH_2$可直接经呼吸链传递给氧生成水。胞质溶胶中也有代谢物脱氢氧化产生的NADH，但由于线粒体膜结构的存在，这些NADH不能自由出入，必须借助线粒体膜上某种转运机制才能进入线粒体内。这种转运机制主要包括两种，即α-磷酸甘油穿梭和苹果酸-天冬氨酸穿梭。

1. α-磷酸甘油穿梭 该穿梭机制主要在脑和骨骼肌中进行。如图7-13所示，在胞质溶胶中的α-磷酸甘油脱氢酶（辅酶为NAD^+）催化下，磷酸二羟丙酮接受NADH + H^+脱下的一对氢，还原成α-磷酸甘油。α-磷酸甘油可通过线粒体外膜进入膜间隙，在线粒体内膜上α-磷酸甘油脱氢酶（辅酶为FAD）催化下，分解成磷酸二羟丙酮和$FADH_2$。磷酸二羟丙酮通过线粒体外膜重新回到胞质溶胶中，供组织再次循环利用；而$FADH_2$进入$FADH_2$氧化呼吸链，将氢最终传递给氧生成水，并产生1.5分子ATP。

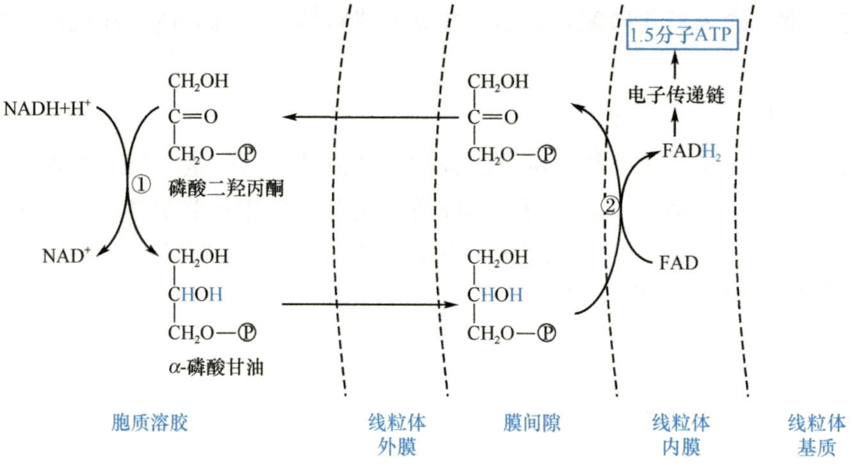

图7-13 α-磷酸甘油穿梭

①胞质溶胶α-磷酸甘油脱氢酶；②线粒体内膜α-磷酸的由脱氢酶

2. 苹果酸-天冬氨酸穿梭 该穿梭机制主要在心肌和肝中进行。如图7-14所示，在胞质溶胶中的苹果酸脱氢酶催化下，草酰乙酸接受NADH + H^+脱下的一对氢还原成苹果酸。苹果酸在*α*-酮戊二酸转运蛋白的作用下通过线粒体内膜进入线粒体内，又在苹果酸脱氢酶的催化下，分解成草酰乙酸和NADH + H^+。生成的草酰乙酸在谷草转氨酶的催化下转变成天冬氨酸，在天冬氨酸-谷氨酸于转运蛋白作用下通过线粒体内膜，进入胞质溶胶后再经转氨基作用重新转变成草酰乙酸，供组织再次循环利用；而NADH则进入NADH氧化呼吸链，将氢最终传递给氧生成水，并产生2.5分子ATP。

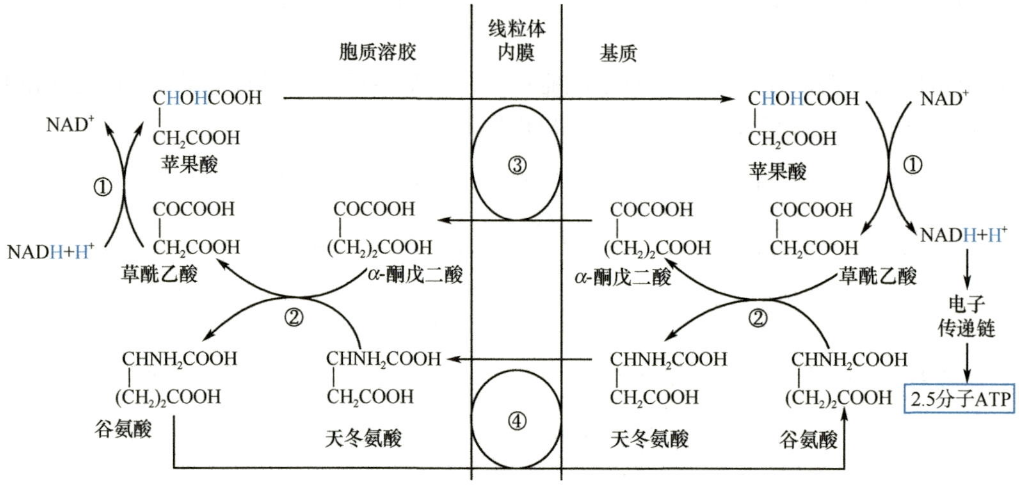

图7-14 苹果酸-天冬氨酸穿梭

①苹果酸脱氢酶；②谷草转氨酶；③*α*-酮戊二酸转运蛋白；④天冬氨酸-谷氨酸转运蛋白

考点：胞质溶胶中NADH的转运方式、产生ATP的数目

第3节 二氧化碳的生成

体内物质代谢的产物CO_2，都是通过有机酸的脱羧反应生成的。根据脱羧过程中是否同时伴有脱氢氧化过程，可分为单纯脱羧和氧化脱羧两种方式；根据羧基在有机酸分子中的位置不同，又可分为*α*-脱羧和*β*-脱羧两种方式。

一、单纯脱羧

1. α-单纯脱羧 如氨基酸在脱羧酶作用下脱羧生成胺和二氧化碳的反应。

$$\overset{\alpha}{R{-}CHNH_2}{-}COOH \xrightarrow[\text{磷酸吡哆醛}]{\text{氨基酸脱羧酶}} R{-}CH_2NH_2 + CO_2$$

2. β-单纯脱羧 如草酰乙酸脱羧生成丙酮酸和二氧化碳的反应。

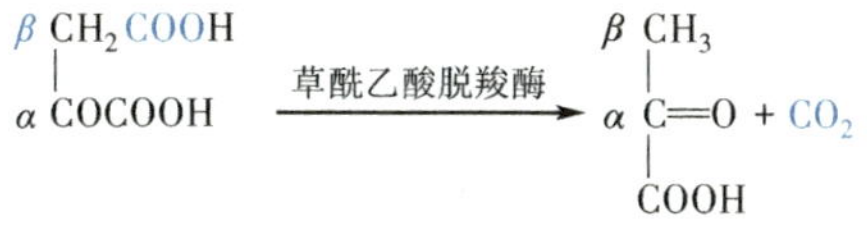

二、氧化脱羧

1. α-氧化脱羧 如丙酮酸氧化脱羧生成乙酰辅酶A和二氧化碳的反应。

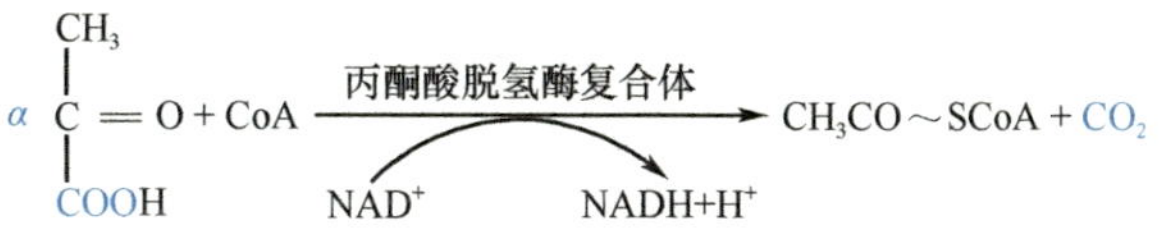

2. β-氧化脱羧 如苹果酸氧化脱羧生成丙酮酸和二氧化碳的反应。

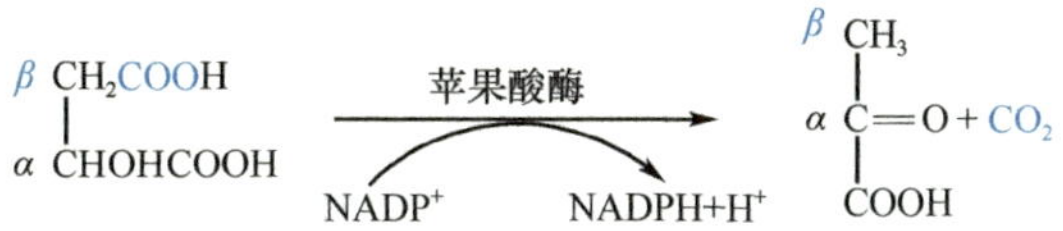

考点：二氧化碳的生成方式

第4节 非线粒体氧化体系

除线粒体氧化体系以外，生物体内还存在非线粒体氧化体系，如微粒体氧化体系、过氧化物酶体氧化体系等。非线粒体氧化体系底物脱下的氢不进入呼吸链，所以与ATP的生成无关，但与体内许多重要的生理活性物质的合成，以及药物和毒物在体内的生物转化有关。

一、微粒体氧化体系

微粒体氧化体系是存在于某些细胞的光面内质网上的一种氧化酶系。在辅酶Ⅱ（NADPH）和分子氧存在的情况下，微粒体氧化体系催化各种内源和外源化合物（如甾体激素、脂肪酸、药物、环境污染物等）的氧化，但不生成ATP。微粒体氧化体系主要通过微粒体中存在的加氧酶发挥作用。加氧酶的主要组分有细胞色素P_{450}、细胞色素b_5、两种黄素蛋白和磷脂等，所催化的氧化反应是将氧直接加到底物的分子上。根据催化底物加氧反应情况不同，可分为单加氧酶和双加氧酶两种。

1. 单加氧酶 又称羟化酶或混合功能氧化酶。此酶并非是一种单酶，而是一个酶体系，其催化作用需要细胞色素P_{450}参与。单加氧酶的特点是它催化分子氧中2个氧原子分别进行不同的反应，其中一个氧原子加到底物分子上，而另一个氧原子则与$NADPH+H^+$上的两个H结合生成水。其催化反应可表示如下：

$$RH + NADPH + H^+ + O_2 \longrightarrow ROH + NADP^+ + H_2O$$

单加氧酶系参与了体内胆汁酸及胆固醇的生成、药物和毒物的转化、肾上腺皮质类固醇激素的生物合成等许多重要的过程。

2. 双加氧酶 又叫转氧酶。该酶催化氧分子中的2个氧原子直接加到底物分子特定的双键上，使该底物分子分解成两部分。其催化反应的通式可表示为：

$$R{=}R' + O_2 \longrightarrow R{=}O + R'{=}O$$

β-胡萝卜素双加氧酶催化*β*-胡萝卜素生成视黄醛的反应即是典型的例子：

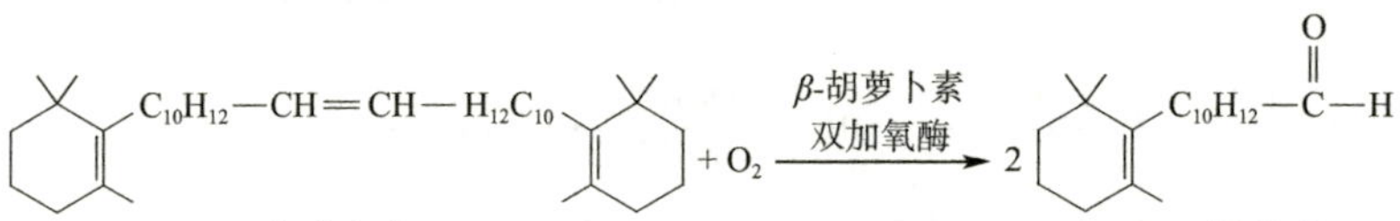

β-胡萝卜素　　　　视黄醛

二、过氧化物酶体氧化体系

过氧化物酶体又称微体，是由单层膜围绕的内含一种或几种的氧化酶类的特殊细胞器。过氧化物酶体含有多种酶，这些酶能催化另一些氧化还原反应。

（一）活性氧

1. 活性氧的含义　由氧形成的、性质极为活泼的多种物质，统称为活性氧。包括氧自由基及其活性衍生物。氧自由基指含有未配对电子的氧原子或含氧化学基团，如超氧阴离子（O_2^-，又称超氧化基团）、过氧化阴离子（O_2^{2-}，又称过氧化基团）、羟自由基（·OH）等。氧自由基化学性质活泼，不稳定，具有较强的氧化能力，对机体危害很大。这些氧自由基还可继发产生其他具有活泼生物学性质的衍生物，如过氧化氢（H_2O_2）、单线态氧、脂质过氧化物等。

2. 活性氧增加的原因　缺氧或氧利用障碍、长期吸入高浓度氧、缺血及再灌注（恢复血流）等。

（二）过氧化氢的生成及其毒性

L-氨基酸、*D*-氨基酸、黄嘌呤等代谢物在相应的氧化酶催化下脱氢氧化，在呼吸链末端氧化酶催化每个氧分子还原时，其产物之一就是H_2O_2。如在呼吸链末端氧化酶或加氧酶催化的反应中，每个氧分子还原时只加入1个电子，就形成超氧阴离子，如果加入2个电子，则形成过氧化阴离子，再接受$2H^+$后就生成H_2O_2）。

$$O_2 + 4e \longrightarrow 2O^{2-} \xrightarrow{+4H^+} 2H_2O \qquad O_2 + 2e \longrightarrow O_2^{2-} \xrightarrow{+2H^+} H_2O_2$$

$$O_2 + e \longrightarrow O_2^-$$

H_2O_2可以氧化某些具有特殊生理活性的巯基酶和蛋白质，使之丧失活性；还可以将细胞膜磷脂分子中的高度不饱和脂肪酸氧化成过氧化物造成生物膜严重损伤。所以对大多数细胞来说，H_2O_2是一种毒物，产生过多会对机体造成危害。但H_2O_2在体内也有一定的生理作用，如粒细胞和巨噬细胞中，H_2O_2可以杀死吞噬进来的有害细菌，甲状腺中产生的H_2O_2可参与酪氨酸的碘化反应等。

（三）过氧化氢及超氧离子的消除

1. 过氧化氢的消除　在过氧化物酶体中可通过过氧化氢酶、过氧化物酶、谷胱甘肽过氧化物酶等的作用，将过氧化氢转化为对机体无害的物质重新利用。

（1）过氧化氢酶　也称触酶，该酶可催化2分子过氧化氢反应生成水，并放出O_2。

$$H_2O_2 + H_2O_2 \xrightarrow{\text{过氧化氢酶}} 2H_2O + O_2$$

（2）过氧化物酶　该酶能催化H_2O_2氧化许多芳香族胺类和酚类化合物。它催化底物（SH_2）脱氢，脱下来的氢使H_2O_2还原成水。

$$SH_2 + H_2O_2 \xrightarrow{\text{过氧化物酶}} S + 2H_2O$$

（3）谷胱甘肽过氧化物酶　在红细胞中存在着一种含硒的谷胱甘肽过氧化物酶，可催化还原型谷胱甘肽（GSH）与H_2O_2作用，生成氧化型谷胱甘肽（GSSG）和水，从而除掉H_2O_2以保护红细胞膜和血红蛋白免受破坏。

$$GSSG + NADPH + H^+ \xrightarrow{\text{谷胱甘肽还原酶}} 2GSH + NADP^+$$

$$2GSH + H_2O_2 \xrightarrow{\text{谷胱甘肽过氧化物酶}} GSSG + 2H_2O$$

2. 超氧阴离子的消除　超氧化物歧化酶（superoxide dismutase，SOD）是一种广泛存在于动植物、微生物中的金属酶，半衰期极短，是人体防御内、外环境中超氧阴离子对人体侵害的重要的酶。

超氧化物歧化酶能催化发生歧化反应：1分子O_2^-还原生成1分子H_2O_2，另1分子O_2^-氧化为O_2。

$$2O_2^- + 2H^+ \xrightarrow{SOD} H_2O_2 + O_2$$

自测题

（一）名词解释

生物氧化　呼吸链　氧化磷酸化

（二）填空题

1. 呼吸链由______、______、______、______、______等酶或辅酶组成。
2. 生物氧化的特点包括______、______、______、______和______。
3. 线粒体内膜呼吸链上酶复合体的名称是______、______、______、______。
4. 人体呼出的CO_2由______产生，产生方式包括______、______、______、______。

（三）选择题

【A型题】

1. 下列化合物中，不属于高能磷酸化合物的是
   A. ATP　B. CTP　C. 乙酰CoA
   D. GTP　E. UTP
2. 不属于呼吸链中的递氢体或递电子体的是
   A. FAD　B. 肉碱　C. Cyt b
   D. 铁硫蛋白　E. CoQ
3. 关于ATP的描述错误的是
   A. 主要在底物水平磷酸化中产生
   B. 体内主要的直接供能物质
   C. 参与磷酸肌酸的生成过程
   D. 参与多磷酸核苷的生成过程
   E. 主要通过氧化磷酸化生成
4. CN^-、CO中毒是由于
   A. 使体内ATP生成量增加
   B. 解偶联作用
   C. 使Cyt aa_3丧失传递电子的能力，呼吸链中断
   D. 使ATP水解为ADP和Pi的速度加快
   E. 抑制电子传递及ADP的磷酸化
5. 人体内各种生命活动所需能量的直接供应体是
   A. 葡萄糖　B. 脂酸　C. ATP
   D. 磷酸肌酸　E. 氨基酸
6. 被称为细胞色素氧化酶的是
   A. Cyt b　B. Cyt c　C. Cyt c_1
   D. Cyt aa_3　E. Fe-S
7. 一对氢原子经$FADH_2$呼吸链彻底氧化生成的ATP分子数是
   A. 1.5　B. 2.5　C. 4
   D. 5　E. 7
8. 呼吸链的各种细胞色素在电子传递中的排列顺序是
   A. $c_1 \rightarrow b \rightarrow c \rightarrow aa_3$　B. $c \rightarrow c_1 \rightarrow b \rightarrow aa_3$
   C. $c_1 \rightarrow c \rightarrow b \rightarrow aa_3$　D. $b \rightarrow c_1 \rightarrow c \rightarrow aa_3$
   E. $b \rightarrow c \rightarrow c_1 \rightarrow aa_3$

【B型题】

（第9～12题共用选项）

A. NAD^+　B. 泛醌　C. FAD
D. FMN　E. Cyt

9. 给生物氧化中大多数脱氢酶充当辅酶的是
10. 只能传递电子不能传递氢的是
11. 分子中含有铁的是
12. 琥珀酸脱氢酶的辅基是

【X型题】

13. 下列哪些不是肌肉中能量储存的主要形式
    A. 肌酸　B. ATP　C. UTP
    D. GTP　E. 磷酸肌酸
14. 氧化磷酸化的偶联部位包括
    A. NADH→CoQ　B. CoQ→Cyt c
    C. Cyt c→Cyt b　D. Cyt aa_3→O_2
    E. Cyt b→Cyt c_1

（四）简答题

1. 简述NADH氧化呼吸链和琥珀酸氧化呼吸链的排列顺序。
2. 甲状腺功能亢进患者为何会出现基础体温升高？

（沈红元）

第8章
糖　代　谢

学习目标

1. 知识目标： 掌握糖无氧氧化和有氧氧化的概念、过程、特点及生理意义，磷酸戊糖途径、糖异生的概念和生理意义，血糖的概念、来源和去路；理解糖的生理功能，磷酸戊糖途径、糖异生的过程，糖原合成与分解的概念、过程及生理意义；了解糖的消化与吸收，糖代谢过程和血糖的调节机制。

2. 能力目标： 能够协助开展糖尿病患者的健康管理宣传和药学社会服务。

3. 素质目标： 培养学生理论联系实际、勤于思考、学以致用的职业素养。

第1节　糖的消化与吸收

一、糖的消化

人类食物来源的糖主要是淀粉、纤维素与糖原，此外还有少量麦芽糖、蔗糖、乳糖、葡萄糖等。由于人体内没有β-糖苷酶，故而不能水解利用纤维素。唾液及胰液中含有大量α-淀粉酶，可水解淀粉中的α-1, 4-糖苷键，将淀粉水解为寡糖片段。食物在口腔内停留时间很短，而胃内没有消化淀粉的酶类，所以淀粉的消化主要在小肠进行。小肠黏膜刷状缘细胞分泌的酶可将寡糖进一步分解为单糖（α-糖苷酶可水解没有分支的α-1, 4-糖苷键，α-临界糊精酶可水解α-1, 4-糖苷键和α-1, 6-糖苷键）。蔗糖和乳糖在小肠分别被蔗糖酶和乳糖酶催化水解，前者生成葡萄糖和果糖，后者生成葡萄糖和半乳糖。有些人由于乳糖酶缺乏，在食用牛奶后发生乳糖消化吸收障碍，从而引起腹胀、腹泻等症状。

二、糖的吸收

糖被消化成单糖后才能被小肠黏膜细胞吸收，吸收部位主要在小肠上段。单糖中半乳糖的吸收速度最快，葡萄糖次之，果糖较慢。正常成人吸收进入体内的单糖主要是葡萄糖。小肠黏膜细胞存在Na^+依赖型葡萄糖转运体，转运体消耗能量将葡萄糖主动摄入，在吸收过程中同时伴有Na^+的转运。葡萄糖经由肠系膜上静脉汇入门静脉到达肝脏，除少量在肝内进行代谢外，大部分通过血液循环运至全身各组织，进入细胞代谢。

考点： 糖的消化产物和吸收方式

第2节　糖的分解代谢

糖的分解代谢途径主要有三种方式：糖的无氧氧化、糖的有氧氧化和磷酸戊糖途径。

一、糖的无氧氧化

（一）概念与部位

无氧氧化是指在无氧或缺氧的情况下，葡萄糖或糖原分解为乳酸的过程。此过程与酵母菌生醇发酵过程极为相似，故又称糖酵解途径或糖酵解（glycolysis）。在此过程中葡萄糖并没有被彻底分解，所以释放的能量较少，只生成少量的ATP。参与糖无氧氧化的酶类都存在于胞质溶胶（也称细胞基质），故糖无氧氧化全过程均在胞质溶胶中进行。

（二）无氧氧化的代谢过程

无氧氧化的代谢过程根据其反应特点可分成两个阶段：由葡萄糖分解生成丙酮酸的过程为第一阶段，由丙酮酸还原生成乳酸的过程为第二阶段（图8-1）。

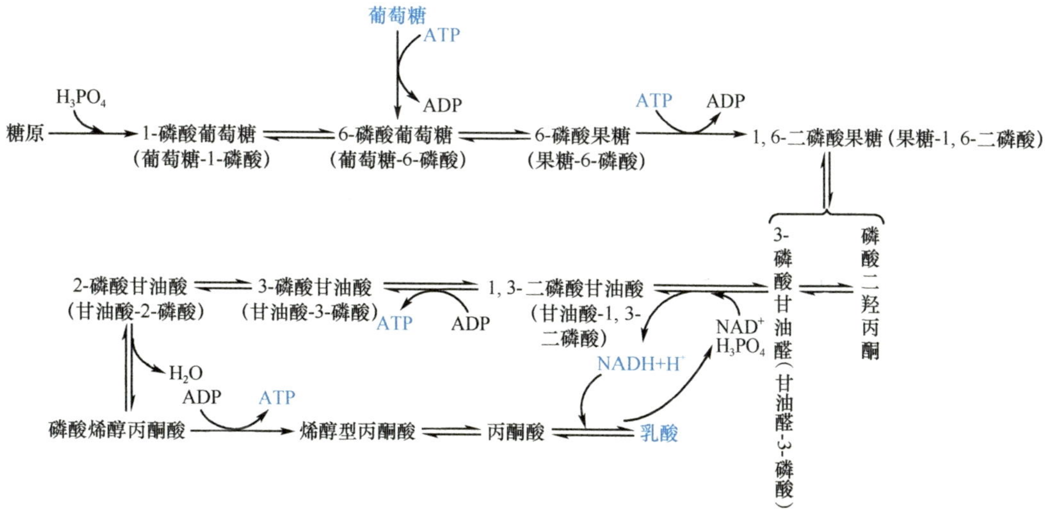

图8-1 无氧氧化的代谢过程

1. 葡萄糖分解成丙酮酸

（1）6-磷酸葡萄糖（葡萄糖-6-磷酸）的生成 葡萄糖在ATP和Mg^{2+}存在下，由酶催化生成6-磷酸葡萄糖。

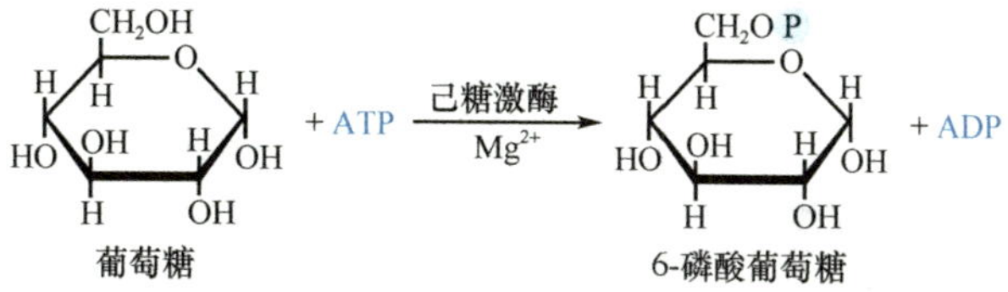

催化此反应的酶有两种：己糖激酶和葡萄糖激酶。己糖激酶分布广泛，特异性不高，不仅可催化葡萄糖磷酸化，还可以催化其他己糖及己糖衍生物磷酸化，但对葡萄糖亲和力高，葡萄糖的磷酸化主要靠它催化。葡萄糖激酶只存在于肝脏组织中，特异性高（只能作用于葡萄糖），但对葡萄糖的亲和力较低，只有在葡萄糖浓度高时才发挥催化作用，使葡萄糖磷酸化，进而合成肝糖原储存。当血糖浓度正常时，肝葡萄糖磷酸化速度减慢，以保证其他组织对葡萄糖的利用。这两种酶催化葡萄糖磷酸化的过程均是不可逆反应，是糖无氧氧化的第一个关键步骤。

无氧氧化由糖原开始时，糖原分子非还原末端的葡萄糖单位，在糖原磷酸化酶的催化下，先磷酸化生成1-磷酸葡萄糖（葡萄糖-1-磷酸），再经磷酸葡萄糖变位酶的催化生成6-磷酸葡萄糖，这一过程不消耗ATP。

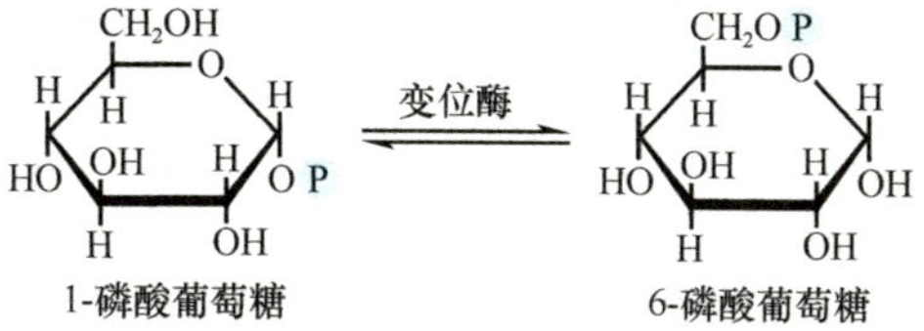

（2）6-磷酸果糖（果糖-6-磷酸）的生成　6-磷酸葡萄糖在磷酸葡萄糖异构酶的催化下，生成6-磷酸果糖。此反应可逆且需要Mg^{2+}作为辅助因子。

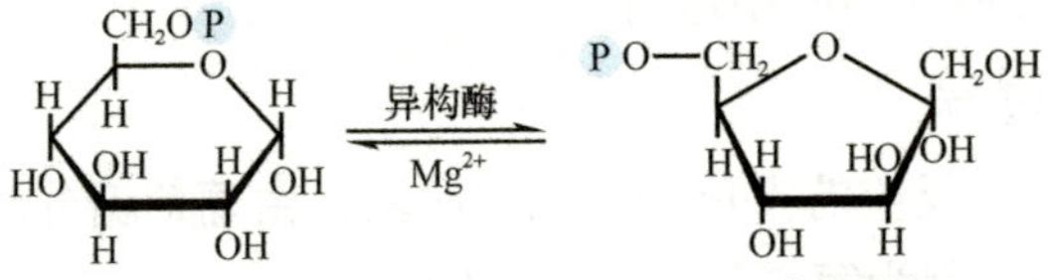

6-磷酸葡萄糖　　6-磷酸果糖

（3）1, 6-二磷酸果糖（果糖-1, 6-二磷酸）的生成　6-磷酸果糖在ATP和Mg^{2+}存在下，由6-磷酸果糖激酶-1催化，消耗1分子ATP，生成1, 6-二磷酸果糖。此反应过程不可逆，是无氧氧化过程的第二个关键步骤，也是无氧氧化速度调节中最重要的控制点。

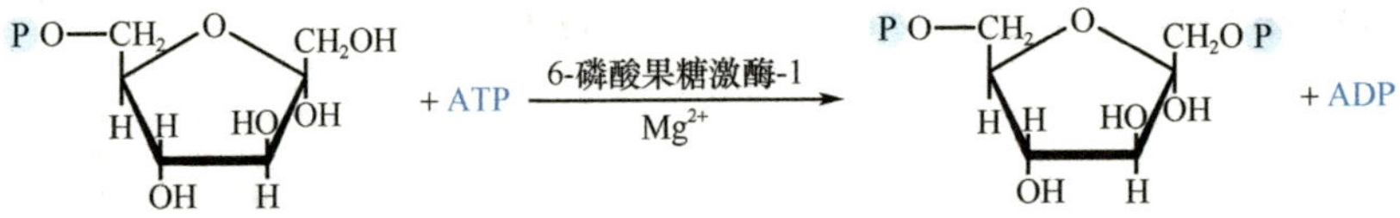

6-磷酸果糖　　1,6-二磷酸果糖

（4）磷酸丙糖的生成　1分子1, 6-二磷酸果糖在醛缩酶的作用下，裂解为2分子磷酸丙糖，即3-磷酸甘油醛（甘油醛-3-磷酸）和磷酸二羟丙酮。

1,6-二磷酸果糖　　3-磷酸甘油醛　　磷酸二羟丙酮

（5）磷酸丙糖的互变　磷酸二羟丙酮和3-磷酸甘油醛互为异构体，可以互相转化，由磷酸丙糖异构酶催化。反应达到平衡时，磷酸二羟丙酮占90%以上。由于3-磷酸甘油醛可继续代谢而不断减少，故磷酸二羟丙酮不断转变为3-磷酸甘油醛，即相当于1分子葡萄糖转变为2分子的3-磷酸甘油醛。

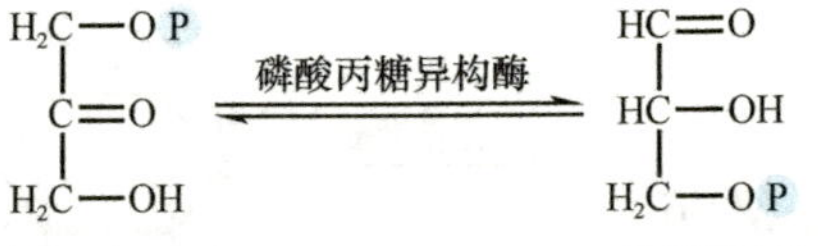

磷酸二羟丙酮　　3-磷酸甘油醛

（6）1, 3-二磷酸甘油酸（甘油酸-1, 3-二磷酸）的生成　在无机磷酸参与下，3-磷酸甘油醛脱氢酶催化3-磷酸甘油醛脱氢，并将能量转移形成高能磷酸键。脱下的氢由NAD^+接受，生成$NADH + H^+$。产物1, 3-二磷酸甘油酸是无氧氧化过程中形成的第一个高能磷酸化合物。

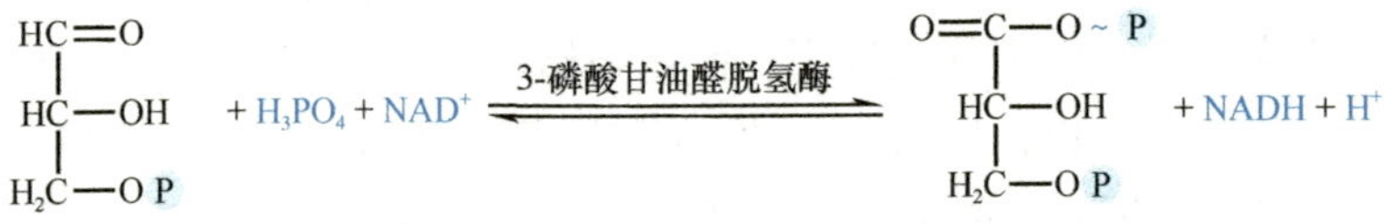

3-磷酸甘油醛　　1,3-二磷酸甘油酸

（7）3-磷酸甘油酸（甘油酸-3-磷酸）生成　1, 3-二磷酸甘油酸在磷酸甘油酸激酶催化下，将C_1上的高能磷酸基团（～P）转移给ADP生成了ATP，自身转变为3-磷酸甘油酸。反应需要Mg^{2+}。这是无氧氧化过程中第一次底物水平磷酸化生成ATP的反应。

1,3-二磷酸甘油酸　　3-磷酸甘油酸

（8）2-磷酸甘油酸（甘油酸-2-磷酸）的生成　在3-磷酸甘油酸变位酶的作用下，3-磷酸甘油酸的磷酸基转移到C_2上生成2-磷酸甘油酸。反应需要Mg^{2+}。

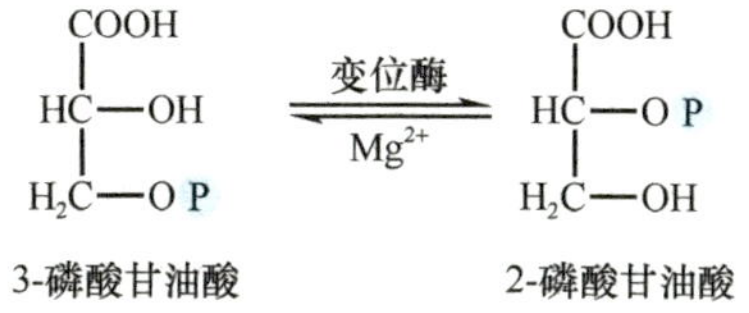

（9）磷酸烯醇丙酮酸的生成　该反应由烯醇化酶催化，从2-磷酸甘油酸的C_2、C_3上脱去一分子水，生成磷酸烯醇丙酮酸。该反应需要Mg^{2+}。反应过程中分子内部的能量重新排布，形成高能磷酸化合物，是无氧氧化过程中第二个形成高能磷酸化合物的反应。

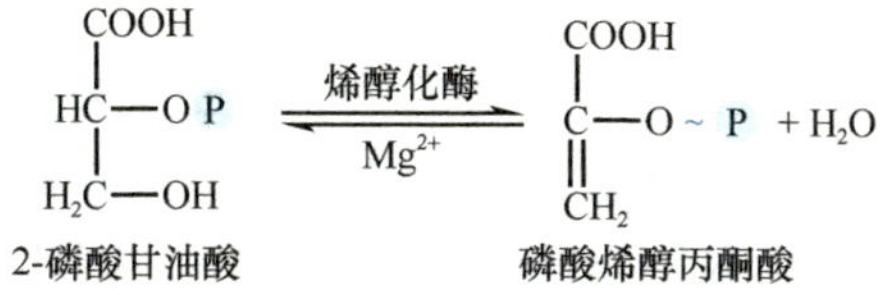

（10）烯醇丙酮酸的生成　通过丙酮酸激酶的催化，磷酸烯醇丙酮酸将高能磷酸基团（～P）转移到ADP分子上生成ATP，自身转化为烯醇式丙酮酸。反应需要Mg^{2+}作辅助因子。这是无氧氧化过程中第二次底物水平磷酸化生成ATP的反应。丙酮酸激酶催化的反应不可逆，是无氧氧化的第三个关键步骤。

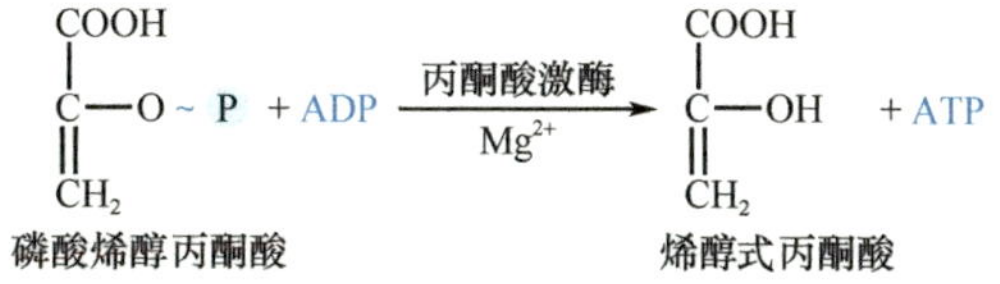

（11）丙酮酸的生成　烯醇式丙酮酸结构不稳定，迅速自发转变为稳定的酮式丙酮酸。

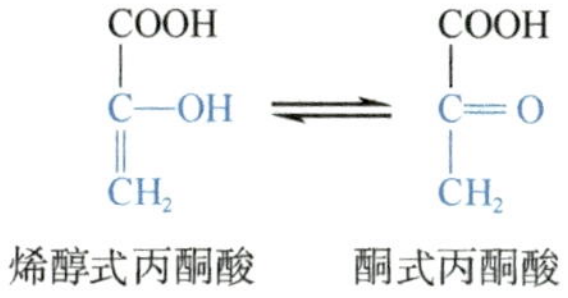

2. 丙酮酸转变成乳酸　在无氧或相对缺氧的条件下，丙酮酸由乳酸脱氢酶催化还原为乳酸，完成糖不需氧分解的全过程。乳酸脱氢酶有5种同工酶，它们对底物的亲和力不同，因此，不同组织中其所催化的反应方向也各不相同。例如，心肌中反应倾向于生成丙酮酸方向，而骨骼肌细胞中则倾向于生成乳酸方向。

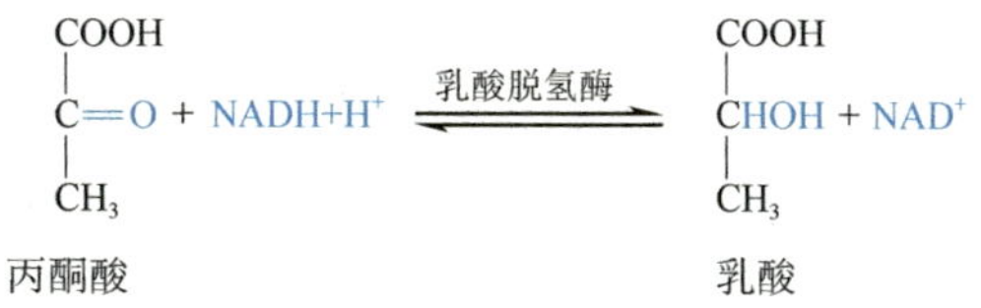

综上，第一阶段从1分子葡萄糖裂解为2分子磷酸丙糖，反应中伴有ATP的消耗，为耗能过程；从3-磷酸甘油醛生成丙酮酸，反应中伴有ATP的生成，为产能过程。第二阶段丙酮酸还原生成乳酸所需的氢看似由NADH提供，但实际上来自第6步3-磷酸甘油醛的脱氢反应。经此反应NADH转化为NAD^+，又可接受3-磷酸甘油醛脱下的氢。如此循环往复，所以糖无氧氧化可在无氧或缺氧条件下不断进行。

（三）糖无氧氧化的特点

1. 无氧氧化的全部反应均在胞质溶胶中进行，1分子葡萄糖可分解生成2分子乳酸。

2. 无氧氧化是在无氧条件下进行的代谢，其氧化分解不完全，只能快速释放少量能量。经过无氧氧化，1分子葡萄糖可净生成2分子ATP；如果从糖原开始分解，1分子葡萄糖残基可生成3分子ATP。

3. 无氧氧化第一阶段中脱氢氧化生成的NADH + H^+，只有在无氧或相对缺氧条件下才会用于丙酮酸的加氢还原；在氧气供应充足时，NADH + H^+进入线粒体进行氧化磷酸化。

4. 无氧氧化过程中有3个关键酶：己糖激酶、6-磷酸果糖激酶-1、丙酮酸激酶。它们催化的反应均是不可逆反应，调节这3个酶的活性可影响无氧氧化的代谢速度。

5. 无氧氧化包括两次磷酸化耗能反应，一次断链反应，一次脱氢反应，一次脱水反应，两次底物水平磷酸化产能反应。中间产物6-磷酸葡萄糖可与几乎所有糖代谢途径相连，磷酸二羟丙酮可与脂类代谢相连，丙酮酸可与氨基酸代谢相连。

（四）糖无氧氧化的生理意义

1. 无氧氧化是机体在缺氧或相对缺氧状态下快速供应能量的重要方式。这是其最主要的生理意义，对于肌肉组织尤为重要。肌肉组织ATP储量不多，机体活动时会迅速耗尽。靠有氧氧化产能需时较长，而无氧氧化可快速产能以弥补能量供应的“真空”阶段。剧烈运动时，肌肉组织局部血液供应不足故而处于相对缺氧状态，会大量进行无氧氧化以提供急需的能量。在病理状态下，如呼吸系统或循环系统疾病、严重贫血、大量失血等造成机体缺氧时，也会通过增加无氧氧化供应能量来满足能量需求。

2. 无氧氧化是成熟红细胞供能的主要方式。成熟红细胞没有线粒体，不能进行有氧氧化，只能以无氧氧化作为其能量来源的主要方式。

3. 某些组织细胞在氧供应充足时，依然同时进行无氧氧化。白细胞、肿瘤细胞等细胞，以及视网膜、睾丸、肾上腺等组织因代谢极为活跃，机体不缺氧时也常由糖无氧氧化为其提供部分能量。

4. 可提供原料用于合成其他物质，如磷酸二羟丙酮可转变成磷酸甘油用于合成脂肪；丙酮酸可经转氨基反应转变成丙氨酸用于蛋白质合成。

（五）糖无氧氧化的调节

1. 己糖激酶和葡萄糖激酶的调节 己糖激酶的活性主要受到其反应产物6-磷酸葡萄糖的反馈抑制；葡萄糖激酶分子内不存在6-磷酸葡萄糖的变构部位，故不受6-磷酸葡萄糖的影响。长链脂酰CoA对葡萄糖激酶有变构抑制作用。胰岛素可诱导葡萄糖激酶基因的转录，促进酶的合成。

2. 6-磷酸果糖激酶-1的调节 6-磷酸果糖激酶-1作为糖无氧氧化中最重要的调节点，直接控制进入无氧氧化过程的葡萄糖和其他几种己糖的量，其活性调节的主要方式是变构调节。2，6-二磷酸果糖（果糖-2，6-二磷酸）、1，6-二磷酸果糖、ADP、AMP等是其变构激活剂；柠檬酸、长链脂肪酸、ATP等是其变构抑制剂。

3. 丙酮酸激酶的调节 丙酮酸激酶的活性有两种调节方式：一种是变构调节，1，6-二磷酸果糖是其变构激活剂，ATP和丙氨酸是其变构抑制剂；另一种是共价修饰调节，依赖cAMP的蛋白激酶和依赖Ca^{2+}、钙调蛋白的蛋白激酶均可使其磷酸化而失活。胰高血糖素可通过cAMP抑制丙酮酸激酶活性。

考点：糖无氧氧化的概念、过程、特点、生理意义及调节

二、糖的有氧氧化

（一）概念与部位

糖的有氧氧化是指在有氧条件下，葡萄糖或糖原中的葡萄糖单位被彻底氧化分解为CO_2和H_2O并释放大量能量的过程。有氧氧化是糖分解及供能的主要途径。大多数组织都通过糖的有氧氧化获得能量。

糖的有氧氧化过程可分为三个阶段：第一阶段由葡萄糖或糖原的葡萄糖单位分解生成丙酮酸，反

应在胞质溶胶中进行；第二阶段由丙酮酸氧化脱羧生成乙酰CoA，反应在线粒体内进行；第三阶段乙酰CoA经三羧酸循环（tricarboxylic acid cycle，TCA）彻底氧化分解生成CO_2和H_2O，反应在线粒体中进行。

（二）糖有氧氧化的反应过程

1. 由葡萄糖分解生成丙酮酸 这一过程与糖无氧氧化完全相同。但这一阶段产生的丙酮酸没有转变成乳酸，而是进入线粒体进行氧化分解。在无氧条件下，3-磷酸甘油醛脱氢生成的2个氢原子，由NADH传递给丙酮酸，使丙酮酸还原为乳酸；而在有氧条件下，这2个氢原子经过穿梭作用进入线粒体内，再经呼吸链的传递生成H_2O并产生ATP。（穿梭过程及生成ATP的数目见本教材第7章第2节）

2. 丙酮酸氧化脱羧生成乙酰CoA 胞质溶胶中生成的丙酮酸在有氧情况下进入线粒体继续氧化，在丙酮酸脱氢酶复合体（也称丙酮酸脱氢酶系）的催化下氧化脱羧生成乙酰CoA，此反应不可逆。反应式为：

$$CH_3COCOOH + CoA + NAD^+ \xrightarrow{\text{丙酮酸脱氢酶系}} CH_3CO\sim SCoA + CO_2 + NADH + H^+$$

丙酮酸脱氢酶复合体由丙酮酸脱氢酶、二氢硫辛酰胺转乙酰酶和二氢硫辛酰胺脱氢酶组成，需要TPP、硫辛酸、CoA、FAD、NAD^+等5种辅助因子。这些辅助因子主要作用是转运特定的基团，如硫辛酸是二氢硫辛酰胺转乙酰酶的辅酶，其羧基与酶的赖氨酸残基的*δ*-氨基以酰胺键结合，起着转运酰基的作用。丙酮酸脱氢酶复合体催化的反应可分为5步，如图8-2所示。

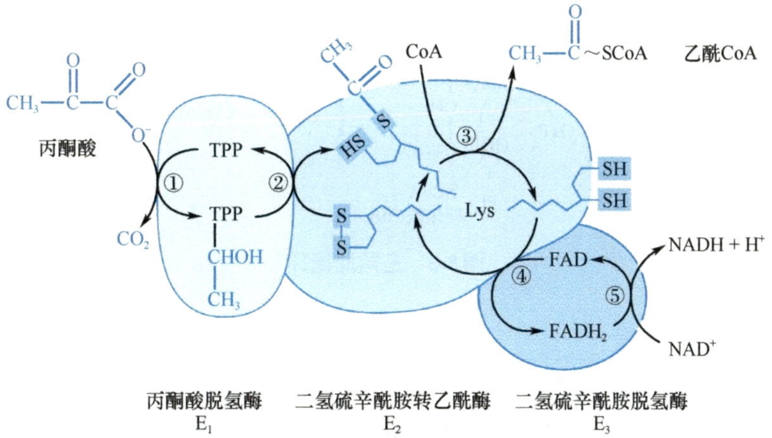

图8-2 丙酮酸脱氢酶复合体的作用机制

图中①②③④⑤代表反应的顺序

丙酮酸脱氢酶复合体的活性与多种维生素相关（表8-1）。当机体缺乏维生素B_1时，体内TPP不足，丙酮酸氧化脱羧受阻，导致糖的氧化代谢障碍，不仅影响ATP的生成，而且造成丙酮酸等物质在神经末梢堆积，可引起周围神经炎。

表8-1 丙酮酸脱氢酶复合体的组成

酶	辅酶	所含维生素（或类维生素）
丙酮酸脱氢酶	TPP	维生素B_1
二氢硫辛酰胺转乙酰酶	二氢硫辛酸、CoA	硫辛酸、泛酸
二氢硫辛酰胺脱氢酶	FAD、NAD^+	维生素B_2、维生素PP

3. 三羧酸循环 是指乙酰CoA和草酰乙酸缩合生成柠檬酸，柠檬酸经过一系列的化学反应又生成草酰乙酸的循环过程，在此过程中乙酰基被彻底氧化分解为CO_2和H_2O。由于循环反应是从含3个羧基

的柠檬酸开始，因此该循环被称为三羧酸循环或柠檬酸循环。1937年英国生物化学家Krebs发现了该循环，因此也称为Krebs循环（图8-3）。

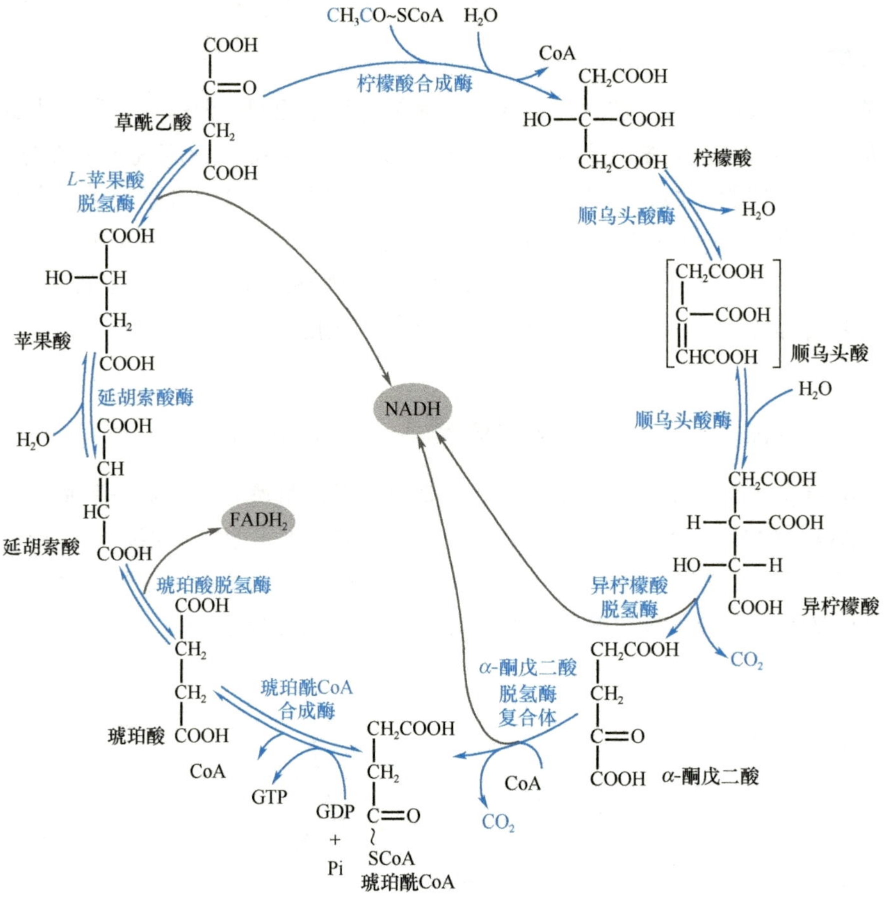

图8-3　三羧酸循环

（1）三羧酸循环的反应过程

1）柠檬酸的生成：在柠檬酸合成酶催化下，乙酰CoA与草酰乙酸缩合生成柠檬酸。柠檬酸合成酶是一个调节酶。此过程不可逆，是TCA循环过程的一个限速步骤。

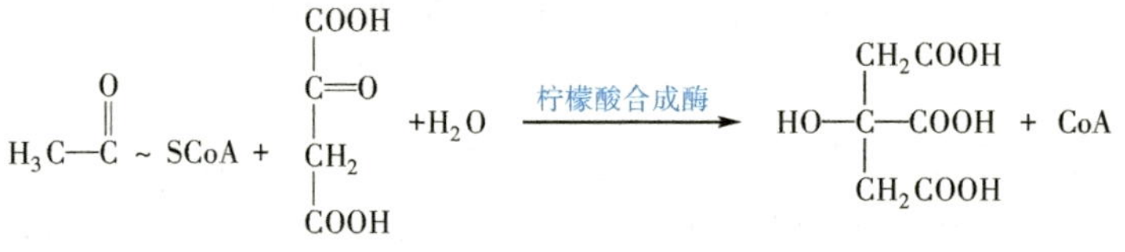

乙酰 CoA　　草酰乙酸　　柠檬酸　　辅酶 A

2）柠檬酸转变为异柠檬酸：柠檬酸在顺乌头酸酶的作用下，先脱水生成顺乌头酸，再经水化反应生成异柠檬酸。

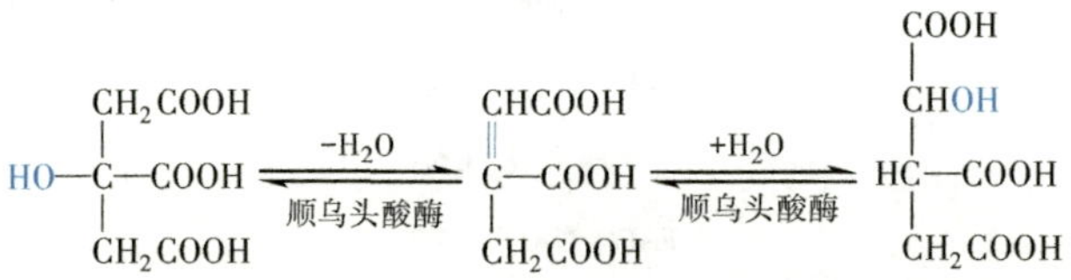

柠檬酸　　顺乌头酸　　异柠檬酸

3）异柠檬酸氧化脱羧生成α-酮戊二酸：在异柠檬酸脱氢酶催化下，异柠檬酸脱氢同时脱羧生成

α-酮戊二酸。这是三羧酸循环第一次脱氢、脱羧反应，使六碳化合物转变为五碳化合物。脱下的氢由NAD^+传递。

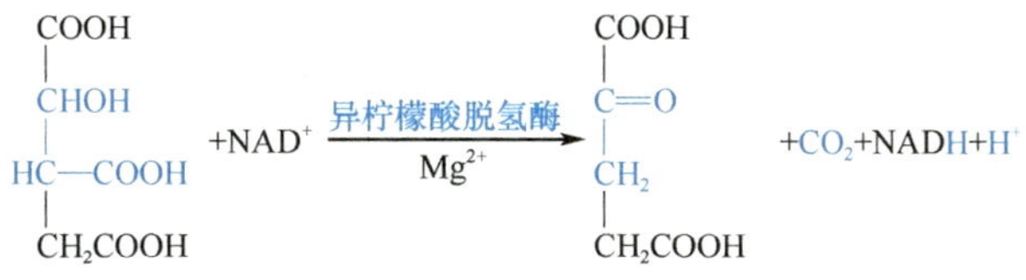

异柠檬酸　　　　α-酮戊二酸

4）α-酮戊二酸氧化脱羧生成琥珀酰CoA：α-酮戊二酸由α-酮戊二酸脱氢酶复合体催化生成琥珀酰CoA。

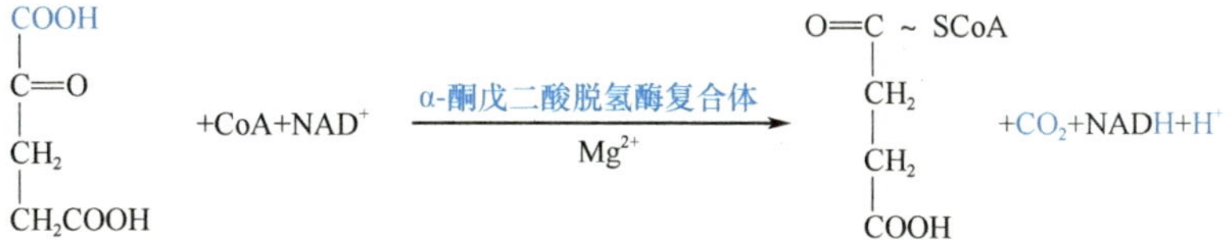

α-酮戊二酸　　　　琥珀酰 CoA

α-酮戊二酸脱氢酶复合体是由α-酮戊二酸脱氢酶、二氢硫辛酰胺转琥珀酰转移酶和二氢硫辛酰胺脱氢酶组成的多酶复合体，同样需要TPP、NAD^+、FAD、硫辛酸、辅酶A这5种辅助因子。反应过程类似于丙酮酸氧化脱羧，也是不可逆反应。这是三羧酸循环的第二次脱氢、脱羧反应，使五碳化合物转变为四碳化合物，脱下的氢最终由NAD^+传递。

5）琥珀酰CoA转变为琥珀酸：此反应由琥珀酰CoA合成酶催化，琥珀酰CoA高能硫酯键断裂，释放的能量使GDP磷酸化生成GTP。这是三羧酸循环中唯一一次底物水平磷酸化的反应。生成的GTP可直接利用，也可以在核苷二磷酸激酶的催化下，将其高能磷酸基团转给ADP生成ATP。

琥珀酰 CoA　　　　琥珀酸

6）琥珀酸脱氢生成延胡索酸：琥珀酸在琥珀酸脱氢酶的催化下脱氢生成延胡索酸（反丁烯二酸）。琥珀酸脱氢酶的辅基为FAD，反应脱下的氢由FAD传递。此反应是三羧酸循环中的第三次脱氢反应。

琥珀酸　　　　延胡索酸

7）延胡索酸水化生成苹果酸：由延胡索酸酶催化，延胡索酸可逆地水化生成L-苹果酸。

延胡索酸　　　　L-苹果酸

延胡索酸酶具有立体异构专一性，只能催化反式双键的延胡索酸水化。在逆向反应中该酶只能催化L-苹果酸脱水生成延胡索酸。

8）苹果酸脱氢生成草酰乙酸：苹果酸在苹果酸脱氢酶的催化下脱氢生成草酰乙酸，脱下的氢由NAD^+传递。此反应是三羧酸循环中的第四次脱氢反应。

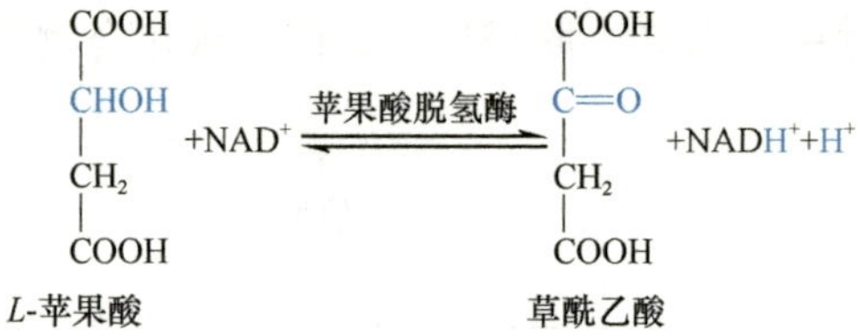

（2）三羧酸循环的主要特点

1）三羧酸循环每循环一次，1分子的乙酰CoA 被彻底氧化分解，进行了2次脱羧反应和4次脱氢反应。脱羧反应生成2分子CO_2，这是体内CO_2的主要来源。脱下的氢经呼吸链生成H_2O并释放能量。葡萄糖经过三羧酸循环可彻底被氧化分解成CO_2和H_2O。

2）三羧酸循环是糖有氧氧化释放能量生成ATP的主要阶段。1分子乙酰CoA经过三羧酸循环彻底氧化共生成10分子ATP（3×2.5+1×1.5+1=10）。其中底物水平磷酸化反应1次，生成1分子GTP，GTP可以转换成ATP；4次脱氢反应可生成9分子ATP。

3）三羧酸循环是不可逆反应体系。柠檬酸合成酶、异柠檬酸脱氢酶、*α*-酮戊二酸脱氢酶复合体为循环的关键酶，催化的是不可逆反应，故三羧酸循环是不可逆的。

4）三羧酸循环的中间产物虽然不断更新，但并没有量的改变，实际上只是推动反应进行。三羧酸循环与其他代谢途径相互联系，因此，要保证三羧酸循环顺利进行，草酰乙酸必须不断补充。

（三）糖有氧氧化的生理意义

1. 供给能量 正常生理条件下人体生命活动所需的能量主要来自糖的有氧氧化。ATP 的生成方式有两种：底物水平磷酸化和氧化磷酸化。在线粒体中，由NADH传递的2个氢原子经过呼吸链可生成2.5个ATP，由$FADH_2$传递的2个氢原子经过呼吸链可生成1.5分子ATP。1分子葡萄糖完全氧化分解为CO_2和H_2O时，发生了6（2×3）次底物水平磷酸化共生成6分子ATP，12（2×6）次脱氢反应共生成28（或26）分子ATP，葡萄糖有氧氧化过程的第一阶段消耗2分子ATP，故1分子葡萄糖完全氧化分解成CO_2和H_2O时可净生成32（或30）分子ATP。糖有氧氧化生成ATP数目的详细计算过程见表8-2。

表8-2 葡萄糖有氧氧化生成ATP的数量

反应	辅酶	生成 ATP 的数量
葡萄糖+ATP→6-磷酸葡萄糖+ADP		−1
6-磷酸果糖+ATP→1，6-二磷酸果糖+ADP		−1
2×3-磷酸甘油醛+2Pi+2NAD$^+$→2×1，3-二磷酸甘油酸+2NADH+2H$^+$	NAD$^+$	+2×2.5（或2×1.5）
2×1，3-二磷酸甘油酸+2ADP→ 2×3-磷酸甘油酸+2ATP		+2×1
2磷酸烯醇丙酮酸+2ADP→2丙酮酸+2ATP		+2×1
2丙酮酸+2CoA +2NAD$^+$→2乙酰CoA+2NADH+2H$^+$+2CO_2	NAD$^+$	+2×2.5
2异柠檬酸+2NAD$^+$→2*α*-酮戊二酸+2NADH+2H$^+$+2CO_2	NAD$^+$	+2×2.5
2*α*-酮戊二酸+2CoA+2NAD$^+$→2琥珀酰CoA+2NADH+2H$^+$+2CO_2	NAD$^+$	+2×2.5
2琥珀酰CoA+ 2GDP+2H_3PO_4→2琥珀酸+2GTP+2CoA		+2×1
2琥珀酸+2FAD→2延胡索酸+2$FADH_2$	FAD	+2×1.5
2苹果酸+2NAD$^+$→2草酰乙酸+2NADH+2H$^+$	NAD$^+$	+2×2.5
1分子葡萄糖有氧氧化净生成的ATP数		32（或30）

2. 三羧酸循环是体内营养物质彻底氧化分解的共同途径 三羧酸循环不仅是糖完全氧化分解的重要组成部分和ATP生成的主要环节，同时也是甘油、脂肪酸、氨基酸等营养物质彻底氧化分解的最终途径。这些营养物质以各自的方式产生乙酰CoA，再进入三羧酸循环，彻底氧化分解成CO_2和H_2O，

并释放能量满足机体需要。因此，三羧酸循环是体内能源供应的共同途径。

3. 三羧酸循环是体内物质代谢相互联系的枢纽 三羧酸循环是一个开放系统，许多中间产物与其他代谢途径密切联系。糖和甘油代谢生成丙酮酸，丙酮酸转变成的草酰乙酸及三羧酸循环中的α-酮戊二酸可经转氨基作用变成天冬氨酸和谷氨酸；反之，由这些氨基酸又可以通过草酰乙酸转变成糖或甘油。此外，三羧酸循环中的琥珀酰CoA还是合成血红素的原料，乙酰CoA是合成脂肪酸和胆固醇的原料。因此，三羧酸循环是体内物质代谢的中枢。

考点：有氧氧化的概念、反应部位及生理意义，三羧酸循环的过程、特点及生理意义

（四）有氧氧化的调节

糖有氧氧化共有7个关键酶。胞质溶胶中的3个关键酶已在无氧氧化中叙述。丙酮酸脱氢酶复合体、柠檬酸合成酶、异柠檬酸脱氢酶、α-酮戊二酸脱氢酶复合体的调节方式如下。

1. 丙酮酸脱氢酶复合体的调节 可通过变构效应与共价修饰进行快速调节。乙酰CoA、NADH、ATP是变构抑制剂，AMP是变构激活剂。共价修饰调节时，丙酮酸脱氢酶复合体可被丙酮酸脱氢酶激酶磷酸化而失活；丙酮酸脱氢酶磷酸酶则可以使其去磷酸化而恢复活性。此外，Ca^{2+}能激活丙酮酸脱氢酶复合体，从而推动有氧氧化的进行。

2. 三羧酸循环的调节 三羧酸循环的主要调节点是异柠檬酸脱氢酶与α-酮戊二酸脱氢酶复合体。其活性不仅受代谢物浓度的调节，也会受细胞内能量状态的影响。当$NADH/NAD^+$、ATP/ADP（AMP）值增高时酶活性被反馈性抑制，三羧酸循环速度减慢。ADP还是异柠檬酸脱氢酶的变构激活剂，可使三羧酸循环速度加快。Ca^{2+}能够直接和异柠檬酸脱氢酶及α-酮戊二酸脱氢酶复合体结合，降低其对底物的K_m而使酶激活，从而推动三羧酸循环。

三、磷酸戊糖途径（戊糖磷酸途径）

（一）概念与部位

糖无氧氧化和有氧氧化是体内糖分解代谢的主要途径，但不是唯一途径。在肝脏、脂肪组织、肾上腺皮质、哺乳期的乳腺、性腺、骨髓和红细胞中还存在一条磷酸戊糖途径（pentose phosphate pathway）。该途径从6-磷酸葡萄糖开始，生成了具有重要生理意义的5-磷酸核糖（核糖-5-磷酸）和NADPH之后，又以3-磷酸甘油醛和6-磷酸果糖的形式返回到糖的氧化分解代谢。参与磷酸戊糖途径的酶类都存在于胞质溶胶中，因此磷酸戊糖途径在胞质溶胶中进行。动物体内约有30%的葡萄糖由此途径分解。

（二）磷酸戊糖途径的反应过程

磷酸戊糖途径反应大体可划分为磷酸戊糖生成与基团转移两个阶段（图8-4）。

1. 磷酸戊糖生成 6-磷酸葡萄糖在6-磷酸葡萄糖脱氢酶（磷酸戊糖途径的限速酶）的催化下，脱氢生成6-磷酸葡萄糖酸内酯，脱下两个氢原子由$NADP^+$接受生成$NADPH + H^+$。6-磷酸葡萄糖酸内酯水解为6-磷酸葡萄糖酸（葡萄糖酸-6-磷酸），再经6-磷酸葡萄糖酸脱氢酶催化，再次脱氢并脱羧生成5-磷酸核酮糖（核酮糖-5-磷酸），脱下的氢仍由$NADP^+$接受。5-磷酸核酮糖可以在酶的作用下异构成5-磷酸核糖或5-磷酸木酮糖（木酮糖-5-磷酸）。

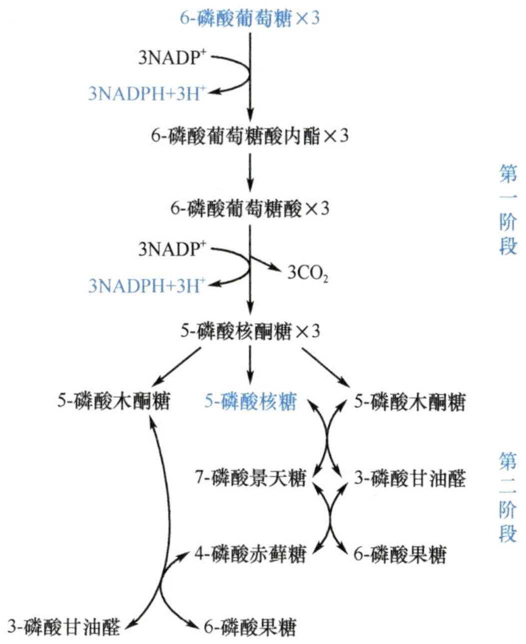

图8-4 磷酸戊糖途径

第一阶段是不可逆的氧化阶段，生成磷酸戊糖、

NADPH + H^+和CO_2，6-磷酸葡萄糖脱氢酶是关键酶。

2. 基团转移 此阶段是各单糖间的基团移换反应，可概括为首先由转酮醇酶从5-磷酸木酮糖上带出一个二碳单位（羟乙醛基）转移给5-磷酸核糖，生成7-磷酸景天糖（景天糖-7-磷酸）和3-磷酸甘油醛。接着由转醛醇酶从7-磷酸景天糖转移三碳的二羟丙酮给3-磷酸甘油醛生成4-磷酸赤藓糖（赤藓糖-4-磷酸）和6-磷酸果糖。最后4-磷酸赤藓糖在转酮醇酶催化下可接受来自5-磷酸木酮糖的羟乙醛基，生成6-磷酸果糖和3-磷酸甘油醛。

磷酸戊糖途径全过程至少需要3分子6-磷酸葡萄糖参与，可生成3分子磷酸戊糖、3分子CO_2和6分子NADPH。经过转酮基和转醛基反应，3分子磷酸戊糖最后生成2分子6-磷酸果糖和1分子3-磷酸甘油醛，可进入糖无氧氧化或有氧氧化途径继续代谢。

（三）磷酸戊糖途径的生理意义

磷酸戊糖途径的主要生理意义在于为机体提供磷酸核糖和NADPH。

1. 生成5-磷酸核糖 人体所需的核酸不依赖食物提供，主要靠自身合成。5-磷酸核糖是机体核酸生物合成的重要原料，参与核苷酸及核苷酸类辅酶的合成。除磷酸戊糖途径外，也可通过糖无氧氧化的中间产物3-磷酸甘油醛和6-磷酸果糖经过上述的基团转移反应生成5-磷酸核糖。这两种方式的相对重要性因动物物种而异。磷酸戊糖途径是人类获得5-磷酸核糖的主要来源，但肌肉组织中缺乏6-磷酸葡萄糖脱氢酶，5-磷酸核糖主要靠基团转移反应生成。

2. 生成NADPH 磷酸戊糖途径的另一个主要代谢中间产物是NADPH。NADPH具有重要的生理作用。

（1）NADPH是体内重要的供氢体，参与多种生物合成反应。合成脂肪酸、胆固醇及类固醇激素都需要大量的NADPH，所以这些物质合成旺盛的脂肪组织、乳腺、肾上腺皮质、卵巢及睾丸等，磷酸戊糖途径代谢比较活跃。

（2）NADPH是谷胱甘肽还原酶的辅酶，它可以使氧化型谷胱甘肽（GSSG）还原为还原型谷胱甘肽（GSH），对维持红细胞中的GSH含量起重要作用。GSH是重要的抗氧化物质，可避免细胞膜上含巯基的酶和蛋白质被氧化破坏，对于维持细胞的结构稳定和功能完整有重要作用。尤其是对于红细胞，GSH可以消除H_2O_2对红细胞膜的氧化破坏，维持血红蛋白的亚铁状态，保证血红蛋白具有正常的运氧能力。

（3）NADPH参与肝内生物转化反应。肝细胞内质网含有以NADPH为供氢体的加单氧酶系，该酶系参与类固醇激素、药物及毒物的生物转化过程（详见本书第13章第2节）。

考点：磷酸戊糖途径的过程、生理意义

（四）磷酸戊糖途径的调节

6-磷酸葡萄糖脱氢酶是磷酸戊糖途径的限速酶，其活性受$NADP^+$/NADPH值的影响。$NADP^+$浓度增高可使6-磷酸葡萄糖脱氢酶活性增强；反之，当NADPH浓度增高时，6-磷酸葡萄糖脱氢酶活性降低。故磷酸戊糖途径的代谢速度主要受细胞对NADPH + H^+需求量的调节。

第3节 糖原的合成与分解

糖原是由葡萄糖聚合而成的具有多分支结构的大分子多糖，是糖在人和动物体内的储存形式。糖原分子中，葡萄糖残基通过α-1, 4-糖苷键连接为直链结构，通过α-1, 6-糖苷键连接为分支结构。肝脏中的糖原称为肝糖原，占肝重的6%～8%；肌肉组织中的糖原称为肌糖原，占肌肉重量的1%～2%。

糖原的合成与分解不是简单的可逆过程，而是由不同的酶系催化的不同反应过程（图8-5）。

一、糖原的合成

由单糖（主要是葡萄糖）合成糖原的过程称为糖原合成。该过程在肝、肌肉等组织中均可进行。糖原合成是耗能过程，由ATP和UTP供能，每增加一个葡萄糖单位需消耗相当于2分子ATP。糖原合成的关键酶是糖原合成酶，合成过程需要引物。

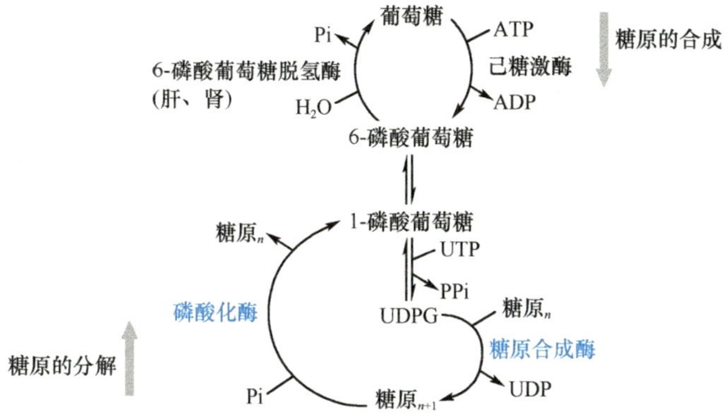

图8-5 糖原合成与分解过程示意图

UDPG：尿苷二磷酸葡萄糖；PPi：焦磷酸；UTP：尿苷三磷酸

1. 6-磷酸葡萄糖的生成 葡萄糖进入细胞后，在ATP和Mg^{2+}存在下，由己糖激酶（肌细胞等）或葡萄糖激酶（肝细胞）催化生成6-磷酸葡萄糖。此反应不可逆。

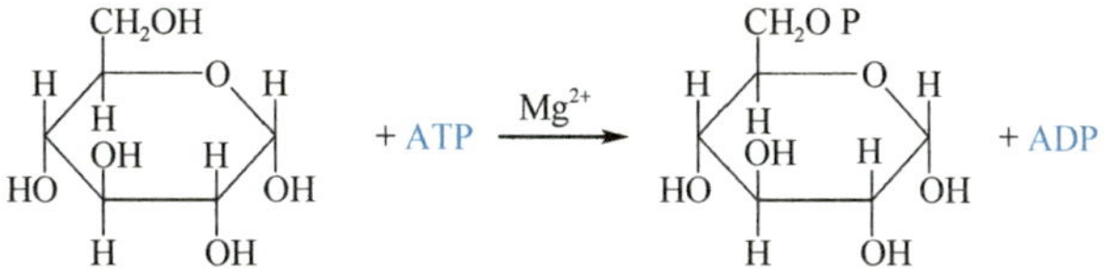

葡萄糖　　　　6-磷酸葡萄糖

2. 1-磷酸葡萄糖的生成 在磷酸葡萄糖变位酶催化下，6-磷酸葡萄糖转变为1-磷酸葡萄糖。

6-磷酸葡萄糖　　　　1-磷酸葡萄糖

3. 尿苷二磷酸葡萄糖（UDPG）的生成 1-磷酸葡萄糖与尿苷三磷酸（UTP）在UDPG焦磷酸化酶的催化下生成UDPG，同时释放出焦磷酸（PPi）。UDPG被称为活性葡萄糖，是葡萄糖的活化形式，是葡萄糖基的供体，为糖原合成直接提供葡萄糖单位。

1-磷酸葡萄糖　　　　UTP　　　　UDPG

4. 以α-1，4-糖苷键连接的糖链的延长 合成糖原时，需要利用现有的糖原分子或糖原蛋白自我糖基化形成的短糖链作为引物。在糖原合成酶的催化下，将UDPG分子中的葡萄糖转移到糖原引物的非还原性末端的葡萄糖残基上，并以α-1, 4-糖苷键连接。每反应一次，糖原引物上便增加1分子葡萄糖单位。如此循环进行，糖链不断延长。

5. 糖原α-1, 6-糖苷键分支的形成 糖原合成酶只能催化合成α-1, 4-糖苷键，不能形成分支。当糖链长度达到12～18个葡萄糖单位时，则要依赖糖原分支酶的催化形成糖原的分支链。糖原分支酶可将直链末端含6～7个葡萄糖残基的短糖链转移到邻近的糖链上，并以α-1, 6-糖苷键与主链中的葡萄糖残基连接形成分支链（图8-6），糖原分子便具有了许多呈树枝状的分支。糖原分支的增加可以提高糖原的溶解性，而且非还原末端也相应增加，该末端正是糖原合成酶和磷酸化酶的催化位点。

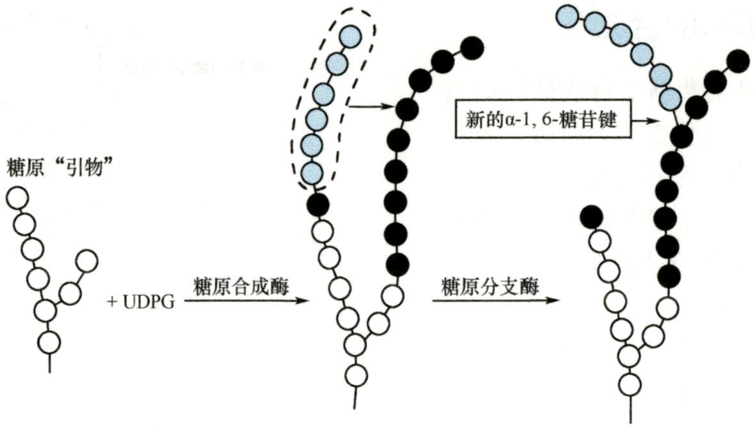

图8-6 糖原分支形成示意图

考点：糖原合成过程及参与合成的主要酶

二、糖原的分解

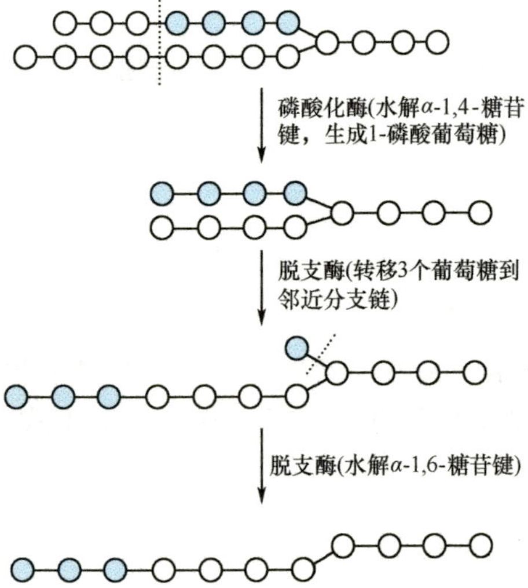

图8-7 糖原分支链分解示意图

由肝糖原分解为葡萄糖的过程称为糖原分解。糖原分解并非糖原合成的逆过程，而是在另一组酶的催化下进行的反应。反应过程见图8-7。

糖原分解的关键酶包括磷酸化酶、脱支酶、葡萄糖-6-磷酸酶，其中磷酸化酶是限速酶。

1. 1-磷酸葡萄糖的生成 磷酸化酶识别糖原的非还原性末端后，将葡萄糖残基之间的α-1, 4-糖苷键磷酸化分解生成1-磷酸葡萄糖。由于磷酸化酶只作用于α-1, 4-糖苷键，不能催化α-1, 6-糖苷键断裂，所以磷酸化分解反应到距离分支点约4个葡萄糖残基时，磷酸化酶的催化作用即停止。此时剩下4个葡萄糖残基的短分支链转由脱支酶催化，将末端3个葡萄糖残基转移到邻近的主糖链上，并以α-1, 4-糖苷键相连，接着磷酸化酶再继续催化将其分解为1-磷酸葡萄糖。剩下的1个以α-1, 6-糖苷键相连的葡萄糖残基则由脱支酶催化，水解生成游离的葡萄糖。通过磷酸化酶和脱支酶的协调催化，糖原分子中的葡萄糖残基分别生成1-磷酸葡萄糖和少量的游离葡萄糖。磷酸化酶是糖原分解的关键酶。

2. 6-磷酸葡萄糖的生成 1-磷酸葡萄糖在变位酶催化下转变成6-磷酸葡萄糖。

3. 葡萄糖的生成 6-磷酸葡萄糖（葡萄糖-6-磷酸）在葡萄糖-6-磷酸酶催化下水解生成葡萄糖。

葡萄糖-6-磷酸酶主要存在于肝脏，少量存在于肾脏，而肌肉及脑等组织中不含该酶，故只有肝、肾中的糖原可以分解为葡萄糖补充血糖，且肝脏是补充血糖的主要器官。肌肉中无此酶，故肌糖原不能直接分解为葡萄糖，只能生成6-磷酸葡萄糖进入无氧氧化或有氧氧化途径。

考点：糖原的分解过程及参与分解的主要酶

三、糖原合成与分解的生理意义

糖原的合成和分解的生理意义，在于维持血糖浓度的相对恒定。当机体摄入丰富的糖类食物及细胞中能量充足时，一部分葡萄糖即合成糖原储存起来。当体内糖供应不足或能量需求增加时，储存的肝糖原可迅速分解成葡萄糖释放入血，以维持血糖浓度，并为机体提供能源物质。而骨骼肌中储存的糖原则在机体运动、能量需求增加时，快速分解以提供能量。

考点：糖原合成与分解的生理意义

四、糖原合成与分解的调节

糖原分解及合成的主要调节酶分别是磷酸化酶和糖原合成酶，它们活性的调节方式主要有共价修饰调节和变构调节两种方式。

1. 磷酸化酶 以两种形式存在，即磷酸化酶a（有活性）和磷酸化酶b（无活性）。磷酸化酶a经磷酸化酶磷酸酶催化水解脱去第14位丝氨酸上共价连接的磷酸基后即转变为磷酸化酶b而失去活性；磷酸化酶b在磷酸化酶激酶作用下，由ATP提供磷酸基可再磷酸化转变成磷酸化酶a。这样，通过共价方式修饰酶的结构，就能使酶的活性形式（磷酸化）和失活形式（去磷酸化）相互转变。

磷酸化酶还有变构调节方式。AMP为变构激活剂，即无活性的磷酸化酶b与AMP通过非共价键结合成为有活性的磷酸化酶a。但ATP可阻止AMP对磷酸化酶b的激活作用，故ATP是其变构抑制剂。细胞就是根据AMP与ATP比例的改变来达到调节磷酸化酶b活性的作用。

2. 糖原合成酶 以两种形式存在。糖原合成酶a（有活性）是一种脱磷酸的形式。糖原合成酶a在依赖cAMP的蛋白激酶的催化下，由ATP提供磷酸基使其磷酸化即转变为糖原合成酶b（无活性）。糖原合成酶b再通过糖原合成酸磷化酶的催化，水解脱去磷酸基转变为糖原合成酶a。

虽然糖原合成酶的活性与其磷酸化和脱磷酸化之间的转变及磷酸化酶的情况相似，但其结果正好相反，如图8-8所示，糖原合成酶与磷酸化酶通过共价修饰调节活性时，两者之间有一种被激活时，另一种就被抑制，两者不会同时都处于激活状态，说明糖原的合成与分解是密切协调的。

糖原合成酶还可通过变构效应调节活性，6-磷酸葡萄糖为其变构激活剂。

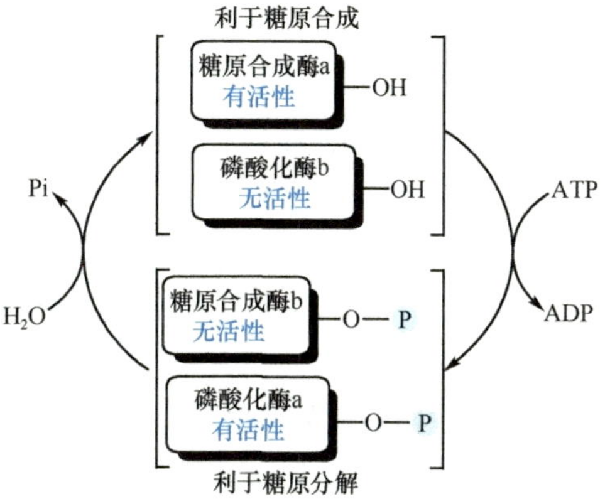

图8-8 糖原合成酶与磷酸化酶的共价修饰调节

考点：糖原磷酸化酶和糖原合成酶活性的调节方式

第4节 糖异生作用

一、糖异生途径

由非糖物质转变为葡萄糖或糖原的过程称为糖异生作用（gluconeogenesis）。能进行糖异生的非糖物质主要有乳酸、丙酮酸、甘油及生糖氨基酸等。糖异生作用主要在肝脏中进行，肾脏的糖异生能力只有肝脏的10%，但长期饥饿时肾脏的糖异生能力可明显增强。糖异生所需的大部分酶存在于胞质溶胶，只有少数在线粒体中。

糖异生的代谢途径大部分是糖无氧氧化的逆过程，所以凡是可逆反应都可以由糖无氧氧化中的酶催化进行逆反应。但糖无氧氧化过程中由己糖激酶、6-磷酸果糖激酶-1和丙酮酸激酶催化的三个反应是不可逆反应，所以糖异生途径中需要由其他的酶来催化完成逆过程。

（一）丙酮酸转变为磷酸烯醇式丙酮酸

此过程称为丙酮酸羧化支路（图8-9），是丙酮酸激酶催化的反应的逆过程。丙酮酸羧化支路由两步反应来完成：第一步是丙酮酸进入线粒体，在丙酮酸羧化酶作用下生成草酰乙酸；第二步是草酰乙酸经磷酸烯醇式丙酮酸羧激酶（线粒体和胞质溶胶中都存在）的催化转变成磷酸烯醇式丙酮酸。草酰乙酸不能直接透过线粒体膜，需借助两种方式进入胞质溶胶：一种是由苹果酸脱氢酶催化，将其还原成苹果酸进入胞质溶胶，再由胞质溶胶中的苹果酸脱氢酶将苹果酸脱氢生成草酰乙酸；另一种是由谷草转氨酶（GOT）催化，草酰乙酸生成天冬氨酸后逸出线粒体，再由胞质溶胶中的GOT催化重新生成草酰乙酸。

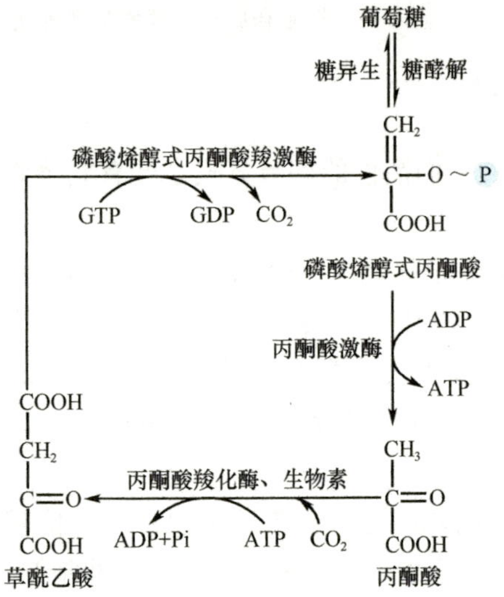

图8-9 丙酮酸羧化支路

（二）1，6-二磷酸果糖转变为6-磷酸果糖

由果糖-1，6-二磷酸酶催化，使1，6-二磷酸果糖（果糖-1，6-二磷酸）转变为6-磷酸果糖。

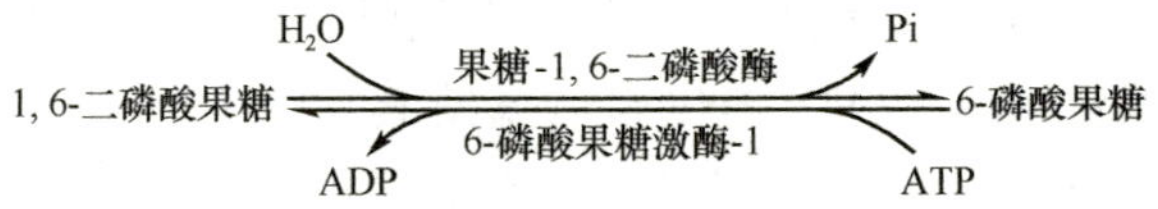

（三）6-磷酸葡萄糖转变为葡萄糖

由葡萄糖-6-磷酸酶催化，使6-磷酸葡萄糖（葡萄糖-6-磷酸）水解生成葡萄糖。

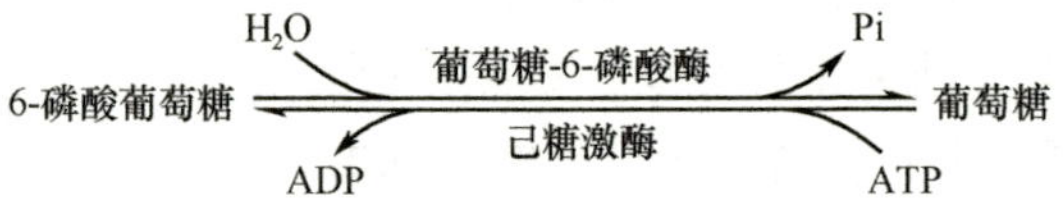

糖异生作用代谢过程总反应式表示如下：

$$2\text{丙酮酸} + 4ATP + 2GTP + 2NADH + 2H^{+} + 6H_2O \rightarrow \text{葡萄糖} + 2NAD^{+} + 4ADP + 2GDP + 6H_3PO_4$$

由上述过程可以看出糖异生作用是耗能过程，2分子丙酮酸在肝内合成1分子葡萄糖，需要4分子ATP和2分子GTP，相当于消耗了6分子ATP。当机体乳酸等代谢产物堆积且处于低耗能水平时，糖异生的终产物则是糖原，糖原分子上每增加1个葡萄糖单位需多消耗1分子UTP，相当于消耗了7分子ATP。

二、糖异生作用的调节

糖异生的关键酶是丙酮酸羧化酶、磷酸烯醇式丙酮酸羧激酶、果糖-1, 6-二磷酸酶和葡萄糖-6-磷酸脱氢酶。针对这些酶的调节主要有激素调节和代谢物调节等方式。

（一）激素的调节作用

调节糖异生的激素主要是胰高血糖素和胰岛素。

2, 6-二磷酸果糖是6-磷酸果糖激酶-1的激活剂，是果糖-1, 6-二磷酸酶的抑制剂。目前认为，2, 6-二磷酸果糖水平是肝调节糖分解和糖异生的主要信号。2, 6-二磷酸果糖的浓度受到胰岛素、胰高血糖素等激素的控制。胰高血糖素通过cAMP和依赖cAMP的蛋白激酶，使6-磷酸果糖激酶-2（催化2, 6-二磷酸果糖合成的酶）失活，降低肝细胞内2, 6-二磷酸果糖水平，从而促进糖异生而抑制糖分解。胰岛素则有相反作用。所以饥饿时胰高血糖素分泌增加，糖异生增强，糖分解减弱；进食后胰岛素分泌增加，糖异生被抑制，糖分解加强。

胰高血糖素还可以通过cAMP快速诱导磷酸烯醇式丙酮酸羧激酶基因的表达，增加酶的合成，从而促进糖异生。肾上腺素、糖皮质激素也能增加肝中磷酸烯醇式丙酮酸羧激酶的酶量，所以对糖异生也有促进作用。胰岛素则显著降低磷酸烯醇式丙酮酸羧激酶的mRNA水平，而且对cAMP有对抗作用，所以对糖异生有较强的抑制作用。

（二）代谢物的调节作用

1. 乙酰CoA的调节作用 乙酰CoA是丙酮酸羧化酶的变构激活剂，也是丙酮酸脱氢酶复合体的变构抑制剂。乙酰CoA浓度升高时，抑制了丙酮酸脱氢酶复合体，使丙酮酸的氧化分解减慢，造成丙酮酸堆积，正好为糖异生提供了大量原料；同时又激活了丙酮酸羧化酶，促进了糖异生代谢。

2. ADP、AMP的调节作用 AMP是果糖-1, 6-二磷酸酶的变构抑制剂，ADP是磷酸烯醇式丙酮酸羧激酶和丙酮酸羧化酶的变构抑制剂。所以AMP、ADP浓度升高时，糖异生被抑制，葡萄糖的合成减弱；由于AMP还是丙酮酸脱氢酶复合体的变构激活剂，所以丙酮酸的氧化分解加强，为机体提供能量。

三、糖异生的生理意义

（一）维持空腹或饥饿状态下血糖浓度的相对恒定

糖异生最主要的生理意义在于，在体内糖来源不足的情况下（如持续饥饿或剧烈运动时），利用非糖物质转变为葡萄糖以维持血糖浓度的相对恒定。虽然体内的糖原分解也可以提供葡萄糖，但只能维持8～12小时。相对恒定的血糖浓度对于脑、红细胞等重要器官或细胞的能量供应十分重要。

（二）有利于乳酸的回收

机体在剧烈运动或持续运动及缺氧时，体内糖的无氧氧化增强而产生大量乳酸。除少部分经肾随尿排出之外，大部分乳酸经血液循环被运输到肝脏，再通过糖异生作用生成葡萄糖；生成的葡萄糖进入血液，再被肌肉组织摄取、利用，又可生成乳酸，由此构成的代谢循环被称为乳酸循环或Cori循环（图8-10）。这样原本不能直接分解为葡萄糖的肌糖原间接转变成了葡萄糖，从而可以补充血糖。

乳酸循环实现了乳酸的回收再利用，既避免了由于无氧氧化没有彻底分解葡萄糖而造成的能源物质的浪费，又有助于防止乳酸堆积而导致酸中毒发生。

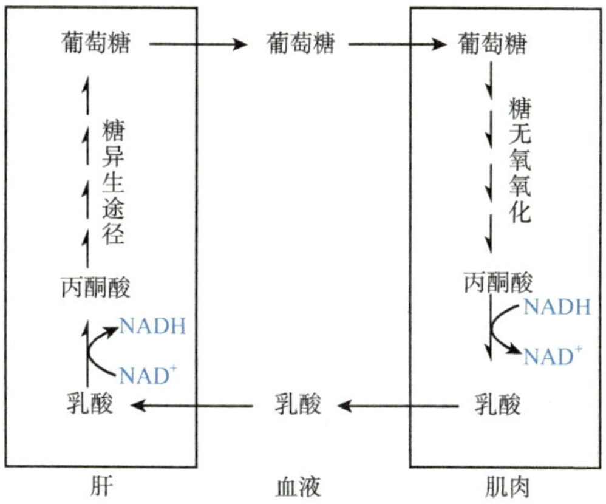

图8-10 乳酸循环示意图

（三）调节酸碱平衡

长期饥饿时，很容易造成代谢性酸中毒。随着肾糖异生作用的增强，肾中的α-酮戊二酸朝糖异生方向代谢而大量消耗，可促进谷氨酰胺脱氨基生成谷氨酸及谷氨酸再脱氨基生成α-酮戊二酸的反应。两次脱氨基使肾小管内氨的含量增多。肾小管细胞将氨分泌到管腔中，与原尿中的H^+结合，降低原尿中的H^+浓度，有利于肾脏排酸保碱作用，这一点对于防止酸中毒具有重要意义。

链接 糖异生与“减肥”

饥饿时，相当长一段时间内机体糖异生的原料主要以蛋白质分解产生的氨基酸为主（平均每天可分解180～200g蛋白质），其次才是脂肪分解产生的甘油。所以，采用不恰当的饥饿法减肥的人，首先减去的并不是脂肪，而是大量的蛋白质。这样会导致身体功能下降，出现免疫力降低、记忆力衰退、贫血等现象。

考点：糖异生作用的概念，糖异生代谢过程、特点及生理意义

第5节 血　糖

血糖主要是指血液中的葡萄糖。正常情况下其含量相对恒定，正常成人空腹静脉血中的葡萄糖含量为3.89～6.11mmol/L。血糖浓度的相对恒定是机体对血糖的来源与去路进行调节的结果。

一、血糖的来源和去路

（一）血糖的来源

1. 食物中糖的消化吸收　这是人体一般情况下血糖最主要的来源。

2. 肝糖原的分解　这是人体在空腹时血糖的重要来源。

3. 糖异生作用　这是人体在长期饥饿时血糖的重要来源。

（二）血糖的去路

1. 氧化分解供应能量　这是血糖最主要的去路。

2. 合成糖原储存能源物质　血糖进入肝和肌肉等组织后，可合成糖原而储存。

3. 转变成其他物质　血糖可转变成脂肪、胆固醇及一些非必需氨基酸，尤其是在生理情况下，血糖浓度较高时这一情况更加显著。血糖还可以转变成其他糖类及其衍生物，如核糖、氨基糖、葡萄糖醛酸等。

4. 随尿液排出体外　当血糖超过肾糖阈，即超出了肾小管的最大重吸收能力时，葡萄糖可随尿液排出体外。生理情况下，在餐后2小时内或情绪激动时可出现少量的糖尿。病理情况下，肾小管病变或病理性高血糖则可出现大量糖尿。

考点：血糖的来源和去路

二、血糖的调节

正常情况下，血糖浓度的相对恒定依赖于血糖来源与去路的平衡，这种平衡需要体内多种因素的协同调节，主要有激素、组织器官等层次的调节。

（一）肝对血糖的调节

肝内糖代谢的途径很多，有些途径为肝所特有，所以肝对血糖浓度具有重要的调节作用。当餐后血糖浓度增高时，肝糖原合成增加，使血糖浓度不致过高；空腹时肝糖原分解增强，以补充血糖浓度；持续饥饿情况下，肝糖异生作用加强，以持续有效地维持血糖浓度。

（二）激素对血糖的调节

调节血糖的激素中，目前认为胰岛素是唯一能够主动降低血糖的激素，胰高血糖素、肾上腺素、糖皮质激素、生长激素和甲状腺激素等可升高血糖。激素是通过酶量调节、变构调节及化学修饰调节等方式，对血糖的来源与去路途径中的关键酶活性进行调控。两类不同作用的激素相互制约，得以维持血糖浓度的相对稳定。一般生理情况下，主要是胰岛素与胰高血糖素保持着动态平衡。常见激素对血糖的调节作用见表8-3。

表8-3　常见激素对血糖的调节作用

降低血糖的激素	调节方式	升高血糖的激素	调节方式
胰岛素	1. 促进葡萄糖进入肌肉、脂肪等组织细胞	肾上腺素	1. 促进肝糖原分解
	2. 加速葡萄糖在肝、肌肉内合成糖原		2. 促进肌糖原酵解
	3. 促进糖的有氧氧化		3. 促进糖异生
	4. 促进糖转变成脂肪等物质		
	5. 抑制糖异生	胰高血糖素	1. 抑制肝糖原合成，促进肝糖原分解
	6. 抑制蛋白质等物质分解		2. 促进糖异生
	7. 抑制肝糖原分解	糖皮质激素	1. 促进糖异生
			2. 促进肝外组织蛋白质分解，生成氨基酸

考点：肝和激素对血糖浓度的调节作用

链接 国家基本公共卫生服务项目——糖尿病患者的福音

随着现代生活方式的普及和人口老龄化趋势的加剧，我国糖尿病患病人数呈现快速增长的趋势，已成为我国严重的公共卫生问题。鉴于此，2009年启动的国家基本公共卫生服务项目将糖尿病患者作为重点人群纳入其中，服务对象是35岁及以上的中华人民共和国常住公民。其服务内容包括：通过筛查发现2型糖尿病患者，对确诊的患者纳入2型糖尿病健康管理；为2型糖尿病患者提供随访评估和分类干预；为2型糖尿病患者每年提供健康体检等。

国家基本公共卫生服务项目是面向全体居民免费提供的最基本的公共卫生服务。项目以预防为主，覆盖面广，受益人群广泛，有助于早发现、早干预各类疾病，减轻人民群众看病负担，推动健康中国建设。

自测题

（一）名词解释

糖无氧氧化　糖有氧氧化　糖异生

（二）填空题

1. α-淀粉酶只能水解淀粉的________键，所以不能够使支链淀粉完全水解。
2. 1分子葡萄糖转化为2分子乳酸净生成________分子ATP。
3. 糖无氧氧化过程中有 3个不可逆的酶促反应，催化这些反应的酶是________、________和________。
4. 丙酮酸还原为乳酸，反应中的NADH 来自________的氧化。
5. 糖有氧氧化在细胞的________中进行，该途径是将________转变为________，同时生成________的一系列酶促反应。
6. 合成糖原的前体分子是________，糖原分解的产物主要是________。
7. 糖异生的主要原料为________、________和________。

（三）选择题

【A型题】

1. 糖无氧氧化过程的终产物是
   A. 丙酮酸　B. 葡萄糖
   C. 果糖　D. 乳糖
   E. 乳酸
2. 缺氧情况下，糖无氧氧化生成的NADH + H^+的代谢去路是
   A. 进入呼吸链氧化供应能量
   B. 参与丙酮酸还原为乳酸
   C. 参与3-磷酸甘油酸还原为3-磷酸甘油醛
   D. 作为醛缩酶的辅助因子参与合成1, 6-二磷酸果糖（果糖-1, 6-二磷酸）
   E. 作为醛缩酶的辅助因子参与分解1, 6-二磷酸果糖
3. 糖有氧氧化的最终产物是
   A. CO_2+H_2O+ATP　B. 乳酸
   C. 丙酮酸　D. 乙酰CoA
   E. 柠檬酸
4. 需要引物分子参与生物合成的反应有
   A. 酮体生成　B. 脂肪合成
   C. 糖异生合成葡萄糖　D. 糖原合成
   E. 以上都是
5. 下列有关草酰乙酸的叙述中，哪项是错误的
   A. 草酰乙酸含有4个碳原子
   B. 草酰乙酸是三羧酸循环的重要中间产物
   C. 在糖异生过程中，草酰乙酸是在线粒体产生的
   D. 草酰乙酸可自由通过线粒体膜，完成还原当量的转移
   E. 在体内有一部分草酰乙酸可在线粒体内转变成磷酸烯醇式丙酮酸
6. 1分子葡萄糖经磷酸戊糖途径代谢时可生成
   A. 1分于NADH + H^+
   B. 2分子NADH + H^+
   C. 1分子NADPH + H^+
   D. 2分子NADPH + H^+
   E. 2分子CO_2
7. 肌糖原不能直接补充血糖的原因是
   A. 缺乏葡萄糖-6-磷酸酶
   B. 缺乏磷酸化酶
   C. 缺乏脱支酶
   D. 缺乏己糖激酶
   E. 肌糖原含量低
8. 有关乳酸循环的描述，不正确的是
   A. 肌肉产生的乳酸经血液循环至肝后糖异生为糖
   B. 乳酸循环的生理意义是避免乳酸损失和因乳酸过多引起的酸中毒
   C. 乳酸循环的形成是一个耗能过程

D. 乳酸在肝脏形成，在肌肉内糖异生为葡萄糖
E. 乳酸糖异生为葡萄糖后可补充血糖并在肌肉中通过无氧氧化转化为乳酸

9. 下列激素中，能降血糖的是
A. 胰岛素
B. 胰高血糖素
C. 肾上腺素
D. 糖皮质激素
E. 以上都不能

10. 1分子葡萄糖无氧氧化时净生成ATP的数目是
A. 1　B. 2　C. 3
D. 4　E. 5

11. 必须在线粒体内进行的糖异生步骤是
A. 乳酸→丙酮酸
B. 丙酮酸→草酰乙酸
C. 6-磷酸葡萄糖→葡萄糖
D. 3-磷酸甘油醛→磷酸二羟丙酮
E. 磷酸烯醇式丙酮酸→2-磷酸甘油酸

12. 磷酸戊糖途径的重要生理功能是生成
A. 6-磷酸葡萄糖　B. NADH +H^+
C. $FADH_2$　D. NADPH +H^+
E. 3-磷酸甘油醛

13. 肝糖原可以直接补充血糖，因为肝脏有
A. 磷酸化酶　B. 葡萄糖激酶
C. 磷酸葡萄糖变位酶　D. 葡萄糖-6-磷酸酶
E. 磷酸己糖异构酶

14. 主要在线粒体中进行的糖代谢途径是
A. 糖无氧氧化　B. 糖异生
C. 糖原合成　D. 三羧酸循环
E. 磷酸戊糖途径

15. 糖原合成时，活性葡萄糖供体是
A. 6-磷酸葡萄糖　B. UDPG
C. UDPGA　D. 1-磷酸葡萄糖
E. 以上均不是

16. 肝糖原分解的产物是
A. UDPG　B. 1-磷酸葡萄糖
C. 6-磷酸葡萄糖　D. 葡萄糖
E. 6-磷酸果糖

17. 下列与能量代谢有关的途径不在线粒体内进行的是
A. 三羧酸循环　B. 柠檬酸循环
C. 电子传递　D. 氧化磷酸化
E. 糖无氧氧化

18. 饥饿一天时血糖的主要来源途径是
A. 肠道吸收　B. 肝糖原分解
C. 肌糖原分解　D. 肾小管重吸收
E. 糖异生

19. 由氨基酸生成糖的过程称为
A. 糖无氧氧化　B. 糖原分解作用
C. 糖原生成作用　D. 糖异生作用
E. 以上都不是

【B型题】

（第20、21题共用选项）
A. 6-磷酸葡萄糖脱氢酶
B. 苹果酸脱氢酶
C. 丙酮酸脱氢酶
D. NADH脱氢酶
E. 葡萄糖-6-磷酸酶

20. 磷酸戊糖途径中的酶是
21. 三羧酸循环中的酶是

【X型题】

22. 肝脏对血糖的调节是通过
A. 糖异生　B. 糖原合成
C. 糖有氧氧化　D. 糖原分解
E. 以上都是

23. 糖的无氧氧化下列哪些叙述是正确的
A. 其终产物是乳酸
B. 催化反应的酶系存在于胞质溶胶中
C. 通过氧化磷酸化生成ATP
D. 消耗ATP
E. 以上都是

24. 糖有氧氧化涉及
A. 存在于胞质溶胶的酶类
B. 线粒体酶类
C. 穿梭系统
D. 脱羧反应
E. 脱氢反应

25. 正常情况下血糖的去路有
A. 有氧氧化　B. 合成糖原
C. 转变成非糖物质　D. 随尿排出体外
E. 以上都是

26. 糖异生的生理意义是
A. 使糖转变成非糖物质
B. 空腹时保持血糖水平恒定
C. 使生成更多的乳酸供机体利用
D. 维持机体的酸碱平衡
E. 以上都是

（四）简答题

1. 糖的有氧氧化包括哪几个反应阶段？
2. 试述糖有氧氧化的生理意义。
3. 肝糖原与肌糖原分解的终产物有何不同，为什么？

（严永旺）

第9章
脂类代谢

学习目标

1. 知识目标： 掌握脂肪动员、脂肪酸的β-氧化、酮体的生成与利用，脂肪酸、胆固醇合成的特点，血浆脂蛋白的组成、分类、合成部位及生理功能；理解甘油磷脂的分解，胆固醇的代谢去路；了解脂类的消化吸收，甘油磷脂的合成，鞘磷脂的代谢。

2. 能力目标： 能协助开展肥胖、高脂血症的健康宣教和脂类药物的药学社会服务。

3. 素质目标： 培养学生严谨求实、崇尚科学、尊重生命的职业素质，激发学生求知欲并增强其责任感和使命感。

第1节　脂类的消化和吸收

一、脂肪的消化和吸收

食物中的脂类主要为脂肪，此外还有少量磷脂、胆固醇及其酯和一些游离的脂肪酸。

（一）脂肪的消化

脂肪在成人的口腔和胃中不能被消化，因为口腔中没有消化脂肪的酶；胃中虽有少量脂肪酶，但此酶只有在中性pH时才有活性。婴儿胃酸浓度低，胃液pH接近中性，脂肪尤其是乳脂在胃中可被部分消化。

脂肪的消化主要在小肠进行。通过小肠蠕动及胆汁中胆汁酸盐（强乳化剂）的作用，食物中脂肪被乳化并被分散成水包油型的细小微团，从而提高了脂肪的溶解度，增加了酶与脂肪的接触面积，有利于脂肪的消化。分泌入小肠的胰液中包含消化脂肪的酶类，主要是胰脂肪酶和辅脂肪酶。胰脂肪酶特异性催化甘油三酯的1位及3位酯键水解，生成甘油一酯和两分子脂肪酸。此反应需要辅脂肪酶参与，其作用是将胰脂肪酶吸附在水油界面上，并与脂肪结合，从而辅助胰脂肪酶充分发挥水解脂肪的作用。

（二）脂肪的吸收

脂肪的吸收主要在十二指肠下段和空肠上段。中链（6～10碳）及短链（2～4碳）脂肪酸构成的甘油三酯，经胆汁酸盐乳化后直接被吸收入肠黏膜细胞，然后在脂肪酶的作用下水解为脂肪酸和甘油，经门静脉进入血液循环；长链脂肪酸（12～26碳）及甘油一酯吸收入肠黏膜细胞后，在脂酰CoA合成酶的催化下，重新合成甘油三酯，然后与载脂蛋白、磷脂、胆固醇等组成乳糜微粒（chylomicron，CM），经淋巴进入血液循环。

二、类脂的消化和吸收

（一）磷脂的消化和吸收

食物中的磷脂在小肠中进行消化。主要由胰液中所含的磷脂酶A_2催化磷脂的第2位酯键水解，生成脂肪酸与溶血磷脂。

在胆盐协助下，约25%的磷脂不经过消化就可直接被肠黏膜吸收入肝，但大部分还是水解后才被吸收。吸收的磷脂水解产物在肠壁重新合成磷脂分子，再进入血液到达全身。

（二）胆固醇的消化和吸收

食物所含的胆固醇，一部分与脂肪酸结合形成胆固醇酯，另一部分以游离状态存在。进入小肠后，胆固醇酯在胰液和肠液中胆固醇酯酶的催化下生成游离胆固醇及脂肪酸。

胆固醇是脂溶性物质，需借助胆汁酸盐的乳化才能被吸收进入肠黏膜细胞。吸收后的胆固醇约2/3在酶的催化下重新酯化成胆固醇酯，然后经淋巴管进入血液。未被吸收的胆固醇在小肠下段及结肠被细菌还原转化为类固醇随粪便排出。

第2节　脂肪的代谢

在正常的生理条件下，体内脂肪的分解和合成处于动态平衡，即体内的脂肪处于不断自我更新中。脂肪组织和肝内的脂肪更新率较高，其次为肠黏膜，肌肉、皮肤和神经组织的更新率最低。

一、脂肪的分解代谢

（一）脂肪的动员

脂肪组织中的脂肪在一系列脂肪酶的作用下，水解生成脂肪酸和甘油，并释放入血以供其他组织利用的过程，称为脂肪动员（图9-1）。脂肪组织中含有的脂肪酶包括甘油三酯脂肪酶、甘油二酯脂肪酶及甘油一酯脂肪酶。其中甘油三酯脂肪酶活性最低，是甘油三酯水解的限速酶。由于甘油三酯脂肪酶的活性受多种激素的调控，故又称为激素敏感性脂肪酶。

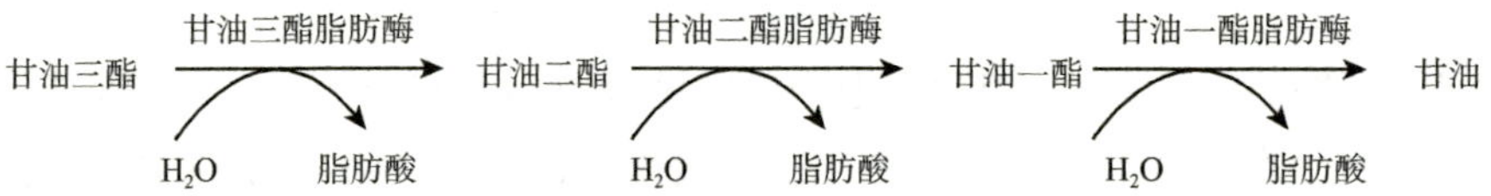

图9-1　脂肪动员的过程

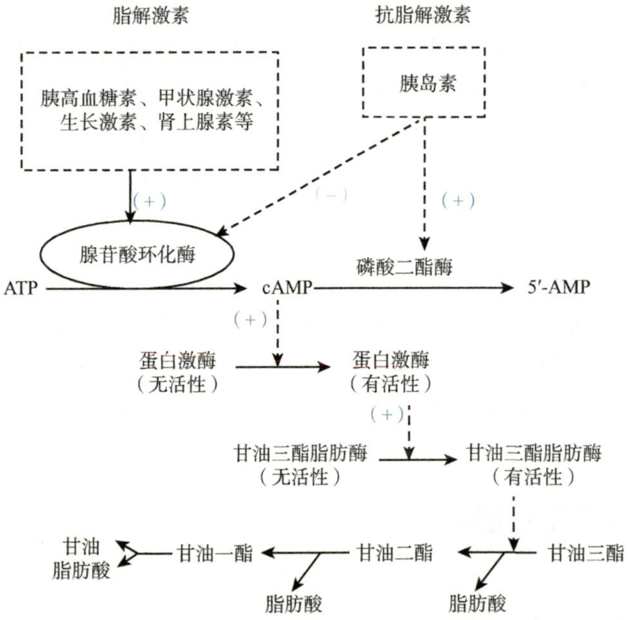

图9-2　激素调节脂肪动员作用机制

（+）促进，（−）抑制

肾上腺素、胰高血糖素、甲状腺激素、去甲肾上腺素、肾上腺皮质激素、生长激素、促甲状腺激素等激素被称为脂解激素——它们能直接或协同增强腺苷酸环化酶的活性，使细胞内cAMP水平升高，进而激活蛋白激酶；蛋白激酶催化无活性的甘油三酯脂肪酶磷酸化为有活性的甘油三酯脂肪酶，从而促进脂肪动员。胰岛素既能抑制腺苷酸环化酶的活性，又能提高磷酸二酯酶的活性，所以降低了cAMP的水平，从而使甘油三酯脂肪酶的活性下降，脂肪动员被抑制，故被称为抗脂解激素（图9-2）。

当机体处于兴奋或饥饿状态时，脂解激素分泌增加，甘油三酯的分解随之增加，于是血液中游离脂肪酸的含量升高，脂肪酸在体内通过氧化分解释放大量能量以满足机体的需要。

（二）甘油的代谢

肌肉和脂肪组织因甘油激酶活性很低，故不能很好地利用甘油。脂肪动员所产生的甘油可直接由血液运输到肝、肾和小肠黏膜等组织的细胞，在甘油激酶催化下，由ATP提供能量生成*α*-磷酸甘油，再在*α*-磷酸甘油脱氢酶的作用下脱氢生成磷酸二羟丙酮。磷酸二羟丙酮可沿糖有氧氧化途径继续分解并释放能量；缺氧时也可经无氧氧化途径生成乳酸；还可沿糖异生途径转变为葡萄糖或糖原（图9-3）。

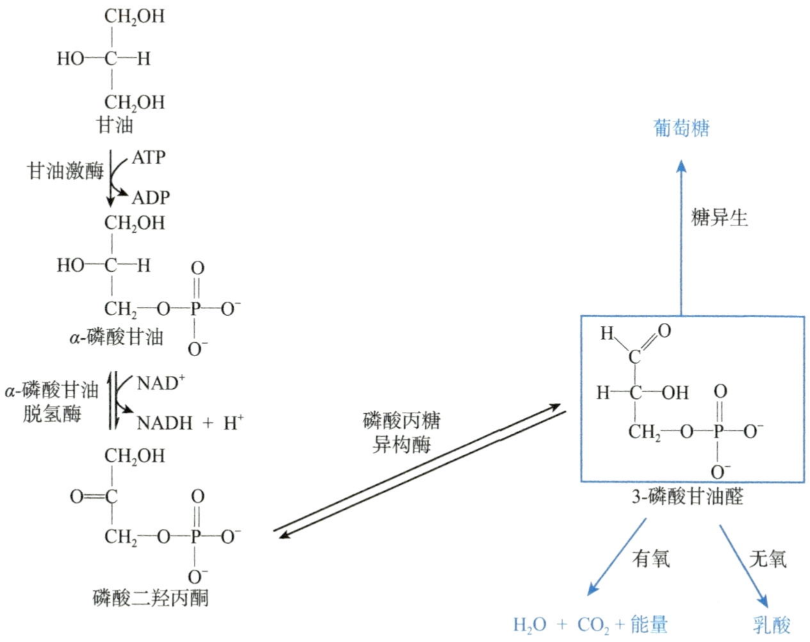

图9-3 甘油的代谢途径

由于甘油在整个脂肪分子中所占比例很小，所以脂肪氧化提供的能量，主要来自脂肪酸。

（三）脂肪酸的氧化分解

在O_2供给充足的条件下，脂肪酸可在体内彻底氧化生成CO_2和H_2O，并产生大量ATP，因此脂肪酸是机体的主要能量来源之一。除脑组织与成熟的红细胞外，大多数组织均可氧化脂肪酸，但以肝和肌肉最为活跃。脂肪酸最主要的氧化形式是*β*-氧化，其氧化过程比较复杂，现人为划分为四个阶段：胞质溶胶中脂肪酸的活化、脂酰CoA进入线粒体、线粒体内脂酰CoA的*β*-氧化、乙酰CoA的彻底氧化。

1. 胞质溶胶中脂肪酸的活化 脂肪酸经脂酰CoA合成酶催化生成脂酰CoA的过程称为脂肪酸的活化。此反应在胞质溶胶中进行，需ATP供能，有CoA和Mg^{2+}参与。

$$\text{RCOOH+CoA+ATP} \xrightarrow{\text{脂酰CoA合成酶}} \text{RCO}\sim\text{SCoA+AMP+PPi}$$

生成的脂酰CoA（RCO～SCoA）是一种高能化合物，水溶性增强，从而提高了脂肪酸的代谢活性。反应过程中生成的焦磷酸（PPi）立即被细胞内的焦磷酸酶水解生成2分子无机磷酸，阻止了逆向反应的进行。1分子脂肪酸活化，实际上消耗了2个高能磷酸键（相当于消耗了2分子ATP）。

2. 脂酰CoA进入线粒体 催化脂酰CoA氧化分解的酶存在于线粒体基质内，因此脂酰CoA必须进入线粒体内才能被氧化分解。中、短链脂肪酸被活化后，可直接进入线粒体内膜被氧化；长链脂酰CoA不能自由通过线粒体内膜进入基质，需要肉碱作为脂酰基的载体，并需要肉碱脂酰转移酶Ⅰ（CATⅠ）、转位酶和肉碱脂酰转移酶Ⅱ（CATⅡ）的作用，转运过程见图9-4。肉碱脂酰转移酶Ⅰ是脂肪酸氧化的限速酶，在饥饿或糖尿病时，肉碱脂酰转移酶Ⅰ的活性增强，脂肪酸氧化加强。饱食后肉碱脂酰转移酶Ⅰ的活性降低，脂肪酸氧化分解减弱。

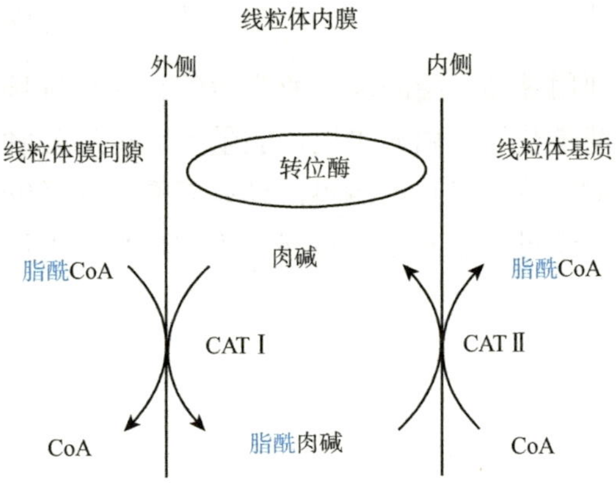

图9-4 脂酰CoA进入线粒体基质

3. 线粒体内脂酰CoA的β-氧化 脂酰CoA进入线粒体基质后，在脂肪酸氧化酶系的作用下进行脱氢、加水、再脱氢和硫解四步连续反应，使脂酰CoA断裂生成1分子乙酰CoA和比原来少2个碳原子的脂酰CoA。由于其氧化过程是从脂酰基的β-碳原子开始，故称为β-氧化。其过程如下。

（1）脱氢 脂酰CoA在脂酰CoA脱氢酶的催化下，其α-碳原子和β-碳原子上各脱去1个氢原子，生成α，β-烯脂酰CoA，脱下的2H由FAD接受生成$FADH_2$。

（2）加水 α，β-烯脂酰CoA在α，β-烯脂酰CoA水化酶的催化下，在其双键上加水，即α-碳原子上加氢、β-碳原子上加羟基，生成L-β-羟脂酰CoA。

（3）再脱氢 L-β-羟脂酰CoA在L-β-羟脂酰CoA脱氢酶的催化下，脱去β-碳原子和羟基上的H，生成β-酮脂酰CoA，脱下的2H由NAD^+接受生成$NADH + H^+$。

（4）硫解 β-酮脂酰CoA在β-酮脂酰CoA硫解酶的催化下，与1分子CoA反应，使α-碳原子与β-碳原子之间的化学键断裂，生成1分子乙酰CoA和1分子比原来少2个碳原子的脂酰CoA。新生成的脂酰CoA可继续重复上述4步反应。偶数碳原子的脂酰CoA经过β-氧化可完全分解为乙酰CoA见图9-5。

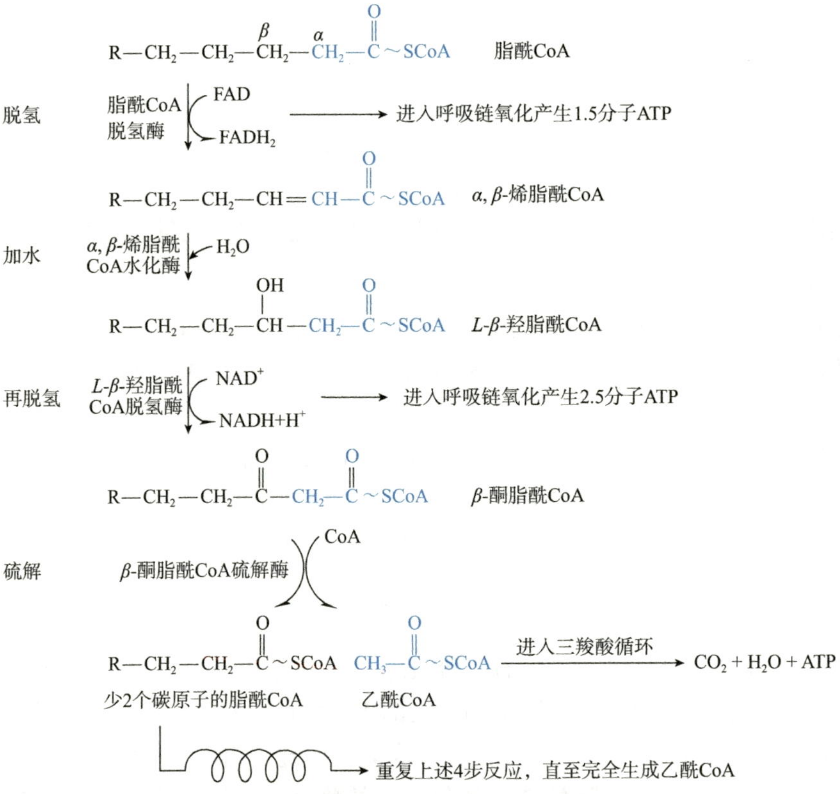

图9-5 偶数碳原子脂肪酸的β-氧化过程

4. 乙酰CoA的彻底氧化 脂肪酸β-氧化生成的乙酰CoA主要通过三羧酸循环彻底氧化生成CO_2和H_2O，并释放能量，也可以转变为其他中间代谢产物。

脂肪的重要生理功能之一是氧化供能，脂肪酸氧化分解是体内能量的重要来源。脂肪酸每经过一次β-氧化可产生4分子ATP（图9-5），每分子乙酰CoA经三羧酸循环彻底氧化可产生10分子ATP。

现以16碳的软脂酸为例，计算其彻底氧化所释放的能量。1分子软脂酸需进行7次β-氧化，生成7分子$FADH_2$、7分子$NADH + H^+$及8分子乙酰CoA。因此1分子软脂酸彻底氧化共生成$7 \times 4ATP + 8 \times 10\ ATP = 108ATP$，减去脂肪酸活化时消耗的2分子ATP，净生成106分子ATP。按1mol ATP水解释放的自由能为30.54kJ，则106mol ATP生成的自由能为3237kJ，而1mol软脂酸在体外彻底氧化生成CO_2和H_2O时，释放的自由能为9795kJ，因此在正常情况下机体对软脂酸氧化的能量利用率为33%，其余以热能的形式释放，以维持体温的恒定。

（四）酮体的生成和利用

脂肪酸在肝外组织（如心肌、骨骼肌等）经β-氧化生成的乙酰CoA可进入三羧酸循环彻底氧化供能；而在肝中经β-氧化产生的乙酰CoA只有少部分进入三羧酸循环彻底氧化，大部分则转变为酮体。酮体包括乙酰乙酸（约占30%）、β-羟丁酸（约占70%）和极少量的丙酮。酮体是脂肪酸在肝中正常分解代谢形成的特有中间代谢物。

1. 酮体的生成 酮体合成的部位为肝细胞的线粒体，合成原料是脂肪酸经β-氧化生成的大量乙酰CoA。酮体合成的全过程如图9-6所示。

（1）2分子乙酰CoA在硫解酶的催化下，生成乙酰乙酰CoA，并释出1分子CoA。

（2）乙酰乙酰CoA在β-羟基-β-甲基戊二酸单酰CoA（HMG-CoA）合成酶的催化下，与1分子乙酰CoA缩合生成HMG-CoA，并释出1分子CoA。HMG-CoA合成酶是酮体合成的限速酶。

（3）HMG-CoA在HMG-CoA裂解酶的催化下，裂解生成乙酰乙酸和乙酰CoA。大部分乙酰乙酸在β-羟丁酸脱氢酶的催化下，由$NADH + H^+$供氢还原生成β-羟丁酸，少量乙酰乙酸由脱羧酶催化或自发脱羧生成丙酮。

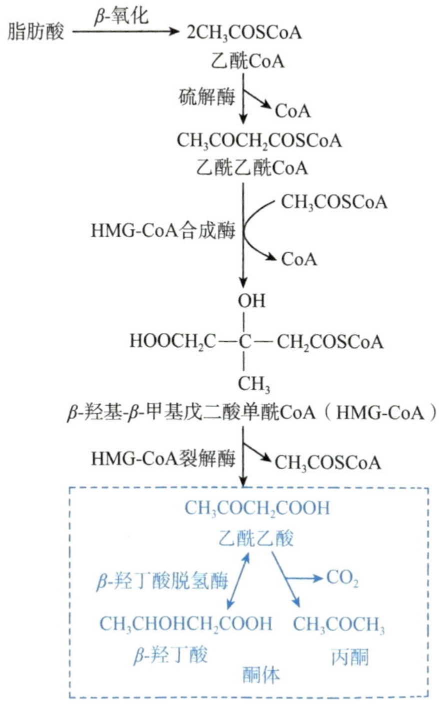

图9-6 酮体合成的过程

2. 酮体的利用 肝脏虽有活性很强的生成酮体的酶系，但缺乏利用酮体的酶。肝外许多组织，特别是骨骼肌、心肌、脑等都具有活性很强的利用酮体的酶系。酮体中的β-羟丁酸和乙酰乙酸在这些酶的催化作用下转化为乙酰CoA，进入三羧酸循环彻底氧化。而丙酮因具挥发性，多从呼吸道呼出或随尿排出体外。酮体利用的过程见图9-7。

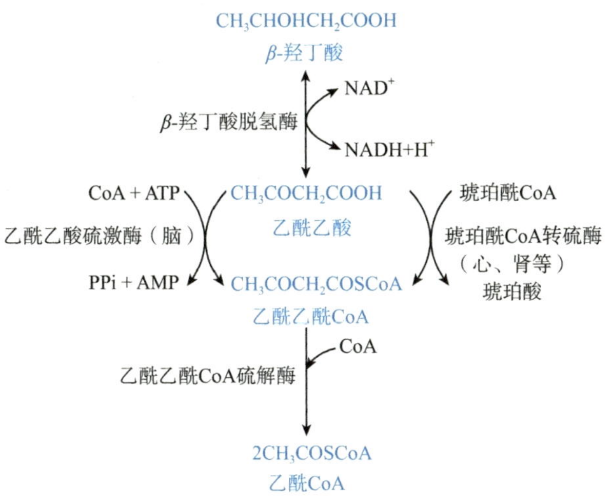

图9-7 酮体利用的过程

3. 酮体代谢的生理意义 酮体是肝向肝外组织输出能源的一种形式。酮体分子较小，易溶于水，能够通过血脑屏障和肌组织的毛细血管壁，是肌肉尤其是脑组织的重要能源。因此，在长期饥饿或糖供应不足时，酮体可代替葡萄糖成为脑组织和肌肉的主要能源。

考点： 脂肪动员过程，甘油氧化分解过程，脂肪酸氧化分解过程及生成ATP的数目，酮体的概念、种类，酮体合成的部位、代谢的特点及生理意义

链接 糖尿病酮症酸中毒

糖尿病酮症酸中毒是糖尿病最常见的急性并发症之一。临床表现以发病急、病情重、变化快为特点，早期呈糖尿病症状加重，随后出现食欲减退、恶心、呕吐、腹痛、呼吸深大、呼气中有烂苹果味，且尿中出现酮体；较重者出现明显失水、血压下降、意识模糊、嗜睡以致昏迷。本症的生物化学机制主要是由于糖代谢紊乱，脂肪动员加强，酮体生成增多，超过了肝外组织的利用能力，引起血中酮体含量升高，称为酮血症。血中酮体含量超过肾酮阈值时尿中出现酮体，称为酮尿症。由于乙酰乙酸、*β*-羟丁酸是较强的酸性物质，在血液中含量升高会引起酮症酸中毒。

正常情况下，血中酮体的量很少，为0.03～0.5mmol/L。若长期饥饿、高脂低糖膳食或严重糖尿病时，脂肪动员加强，造成酮体生成增多。

二、脂肪的合成代谢

脂肪的合成有两种途径：一种是利用从食物中消化吸收的甘油一酯和脂肪酸合成脂肪，但这种来源的很少；另一种是将糖类等物质转变为脂肪，这是体内脂肪的主要来源。人体几乎所有组织都能合成脂肪，但肝和脂肪组织是合成脂肪的主要部位。脂肪的分解主要在线粒体中进行，而合成是在胞质溶胶中进行的。脂肪的合成原料是*α*-磷酸甘油和脂酰CoA。

（一）脂肪酸的生物合成

1. 合成部位 人体内的脂肪酸除来自小肠吸收外，主要在体内合成。机体许多组织（如肝、肾、脑、肺、乳腺及脂肪等）的胞质溶胶中含有脂肪酸合成酶系，均能合成脂肪酸，其中肝是合成脂肪酸的主要场所。

2. 合成原料 合成脂肪酸的直接原料是乙酰CoA。凡是在体内能分解生成乙酰CoA的物质都能用于合成脂肪酸，但乙酰CoA主要来自葡萄糖的有氧氧化。此外，合成过程还需要供氢体NADPH + H^+、ATP、HCO_3^-（CO_2）、Mn^{2+}、生物素等。

糖氧化分解产生大量乙酰CoA。乙酰CoA主要存在于线粒体中，而合成脂肪酸的场所为胞质溶胶，所以乙酰CoA要从线粒体转运到胞质溶胶中，这就需要依靠柠檬酸-丙酮酸循环来实现。

柠檬酸-丙酮酸循环过程如图9-8所示：乙酰CoA首先在线粒体内与草酰乙酸缩合生成柠檬酸，然后通过线粒体内膜上的载体转运进入胞质溶胶；在胞质溶胶中，柠檬酸在柠檬酸裂解酶的作用下裂解生成乙酰CoA及草酰乙酸，乙酰CoA用以合成脂肪酸，而草酰乙酸则在苹果酸脱氢酶的作用下还原成苹果酸，苹果酸经线粒体内膜载体转运入线粒体或在苹果酸酶的作用下分解为丙酮酸后转运入线粒体，最终均形成线粒体内的草酰乙酸，继续参与乙酰CoA的转运。

3. 脂肪酸的合成 乙酰CoA在脂肪酸合成酶系的催化下，在胞质溶胶中以丙二酸单酰CoA为基础进行连续的反应生成软脂酸。

（1）丙二酸单酰CoA的合成 乙酰CoA进入胞质溶胶后，首先在乙酰CoA羧化酶催化下羧化生成丙二酸单酰CoA，此反应不可逆，是脂肪酸合成的关键步骤。

$$\underset{\text{乙酰CoA}}{H_3C-\overset{\overset{O}{\|}}{C}\sim SCoA} + ATP + CO_2 \xrightarrow[\text{生物素，}Mn^{2+}]{\text{乙酰 CoA 羧化酶}} \underset{\text{丙二酸单酰CoA}}{HOOC-CH_2-\overset{\overset{O}{\|}}{C}\sim SCoA} + ADP + Pi$$

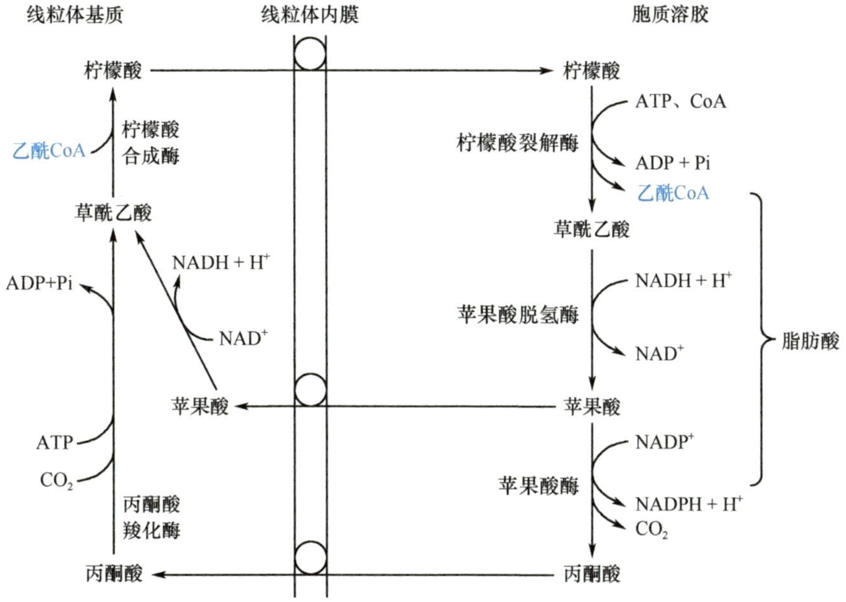

图9-8 柠檬酸-丙酮酸循环

乙酰CoA羧化酶是脂肪酸合成的限速酶，辅基为生物素，Mn^{2+}为激活剂。它可以受到变构调节，柠檬酸和异柠檬酸是此酶的变构激活剂，长链脂酰CoA是它的变构抑制剂。

（2）软脂酸的合成　软脂酸合成过程非常复杂，并不是其氧化过程的逆过程。软脂酸合成的各步反应均在酰基载体蛋白（acyl carrier protein，ACP）上进行，ACP 是一个分子量为1.0×10^4Da的多肽类辅基，与辅酶A相似，是脂酰基的载体。

合成过程可概括为：①丙二酸单酰-ACP和乙酰-ACP的生成。丙二酸单酰CoA在丙二酸单酰CoA-ACP酰基转移酶催化下将丙二酸单酰基转移到ACP上，生成丙二酸单酰-ACP。乙酰CoA由乙酰CoA-ACP酰基转移酶催化将乙酰基转移到ACP上生成乙酰-ACP。乙酰-ACP在β-酮脂酰合成酶催化下，乙酰基从ACP转移到酶分子的巯基上。②缩合反应。由β-酮脂酰合成酶催化。该酶所结合的乙酰基转移到丙二酸单酰-ACP的第二个碳原子上，分裂出CO_2后生成乙酰乙酰-ACP。③第一次还原反应。乙酰乙酰-ACP由β-酮脂酰-ACP还原酶催化，由NADPH提供氢还原成β-羟丁酰-ACP。④脱水反应。由β-羟脂酰-ACP脱水酶催化，β-羟丁酰-ACP脱水生成α，β-烯丁酰-ACP。⑤第二次还原反应。α，β-烯丁酰-ACP由烯脂酰-ACP还原酶催化，由NADPH提供氢，还原成饱和的丁酰-ACP。

生成的丁酰-ACP比开始的乙酰-ACP增加了两个碳原子，然后丁酰基再从ACP转移到β-酮脂酰合成酶的巯基上，与丙二酸单酰-ACP上的第二个碳起缩合反应，同时脱去CO_2，如此重复缩合、还原、脱水、还原的4步反应……每重复1次增加2个碳原子，经过7次重复合成软脂酰-ACP，再经硫酯酶作用脱去ACP生成软脂酸。

开始合成软脂酸的乙酰-ACP构成软脂酸的15、16位的碳原子。软脂酸其他位置的碳原子虽来自丙二酸单酰CoA，但实际上分解出CO_2后仍是乙酰CoA上的2个碳原子，所以脂肪酸合成的全部碳原子均来自乙酰CoA。

软脂酸是由1分子乙酰CoA和7分子丙二酸单酰CoA在脂肪酸合成酶系的催化下，由NADPH + H^+供氢而合成。总反应式为：

$$\underset{\text{乙酰CoA}}{H_3C-\overset{O}{\overset{\|}{C}}\sim SCoA} + \underset{\text{丙二酸单酰CoA}}{7HOOC-CH_2-\overset{O}{\overset{\|}{C}}\sim SCoA} + 14NADPH + 14H^+ \xrightarrow{\text{脂肪酸合成酶系}}$$

$$\underset{\text{软脂酸}}{CH_3(CH_2)_{14}COOH} + 6H_2O + 7CO_2 + 14NADP^+ + 8CoA$$

（3）软脂酸合成后的加工　脂肪酸合成酶系催化合成的脂肪酸是软脂酸，机体可根据需要对软脂酸加以改造，使碳链延长、缩短或脱饱和，以合成机体需要的各种非必需脂肪酸。

（二）α-磷酸甘油的合成

α-磷酸甘油的合成有两条途径（图9-9）：①在甘油激酶的催化下，甘油进行磷酸化生成α-磷酸甘油。②糖无氧氧化产生的磷酸二羟丙酮还原生成α-磷酸甘油。

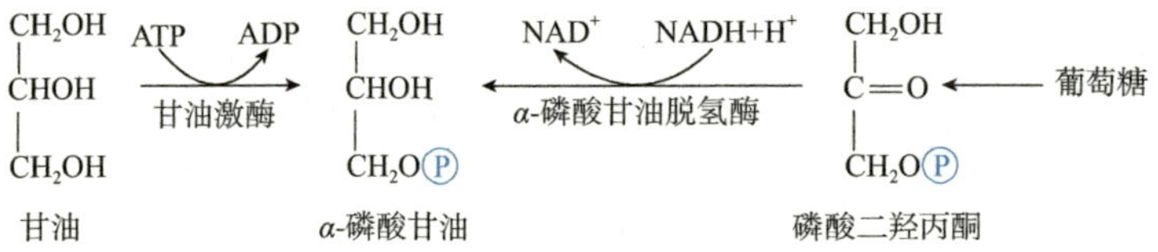

图9-9　α-磷酸甘油的来源

（三）脂肪的生物合成

脂肪酸合成后，先经活化转变为脂酰CoA。2分子脂酰CoA和1分子α-磷酸甘油在脂酰基转移酶的催化下，生成磷脂酸。在磷脂酸磷酸酶作用下，磷脂酸脱去磷酸生成甘油二酯。甘油二酯再与1分子脂酰CoA在脂酰基转移酶的催化下反应生成甘油三酯，即脂肪（图9-10）。

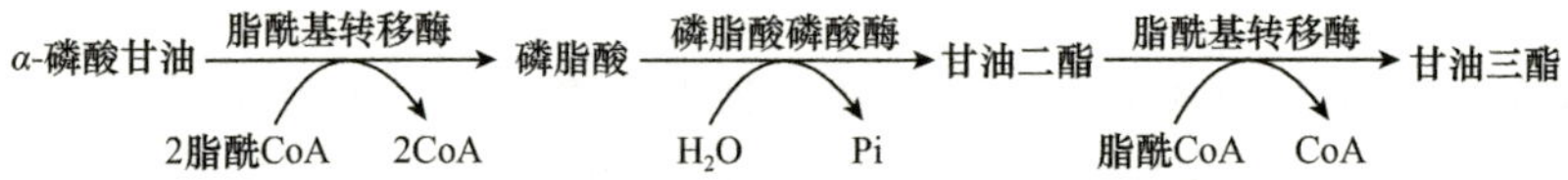

图9-10　脂肪的合成过程

考点：脂肪酸合成的部位、原料、供氢体、限速酶

第3节　类脂的代谢

一、磷脂的代谢

（一）甘油磷脂的代谢

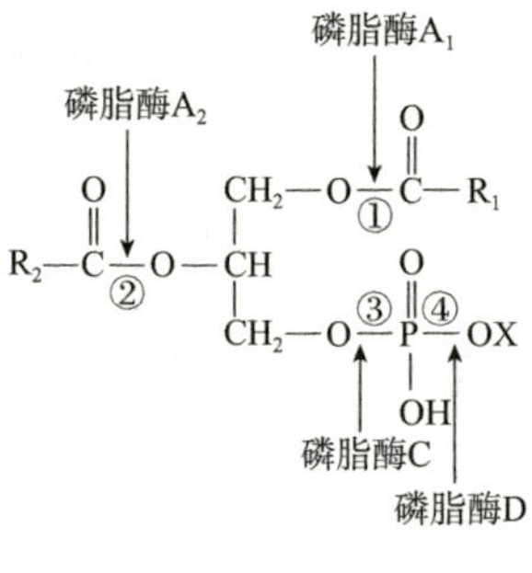

图9-11　磷脂酶对甘油磷脂的水解

1.甘油磷脂的分解　体内甘油磷脂的分解由多种磷脂酶催化，作用部位如图9-11所示。其中，磷脂酶A_1作用于①位（α-酯键），生成脂肪酸和溶血磷脂2；磷脂酶A_2作用于②位（β-酯键），生成脂肪酸和溶血磷脂1；磷脂酶C作用于③位（磷酸酯键），生成甘油二酯和磷酸胆碱或磷酸乙醇胺等；磷脂酶D作用于④位（磷酸与含氮碱之间的酯键），生成磷脂酸和胆碱或乙醇胺等含氮碱。

溶血磷脂1和溶血磷脂2均具有溶血作用，能使红细胞膜或其他细胞膜破裂引起溶血或细胞坏死。

甘油磷脂分解产生的脂肪酸、溶血磷脂、甘油二酯及胆碱或乙醇胺等可以进一步分解。例如，溶血磷脂1在磷脂酶B作用下分解为脂肪酸和甘油磷酸胆碱（或甘油磷酸乙醇胺等），后者经水解生成α-磷酸甘油和胆碱（或乙醇胺等）；甘油二酯、脂肪酸可彻底氧化分解，生成二氧化碳和水；α-磷酸甘油可脱氢生成磷酸二羟丙酮，进入糖有氧氧化途径；乙醇胺可在体内完全氧化分解；胆碱经氧化和脱甲基可生成甘氨酸，脱下的甲基可用于其他化合物的合成等。另外，胆碱、乙醇胺、磷酸胆碱或磷酸乙醇胺等也可以参加磷脂的再合成。

2. 甘油磷脂的合成

（1）合成部位　全身各组织细胞的内质网均含有合成甘油磷脂的酶系，均能合成甘油磷脂，但以肝、肾、肠等组织最活跃。

（2）合成原料及辅助因子　合成甘油磷脂的原料有甘油二酯、脂肪酸、磷酸盐、胆碱、乙醇胺、丝氨酸、肌醇等，还需要ATP、CTP供能。另外，叶酸和维生素B_{12}作为辅助因子也参与甘油磷脂的合成。甘油和脂肪酸主要由葡萄糖代谢转化而来，但甘油C_2上的多不饱和脂肪酸必须从食物摄取。胆碱和乙醇胺可由食物提供，也可由丝氨酸在体内转变而来。丝氨酸和肌醇主要来自食物。

（3）合成过程　下面以磷脂酰乙醇胺（脑磷脂）和磷脂酰胆碱（卵磷脂）为例，介绍甘油磷脂的合成过程（图9-12）。

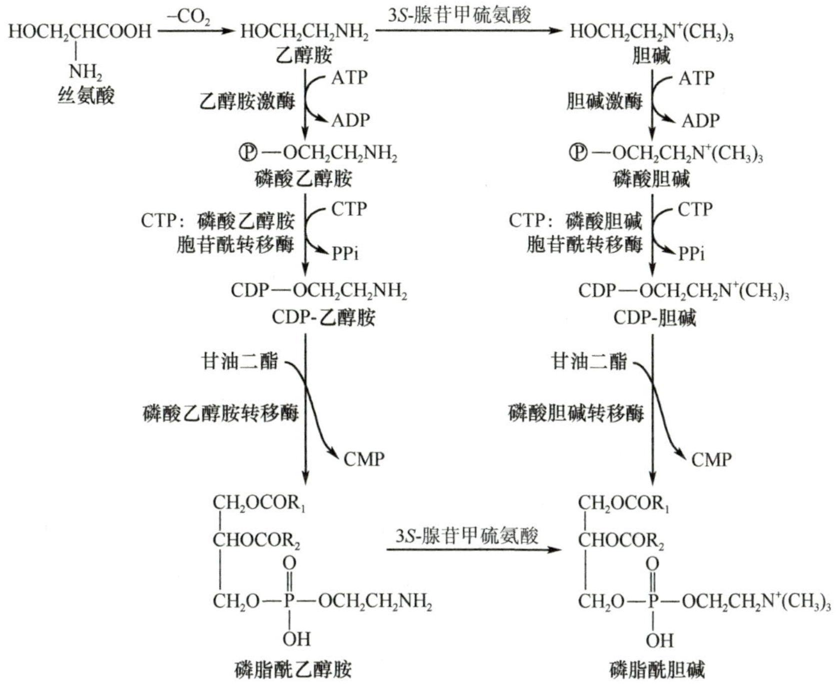

图9-12　磷脂酰乙醇胺和磷脂酰胆碱的合成

1）CDP-乙醇胺和CDP-胆碱的合成　丝氨酸脱羧生成乙醇胺，乙醇胺可接受*S*-腺苷甲硫氨酸的甲基转变为胆碱，然后乙醇胺和胆碱分别在相应激酶的作用下，由ATP供能，生成磷酸乙醇胺和磷酸胆碱，再被CTP活化，生成CDP-乙醇胺和CDP-胆碱。

2）磷脂酰乙醇胺和磷脂酰胆碱的合成　CDP-乙醇胺和CDP-胆碱分别与甘油二酯在磷酸乙醇胺转移酶与磷酸胆碱转移酶的作用下，生成磷脂酰乙醇胺和磷脂酰胆碱。此外，磷脂酰胆碱也可由磷脂酰乙醇胺甲基化直接生成。

（二）鞘磷脂的代谢

现以神经鞘磷脂为例介绍其分解代谢与合成代谢。

1. 神经鞘磷脂的分解　神经鞘磷脂的水解是在神经鞘磷脂酶的催化下进行的。神经鞘磷脂酶存在于脑、肝、脾、肾等细胞的溶酶体中，能水解磷酸酯键，将神经鞘磷脂降解为*N*-脂酰鞘氨醇和磷酸胆碱。先天性缺乏神经鞘磷脂酶，会导致神经鞘磷脂不能分解而广泛沉积于全身各器官的单核巨噬细胞系统和神经系统内，引起肝脾肿大、淋巴结肿大及皮肤色素沉着等表现，临床上称为尼曼-皮克病。

2. 神经鞘磷脂的合成　全身各组织细胞都能合成神经鞘磷脂，但以脑组织最为活跃。合成的原料有脂肪酰CoA、磷酸、丝氨酸和胆碱等。

软脂酸CoA和丝氨酸在3-酮二氢鞘氨醇合成酶及磷酸吡哆醛的催化下，生成3-酮二氢鞘氨醇，后者由NADPH + H^+参与，生成二氢鞘氨醇；然后二氢鞘氨醇在脱氢酶的催化下生成鞘氨醇。鞘氨醇在脂酰转移酶的催化下，其氨基与脂酰CoA进行酰胺缩合，生成*N*-脂酰鞘氨醇，后者与磷脂酰胆碱反应生成神经鞘磷脂。

考点：催化甘油磷脂分解的酶，甘油磷脂的合成部位、原料

二、胆固醇的代谢

胆固醇是构成生物膜的重要成分，人体内胆固醇总量约140g，广泛分布于全身各组织中。

人体内的胆固醇仅少量从食物中摄取，主要由机体自身合成，成人每天合成1.0～1.5g。外源性的食物胆固醇主要来源于动物性食物，如肝、脑、肉类、蛋黄、奶油等；植物性食物不含胆固醇，而含有植物固醇，以谷固醇最多；酵母中含有麦角固醇。植物固醇和麦角固醇不易被人体吸收，摄入较多时还可以抑制胆固醇的吸收。

（一）胆固醇的合成

1. 合成部位 除成人脑组织及成熟红细胞外，几乎全身各组织都可合成胆固醇。肝脏是胆固醇合成的主要场所，其合成量占总量的70%～80%，其次为小肠，可占总量的10%。合成胆固醇的酶系主要分布在胞质溶胶及内质网上。胆固醇合成有明显的昼夜节律性，午夜时合成速率最高，而中午时合成速率最低，主要是肝HMG-CoA还原酶活性有昼夜节律性所致。

2. 合成原料 乙酰CoA是合成胆固醇的原料，此外还需要ATP供能和NADPH + H^+供氢。每合成1分子胆固醇需要18分子乙酰CoA、36分子ATP及16分子NADPH + H^+。乙酰CoA及ATP主要来自糖的有氧氧化及脂肪酸的*β*-氧化，而NADPH + H^+主要来自胞质溶胶中的磷酸戊糖途径，因此，糖是胆固醇合成原料的主要来源，高糖饮食可引起血浆胆固醇升高。

乙酰CoA在线粒体中生成，而胆固醇合成酶系存在于胞质溶胶和滑面内质网膜上。乙酰CoA主要通过柠檬酸-丙酮酸循环转移至胞质溶胶，再参与胆固醇的合成。

3. 合成过程 胆固醇合成过程比较复杂，大致可分为三个阶段。

（1）甲羟戊酸（MVA）的合成 在胞质溶胶中，首先由2分子乙酰CoA在乙酰乙酰CoA硫解酶的催化下缩合成乙酰乙酰CoA，然后再由HMG-CoA合成酶催化，与1分子乙酰CoA缩合生成HMG-CoA。HMG-CoA在内质网HMG-CoA还原酶催化下被还原生成甲羟戊酸（MVA），反应由NADPH + H^+供氢。HMG-CoA还原酶是胆固醇合成的限速酶。

（2）鲨烯的合成 MVA在一系列酶的催化下，由ATP提供能量，经磷酸化、脱羧基、脱羟基等反应生成二甲基丙烯焦磷酸（DPP），然后3分子DPP缩合成15碳的焦磷酸法尼酯（FPP），2分子FPP再缩合、还原成30碳的多烯烃化合物——鲨烯。

（3）胆固醇的合成 鲨烯结合在胞质溶胶中的固醇载体蛋白上进入内质网，经加单氧酶、环化酶等作用，环化生成羊毛固醇，后者再经氧化、脱羧、还原等反应，脱去3个碳原子（以CO_2的形式）生成27碳的胆固醇。（图9-13）

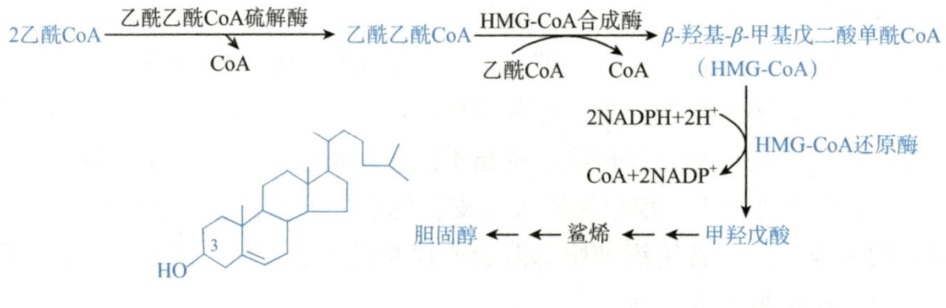

图9-13 胆固醇的合成

（4）胆固醇的酯化　细胞内和血浆中游离的胆固醇都可以被酯化成胆固醇酯。在组织细胞内，游离胆固醇可在脂酰CoA胆固醇脂酰转移酶的催化下，接受脂酰CoA的脂酰基形成胆固醇酯。在血浆中，卵磷脂胆固醇酰基转移酶（LCAT）催化磷脂酰胆碱第2位碳原子的脂酰基转移至胆固醇3位羟基上，生成胆固醇酯和溶血磷脂酰胆碱。

4. 胆固醇合成的调节　HMG-CoA还原酶是胆固醇合成的限速酶，各种调节因素主要是通过改变HMG-CoA还原酶的活性来调节胆固醇的合成。

（1）胆固醇的反馈调节　当体内胆固醇含量升高时，会反馈性抑制肝HMG-CoA还原酶活性，使内源性胆固醇合成减少。小肠黏膜细胞胆固醇的合成不受此反馈调节。

（2）激素的调节　胰岛素能诱导HMG-CoA还原酶的合成，从而增加胆固醇的合成。胰高血糖素和糖皮质激素能抑制HMG-CoA还原酶的活性，使胆固醇的合成减少。甲状腺激素一方面可提高HMG-CoA还原酶的活性，增加胆固醇的合成，另一方面还可促进胆固醇向胆汁酸转化，且后一作用较强，所以甲状腺功能亢进患者血清胆固醇含量常降低。

（3）饥饿与饱食　饥饿不仅使HMG-CoA还原酶的合成减少、活性降低，而且也可引起胆固醇合成原料不足，从而减少胆固醇的合成；相反，机体长期过多摄入糖或脂肪后，HMG-CoA还原酶的活性升高，胆固醇的合成就增加。

（4）药物作用　某些药物如洛伐他汀或辛伐他汀等，结构与HMG-CoA相似，能竞争性抑制HMG-CoA还原酶的活性，减少体内胆固醇的合成。

（二）胆固醇的转化与排泄

1. 胆固醇的转化　胆固醇的母核——环戊烷多氢菲在体内不能被降解，但其侧链可被氧化、还原或降解，从而转化为其他有生理活性的类固醇化合物。

（1）转化为胆汁酸　人体内约有80%的胆固醇在肝内转变为胆酸，胆酸再与甘氨酸或牛磺酸结合生成胆汁酸。胆汁酸以钠盐或钾盐的形式存在称为胆汁酸盐，随胆汁经胆囊排入肠道，促进脂类及脂溶性维生素的消化吸收。大部分肠道胆汁酸可以重吸收回到肝脏，会同肝脏新合成的胆汁酸一起排入肠道再利用，形成胆汁酸的肠肝循环。

（2）转化为类固醇激素　胆固醇是某些内分泌腺合成类固醇激素的原料。例如，在肾上腺皮质细胞内可转变成肾上腺皮质激素；在睾丸间质细胞内可合成睾酮等雄性激素；在卵巢的卵泡内膜细胞及黄体中可合成黄体酮及雌性激素。

（3）转化为维生素D_3　在肝、小肠黏膜等处，胆固醇可脱氢生成7-脱氢胆固醇，后者储存于皮下，再经日光中的紫外线照射转变为维生素D_3。

2. 胆固醇的排泄　在体内，胆固醇主要是形成胆汁酸盐排入肠腔；还有一部分可混合在胆汁内直接排到肠道。在肠腔内，胆固醇可随同食物胆固醇被吸收；也可在细菌的作用下，还原为粪固醇再排出。未被重吸收的胆汁酸盐可直接经粪便排出。

*考点：*胆固醇合成的部位、原料、供氢体、限速酶及转化产物

第4节　脂类的储存和运输

一、脂类在体内的储存

脂肪是人体最主要的能量储存形式，脂肪组织是储存脂肪的主要场所。

食物中的脂肪经人体消化吸收后，进入血液循环，以脂蛋白的形式运输至全身各组织器官，被各组织摄取后氧化供能，或在肝、脂肪组织、肠壁进行脂肪酸碳链长短和饱和度的改造后，形成机体自身储存的脂肪。但食物脂肪并不是人体脂肪的主要来源，人体的脂肪主要由糖转化而来。此外，蛋白

质等的降解产物也可成为脂肪合成的原料。

脂肪组织可以大量储存脂肪，以皮下、肾周围、肠系膜等处脂肪组织储存最多，称为脂库。脂肪的储存对人及动物的供能（特别是在不能进食时）具有重要意义。脂肪在体内储存的多少，依性别、年龄、营养状况、健康状况和活动程度等而定，同时也受机体神经和激素的影响。肥胖是体内储存脂肪过多的结果。多食少动使供能营养素消耗少，供过于求，多余能量转化为脂肪积存。不过也有些肥胖者脂肪积存不是由于多食少动，而是由于内分泌失调、体内代谢发生紊乱所致。这种情况就不能通过控制饮食来减肥，而应针对内分泌紊乱进行治疗。

二、血脂与血浆脂蛋白

（一）血脂

血浆中所含的脂类统称为血脂，包括甘油三酯、磷脂、胆固醇及其酯、游离脂肪酸等。血脂含量不如血糖稳定，易受年龄、性别、膳食、运动及代谢等多种因素的影响，波动范围较大。正常成人空腹12～14小时血脂组成和含量见表9-1。

表9-1 正常成人空腹血脂的组成及含量

成分	正常参考值（mmol/L）	成分	正常参考值（mmol/L）
甘油三酯	0.11～1.69	总胆固醇	2.6～6.5
磷脂	48.44～80.73	胆固醇酯	1.8～5.2
游离脂肪酸	0.195～0.805	游离胆固醇	1.0～1.8

血脂含量虽然只占全身脂类含量的极少部分，但由于血脂可以随血液运往全身各组织细胞，因此血脂含量可反映体内脂类的代谢概况，血脂的测定在临床上具有一定的诊断意义，是临床上的常规检验项目。

血脂的含量取决于其来源和去路。血脂主要来源于食物中脂类的消化吸收、脂库中脂肪的动员释放和体内的合成。血脂的去路主要有氧化分解提供能量、进入脂库储存、构成生物膜和转变为其他物质等。

考点：血脂的来源和去路

（二）血浆脂蛋白

1. 脂类在血液中的运输 脂类不溶于水，不能直接在血液中转运，必须与水溶性强的蛋白质结合形成血浆脂蛋白（lipoprotein，LP）（图9-14）才能转运。

血浆脂蛋白中的蛋白质部分称为载脂蛋白。现已从人血浆中分离出20多种载脂蛋白，主要有A、B、C、D及E等5类。载脂蛋白的主要功能有：①结合和转运脂类，稳定脂蛋白的结构；②调节脂蛋白代谢关键酶的活性；③参与脂蛋白受体的识别。

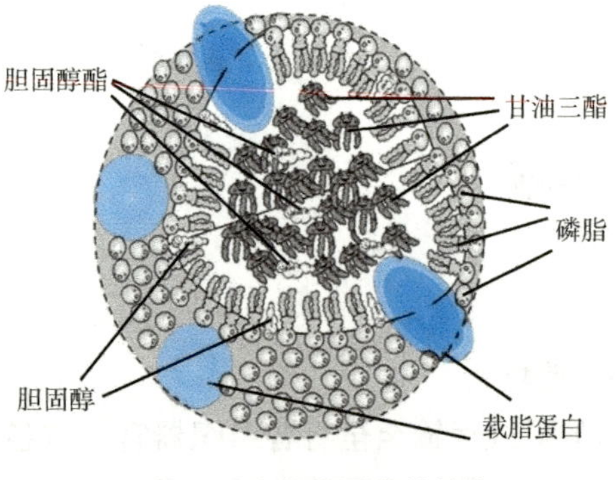

图9-14 血浆脂蛋白的结构

各种血浆脂蛋白的结构相似，呈球形，以小泡或微粒形式分散在血浆中。血浆脂蛋白中疏水性较强的甘油三酯及胆固醇酯位于内核；载脂蛋白、磷脂及游离胆固醇覆盖于脂蛋白表面。它们的非极性基团朝内，与内核的疏水基团相连，极性基团则朝外。由于脂蛋白的极性基团朝外，所以具有亲水性，能直接溶于血浆中。血浆脂蛋白既是脂类在血液中的存在形式，也是脂类在血液中的运输形式。

2. 血浆脂蛋白的分类 各种脂蛋白因所含脂类及蛋白质含量不同，其密度、颗粒大小、表面电荷、电泳行为及功能均有不同。一般用电泳分类法或超速离心分类法对其进行分类。

（1）电泳分类法 由于各种脂蛋白所含载脂蛋白的种类和数量不同，因而其颗粒大小及表面所带的电荷也不同，在电场中具有不同的迁移率。按其在电场中移动速度的快慢，可将血浆脂蛋白分为四条区带（图9-15），从正极向负极依次为：α-脂蛋白（α-LP）、前β-脂蛋白（preβ-LP）、β-脂蛋白（β-LP）和乳糜微粒（CM）。正常人空腹血浆在一般电泳谱带上无乳糜微粒。

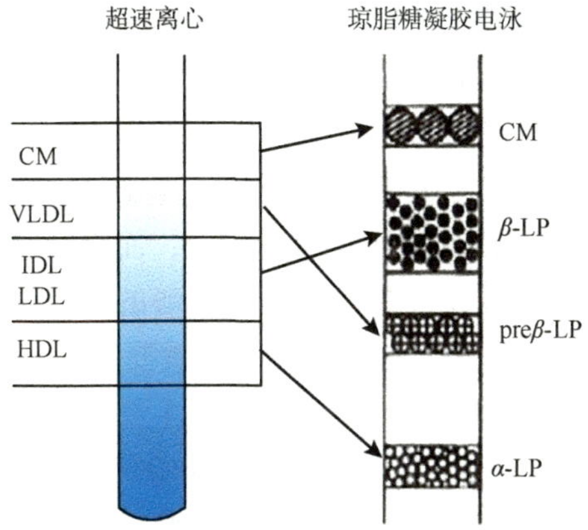

图9-15 血浆脂蛋白两种分类方法中各成分位置的分布及对应关系

（2）超速离心分类法（密度法） 由于各种脂蛋白所含脂类和蛋白质的比例不同，故其密度也各不相同。据此可将血浆脂蛋白按密度由小到大分为四类：乳糜微粒、极低密度脂蛋白（very low density lipoprotein，VLDL）、低密度脂蛋白（low density lipoprotein，LDL）和高密度脂蛋白（high density lipoprotein，HDL）。

除上述四类脂蛋白外，还有中间密度脂蛋白（IDL），它是VLDL在血浆中的代谢物，其组成及密度介于VLDL及LDL之间。

这两种分类方法中各成分位置分布及对应关系见图9-15。

3. 血浆脂蛋白的组成与功能 血浆脂蛋白主要由蛋白质、甘油三酯、磷脂、胆固醇及其酯组成。各类脂蛋白都含有这四类成分，但其组成比例却大不相同，所以它们的密度和电泳时的位置都不相同。血浆脂蛋白的化学组成特点及主要功能见表9-2。

表9-2 血浆脂蛋白的组成及功能

密度分类法名称	CM	VLDL	LDL	HDL
电泳分类法名称	CM	前β-脂蛋白	β-脂蛋白	α-脂蛋白
密度（g/ml）	＜0.96	0.96～1.006	1.006～1.063	1.063～1.210
颗粒直径（mm）	80～500	25～80	20～25	5～20
蛋白质组成（%）	0.82～2.5	5～10	25	45～50
甘油三酯组成（%）	80～95	50～70	10	5
磷脂组成（%）	6～9	10～15	20	36
总胆固醇组成（%）	2～7	10～15	45	20
合成部位	小肠	肝脏	血浆	肝脏、小肠
功能	转运外源性甘油三酯	转运内源性甘油三酯	转运内源性胆固醇到肝外组织	逆向转运胆固醇到肝内组织

血浆脂蛋白的功能如下：

（1）乳糜微粒 在小肠黏膜细胞中合成，其特点是含有大量脂肪（约占90%），蛋白质含量很少。食物中的脂类在小肠消化吸收后重新合成甘油三酯、磷脂及胆固醇酯，由磷脂、胆固醇及载脂蛋白等组成外壳，将新合成的脂肪包裹起来形成CM。新生的CM经淋巴管进入血液，其颗粒很大，能使光散射而呈乳浊状，这就是饱餐后血清浑浊的原因。CM经毛细血管内皮细胞表面脂蛋白脂肪酶的反复作用，其中的脂肪逐步水解为甘油和脂肪酸，被组织摄取利用，颗粒逐渐变小，最终转变成CM残粒被肝细胞摄取利用。CM的降解速度较快，因此空腹12～14小时后血浆中不含CM。CM是外源性甘油三酯和胆固醇的主要运输形式，其脂肪来自食物，且运输量与食物中脂肪的含量基本一致。

（2）极低密度脂蛋白　主要由肝细胞合成，合成过程与CM基本相似。VLDL的主要成分也是脂肪，但磷脂和胆固醇的含量比CM高。VLDL的脂肪来源于糖在肝细胞中的转变，也可由脂库中的脂肪动员出来，因此它是运输内源性脂肪的主要形式。

（3）低密度脂蛋白　是血浆中VLDL在清除过程中水解掉部分脂肪及少量蛋白质后的残余部分，所以LDL中脂肪含量较少，而胆固醇和磷脂的含量则相对增高。它的主要功能是运输内源性胆固醇至外周组织，是血液中胆固醇的主要载体。当血浆LDL升高时，过剩的胆固醇可沉积于动脉内皮细胞，成为诱发动脉粥样硬化的重要因素。

（4）高密度脂蛋白　主要由肝细胞合成。最初是在细胞内由蛋白质结合胆固醇和磷脂而形成，进入血液后，不断从外周组织中获取游离胆固醇并将其酯化为胆固醇酯。其组成中除蛋白质含量最多外，胆固醇和磷脂的含量也较高。由于HDL在血液流动的过程中，可被肝细胞的特异性受体识别并转入细胞内降解，所含的胆固醇转变为胆汁酸或直接通过胆汁排出体外，因此HDL的主要功能是将肝外的胆固醇转运至肝内代谢，具有降低血浆中胆固醇含量和防止动脉粥样硬化的作用。

考点：脂类在血液中的运输形式，血浆脂蛋白的分类方法及种类，各种血浆脂蛋白的组成特点及主要功能

自测题

（一）名词解释

脂肪的动员　脂肪酸的β-氧化　酮体

（二）填空题

1. 脂肪的主要生理功能是________，类脂的主要生理功能是________。
2. 脂酰CoA进入线粒体的载体是________。
3. 脂肪酸β-氧化包括________、________、________、________四步连续反应。每经过一次β-氧化，所生成的产物是________和________，可产生________分子的ATP。
4. 酮体是以________为原料，在________中生成，包括________、________和________，其合成过程中的限速酶是________。
5. 体内胆固醇合成的基本原料是________，供氢体是________，限速酶是________。
6. 用超速离心法可将血浆蛋白分为________、________、________、________；分别相当于电泳法分类的________、________、________、________。

（三）选择题

【A型题】

1. 乙酰CoA从线粒体转运到胞质溶胶中需要依靠
   A. 三羧酸循环　B. 鸟氨酸循环
   C. 肠肝循环　D. 甲硫氨酸循环
   E. 柠檬酸-丙酮酸循环
2. 激素敏感脂肪酶是指
   A. 甘油三酯脂肪酶
   B. 甘油二酯脂肪酶
   C. 甘油一酯脂肪酶
   D. 胰脂肪酶
   E. 辅脂肪酶
3. 脂肪酸的β-氧化分为四个阶段，其先后顺序是
   A. 脱氢→加水→再脱氢→硫解
   B. 脱氢→加水→硫解→再脱氢
   C. 脱氢→硫解→加水→再脱氢
   D. 脱氢→再脱氢→加水→硫解
   E. 硫解→脱氢→加水→再脱氢
4. 脂肪酸氧化产物能直接进入三羧酸循环的是
   A. 脂酰CoA　B. 乙酰CoA
   C. 丙二酸单酰CoA　D. CO_2+H_2O+ATP
   E. 乙酰ACP
5. 体内脂肪的主要来源是
   A. 食物中脂肪的消化和吸收
   B. 由糖转变而生成
   C. 由酮体氧化而生成
   D. 由生酮氨基酸转变而生成
   E. 由磷脂和胆固醇分解而生成
6. 有关酮体的生成和利用正确的是
   A. 酮体在肝内生成，在肝外组织利用
   B. 酮体合成的限速酶是HMG-CoA还原酶
   C. 酮体合成的原料是组氨酸
   D. 机体所有组织均能氧化酮体
   E. 在饥饿、高脂高糖膳食时，酮体的生成减少
7. 参与甘油磷脂合成的能源物质是
   A. ATP和UTP　B. UTP和CTP
   C. ATP和CTP　D. CTP和GTP
   E. CTP和UTP
8. 下列哪种物质不是胆固醇的转化产物
   A. 胆汁酸　B. 肾上腺皮质激素

C. 维生素D_3　　D. 性激素
E. 肾上腺素

9. 胆固醇生物合成的限速酶是
A. HMG-CoA合成酶
B. HMG-CoA还原酶
C. 脂肪酸合成酶系
D. 脂酰CoA合成酶
E. 乙酰CoA羧化酶

10. 脂类在血浆中的运输形式是
A. 血浆脂蛋白　　B. 载脂蛋白
C. 磷脂　　D. 自由脂
E. 脂酰CoA

11. 可防止动脉粥样硬化的脂蛋白是
A. CM　　B. VLDL
C. LDL　　D. HDL
E. β-脂蛋白

【B型题】

（第12～15题共用选项）
A. VLDL　　B. HDL　　C. LDL
D. CM　　E. 清蛋白

12. 转运外源性甘油三酯的是
13. 转运内源性甘油三酯的是
14. 转运内源性胆固醇至外周组织的是
15. 将肝外的胆固醇转运至肝内代谢的是

【X型题】

16. 关于酮体的叙述，下列哪些是正确的
A. 酮体包括乙酰乙酸、β-羟丁酸和丙酮
B. 是肝脂肪酸大量分解时的异常中间产物
C. 酮体合成的关键酶是HMG-CoA合成酶
D. 在病理情况下，机体会因酮体生成过多而出现酮症
E. 酮体在肝脏内生成，在肝外组织氧化分解

17. 体内需以乙酰CoA为原料合成的物质是
A. 酮体　　B. 脂肪酸　　C. 胆固醇
D. 磷酸　　E. 葡萄糖

18. 脂解激素包括
A. 肾上腺素　　B. 胰高血糖素
C. 甲状腺素　　D. 胰岛素
E. 肾上腺皮质激素

（四）简答题

1. 简述糖尿病酮症酸中毒的生化机制。
2. 为什么摄入过多糖类容易长胖？
3. 简述血浆脂蛋白分类、组成、合成部位及主要生理功能。

（马永超）

第10章 蛋白质代谢

学习目标

1.知识目标： 掌握氨基酸的脱氨基作用，一碳单位的代谢；理解体内氨基酸的动态平衡，氨的代谢，α-酮酸的代谢，含硫氨基酸的代谢；了解蛋白质的消化、吸收、腐败，细胞内蛋白质的降解，氨基酸的脱羧基作用。

2.能力目标： 能协助开展跟蛋白质代谢相关的药学社会服务。

3.素质目标： 培养学生将药学的相关知识正确运用于药学工作的意识。

蛋白质是机体组织细胞的重要组成成分，是生命活动的物质基础。氨基酸是组成蛋白质的基本单位，蛋白质分解、合成及其他含氮物质的代谢都与氨基酸有关。体内蛋白质分解代谢首先要分解为氨基酸，后者再进一步进行代谢。因此，蛋白质分解代谢的核心内容是氨基酸代谢。

第1节　食物蛋白质的消化、吸收与腐败

食物中的蛋白质的消化、吸收是体内氨基酸的主要来源。体内蛋白质与氨基酸的更新均需食物蛋白质补充。食物蛋白质一般不能直接被肠道吸收，必须被水解成氨基酸、二肽或三肽才能被人体吸收。不能直接吸收的原因有两个：一是很少有蛋白质能够在大量的各种蛋白酶存在的情况下不被水解；二是正常肠细胞膜上没有专门负责跨膜转运蛋白质的转运蛋白。

一、蛋白质的消化

食物蛋白质消化的意义在于消除蛋白质的种属特异性或抗原性，并使大分子蛋白质变成便于机体吸收和利用的形式。

食物蛋白质的消化从胃开始。在胃液的酸性条件下，胃蛋白酶可以非特异性地水解蛋白质，产物为多肽和少量氨基酸。由于食物在胃中停留时间较短，因此对蛋白质的消化不完全。

肠道是蛋白质消化的主要场所。未经消化或消化不全的蛋白质，在胰液及肠黏膜细胞分泌的多种蛋白酶和肽酶的共同催化下，进一步被水解为氨基酸和寡肽（主要为二肽和三肽）。

二、蛋白质的吸收

蛋白质消化后产生的氨基酸和寡肽，主要在小肠被小肠黏膜细胞吸收。一般认为寡肽和氨基酸的吸收主要有两种方式。

1. 主动转运　是氨基酸吸收的主要方式。这是一个依靠载体且耗能的过程，需要Na^+、转运蛋白、ATP和酶等共同参与。在肠黏膜细胞膜上已发现至少4类依赖于Na^+的氨基酸转运蛋白，分别转运酸性氨基酸、碱性氨基酸、中性氨基酸和脯氨酸（包括羟脯氨酸）。

2. γ-谷氨酰循环　氨基酸在小肠上皮细胞γ-谷氨酰转移酶的催化下，通过与谷胱甘肽（GSH）作用而转入细胞内。产生的半胱氨酸、甘氨酸和谷氨酸在ATP和酶的作用下可再生成GSH，从而形成循环，使氨基酸的吸收能不断进行。

少数蛋白质可通过特殊途径直接被吸收，如胞饮作用、细胞间通道等。有时这些特殊吸收方式可导致发生变态反应或其他免疫反应，这可能是食物蛋白引发过敏的原因。

三、蛋白质的腐败作用

肠道细菌对部分未被消化的蛋白质及部分未被吸收的寡肽和氨基酸进行分解的过程称为蛋白质的腐败作用。蛋白质的腐败作用是肠道细菌本身的代谢过程，以无氧分解为主。腐败产物大多对机体有害，如胺类、氨、酚、吲哚及硫化氢等，也有少量可被机体利用，如有机酸和维生素。

正常情况下，蛋白质腐败产物大部分可随粪便排出，只有小部分被吸收，经肝的生物转化而解毒。但长期习惯性便秘的患者，肠道吸收的腐败产物较多，可导致机体中毒。

第2节　细胞内蛋白质的降解

细胞内蛋白质的降解，主要指细胞自身制造并在其中行使功能的内源性蛋白质的降解。蛋白质的降解在细胞的生理活动中发挥着极其重要的作用。例如，蛋白质降解后，生成小分子的氨基酸，可被循环利用；处理错误折叠的蛋白质以及多余组分，使之降解，以防机体产生错误应答等。溶酶体途径和泛素介导的蛋白质降解途径是生物体内蛋白质降解的两种主要途径。此外，在细胞凋亡状态下，蛋白质还可以通过胱天蛋白酶途径降解。

一、溶酶体途径

溶酶体是细胞内的消化器官，富含多种蛋白酶，这些蛋白酶被称为组织蛋白酶。这些酶对于蛋白质的选择性较差，主要用于降解细胞内的长寿蛋白、膜蛋白以及通过胞吞作用或胞饮作用进入细胞的外源蛋白质。

自噬作用也需要借助溶酶体。自噬是由 Ashford 和 Porter 在 1962 年发现细胞内有“自己吃自己”的现象后提出的，是指从粗面内质网的无核糖体附着区脱落的双层膜包裹部分胞质溶胶和细胞内需降解的细胞器、蛋白质等成分形成自噬体，并与溶酶体融合形成自噬溶酶体，然后降解其所包裹的内容物，以实现细胞本身的代谢需要和某些细胞器的更新。在自噬溶酶体内，蛋白质可被分解为寡肽和氨基酸。

蛋白质在溶酶体中被降解后，可通过溶酶体膜的载体蛋白运送至胞质溶胶中，补充氨基酸代谢库。

二、泛素介导的蛋白质降解途径

泛素介导的蛋白质降解途径是细胞内蛋白质降解的主要途径，参与细胞内80%以上蛋白质的降解。该降解体系称为泛素-蛋白酶体系统（UPS），是一种特异性降解蛋白质的重要途径，依赖ATP，主要降解细胞周期蛋白、纺锤体相关蛋白、细胞表面受体（如表皮生长因子受体）、转录因子（如NF-κB）、肿瘤抑制因子（如p53）、癌基因产物等。应激条件下胞内变性蛋白及异常蛋白也是通过该途径降解。

（一）物质基础

1. 泛素是一种76个氨基酸组成的蛋白质，广泛存在于真核生物中，又称遍在蛋白。泛素在一系列酶的作用下被转移到靶蛋白上，介导靶蛋白的降解。

2. 蛋白水解酶复合体能识别、降解泛素化的蛋白质。蛋白水解酶复合体由30多种蛋白质及酶组成，其沉降系数为26S，又称26S蛋白酶体。该蛋白酶体由20S的圆柱状催化颗粒和19S的盖状调节颗粒组成，是一个具有胰凝乳蛋白酶、胰蛋白酶、胱天蛋白酶等活性的多功能酶。

（二）降解过程

1. 靶蛋白的多聚泛素化 泛素激活酶E_1利用ATP在泛素分子C端Gly残基与其自身的半胱氨酸的—SH间形成高能硫脂键，活化的泛素再被转移到泛素结合酶E_2上，在泛素连接酶E_3的作用下，泛素分子从E_2转移到靶蛋白，与靶蛋白的Lys的ε-NH_2形成异肽键，接着下一个泛素分子的C端连接到前一个泛素的Lys上，完成多聚泛素化。

2. 多聚泛素化的蛋白质被26S蛋白水解酶复合体水解 经泛素化的底物蛋白可以被26S蛋白酶体的盖状调节颗粒识别，并被运送到20S的圆柱状核心内，在多种酶的作用下水解为寡肽，最后从蛋白酶体中释放出来。泛素则在去泛素化酶的作用下与底物解离后回到胞质溶胶中重新利用。

三、胱天蛋白酶途径

胱天蛋白酶途径是细胞凋亡的蛋白质降解途径。细胞凋亡中被降解的蛋白质有DNA损伤修复酶、核纤层蛋白、肌动蛋白和胞衬蛋白等。这些酶及蛋白的降解导致细胞形成凋亡小体，最终被吞噬细胞吞噬消化。

第3节 氨基酸的一般代谢

一、体内氨基酸的动态平衡

食物蛋白质经消化而被吸收的氨基酸被称为外源性氨基酸。机体各组织的蛋白质在酶的作用下，也不断地分解为氨基酸；机体还能合成非必需氨基酸——这两种来源的氨基酸被称为内源性氨基酸。外源性氨基酸和内源性氨基酸一起分布于人体的细胞内液和细胞外液，共同组成氨基酸代谢库（池）。

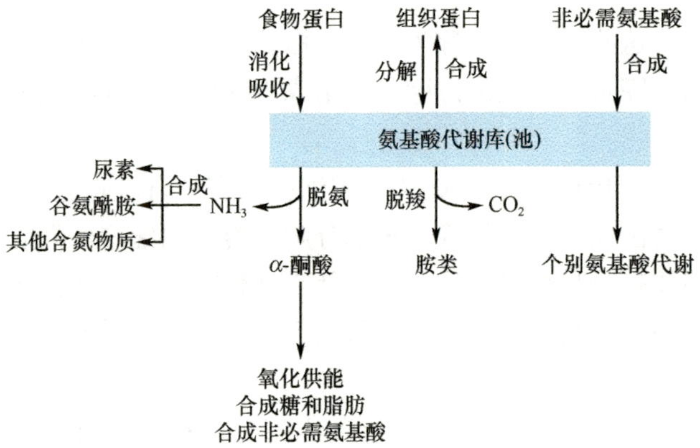

图10-1 氨基酸代谢平衡

氨基酸代谢库中的氨基酸，主要代谢去路是合成组织蛋白质和多肽，还可以通过脱氨基和脱羧基作用进行分解，也可以转变成其他含氮化合物如嘌呤、嘧啶等。

正常情况下，氨基酸代谢库内氨基酸的来源和去路处于动态平衡（图10-1）。

考点： 体内氨基酸的来源和去路

二、氨基酸的脱氨基作用

人和动物体内的氨基酸脱去氨基生成相应的α-酮酸和氨的过程称为氨基酸的脱氨基作用。这是氨基酸在体内分解代谢的主要反应。氨基酸脱氨基的方式主要有氧化脱氨基、转氨基、联合脱氨基等，其中以联合脱氨基最为重要。

（一）转氨基作用

转氨基作用（transamination）是指在氨基转移酶（转氨酶）催化下将α-氨基酸的氨基转给另一个α-酮酸，生成相应的α-酮酸和一种新的α-氨基酸的过程，又称氨基转移作用。

转氨酶的辅酶是磷酸吡哆醛和磷酸吡哆胺，它结合在转氨酶活性中心赖氨酸残基的ε-氨基上，起传递氨基的作用。磷酸吡哆醛从氨基酸分子中接受氨基转化为磷酸吡哆胺，磷酸吡哆胺将氨基转移给另一种α-酮酸后又形成磷酸吡哆醛。

转氨酶种类多，特异性强，除赖氨酸、脯氨酸和羟脯氨酸外，体内的氨基酸均可在相应转氨酶的催化下发生转氨基作用。其中尤以谷丙转氨酶（glutamic-pyruvic transaminase，GPT）和谷草转氨酶（glutamic-oxaloacetic transaminase，GOT）最为重要。GPT又称丙氨酸转氨酶（ALT），GOT又称天冬氨酸转氨酶（AST）。两者催化的反应如下：

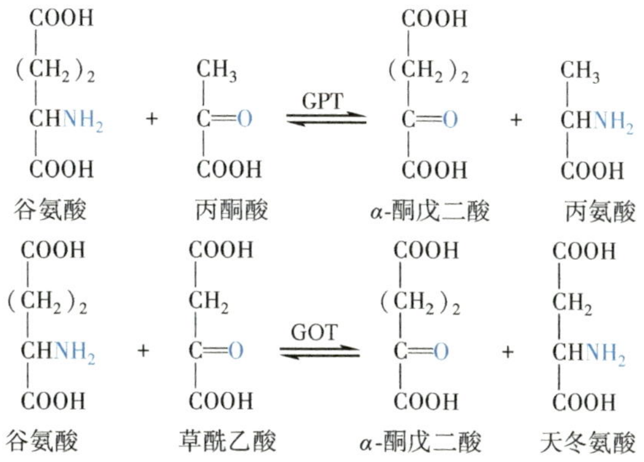

正常情况下，转氨酶存在于细胞内，其中以肝和心肌含量最丰富，血清中活性很低。不同组织细胞中转氨酶的含量有一定的差异（表10-1）。当组织细胞受损时，细胞膜通透性增加或细胞破坏，大量转氨酶释放入血，血清中相应酶活性则明显升高。例如，急性肝炎时，血清GPT活性显著升高；心肌梗死时，血清GOT活性显著升高。因此，测定血清转氨酶活性，可作为诊断某些疾病和预后测评指标之一。

表10-1　正常成人组织中GPT及GOT活性（U/g湿组织）

组织来源	GPT	GOT	组织	GPT	GOT
心脏	7 100	156 000	胰腺	2 000	28 000
肝脏	44 000	142 000	脾脏	1 200	14 000
骨骼肌	4 800	99 000	肺脏	700	10 000
肾脏	19 000	91 000	血清	16	20

通过转氨基作用，虽然并没有真正脱掉氨基，但可以调节体内非必需氨基酸的种类和比例，以满足蛋白质合成时对不同非必需氨基酸的需求。转氨基作用催化的反应是可逆的，是体内合成非必需氨基酸的重要途径。

（二）氧化脱氨基作用

氧化脱氨基作用（oxidative deamination）是指在酶的催化下，氨基酸先经脱氢氧化生成不稳定的亚氨基酸，然后水解生成α-酮酸和氨的过程。催化此反应的酶以*L*-谷氨酸脱氢酶最为重要。*L*-谷氨酸脱氢酶是一种不需氧的脱氢酶，辅酶为NAD^+或$NADP^+$，在肝、肾、脑等组织中广泛存在，活性较高，而在骨骼肌和心肌中活性较低。该酶属变构酶，ATP是其变构抑制剂，ADP是变构激活剂。*L*-谷氨酸脱氢酶专一性强，只能催化*L*-谷氨酸氧化脱氨，生成α-酮戊二酸和NH_3，反应如下：

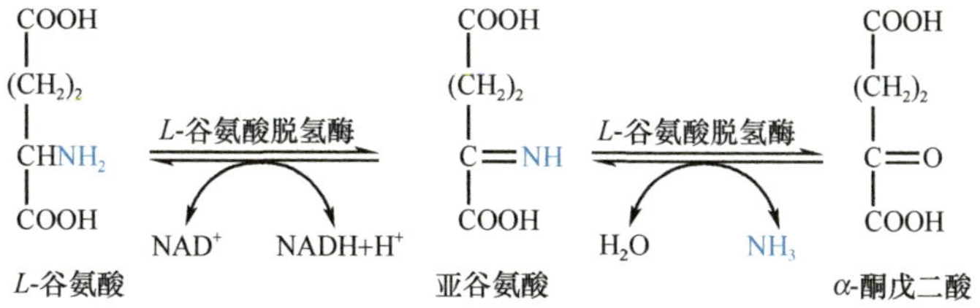

（三）联合脱氨基作用

联合脱氨基作用是指转氨酶与催化氧化脱氨基的酶联合进行的脱氨基作用。它是体内氨基酸脱氨基的最主要方式。联合脱氨基作用能使肝、肾等组织中的大部分氨基酸脱去氨基。其反应过程是氨基酸先与*α*-酮戊二酸经转氨基作用生成相应的*α*-酮酸及*L*-谷氨酸，*L*-谷氨酸再经*L*-谷氨酸脱氢酶作用重新生成*α*-酮戊二酸，同时释放出游离氨。由于联合脱氨基反应的全过程是可逆的，因而这一反应的逆过程是合成非必需氨基酸的重要途径。

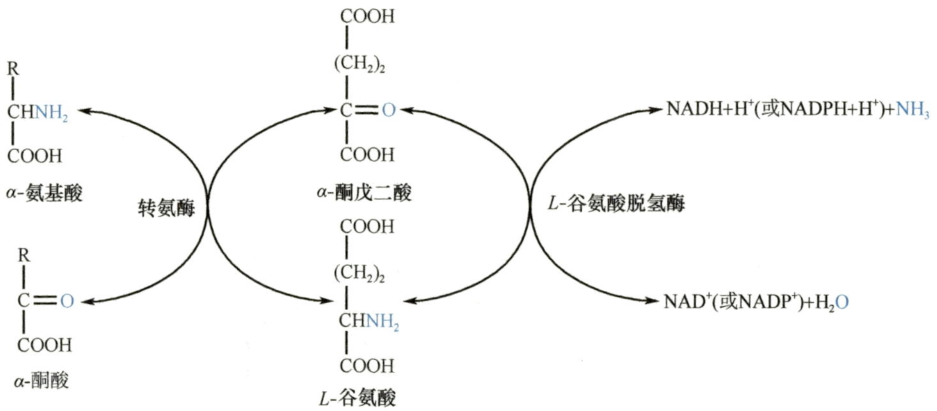

（四）嘌呤核苷酸循环

骨骼肌和心肌组织中的*L*-谷氨酸脱氢酶活性较低，联合脱氨基作用很难进行，氨基酸只能通过嘌呤核苷酸循环脱去氨基。

在嘌呤核苷酸循环中，氨基酸在转氨酶催化下，将氨基转移给*α*-酮戊二酸生成谷氨酸；谷氨酸在GOT催化下，将氨基转移给草酰乙酸生成天冬氨酸；天冬氨酸在腺苷酸代琥珀酸合成酶的催化下，与次黄嘌呤核苷酸（IMP）反应生成腺苷酸代琥珀酸，后者在裂解酶的催化下释放出延胡索酸并生成AMP；AMP在腺苷酸脱氨酶催化下释放出游离氨，并转化为IMP，参与下次循环。因该循环中需要嘌呤核苷酸的参与，且最终由AMP脱氨基生成游离的氨，故得此名。嘌呤核苷酸循环是联系氨基酸代谢和核苷酸代谢的重要途径。

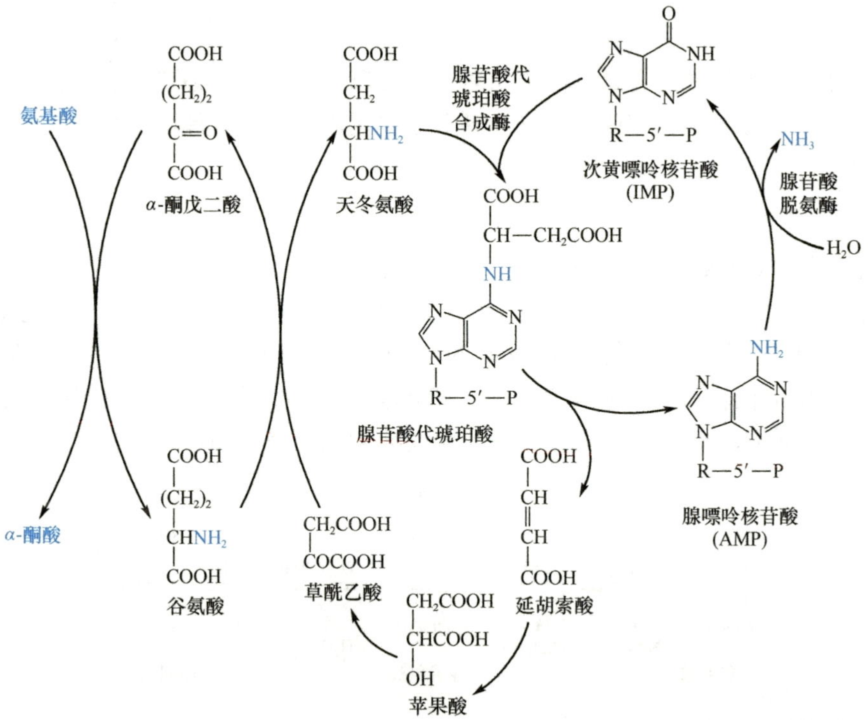

考点： 氨基酸脱氨基作用的方式、过程和意义，体内重要的转氨酶及临床应用

三、氨的代谢

体内氨基酸分解代谢产生的氨以及由肠道吸收的氨进入血液，形成血氨。氨具有毒性，脑组织对氨的毒性尤为敏感。血氨浓度升高可引起肝性脑病（肝昏迷）。正常人血氨浓度很低，一般不超过60μmol/L。这是因为体内有解除氨毒性的代谢途径，使血氨的来源和去路保持动态平衡，维持血氨浓度的正常。

（一）氨的来源

1. 氨基酸脱氨和其他含氮化合物分解 各种含氮化合物（氨基酸、胺类、碱基等）在体内分解代谢均可产生氨。其中，氨基酸脱氨基是体内氨的主要来源。

2. 肠道吸收的氨 肠道中的氨主要来自两条途径：一是未消化的蛋白质经肠道细菌腐败作用产生NH_3；二是尿素在肠道细菌尿素酶作用下分解产生的NH_3。氨在肠道中的吸收部位主要在结肠。NH_3比NH_4^+易于透过细胞膜而被吸收入血。所以酸性条件下，NH_3与H^+结合生成不易被吸收的NH_4^+，随粪便排出体外；碱性条件下NH_4^+趋于转变为NH_3，使肠道对氨的吸收增强。因此临床上对高血氨患者采用弱酸性透析液进行结肠透析，禁止用碱性肥皂液灌肠。

3. 肾脏来源的氨 肾远曲小管上皮细胞含活性较高的谷氨酰胺酶，可催化谷氨酰胺水解产生氨和谷氨酸。酸性尿时，氨扩散入尿，与尿中H^+结合生成NH_4^+，随尿排出；碱性尿时，氨极易被肾小管上皮细胞吸收入血，导致血氨升高。所以临床上对肝硬化腹水的患者不宜使用碱性利尿药，以免血氨升高。

（二）氨的去路

正常人体内80%～90%的氨以尿素形式排出，少量的氨合成谷氨酰胺或参与嘌呤、嘧啶等含氮化合物的合成。

1. 尿素的合成 体内大部分氨在肝脏经鸟氨酸循环合成尿素，肾和脑组织也可少量合成。尿素为中性、无毒、水溶性强的小分子物质，经肾随尿排出体外。

尿素的合成途径称为鸟氨酸循环（ornithine cycle），又称尿素循环（urea cycle）。鸟氨酸循环是在肝细胞的线粒体和胞质溶胶中进行的，其过程（图10-2）分为四步。

（1）氨基甲酰磷酸的合成 在Mg^{2+}、ATP及*N*-乙酰谷氨酸存在的条件下，氨基甲酰磷酸合成酶Ⅰ（CPS-Ⅰ）催化NH_3、CO_2、H_2O，在肝细胞线粒体内合成氨基甲酰磷酸。反应是不可逆的，消耗2分子ATP。

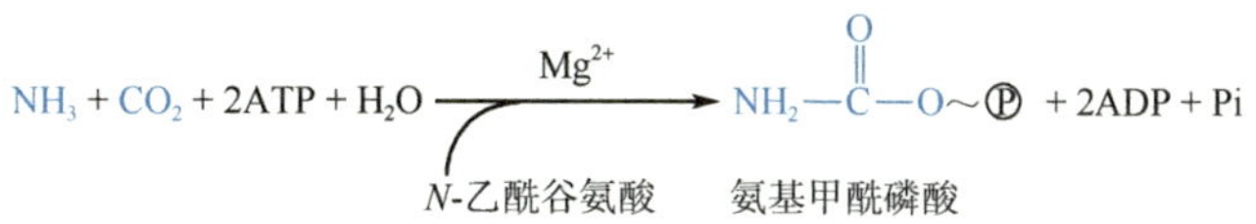

N-乙酰谷氨酸由乙酰辅酶A和谷氨酸合成，它是氨基甲酰磷酸合成酶Ⅰ的别构激活剂。

（2）瓜氨酸的合成 氨基甲酰磷酸与鸟氨酸在鸟氨酸氨基甲酰转移酶的催化下缩合成瓜氨酸。此反应不可逆。由于该反应在线粒体中进行，所以需要线粒体内膜上的转运系统将胞质溶胶中的鸟氨酸转入线粒体，并将反应形成的瓜氨酸转运至胞质溶胶。

（3）精氨酸的合成　瓜氨酸被转运至胞质溶胶中，由鸟氨酸循环的限速酶——精氨酸代琥珀酸合成酶催化，瓜氨酸与天冬氨酸反应生成精氨酸代琥珀酸。此反应由ATP供能，天冬氨酸为尿素的合成提供了第2个氮原子。其后精氨酸代琥珀酸再由精氨酸代琥珀酸裂解酶催化，裂解成精氨酸及延胡索酸。延胡索酸经加水、脱氢转变成草酰乙酸。草酰乙酸在GOT催化下生成天冬氨酸，参与下一次循环。

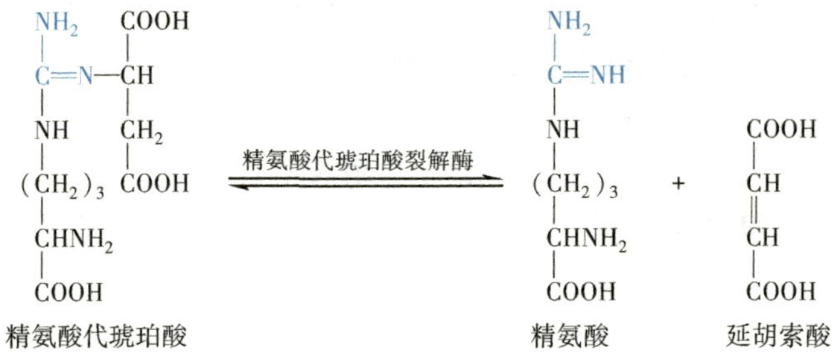

（4）尿素的生成　胞质溶胶中的精氨酸酶催化精氨酸水解，生成尿素和鸟氨酸。鸟氨酸通过线粒体内膜上载体转运再次进入线粒体，进入下一次循环。

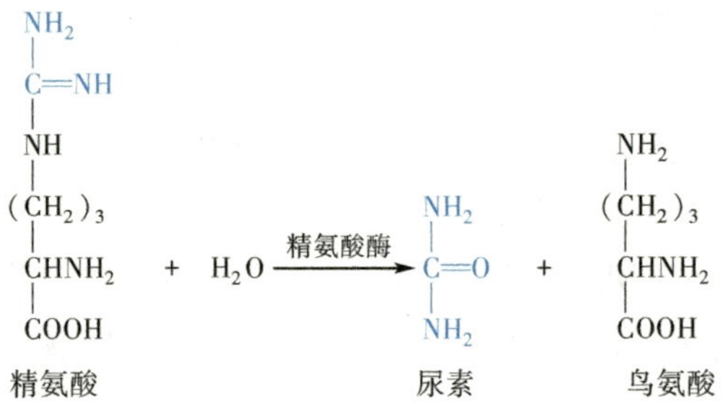

尿素合成总反应式如下。

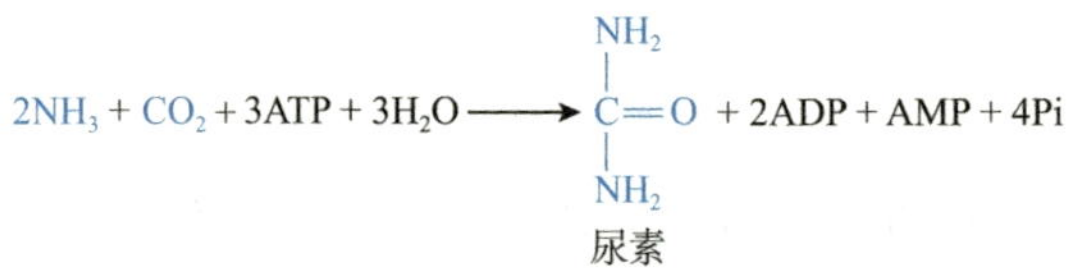

尿素分子中的两个氮原子都直接或间接来自氨基酸，一个来自氨基酸脱氨基作用生成的NH_3，另一个由天冬氨酸提供，而天冬氨酸又可由其他氨基酸转氨基而来。尿素合成是一个耗能的过程，每进行一次鸟氨酸循环，2分子NH_3与1分子CO_2结合生成1分子尿素，同时消耗4个高能磷酸键，相当于消耗4分子ATP。

2. 合成谷氨酰胺　脑、肌肉等组织产生的氨，可与谷氨酸在谷氨酰胺合成酶催化下合成无毒的谷氨酰胺。谷氨酰胺可参与蛋白质的生物合成，也可由血液运输至肝或肾，再经谷氨酰胺酶水解成谷氨酸和氨。肾小管上皮细胞中产生的氨扩散到管腔中，可与原尿中的H^+结合形成铵盐，随尿排出体外。所以谷氨酰胺是体内储氨、运氨及解除氨毒的重要形式。临床上对高血氨引起的肝性脑病患者，常通过服用或输入谷氨酸盐，以降低血氨的浓度。

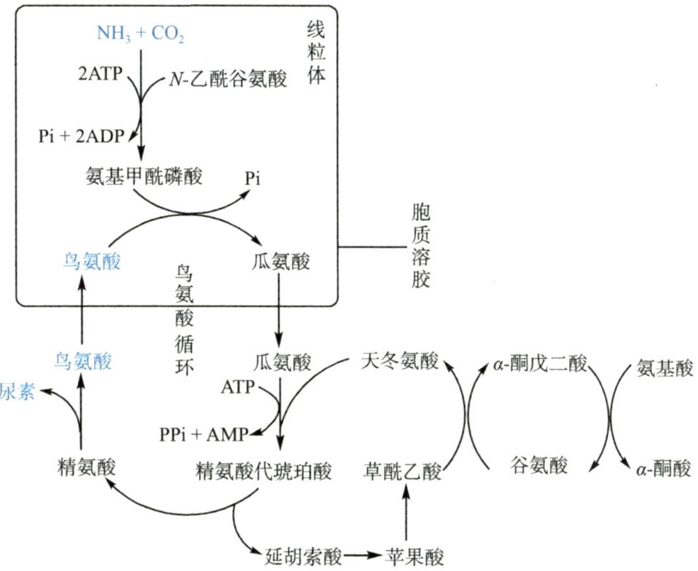

图10-2　尿素合成的鸟氨酸循环

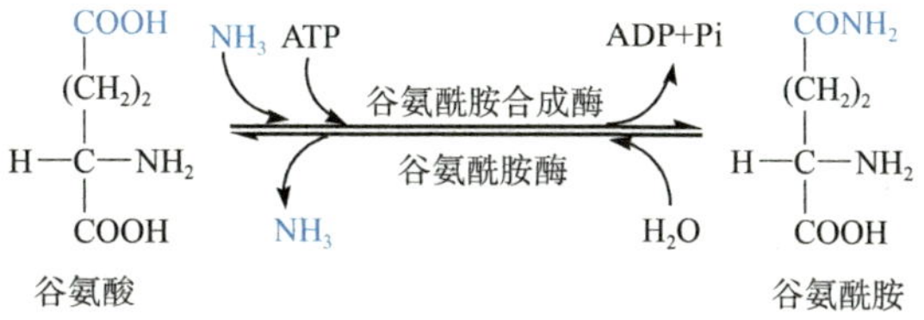

3. 合成非必需氨基酸　氨可与α-酮戊二酸合成谷氨酸，谷氨酸再与其他α-酮酸经转氨基作用生成其他非必需氨基酸。

4. 参与其他含氮化合物的合成　氨提供氮源可参与嘌呤、嘧啶等的合成。

（三）高血氨和肝性脑病

正常生理条件下，血氨的来源和去路保持动态平衡，血氨浓度处于较低的水平。氨在肝中合成尿素、在肾脏以铵盐的形式排出是维持这种平衡的关键。当肝功能严重损伤时，尿素合成发生障碍，血氨浓度升高，称为高血氨症。大量的氨进入脑组织可与脑中的α-酮戊二酸结合生成谷氨酸，谷氨酸又与氨进一步结合生成谷氨酰胺。高血氨时脑中氨增多，大量消耗脑细胞中的α-酮戊二酸，导致三羧酸循环减弱，脑组织中ATP生成减少，引起大脑功能障碍，这是导致肝性脑病的重要因素。

考点： 氨的去路，鸟氨酸循环的过程及生理意义

四、α-酮酸的代谢

氨基酸脱氨基后生成的α-酮酸，主要有三种代谢途径。

（一）生成非必需氨基酸

α-酮酸经联合脱氨基作用的逆过程可合成相应的非必需氨基酸，如丙酮酸、草酰乙酸可分别转变成丙氨酸、天冬氨酸。α-酮戊二酸在谷氨酸脱氢酶作用下可直接氨基化生成谷氨酸。

（二）转变为糖及脂肪

根据α-酮酸在体内生成糖和脂质产物的不同，氨基酸可分为生糖氨基酸、生酮氨基酸和生糖兼生酮氨基酸三类（表10-2）。

体内多数氨基酸脱去氨基后生成的α-酮酸可经糖异生途径转变为糖，这些氨基酸称为生糖氨基酸，如丙氨酸、谷氨酸等；能转变为酮体的氨基酸称为生酮氨基酸，如亮氨酸、赖氨酸；既能转变为

糖又能转变成酮体的氨基酸称为生糖兼生酮氨基酸，如异亮氨酸、苯丙氨酸等。

表10-2　氨基酸按生糖及生酮性质的分类

类别	氨基酸
生糖氨基酸	丙氨酸、精氨酸、天冬氨酸、半胱氨酸、谷氨酸、甘氨酸、脯氨酸、甲硫氨酸、丝氨酸、缬氨酸、组氨酸、天冬酰胺、谷氨酰胺
生酮氨基酸	赖氨酸、亮氨酸
生糖兼生酮氨基酸	苯丙氨酸、异亮氨酸、色氨酸、酪氨酸、苏氨酸

（三）氧化供能

α-酮酸在体内可通过三羧酸循环彻底氧化成CO_2及H_2O，同时释放能量供机体利用。

考点：α-酮酸的代谢去路

第4节　个别氨基酸代谢

一、一碳单位代谢

（一）一碳单位的概念及种类

一碳单位（one carbon unit）是指某些氨基酸分解产生的含有一个碳原子的有机基团，主要包括甲基（$—CH_3$）、亚甲基（$—CH_2—$，甲烯基）、次甲基（$=CH—$，甲炔基）、甲酰基（$—CHO$）及亚氨甲基（$—CH=NH$）等。CH_4、CO、CO_2、HCO_3^-不属于一碳单位。

（二）一碳单位的载体

一碳单位在体内不能游离存在，须被载体携带、转运才能参与代谢。四氢叶酸（FH_4）是一碳单位载体，一碳单位共价连接于FH_4分子的N^5、N^{10}位上。人体的FH_4可由叶酸经两次加氢还原反应而形成，其结构如下。

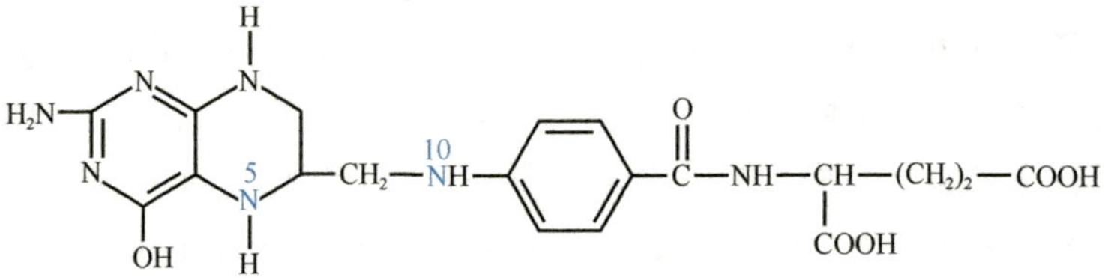

（三）一碳单位的来源

一碳单位主要来源于丝氨酸、甘氨酸、组氨酸和色氨酸的分解代谢。其中丝氨酸是主要来源。

$$丝氨酸+FH_4 \xrightarrow{丝氨酸羟甲基转移酶} 甘氨酸+N^5, N^{10}—CH_2—FH_4$$

$$甘氨酸+FH_4 \xrightarrow{甘氨酸裂解酶} CO_2+NH_3+N^5, N^{10}—CH_2—FH_4$$

$$组氨酸 \longrightarrow 亚氨甲基谷氨酸 \xrightarrow[FH_4]{亚氨甲基转移酶} 谷氨酸+N^5—CH=N—FH_4$$

$$色氨酸 \longrightarrow 甲酸 \xrightarrow[FH_4]{N^{10}—CHO—FH_4合成酶} N^{10}—CHO—FH_4$$

（四）一碳单位的相互转变

来自不同氨基酸的一碳单位与FH_4结合，在酶的催化下通过氧化、还原等反应可完成相互转变（图10-3）。

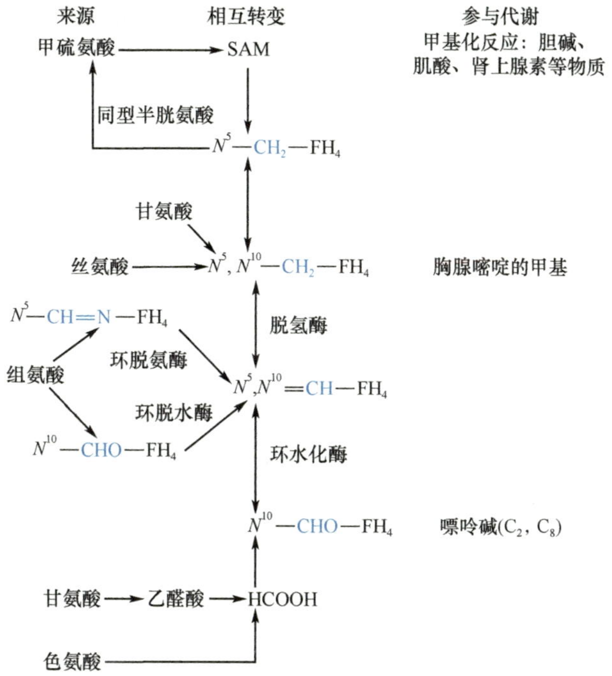

图10-3　一碳单位的转换

（五）一碳单位代谢的生理意义

一碳单位代谢与氨基酸、核酸代谢密切相关，因而对机体生命活动具有重要意义。

一碳单位是合成嘌呤和嘧啶的原料，在核酸生物合成中有重要作用，与细胞增殖、组织生长和机体发育等重要过程密切相关。如N^5，N^{10}—CH_2—FH_4直接提供甲基用于脱氧核苷酸dUMP向dTMP的转化；N^{10}—CHO—FH_4参与嘌呤碱中C_2、C_8原子的生成。一碳单位参与与*S*-腺苷甲硫氨酸（*S*-adenosyl methionine，SAM）合成，而SAM为体内许多重要生理活性物质（激素、磷脂、核酸等）的合成提供甲基。

考点：一碳单位的概念、来源、种类、载体，一碳单位代谢的生理意义

二、氨基酸脱羧基作用

氨基酸脱羧基作用是指在氨基酸脱羧酶的催化下，氨基酸脱去羧基生成胺和CO_2的过程。氨基酸脱羧酶的辅酶为磷酸吡哆醛。在体内，部分氨基酸脱羧可生成具有重要生理活性的胺类物质。

（一）*γ*-氨基丁酸

γ-氨基丁酸（*γ*-aminobutyric acid，GABA）是谷氨酸在谷氨酸脱羧酶的作用下脱羧基生成。该酶在脑、肾组织中活性很高，故脑中GABA含量较高。GABA为抑制性神经递质。临床上服用维生素B_6治疗妊娠剧吐、小儿惊厥等，是基于维生素B_6是谷氨酸脱羧酶的辅酶磷酸吡哆醛的前体，可增强谷氨酸脱羧酶的活性，促进GABA的生成，从而起到镇静、镇惊及止吐等作用。

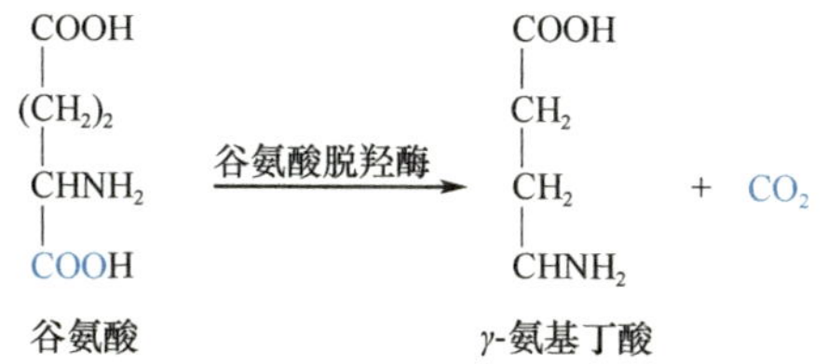

（二）组胺

组胺（histamine）由组氨酸经组氨酸脱羧酶催化脱羧基生成。组胺广泛分布于乳腺、肺、肝、肌

肉、胃黏膜等的肥大细胞内，是一种强烈的血管扩张剂，并能增加毛细血管通透性，导致血压下降及局部水肿。创伤性休克、过敏反应等均与组胺生成过多有关。组胺还能刺激胃蛋白酶及胃酸的分泌。

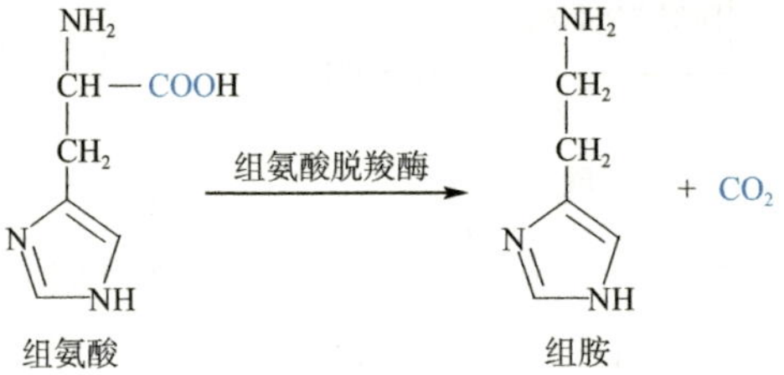

（三）5-羟色胺

5-羟色胺（5-hydroxytryptamine，5-HT）由色氨酸在色氨酸羟化酶和5-羟色氨酸脱羧酶协同作用下产生。5-HT广泛分布于神经组织、胃肠道、血小板、乳腺细胞中，尤其是在脑组织中含量较高。5-HT是一种抑制性神经递质，与睡眠、疼痛和体温调节有关，其浓度降低时可引起睡眠障碍、痛阈降低。另外，5-羟色胺对外周血管具有强烈的收缩作用，可引起血压升高。

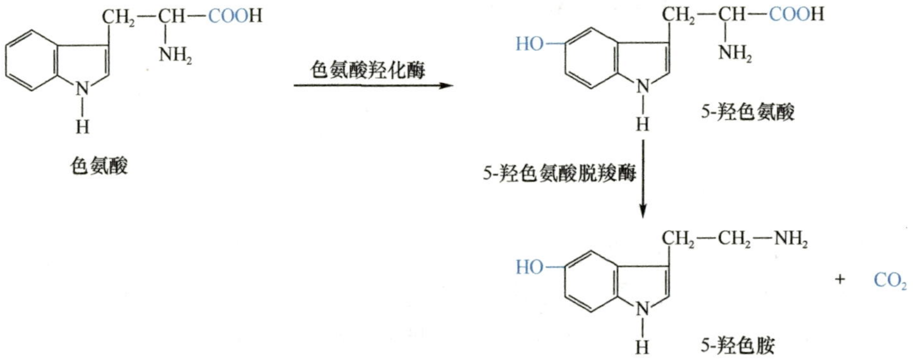

（四）牛磺酸

牛磺酸由半胱氨酸代谢转变而来。半胱氨酸首先氧化成磺酸丙氨酸，再脱去羧基生成牛磺酸。牛磺酸在肝细胞内参与结合胆汁酸的合成及其他生物转化的第二相反应。

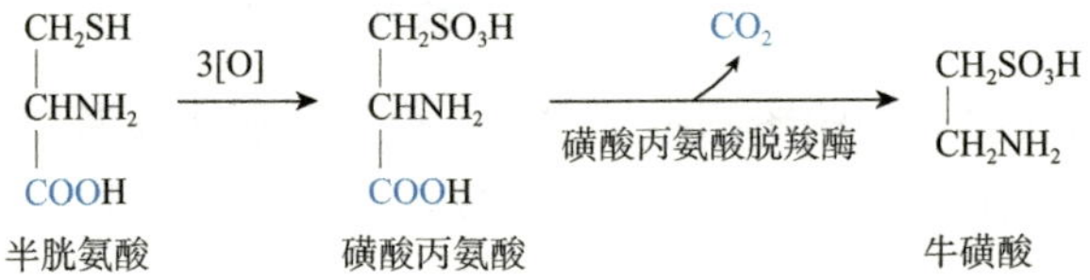

（五）多胺

多胺是指含有多个氨基的化合物，在体内由某些氨基酸经脱羧基作用产生，主要有腐胺、精脒、精胺等。多胺是调节细胞生长的重要物质，有促进核酸和蛋白质合成的作用，在生长旺盛的组织中含量较高。

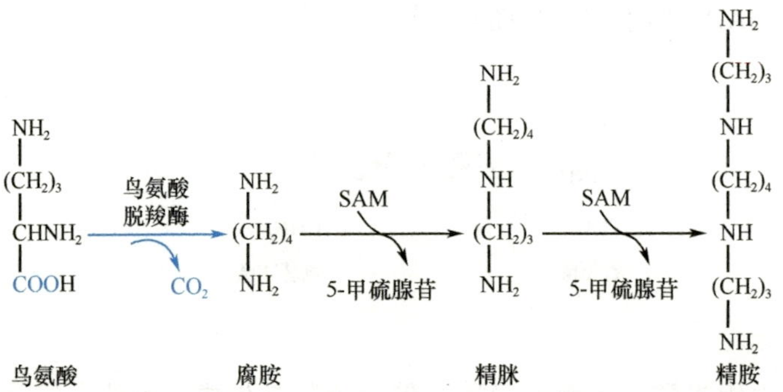

考点： 氨基酸脱羧基作用的产物

三、含硫氨基酸代谢

体内含硫氨基酸主要有甲硫氨酸、半胱氨酸和胱氨酸三种。其中，甲硫氨酸是必需氨基酸，可转变为半胱氨酸和胱氨酸，半胱氨酸和胱氨酸也可以互变，但二者不能变为甲硫氨酸。

（一）甲硫氨酸代谢

甲硫氨酸中含有*S*-甲基，可参与转甲基反应，生成多种含甲基的生理活性物质。在转甲基反应前，甲硫氨酸必须在腺苷转移酶催化下与ATP反应生成*S*-腺苷甲硫氨酸（SAM）。SAM中的甲基是高度活化的，称活性甲基，SAM称为活性甲硫氨酸。SAM是体内最主要的甲基供体，可以在不同的甲基转移酶的催化下，将甲基转移给各种甲基受体而形成多种甲基化合物，如肾上腺素、胆碱、甜菜碱、肉毒碱、肌酸等。

SAM转出甲基后形成的*S*-腺苷同型半胱氨酸，经水解释放出腺苷后，转变为同型半胱氨酸。同型半胱氨酸可以接受N^5—CH_3—FH_4提供的甲基再生成甲硫氨酸，形成一个循环过程，称为甲硫氨酸循环（图10-4）。此循环的生理意义在于将其他来源的一碳单位转化为SAM，参与体内的甲基化反应，并防止甲硫氨酸的大量消耗，也促进FH_4的再利用。

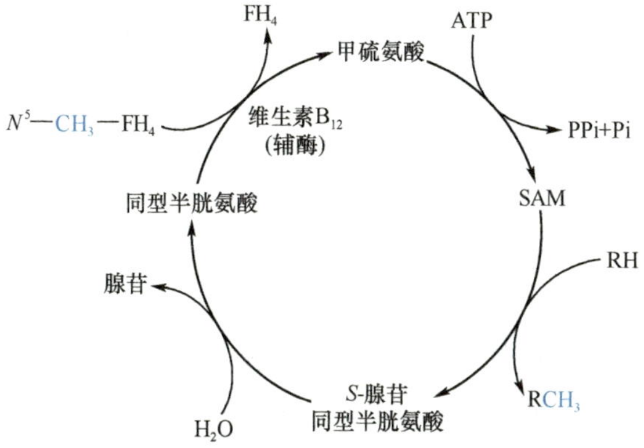

图10-4　甲硫氨酸循环

甲基转移酶的辅酶是维生素B_{12}。故维生素B_{12}缺乏时，N^5—CH_3—FH_4的甲基转移受阻，不仅影响甲硫氨酸的重新合成，同时影响FH_4释放，使组织中游离FH_4减少，进而影响其他一碳单位的代谢，导致核酸合成障碍，引起巨幼细胞贫血。

（二）半胱氨酸与胱氨酸代谢

1. 半胱氨酸和胱氨酸的互变　半胱氨酸含有巯基，两分子半胱氨酸的巯基通过脱氢缩合，以二硫键相连生成胱氨酸，胱氨酸又可裂解为两分子半胱氨酸。在体内，半胱氨酸和胱氨酸的互变主要由硫氧还蛋白还原酶系统催化。

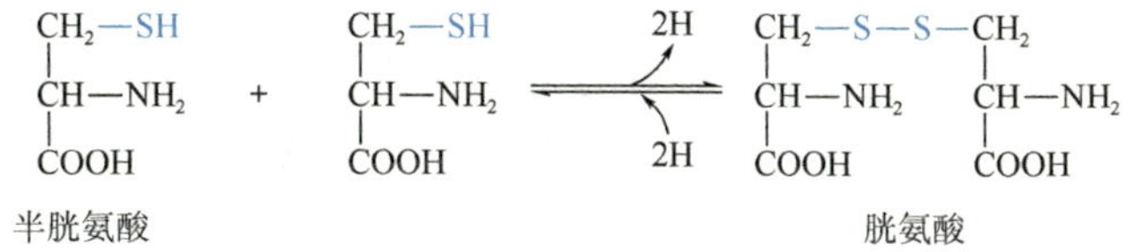

2. 半胱氨酸和胱氨酸互变及代谢的重要作用　胱氨酸并不直接参与蛋白质合成，蛋白质中的胱氨酸是由半胱氨酸残基氧化脱氢而来。在蛋白质分子中，两个半胱氨酸残基间形成的二硫键对维持其分子构象起重要作用。当然，半胱氨酸并不都是通过胱氨酸来发挥作用，如其侧链上的巯基是许多酶的必需基团。

谷胱甘肽由谷氨酸、半胱氨酸及甘氨酸组成，在人体抗氧化、解毒、氨基酸转运及代谢中均有重要作用。谷胱甘肽有还原型（GSH）和氧化型（GSSG）两种形式，两种形式可以通过半胱氨酸和胱氨酸的互变而实现转化。GSH的活性基团是其半胱氨酸残基上的巯基，可保护某些蛋白质及酶分子不被氧化，从而维持生物学活性。例如，红细胞中含有较多的GSH，对保护红细胞膜完整性及促使高铁血红蛋白还原为血红蛋白均有重要作用。

半胱氨酸在体内可直接脱去巯基和氨基生成丙酮酸、NH_3和H_2S，也可经氧化脱羧生成牛磺酸。

含硫氨基酸经氧化分解均可以产生硫酸根，半胱氨酸是体内硫酸根的主要来源。体内的硫酸根一部分以无机盐形式随尿排出，另一部分则经ATP活化成活性硫酸根，即3′-磷酸腺苷-5′-磷酰硫酸（PAPS）。PAPS性质活泼，可提供硫酸根使某些物质形成硫酸酯，在肝生物转化中起着重要作用。

考点：甲硫氨酸循环的主要过程及生理意义，谷胱甘肽的组成及作用

四、芳香族氨基酸代谢

芳香族氨基酸包括苯丙氨酸、酪氨酸和色氨酸。苯丙氨酸羟化生成酪氨酸是其主要的代谢去路，后者进一步代谢生成甲状腺素、儿茶酚胺、黑色素等重要物质。

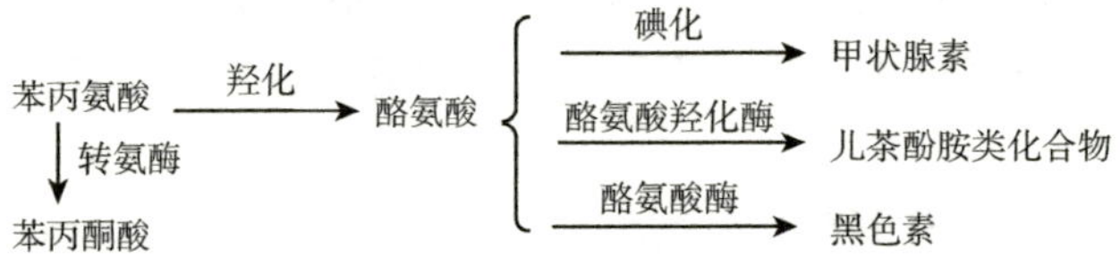

（一）苯丙氨酸代谢

正常情况下，大部分苯丙氨酸在苯丙氨酸羟化酶催化下生成酪氨酸，极少数苯丙氨酸转氨后生成苯丙酮酸。先天缺乏苯丙氨酸羟化酶的患者，体内苯丙氨酸的转氨作用增强，生成大量的苯丙酮酸及其代谢产物。这些物质蓄积于组织、血浆和脑脊液中，并大量从尿中排出，临床上称为苯丙酮酸尿症。

链接 医保，让苯丙酮尿症患者“食有所依”

苯丙酮尿症（PKU）是一种遗传性氨基酸代谢缺陷疾病，主要临床特征为智力低下、湿疹、皮肤抓痕征及色素脱失和鼠臭味等。这是一种罕见的疾病，在普通人眼里营养丰富的食物，如面条、米饭、牛奶、鸡蛋、鱼等，对PKU患者来讲就是“毒药”，因为这些食物里含有较多的苯丙氨酸，会损害他们的大脑。PKU患者需要终身食用低苯丙氨酸的特殊食物，这对很多家庭来说是难以长期承受的。

为了减轻患者家庭经济负担，让患者食有所依，各地纷纷出台了医保政策，将PKU患者使用的特殊食品纳入医疗救助。多地还免费开展新生儿筛查，争取早发现、早控制，让患者可以像普通孩子一样健康成长。

（二）酪氨酸代谢

1. 合成黑色素 在黑素细胞中，酪氨酸在酪氨酸酶催化下，羟化生成多巴，后者经氧化、脱羧等反应转变为吲哚醌，吲哚醌聚合为黑色素。黑色素为毛发、皮肤及眼球的主要色素来源。先天性缺乏酪氨酸酶可导致白化病。

2. 合成儿茶酚胺 酪氨酸经羟化、脱羧等反应可相继生成多巴胺、去甲肾上腺素和肾上腺素，三者合称为儿茶酚胺，是维持神经系统正常功能和机体正常代谢不可缺少的物质。脑组织中的多巴胺生成减少，可导致帕金森病。

3. 酪氨酸的分解 酪氨酸脱氨生成对羟基苯丙酮酸，再转化为尿黑酸，经尿黑酸氧化酶催化裂解为延胡索酸和乙酰乙酸，两者分别参与糖和脂肪酸代谢。若先天性缺乏尿黑酸氧化酶，则尿黑酸不能裂解而由尿排出，尿液与空气接触后呈黑色，称为尿黑酸尿症。

此外，酪氨酸还可以通过碘化参与甲状腺素的合成、通过脱羧生成酪胺。

（三）色氨酸代谢

色氨酸是人体的必需氨基酸，除用于合成蛋白质外，还有其他的代谢途径，如色氨酸经羟化、脱羧可转变为5-羟色胺（5-HT）；色氨酸分解可产生丙酮酸与乙酰乙酰CoA，所以它是生糖兼生酮氨基酸；色氨酸分解还可产生烟酸，这是体内合成维生素的特例，但合成量少，不能满足机体的需要。

自测题

（一）名词解释

转氨基作用　氧化脱氨基作用　联合脱氨基作用

一碳单位

（二）填空题

1. 体内主要的氨基转移酶是________和________。各种氨基转移酶均以________或________为辅酶，它们在反应过程中起传递氨基的作用。
2. 肝经________循环将有毒的氨转变成无毒的________，这一过程是在肝细胞的________和________中进行的。
3. 氨在血液中主要是以________及________两种形式被运输。
4. *L*-谷氨酸脱氢酶属变构酶，________是其变构抑制剂，________是其变构激活剂。

（三）选择题

【A型题】

1. 下列哪项不是体内的脱氨基方式
   A. 氧化脱氨基作用　B. 鸟氨酸循环
   C. 转氨基作用　D. 联合脱氨基作用
   E. 嘌呤核苷酸循环
2. GPT在下面哪种器官中活性最强
   A. 脑　B. 心　C. 肝
   D. 肺　E. 肾
3. 体内氨的最主要去路是
   A. 合成非必需氨基酸　B. 渗入肠道
   C. 在肝内合成尿素　D. 生成谷氨酰胺
   E. 肾脏泌氨排出
4. 转运一碳单位的载体是
   A. 生物素　B. 辅酶A
   C. 叶酸　D. 四氢叶酸
   E. 维生素B_{12}
5. 活性甲硫氨酸指的是
   A. ATP　B. Met　C. SAM
   D. TMP　E. ALT
6. 以下对*L*-谷氨酸脱氢酶的描述哪一项是错误的
   A. 它催化的是氧化脱氨反应
   B. 它的辅酶是NAD^+或$NADP^+$
   C. 它和相应的氨基转移酶共同催化联合脱氨基作用
   D. 它在生物体内活力不强
   E. 是在动物体内最重要的脱氢酶，广泛存在于肝、脑、肾等组织中
7. 骨骼肌中氨基酸脱氨基的主要方式是
   A. 联合脱氨基　B. 氧化脱氨基
   C. 转氨基作用　D. 嘌呤核苷酸循环
   E. 鸟氨酸循环
8. 体内能转化成维生素PP的氨基酸是
   A. 色氨酸　B. 脯氨酸
   C. 酪氨酸　D. 蛋氨酸
   E. 谷氨酸
9. 一碳基团不包括
   A. —CH═NH　B. $—CH_3$
   C. —CHO　D. CO_2
   E. $—CH_2—$
10. 哺乳动物解除氨的毒性的主要形式是
   A. 尿酸　B. 尿素　C. 谷氨酰胺
   D. 碳酸铵　E. 丙氨酸

【B型题】

（第11～13题共用选项）

A. 谷氨酸　B. 丝氨酸　C. 亮氨酸
D. 酪氨酸　E. 天冬氨酸

11. 脱氨基后生成*α*-酮戊二酸的是
12. 一碳单位的主要来源是
13. 代谢生成多巴胺、去甲肾上腺素和肾上腺素的氨基酸是

（第14～16题共用选项）

A. 组胺　B. GABA　C. 5-HT
D. 甲状腺素　E. 牛磺酸

14. 体内谷氨酸脱羧可生成
15. 体内色氨酸脱羧可生成
16. 体内组氨酸脱羧可生成

【X型题】

17. 氨基酸代谢库中游离氨基酸的去路为
   A. 参与许多重要的含氮物质合成
   B. 合成蛋白质
   C. 脱去氨基，生成相应的*α*-酮酸
   D. 转变成糖或脂肪
   E. 分解产生能量
18. 氨基酸脱氨基作用的产物有
   A. CO_2　B. 胺　C. 氨
   D. *α*-酮酸　E. CO
19. 血氨的来源包括
   A. 氨基酸脱氨基作用产生的氨
   B. 肠道吸收的氨
   C. 肾小管谷氨酰胺产生的氨
   D. 氨基酸脱羧基作用产生的氨
   E. 鸟氨酸循环产生的氨

（四）简答题

1. 简述体内氨有哪些来源和去路。
2. 简述一碳单位的生理意义。

（莫小卫）

第11章
核酸与核苷酸代谢

学习目标

1. 知识目标： 掌握核苷酸从头合成途径和补救合成途径的概念，嘌呤核苷酸分解代谢与痛风的关系；理解核苷酸从头合成途径的场所、原料；了解核苷酸从头合成途径和补救合成途径的具体过程，核苷酸分解代谢的基本过程。

2. 能力目标： 能运用所学知识阐述别嘌醇治疗痛风的原理并进行饮食宣传。

3. 素质目标： 培养探索真理、实事求是的职业道德和职业素质。

核酸作为组成生物体的基本物质之一，同其他生物分子一样，也在体内不断地进行着新陈代谢。而食物中的核酸，必须经过消化、吸收，才能被人体利用。

第1节　核酸的消化与吸收

一、核酸的消化

食物中的核酸多以核蛋白的形式存在。在胃中，核蛋白受胃酸的作用分解为核酸与蛋白质。核酸进入小肠后，首先在胰核酸酶的作用下水解为单核苷酸，后者进一步在胰液和肠液的各种水解酶的作用下逐步水解为磷酸、碱基和戊糖。

二、核酸的吸收

核苷酸及其水解产物均可被细胞吸收。它们被吸收后，核苷酸及核苷在肠黏膜细胞中可被继续降解。分解产物戊糖或磷酸戊糖可被机体重吸收而参与体内的戊糖代谢；碱基大部分被继续分解，最终排出体外，少部分可被人体再利用。人体核酸中的核苷酸，只有少部分来自食物核酸的消化吸收，大部分是由机体自身合成的。因此，核苷酸不属于必需营养物质。

第2节　核酸的分解代谢

一、核酸的水解

体内核酸的分解，第一步也是水解。生物体内普遍存在着核酸酶（水解DNA的称DNA酶，水解RNA的称RNA酶），在其作用下，连接核苷酸的磷酸二酯键被水解，生成寡核苷酸和单核苷酸。

考点： 核酸酶的作用

二、核苷酸的分解

核苷酸在体内广泛存在的核苷酸酶的作用下继续水解，生成核苷和磷酸。核苷经核苷磷酸化酶的作用，磷酸解生成游离的碱基、1-磷酸核糖（或1-磷酸脱氧核糖）。腺嘌呤核苷比较特别，它先在腺嘌呤核苷脱氨酶作用下脱氨生成次黄嘌呤核苷，再接受核苷磷酸化酶的作用。碱基可进一步分解，也可以参与核苷酸的补救合成途径。1-磷酸核糖可在磷酸核糖变位酶的作用下转变为5-磷酸核糖，然后重新用于核苷酸的合成，或者进入磷酸戊糖途径进行代谢。1-磷酸脱氧核糖在磷酸核糖醛缩酶的作用下裂解为3-磷酸甘油醛和乙醛。

考点： 核苷酸分解的主要产物

三、嘌呤的分解代谢

嘌呤碱基的分解代谢主要在肝、小肠及肾中进行。在人体内，嘌呤碱最终分解生成尿酸，由尿排出体外。AMP分解产生的次黄嘌呤在黄嘌呤氧化酶的作用下氧化成黄嘌呤，黄嘌呤继续在黄嘌呤氧化酶的催化下生成尿酸。鸟嘌呤在鸟嘌呤脱氨酶的催化下转变成黄嘌呤，再氧化生成尿酸（图11-1）。黄嘌呤氧化酶是尿酸生成的关键酶。

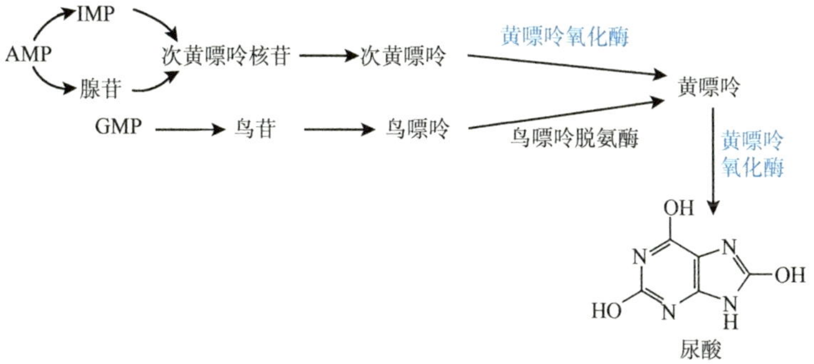

图 11-1 嘌呤碱基的分解代谢

尿酸呈酸性，且水溶性较差。正常人血浆中尿酸含量为0.12～0.36mmol/L（2～6mg/dl），男性略高于女性。当血中尿酸含量超过0.48mmol/L（8mg/dl）时，尿酸盐结晶可沉积于关节、软组织、软骨及肾等处，最终引起关节炎、尿路结石及肾疾病等，临床上称为痛风症。痛风症多见于成年男性，其发病机制尚未完全阐明。已知嘌呤核苷酸代谢酶的活性异常可导致痛风。此外，当疾病导致体内核酸大量分解（如恶性肿瘤、白血病等）、进食高嘌呤膳食以及某些药物或肾疾病等影响肾脏排泄尿酸时，均可致血中尿酸升高。

临床上常用别嘌醇来治疗痛风症。别嘌醇的结构与次黄嘌呤类似（图11-2），故可竞争性抑制黄嘌呤氧化酶，进而抑制尿酸的生成。此外，别嘌醇还可以与磷酸核糖基焦磷酸（PRPP，也称5-磷酸核糖焦磷酸）反应生成别嘌醇核苷酸，这样不仅消耗了核苷酸合成所必需的PRPP，使其含量减少，同时由于别嘌醇核苷酸与IMP的结构类似，还可以反馈抑制PRPP酰胺转移酶，从而减少嘌呤核苷酸的从头合成。

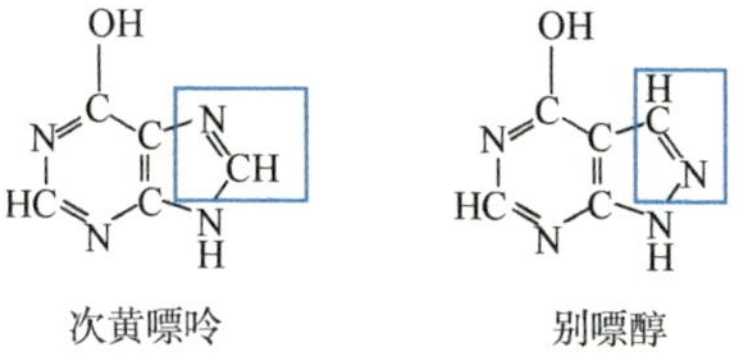

图 11-2 别嘌醇与次黄嘌呤结构

链接 别嘌醇的国产之路

别嘌醇作为抗痛风的经典药物之一，具有价格低廉、疗效明确、安全性好等优势被大量使用。该药物1956年由英国Wellcome Research实验室首次发现，1966年获得美国FDA批准用于治疗痛风，1976年上海第九制药厂首次用氰乙酸乙酯为原料组织生产别嘌醇产品。别嘌醇开始国产之后，中国在近半个世纪里，一直没有停止对其合成工艺的优化，推动了别嘌醇生产工艺的不断进步，目前已成为别嘌醇的主要生产国。

考点： 人体内嘌呤的代谢终产物，别嘌醇治疗痛风的原理

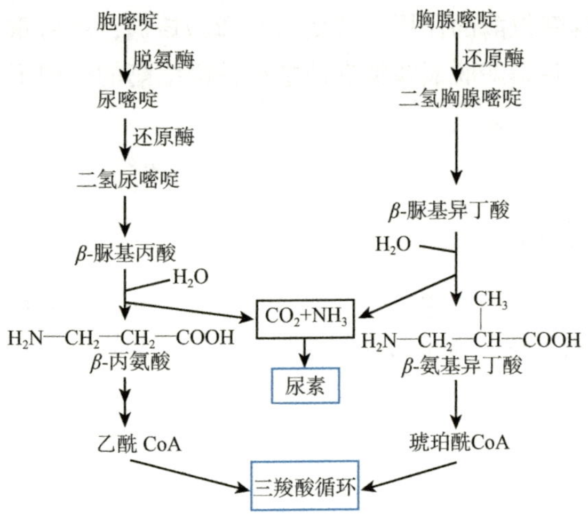

图 11-3 嘧啶碱基的分解代谢

四、嘧啶的分解代谢

嘧啶的分解代谢主要在肝中进行，分解过程如图11-3所示。胞嘧啶在脱氨酶作用下脱氨基转化为尿嘧啶，尿嘧啶经还原、水解等反应最终生成NH_3、CO_2及β-丙氨酸。胸腺嘧啶经还原、水解等反应最终生成NH_3、CO_2和β-氨基异丁酸。β-丙氨酸可转变为乙酰CoA并进入三羧酸循环彻底氧化分解。β-氨基异丁酸可直接随尿排出体外，也可转变成琥珀酰CoA进入三羧酸循环彻底氧化分解或经糖异生途径异生成糖。NH_3和CO_2可用于合成尿素，随尿排出体外。

考点：嘧啶的主要代谢产物

第3节 核苷酸的合成代谢

一、嘌呤核苷酸的合成

体内核苷酸的合成有两条途径：从头合成和补救合成。

从头合成是利用磷酸核糖、氨基酸、一碳单位及二氧化碳等简单物质为原料，经过一系列酶促反应，合成核苷酸的过程。补救合成是利用体内游离的碱基或核苷，经过简单的反应合成核苷酸的过程。一般情况下，从头合成是合成的主要途径。但在脑、骨髓的胞质溶胶中因缺乏从头合成的酶系，只能进行补救合成。

1. 嘌呤核苷酸的从头合成 体内嘌呤核苷酸的从头合成主要在肝中进行，合成场所为胞质溶胶。研究表明，CO_2、天冬氨酸、甘氨酸、谷氨酰胺和N^{10}-甲酰四氢叶酸是动物体内合成嘌呤环的原料。嘌呤环中的元素来源如图11-4所示。

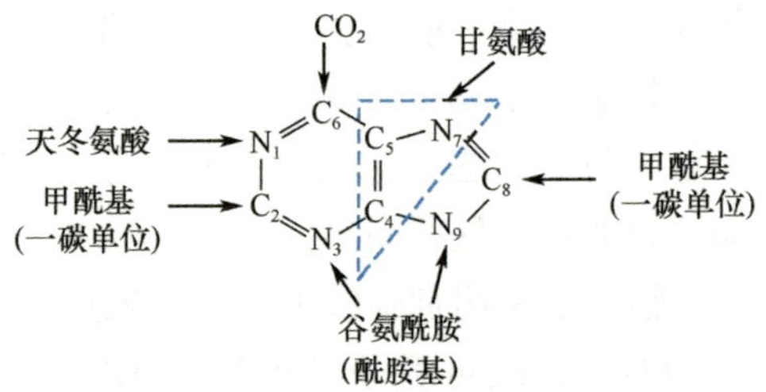

图 11-4 嘌呤环合成原料来源

体内嘌呤环的合成以5-磷酸核糖为起始物质，在磷酸核糖焦磷酸激酶催化下与ATP作用生成PRPP，PRPP通过一系列酶促反应生成IMP。IMP可与天冬氨酸结合生成腺苷酸代琥珀酸，再转变为AMP；也可脱氢生成黄嘌呤核苷酸（XMP），再转变为GMP。无论是IMP转变为AMP，还是IMP转变为GMP都是消耗能量的。

2. 嘌呤核苷酸的补救合成 补救合成过程可以节省能量，也减少了氨基酸的消耗。

嘌呤核苷酸补救合成途径有两种方式：一是碱基与PRPP在磷酸核糖转移酶（包括腺嘌呤磷酸核糖转移酶、次黄嘌呤-鸟嘌呤磷酸核糖转移酶）作用下生成嘌呤核苷酸和焦磷酸；二是碱基与1-磷酸核糖在核苷磷酸化酶催化下生成嘌呤核苷和磷酸，嘌呤核苷再在核苷激酶催化下与ATP作用生成嘌呤核苷酸。

补救合成途径所需的碱基或核苷可由肝脏合成经血液运输而来，也可以来自食物的消化吸收或细胞内核酸的降解。

链接 Lesch-Nyhan 综合征

Lesch-Nyhan综合征是由次黄嘌呤-鸟嘌呤磷酸核糖转移酶突变所致。此种疾病是一种X染色体隐性连锁遗传缺陷。患者表现为高尿酸血症及舞蹈-手足徐动症伴自伤行为，如脑发育不全、智力低下、攻击和破坏性行为，常咬伤自己的嘴唇、手和足趾等，故亦称自毁容貌征。其尿酸增高较易解释：由于次黄嘌呤-鸟嘌呤磷酸核糖转移酶的缺乏，使得分解产生的PRPP不能被利用而堆积；PRPP促进嘌呤的从头合成从而使其含量增加，其分解产物尿酸也随之增高。而神经系统症状的机制尚不清楚。

3. 嘌呤核苷酸的相互转变 体内嘌呤核苷酸可以相互转变，以保持彼此平衡。AMP、GMP可以转变成IMP，IMP也可以转变成AMP及GMP，因此，AMP和GMP之间也是可以相互转变的。

考点： 嘌呤核苷酸从头合成的主要场所、原料，补救合成的意义

二、嘧啶核苷酸的合成

1. 嘧啶核苷酸的从头合成 嘧啶核苷酸的从头合成主要在肝脏进行。同位素示踪实验证明，嘧啶碱基的合成原料来自谷氨酰胺、CO_2和天冬氨酸（图11-5），同时也需要ATP和无机离子的催化。

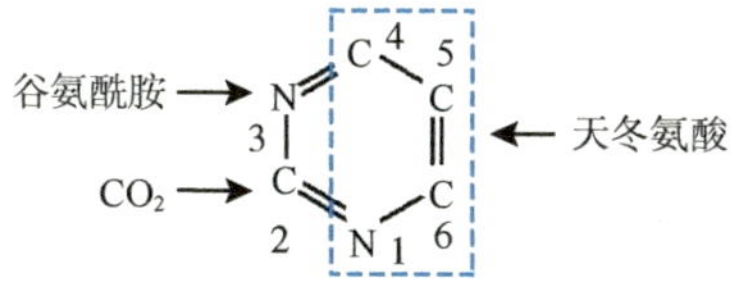

图11-5 嘧啶环的合成原料

（1）UMP的合成 在胞质溶胶中，由ATP供应能量，在氨基甲酰磷酸合成酶Ⅱ催化下，谷氨酰胺与CO_2合成氨基甲酰磷酸。氨基甲酰磷酸再与天冬氨酸结合，经过一系列变化，生成乳清酸。乳清酸与PRPP化合生成乳清酸核苷酸，乳清酸核苷酸再由乳清酸核苷酸脱羧酶催化生成UMP。

（2）CTP的合成 UMP通过尿苷酸激酶和核苷二磷酸激酶的连续作用，生成UTP。UTP在CTP合成酶催化下，消耗1分子ATP，接受谷氨酰胺的氨基而成为CTP。

2. 嘧啶核苷酸的补救合成 嘧啶磷酸核糖转移酶可催化尿嘧啶、胸腺嘧啶、乳清酸与PRPP结合生成相应的嘧啶核苷一磷酸。各种嘧啶核苷还可以通过嘧啶核苷激酶的催化而生成相应的嘧啶核苷酸。

考点： 嘧啶从头合成的主要原料

三、脱氧核苷酸的合成

脱氧核苷酸所含的脱氧核糖是由相应的核苷酸的核糖直接还原而生成。这种还原作用在核苷二磷酸（NDP）水平上进行，由核糖核苷酸还原酶催化。反应如下（图11-6）：

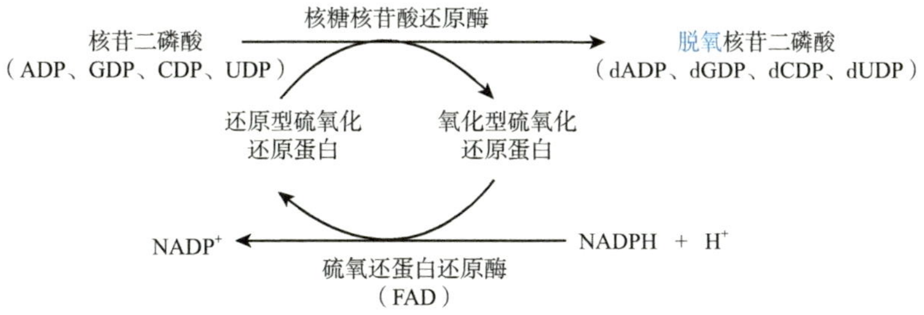

图11-6 脱氧核苷酸的合成

dTMP不能在二磷酸水平上由相应核苷酸还原生成，而是由dUMP甲基化产生。dUMP在胸腺嘧啶核苷酸合成酶作用下，接受N^5，N^{10}-亚甲基四氢叶酸提供的亚甲基生成dTMP。dUMP可来自dUDP的水解和dCMP的脱氨基这两个途径，以后者为主。dTMP还可以由脱氧胸苷在胸苷激酶的作用下磷酸化而生成。

考点： 脱氧核苷酸的生成方式

自测题

（一）名词解释

从头合成途径　补救合成途径

（二）填空题

1. 核苷酸分解的主要产物包括________、________、________、________等。
2. 嘧啶碱基从头合成的原料有________、________、________等。
3. 脱氧核苷酸所含的脱氧核糖是由________直接还原而生成。

（三）选择题

【A型题】

1. dTMP合成的直接前体是
   A. dUMP　B. dUDP　C. TMP
   D. TDP　E. dTDP
2. 嘌呤碱基的代谢终产物是
   A. NH_3　B. CO_2　C. 尿素
   D. 尿酸　E. H_2O
3. 进行嘌呤核苷酸从头合成的主要器官是
   A. 脑组织　B. 小肠黏膜
   C. 肝　D. 胸腺
   E. 肾
4. 下列哪种物质增多会导致痛风
   A. 尿酸　B. 尿素　C. 肌酐
   D. 肌酸　E. 葡萄糖
5. 下列化合物中作为从头合成IMP和UMP的共同原料是
   A. 天冬氨酸　B. 维生素A
   C. 甘氨酸　D. 甲硫氨酸
   E. 磷酸

【X型题】

6. 嘌呤碱基从头合成的原料有
   A. CO_2　B. 天冬氨酸
   C. 甘氨酸　D. 谷氨酰胺
   E. N^{10}-甲酰四氢叶酸

（四）简答题

简述痛风的发病机制以及别嘌醇治疗痛风的原理。

（杜　江）

第12章 遗传信息的传递与表达

学习目标

1. 知识目标： 掌握基因、复制、转录、翻译、密码子等概念，遗传信息传递的中心法则，DNA、RNA、蛋白质的合成条件；理解DNA、RNA、蛋白质的主要合成过程；了解逆转录、DNA的损伤与修复、RNA的复制。

2. 能力目标： 能够协助开展遗传性疾病的药学社会服务。

3. 素质目标： 培养科学的态度、严谨的作风、理论联系实际的工作能力。

遗传是生命的基本特征之一。DNA是遗传的主要物质，遗传信息以碱基特定排列的方式储藏在DNA分子中。基因是染色体中携带有遗传信息的DNA片段，是遗传的功能单位。一个生物体的全部基因序列称为基因组（genome）。细胞在分裂之前通过DNA的复制将遗传信息由亲代传递给子代。在子代的个体发育过程中，遗传信息从DNA转录给mRNA，再由mRNA翻译出蛋白质，通过蛋白质执行各种生命功能，使后代表现出与亲代相似的遗传性状。遗传信息传递的这种规律称为中心法则。中心法则在20世纪50年代被提出并为生物界广泛接受。随着研究的深入，在20世纪70年代，Temin和Baltimore分别从致癌RNA病毒中发现反转录酶，该酶通过逆转录（也称反转录）方式将遗传信息传递给DNA，并发现某些病毒中的RNA也可以进行复制，这样中心法则就获得了补充和修正（图12-1）。

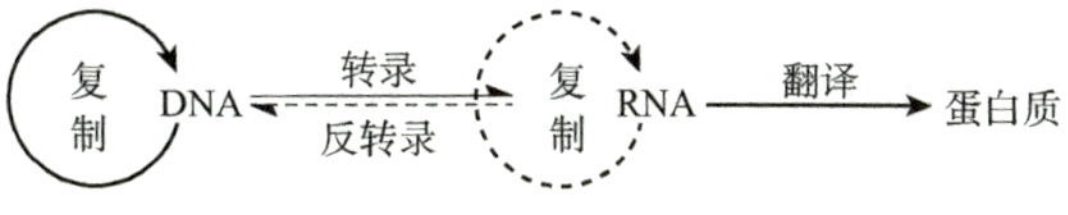

图12-1 遗传信息传递的中心法则

考点： 遗传信息传递的中心法则，基因的概念

第1节 DNA的生物合成

DNA生物合成的方式主要包括DNA复制和逆转录。DNA的复制是以亲代DNA为模板，按照碱基互补原则合成子代DNA的过程，是体内合成DNA的主要方式。一些RNA病毒以RNA为模板，通过逆转录过程合成DNA。此外，在DNA分子损伤后，体内可通过特殊的修复机制对DNA进行修补合成以保持DNA的稳定性。

一、复制——DNA指导的DNA的合成

DNA复制是指以亲代DNA为模板，按照碱基互补配对原则合成子代DNA分子的过程，也称DNA指导的DNA合成。

（一）DNA的复制方式——半保留复制

Meselson和Stahl用实验证实DNA在复制时首先是两条母链之间的氢键断裂，解链分离，然后分别以每条链为模板各自合成一条新的DNA链，这样新合成的每个子代DNA分子中，一条链来自亲代DNA，另一条链是新合成的，这种复制方式称为半保留复制（semi-conservative replication）。

（二）DNA的复制条件

1. 模板 亲代DNA两条链均可作为模板。

2. 原料 以三磷酸脱氧核苷（dATP、dGTP、dCTP、dTTP，简写为dNTP）作为合成新链的原料。

3. 酶及蛋白因子

（1）解链酶 DNA复制时必须先解开DNA的双螺旋结构。解链酶的作用就是利用ATP分解提供的能量打开DNA双链之间的氢键。任何一种DNA解链酶都能结合DNA，这种结合与DNA序列无关。

（2）单链DNA结合蛋白（single strand DNA binding protein，SSB） SSB是一种专门与解开的DNA单链区结合的蛋白质，它可以防止单链DNA再度螺旋化，同时避免核酸内切酶对单链DNA的水解，保证了单链DNA作为模板时的伸展状态。SSB可以重复利用。

除单链结合蛋白外，DNA复制还需要DnaA蛋白、DnaB蛋白、DnaC蛋白等蛋白因子。

（3）拓扑异构酶 是一类通过催化DNA链的断裂、旋转和重新连接而直接改变DNA拓扑性质的酶。在DNA复制时，拓扑异构酶可清除复制叉行进前方的DNA分子的正超螺旋，有利于复制叉的前进及DNA的合成。DNA复制完成后，拓扑异构酶又可将DNA分子引入负超螺旋，使DNA缠绕、折叠、压缩，形成染色质。拓扑异构酶的作用贯穿复制的全过程，其催化的反应依赖于ATP。

拓扑异构酶分为Ⅰ型和Ⅱ型，它们广泛存在于原核生物及真核生物中。参与DNA复制的主要是Ⅱ型拓扑异构酶。

（4）DNA聚合酶 是指以脱氧核苷三磷酸为底物催化DNA合成的一类酶，因为需要DNA母链为模板，故又称DNA指导的DNA聚合酶（DNA directed DNA polymerase，DDDP）。

在大肠埃希菌中已发现5种DNA聚合酶，分别为DNA聚合酶Ⅰ、Ⅱ、Ⅲ、Ⅳ和Ⅴ，其中主要的有3种，即DNA聚合酶Ⅰ、Ⅱ和Ⅲ。这三种酶的共同性质包括：①需要DNA模板；②需要RNA引物，即DNA聚合酶不能从头催化DNA的合成；③催化dNTP添加到引物的3′-OH末端，因而DNA合成的方向是5′→3′；④都属于多功能酶，三种DNA聚合酶在DNA复制和修复过程的不同阶段发挥不同的作用。

到目前为止，真核生物的DNA聚合酶已发现至少15种，较早被发现的主要为α、β、γ、δ及ε等，而参与细胞核基因组DNA复制的主要为α、δ和ε。它们的基本特性与大肠埃希菌DNA聚合酶相似，其主要活性是催化dNTP的5′→3′聚合。

（5）引物酶 是一种特殊的RNA聚合酶，可催化短片段RNA的合成，这种短的RNA片段一般含十几个至数十个核苷酸不等，在DNA复制起始处作为引物（primer）。DNA复制并不是从头开始以2个游离单脱氧核苷酸聚合为起点合成DNA的，而是先由引物酶催化合成一小段RNA引物，然后在引物的3′-OH上连接下一个核苷酸。RNA引物的3′端提供了由DNA聚合酶催化形成DNA分子第一个磷酸二酯键的位置。大肠埃希菌的引物酶为DnaG蛋白，而真核细胞的引物酶则与DNA聚合酶α紧密地结合在一起。

（6）连接酶 其作用是催化相邻核苷酸的3′-羟基和5′-磷酸基团形成3′，5′-磷酸二酯键，从而使两个相邻的DNA片段连接起来，最终形成一条完整的DNA长链。连接反应需要ATP提供能量。连接酶主要参与DNA复制，也参与DNA修复和重组。

（7）端粒酶 是真核生物核基因组DNA复制所特有的，其本质是一种特殊的依赖于RNA的DNA聚合酶，即逆转录酶。它的作用是维持染色体端粒结构的完整性。端粒是位于染色体末端的特殊结构，由DNA和蛋白质组成，其主要功能是保护染色体，防止染色体融合、重组和降解。

（三）DNA复制的一般过程

DNA的复制以复制子为单位进行。任何一个复制子都含有一个复制起始区，有些复制子还含有特定的终止区。DNA复制实际上就是以亲代DNA为模板，在DNA聚合酶作用下，将游离的4种脱氧三磷酸核苷（dNTP）聚合成DNA的过程。该过程可以人为地分为起始、延伸和终止三个阶段（图12-2）。

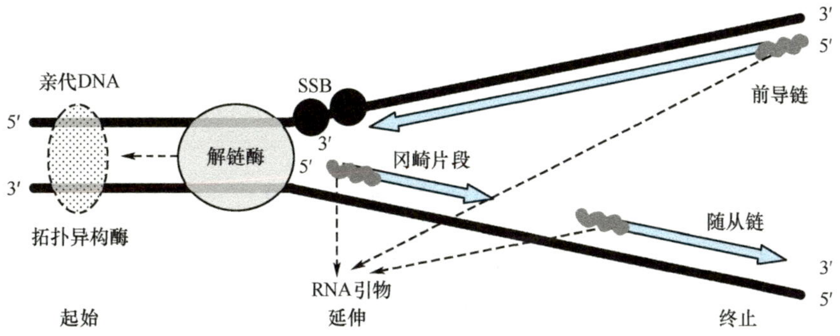

图12-2　DNA的复制过程

1. DNA复制的起始　DNA复制是从DNA分子上的特定部位开始的，此位置称为复制原点，常用*ori*或σ表示。这段DNA序列富含A-T碱基，易于解链。DNA复制开始时，依靠解链酶、拓扑异构酶和DnaA蛋白等蛋白因子的协作，使DNA先解开一段双链，形成复制点。由于每个复制点的形状像一个叉子，故又称复制叉。双链解开后，SSB迅速和两条单链结合。接着，引物酶催化合成引物。引物提供了3′-OH端，它将作为DNA链合成的起始部位。

大肠埃希菌的DNA是环状DNA，就是一个复制子，其复制只有一个起始点，从起始点开始同时向两个方向复制，称为单起点双向复制。而真核生物细胞内的每一个染色体DNA都含有多个复制子，DNA复制从许多起始点同时开始，进行双向复制。

2. DNA复制的延伸　催化DNA链延伸的酶是DNA聚合酶，在大肠埃希菌细胞内是DNA聚合酶Ⅲ。DNA新链延伸时，分别以两条母链作模板，从RNA引物的3′-OH端开始，由DNA聚合酶催化，以四种脱氧核苷三磷酸为原料，按照碱基互补配对原则各自指导合成一条新的DNA链。由于模板DNA的两条链方向相反，而DNA聚合酶只能沿5′→3′方向延长子链DNA，因此，新合成的两条子链走向也相反。以3′→5′方向的母链为模板时，新合成的子链延伸方向与复制叉前进方向一致，可以连续合成，称为前导链或领头链（leading strand）；以5′→3′方向的母链为模板时，新链的延伸方向与复制叉前进方向相反，故而是分段合成的，称为随从链或滞后链（lagging strand）。随从链复制时有多个起始点，每个起始点都要先合成一段RNA引物，再合成小片段DNA，这些不连续的DNA片段称为冈崎片段。

3. DNA复制的终止　原核生物环状DNA多采用双向复制，同时在终止点汇合。随从链上冈崎片段的5′端是RNA引物，DNA聚合酶Ⅰ发挥5′→3′外切活性将RNA引物水解，并从前一个冈崎片段的3′-OH端催化延伸，填补引物切除后留下的空白区域。最后，由DNA连接酶催化，前一个片段的3′-OH和后一个片段的5′-磷酸基团脱水缩合形成磷酸二酯键，随从链也成为连续的子链。因为大肠埃希菌的DNA为环状，故前导链上的RNA引物被水解后留下的空隙，可由复制至最后的3′-OH端延长填补，最后同样由DNA连接酶完成连接。

真核生物染色体DNA是线性复制，随从链上RNA引物的切除、空隙的填补及片段的连接与大肠埃希菌随从链相似，但前导链上的RNA引物被切除后留下的空隙是由端粒通过不依赖模板的复制来填补的。

考点：半保留复制的概念、基本条件、基本过程，冈崎片段的概念

二、逆转录——RNA指导的DNA的合成

DNA的生物合成除复制外，还有另一种方式就是逆转录（reverse transcription）。它是以四种dNTP为原料，在逆转录酶（亦称为RNA指导的DNA聚合酶）催化下，以RNA为模板，按5′→3′方向合成互补DNA链（complementary DNA，cDNA），形成RNA-DNA杂交体。随后杂交体中的RNA链被

RNA酶水解。再以cDNA为模板合成与其互补的DNA链，形成双链DNA分子。

逆转录酶是一类结构很复杂的酶，同时具有DNA聚合酶、DNA内切酶、DNA解旋酶等的活性。研究发现，逆转录酶不仅普遍存在于RNA病毒中，也存在于哺乳动物的胚胎细胞和正在分裂的淋巴细胞中。逆转录酶现在已经成为基因工程中重要的工具酶，被用来将mRNA或细胞中的全部mRNA通过反转录制备cDNA或cDNA文库。

考点：逆转录的概念

三、DNA损伤的修复

DNA与其他生物大分子一样，在受到某些因素的作用时，其结构可能会遭到损伤。如果不能被及时修复，不仅会使DNA的复制和转录受到影响，还可能导致机体发生突变。引起DNA损伤的内在因素包括DNA复制过程中发生的错误、DNA结构的不稳定（如含氨基的碱基自发水解脱氨基）及细胞内活性氧的破坏等；外在因素包括紫外线照射、离子辐射等物理因素和烷化剂、亚硝酸盐、抗生素及类似物等化学因素。

DNA修复是指针对已发生缺陷的DNA施行的补救措施。生物体内主要有光修复、切除修复、重组修复和SOS修复等。光修复是指利用光复活酶修复损伤的DNA。切除修复是指利用DNA聚合酶和DNA连接酶进行切除、修补和连接。重组修复是在当DNA损伤面较大又不能及时修复时，就通过重组作用把另一股模板链的同源序列交换至缺口处，形成完整的DNA子链。SOS修复也称紧急呼救修复，它是在DNA分子受到严重损伤、细胞处于危险状态、正常修复机制均已被抑制时进行的急救措施。

链接 DNA修复与疾病

细胞修复DNA能力的降低与某些遗传性疾病和肿瘤的发生有一定关系。例如，着色性干皮病患者的皮肤细胞中DNA修复酶体系缺陷，所以对紫外线照射引起的皮肤细胞DNA损伤不能修复，从而导致细胞癌变。某些化学试剂，如烷化剂和吖啶类，可造成DNA分子损伤，引起细胞突变及癌变，故有致癌性；相反，当它破坏癌细胞DNA时，则可导致癌细胞死亡，故又可以当作抗癌药物。

第2节 RNA的生物合成

在自然界中，RNA的生物合成方式有两种。主要的合成方式是转录，也称DNA指导的RNA的合成；另一种方式是RNA复制，也称RNA指导的RNA合成。

一、转录——DNA指导的RNA的合成

以DNA为模板合成与之互补的RNA链的过程称为转录（transcription）。RNA转录与DNA复制时都遵循碱基互补配对原则，都以DNA为模板，沿着5′→3′方向合成多聚核苷酸链。但是，转录也有其自身的特点：①对于一个基因组来说，转录只发生在DNA分子上的特定区域，而且每个基因的转录都受到严格的调控。②DNA分子在某个特定基因转录时通常只有一条链起模板作用，称为模板链或无意义链；另一条链不指导转录，但其序列与新合成的RNA链相对应，称为编码链或有意义链。DNA双链分子包含许多基因，它们转录时的模板不一定在同一条DNA链上，这种转录方式称为不对称转录。③转录时不需要引物，且RNA链的合成是连续的。④转录的原料是4种三磷酸核苷（NTP），还需要Mg^{2+}。⑤转录时与A配对的是U。

（一）转录条件

1. 模板 RNA的生物合成需要DNA作模板。DNA双螺旋上含有转录的启动部位和终止部位，两

部位之间的核苷酸序列即是遗传信息的储存区域。能作为模板指导转录出mRNA而后翻译成蛋白质的DNA区段称结构基因。在转录起始点的上游，存在着一些被称为启动子（promoter）的高度保守的碱基序列。在转录起始阶段，RNA聚合酶能够直接或间接地识别这些序列，然后启动并从特定的位点开始基因转录。启动子富含A、T，具有RNA聚合酶或转录因子的识别部位、结合部位及转录起始点。它们大多位于基因的上游，也有全部或者部分序列位于基因的内部。

2. RNA聚合酶 转录需要RNA聚合酶。原核生物如大肠埃希菌只有一种RNA聚合酶，由核心酶和一个σ因子组成全酶。核心酶由两个相同的α亚基、一个β亚基、一个β′亚基和一个σ亚基组成，可催化形成3′,5′-磷酸二酯键，负责RNA链的延伸。σ因子是一种特异的蛋白质，在转录开始前辨认起始位点。

真核生物细胞核内至少有3种RNA聚合酶，即RNA聚合酶Ⅰ、Ⅱ、Ⅲ，它们在不同部位负责合成不同的RNA；线粒体内亦有RNA聚合酶，负责线粒体RNA的合成。

3. 原料 需要三磷酸核苷（ATP、GTP、UTP、CTP，简写为NTP）作为原料。

4. 蛋白因子 RNA转录时还需要一些蛋白因子参与，如ρ因子等。

（二）转录过程

1. 转录起始 RNA聚合酶依靠σ因子辨认DNA分子的特殊启动部位，在适当条件下，使核心酶与DNA模板牢固结合，并使该部位DNA双螺旋解开，形成局部单链区域。双链解开后，以模板链为模板，从转录起点开始转录。转录起点的碱基多为T或C，因此第一个结合的NTP多为ATP或GTP。

2. 转录延长 当第一个核苷酸结合后，σ因子便从全酶中脱落下来。失去σ因子的核心酶构象发生改变，与DNA模板的结合变得较为松弛，可以沿模板链3′→5′方向滑动。在核心酶的催化下，NTP按照A-U、G-C的碱基配对原则逐个被添加到前一个核苷酸的3′-OH上，并形成磷酸二酯键，同时脱下焦磷酸。随着核心酶沿模板链向前移动，DNA双螺旋逐渐解开作为模板。RNA链沿5′→3′方向逐渐延长。脱落的σ因子可重新与核质中的核心酶结合，进行下一次的转录。随着RNA链的延长，已合成的RNA链从5′端逐渐与模板脱离，模板链与编码链重新形成双螺旋结构。

3. 转录终止 原核细胞转录的终止分为依赖ρ因子和不依赖ρ因子两种方式。ρ因子是一种同源六聚体蛋白，具有解链酶和ATP酶活性。依赖ρ因子的终止过程可能是核心酶进入终止区域后停止前进，ρ因子与RNA-DNA杂交双链结合，然后发挥解螺旋酶的活性强行解开杂交双链，将转录生成的RNA单链释放出来。不依赖ρ因子的终止是细菌转录终止的主要方式，也称为简单终止。其终止区域含有特殊的碱基序列：具有回文序列的GC丰富区，之后紧接着多个A。转录的终止往往发生在这种结构的不远处，这是因为新生的RNA链会通过回文序列在此区域自动互补配对形成发夹结构，发夹结构阻止了核心酶的滑动。由于新链茎环结构的后面是一串U，与模板链上的一串A结合力较弱，故而RNA链很容易与模板链解离。转录终止后，核心酶从DNA模板上脱落下来，与σ因子结合重新形成全酶，开始一条新的RNA链的合成（图12-3）。

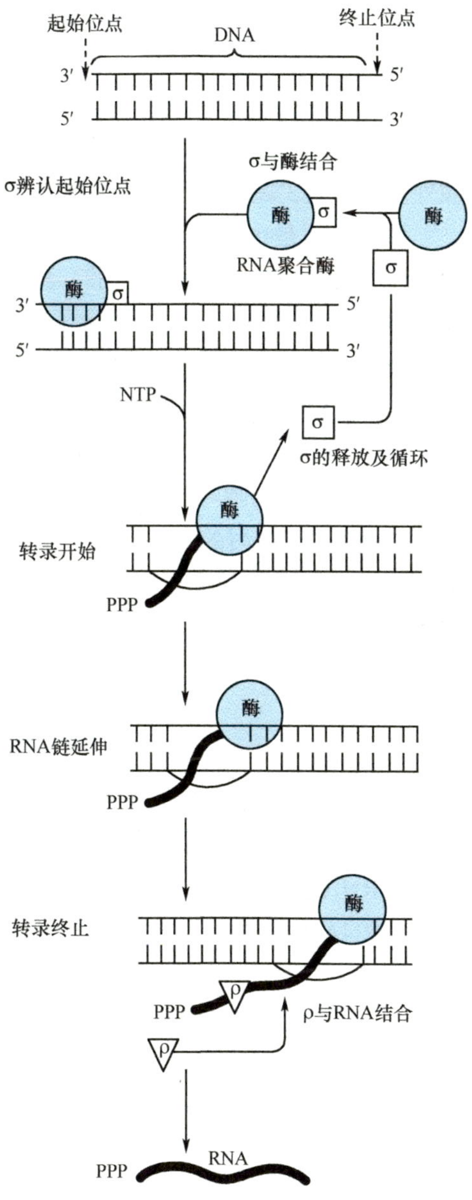

图12-3 原核生物的RNA转录过程

链接 回文序列

回文序列是指在双链DNA或双链RNA中含有两段碱基排列顺序相同，但方向相反的重复序列，即一条链上5′→3′的碱基序列（如5′-GAATTC-3′）与其互补链上5′→3′的序列（如3′-CTTAAG-5′）一致。回文序列的单链DNA或RNA，可形成互补，故回文序列能够形成发夹结构（茎环结构）。

回文序列广泛存在于各种生物体基因组中，主要和转录终止有关，也是限制性内切酶的酶切位点，还参与DNA复制等生命活动。

（三）转录产物的加工和修饰

基因转录的初级转录产物需要经过一系列的剪切、拼接和化学修饰后才能转变为有生物活性的RNA分子，称为转录后加工。原核生物mRNA很少需要转录后加工，而真核生物RNA前体的转录后加工远比细菌复杂，特别是mRNA前体。tRNA和rRNA则须经简单的剪切和修饰才具有生物学功能。

1. mRNA转录后加工 真核生物mRNA的前体是核不均一RNA（hnRNA），需经过5′端戴“帽”、3′端加“尾”、内部甲基化及对中间部分进行剪接等反应。mRNA的帽子结构是在细胞核内，由RNA三磷酸酶、鸟苷酸转移酶和甲基转移酶催化，hnRNA经过5′端的鸟苷三磷酸去磷酸、连接鸟苷酸、N^7位甲基化，形成5′-m^7GpppG的“帽子”结构。

3′端的多聚A尾是大多数真核生物mRNA3′端特有的结构，长度约250个A。3′端的修饰是先由核酸外切酶切去3′端的一些多余的核苷酸，然后在多聚核苷酸聚合酶作用下，加上多聚A尾巴。

真核基因是由若干个外显子和内含子构成的。外显子是蛋白质基因中负责编码氨基酸的碱基序列，而内含子不负责编码氨基酸。真核生物基因的编码区是不连续的，因此，最初转录生成的hnRNA在核酸内切酶的作用下切除内含子，然后在酶的催化下将外显子拼接成为连续序列，再经加工修饰，hnRNA最终转变为成熟的mRNA，与蛋白质结合后穿过核膜孔进入胞质溶胶。

2. tRNA转录后的加工 其过程包括：①剪切，即在酶的作用下切除5′端和3′端一定的核苷酸序列及tRNA反密码环的部分插入序列；②3′端加CCA—OH，完成tRNA柄部结构；③碱基修饰，如甲基化反应产生甲基鸟嘌呤（mG）、碱基转位反应产生假尿苷（ψ）等。

3. rRNA转录后的加工 真核细胞中的45S rRNA前体加工生成28S、18S、58S rRNA，然后在一系列酶的作用下组合成核糖体的60S大亚基和40S小亚基，并分别运送到胞质溶胶，形成蛋白质合成的场所。

考点：RNA转录的概念，原核生物转录的条件，原核生物RNA聚合酶的组成，RNA的转录过程

二、RNA复制——RNA指导的RNA的合成

以DNA为模板合成RNA是生物界RNA合成的主要方式，但某些病毒，如狂犬病毒、呼肠孤病毒以及大肠埃希菌噬菌体MS2等，可进行RNA的复制。RNA的复制是除了逆转录病毒以外的其他RNA病毒的RNA生物合成方式。这些RNA病毒的遗传信息储存在RNA分子中，当它们进入宿主细胞后，即可以RNA为模板，以四种NTP为原料，在RNA指导的RNA聚合酶催化下，按5′→3′方向合成互补的RNA分子。

RNA指导的RNA聚合酶是病毒自带的或病毒感染宿主细胞后才产生的，一般不存在于正常的细胞中。它也只是特异地对病毒RNA起作用，对宿主RNA及其他与该病毒无关的RNA一般不起作用。该酶缺乏校对功能，因此RNA复制的错误率较高。

第3节 蛋白质的生物合成

蛋白质的生物合成过程又称翻译（translation）。翻译就是将mRNA上的遗传密码转变为蛋白质中氨基酸的排列顺序的过程。通过翻译，核酸分子中由4种碱基编码的遗传信息转变成蛋白质分子中由20种氨基酸编码的功能语言。整个翻译过程涉及300多种不同的生物大分子，它们共同组成了一个高效而精确的翻译机器。

一、参与蛋白质生物合成的物质

（一）氨基酸

自然界目前已经发现的由mRNA编码的氨基酸有22种，其中最早发现的20种较为常见。这些氨基酸能够作为蛋白质生物合成的直接原料。某些蛋白质分子还含有特殊氨基酸——羟脯氨酸、羟赖氨酸等，它们是在肽链合成后的加工修饰过程中形成的。

（二）mRNA

mRNA分子沿5′→3′方向，从AUG开始每3个连续的核苷酸组成一个遗传密码或密码子（codon），代表一种氨基酸或其他的遗传信息，所以mRNA是蛋白质生物合成的直接模板。mRNA中的4种碱基可以组成64个密码子（表12-1）。mRNA作为翻译的模板，至少含有一个可读框（ORF），即以起始密码子开始、终止密码子结束的一段连续的核苷酸序列。翻译的时候就是以这段序列作为模板。原核生物和真核生物在mRNA的结构上差别很大，但在两端都含有一段非编码序列，非编码区对于mRNA的模板活性是必需的。原核生物的mRNA分子常带有多个功能相关蛋白质的编码信息，即为多顺反子，在翻译过程中可同时指导合成几种蛋白质；而真核生物的mRNA一般只带有一种蛋白质编码信息，即为单顺反子。

表12-1 遗传密码表

第一个核苷酸（5′端）	第二个核苷酸				第三个核苷酸（3′端）
	U	C	A	G	
U	UUU苯丙	UCU丝	UAU酪	UGU半胱	U
	UUC苯丙	UCC丝	UAC酪	UGC半胱	C
	UUA亮	UCA丝	UAA终止	UGA终止	A
	UUG亮	UCG丝	UAG终止	UGG色	G
C	CUU亮	CCU脯	CAU组	CGU精	U
	CUC亮	CCC脯	CAC组	CGC精	C
	CUA亮	CCA脯	CAA谷胺	CGA精	A
	CUG亮	CCG脯	CAG谷胺	CGG精	G
A	AUU异亮	ACU苏	AAU天胺	AGU丝	U
	AUC异亮	ACC苏	AAC天胺	AGC丝	C
	AUA异亮	ACA苏	AAA赖	AGA精	A
	AUG甲硫	ACG苏	AAG赖	AGG精	G
G	GUU缬	GCU丙	GAU天	GGU甘	U
	GUC缬	GCC丙	GAC天	GGC甘	C
	GUA缬	GCA丙	GAA谷	GGA甘	A
	GUG缬	GCG丙	GAG谷	GGG甘	G

遗传密码具有以下特点：

1. 具有起始密码和终止密码 在生物体总共64个密码子中，除3个终止密码子UGA、UAA、UAG外，余下的61个为氨基酸密码子。61个密码子中的AUG、GUG、UUG还兼职作为起始密码，其中AUG使用得最多，它也是甲硫氨酸的密码子。起始密码是肽链合成的起始信号，代表合成肽链的第一个氨基酸的位置。终止密码是肽链合成的终止信号，通常不代表任何氨基酸，但UGA和UAG在特定的序列中，可分别作为硒代半胱氨酸Sec和吡咯赖氨酸Pyl的密码子。

2. 密码的连续性 从起始密码AUG开始，3个碱基组成一个密码代表一种氨基酸，两个密码之间没有任何核苷酸隔开，这就构成了一个连续不断的阅读框。若插入或删去一个碱基，就会使以后的读码发生错误，称为移码。由移码引起的突变称为移码突变。

3. 密码的简并性 代表氨基酸的密码子有61个，而参与蛋白质生物合成的氨基酸通常只有20种，所以大多数氨基酸都对应于一个以上的密码子，最多的有6个密码子，这种现象称为遗传密码的简并性。可编码相同氨基酸的密码子称为同义密码子。只有色氨酸和甲硫氨酸没有同义密码子。这种简并性主要是由于密码子的第三碱基（按5′→3′方向）发生摆动现象形成的。密码子的专一性主要由前两个碱基决定，即使第三碱基发生突变也能翻译出正确的氨基酸，这对于保持物种的稳定性有重要意义。特别应该指出的是：tRNA的反密码子中，除4种常见碱基外，还经常出现次黄嘌呤（I）。I与U、A、C三者之间都可以配对，减少了由于遗传密码突变而引起的误差。

4. 密码的通用性 生物界从无细胞结构的病毒到动物和人，都通用同一套密码，说明了地球上的生物在进化上的同源性。但是真核生物线粒体的密码子与通用密码有许多不同，这一现象部分说明了遗传密码本身也经历进化过程，留在线粒体中的不同密码子既可能是"遗老"，也可能是进化上的分支。

（三）tRNA

在翻译过程中，tRNA作为一种双功能接头分子，一头与氨基酸结合，另一头通过反密码子与mRNA上的密码子结合。tRNA和氨基酸的结合是特异的，tRNA氨基酸臂的3′端的CCA—OH可与氨基酸以共价键相结合，其反密码子环上的反密码子可以识别mRNA模板上的密码子，按照密码子顺序，将其所携带的氨基酸准确地带到指定的位置合成肽链。反密码子与密码子结合时，两者的方向是相反的。一个细胞中通常具有50多种tRNA，负责转运20余种氨基酸，所以1种tRNA只能转运1种氨基酸，而1种氨基酸常常对应于2～6种tRNA。

（四）核糖体

核糖体（ribosome）是蛋白质生物合成的场所，是由数种rRNA和几十种蛋白质组成的亚细胞颗粒，每个细胞中可有几百到几千个核糖体。核糖体分为两类：一类附着于粗面内质网，主要参与白蛋白、胰岛素等分泌性蛋白质的合成；另一类游离于胞质溶胶，主要参与细胞内固有蛋白质的合成。核糖体通常都是由大、小两个亚基组成的，不合成蛋白质时大、小亚基单独存在；合成蛋白质时大、小亚基结合到一起。核糖体在蛋白质生物合成中发挥的功能包括：①具有mRNA结合位点；②具有A位点，又称氨基酰-tRNA位或受位，是结合一个新进入的氨基酰-tRNA的位置；③具有P位点，又称肽酰基-tRNA位或给位，是结合起始氨基酰-tRNA并向A位给出氨基酸的位置，也是蛋白质延伸时肽酰基-tRNA结合的部位；④具有E位点，是结合空载tRNA的位置；⑤具有转肽酶活性部位，催化肽键形成；⑥大亚基上具有延伸因子依赖的GTP酶活性，它能为转肽提供能量；⑦具有结合参与蛋白质合成的蛋白因子的部位。

（五）参与蛋白质生物合成的酶类及蛋白因子

1. 氨基酰-tRNA合成酶 又称氨基酰-tRNA连接酶或氨基酸活化酶。该酶在ATP参与下，催化tRNA的氨基酸臂CCA—OH与氨基酸的羧基形成酯键，同时使氨基酸活化。该酶特异性强，每种氨基酸都有其特定的氨基酰-tRNA合成酶。

2. 转肽酶 位于核糖体的大亚基上P位和A位的连接处，负责催化大亚基P位上的肽酰基转移到A

位的氨基酰-tRNA的氨基上，结合成肽键，使肽链延长。

3. 蛋白因子　参与蛋白质合成的蛋白因子主要有起始因子（initiation factor，IF）、延伸因子（elongation factor，EF）、终止因子（release factor，RF）等。它们在蛋白质合成过程中参与的环节包括氨基酰-tRNA对模板的识别和附着、核糖体沿mRNA模板的相对移行、合成终止时肽链的解离等。

考点：参与蛋白质生物合成的物质及其作用，密码子的概念及特点

二、蛋白质生物合成过程

（一）氨基酸的活化与转运

一个氨基酸的氨基与另一个氨基酸的羧基直接形成肽键的反应性不强，氨基酸的羧基必须先活化才能彼此相连。氨基酸与特异tRNA结合形成氨基酰-tRNA的过程称为氨基酸的活化。反应在胞质溶胶中进行，由氨基酰-tRNA合成酶催化，同时需要ATP供能和Mg^{2+}参与。反应通式如下：

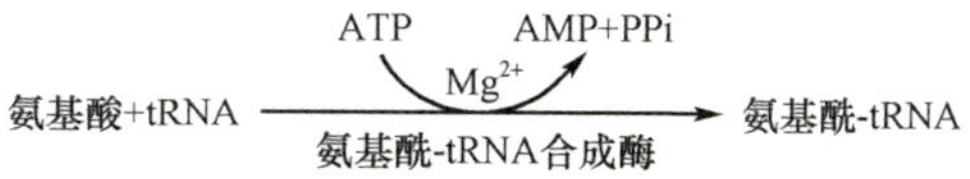

上述反应中，氨基酸的羧基被活化，氨基端游离。活化的氨基酰基以酯键结合到tRNA的3′端的氨基酸臂上。一种氨基酰-tRNA合成酶只能识别一种特异的氨基酸，具有高度专一性，因此可以保证氨基酸与其相应的tRNA正确连接，使翻译具有高度的保真性。在体内同一种氨基酸常有数种与之相适应的tRNA，氨基酰-tRNA合成酶对于这数种tRNA无严格的专一性。

（二）蛋白质多肽链的合成

1. 肽链合成的起始　除了特例，所有蛋白质生物合成均起始于甲硫氨酸，而且需要特殊的tRNA（简写成Met-$tRNA_i^{Met}$）携带。在原核生物中，有一种特殊的甲酰化酶，能够使Met-$tRNA_i^{Met}$中的氨基甲酰化生成甲酰甲硫氨酰-tRNA（fMet-$tRNA_i^{fMet}$）。原核生物蛋白质合成起始复合物的形成过程见图12-4。核糖体的大、小亚基，mRNA与甲酰甲硫氨酰-tRNA共同构成70S起始复合物，该过程需要起始因子（IF-1、IF-2、IF-3）及GTP与Mg^{2+}的参与。

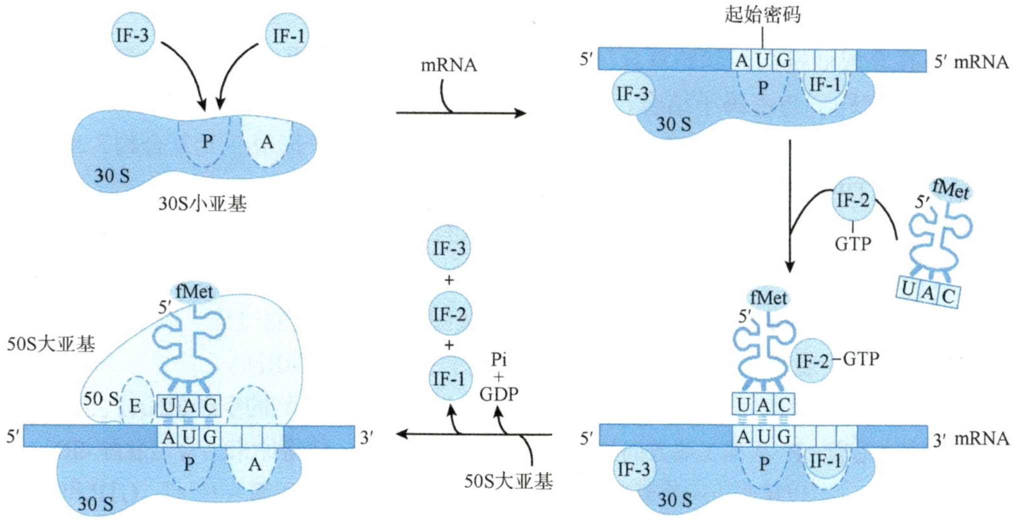

图 12-4　原核生物肽链合成起始阶段

起始阶段，甲酰甲硫氨酰-tRNA准确地结合在mRNA分子的起始密码子AUG上。在形成的起始复合体中，mRNA结合于小亚基上，且起始密码子AUG正好位于小亚基上。通过反密码子CAU结合于起始密码子AUG上的甲酰甲硫氨酰-tRNA正处于大亚基的P位上。A位的小亚基上是mRNA链上的第

二个密码子，该位置还空着，这样就为肽链的延伸做好了准备。真核细胞蛋白质合成起始复合物的形成中需要更多的起始因子参与，因此，起始过程也更复杂。

2. 肽链的形成与延长 起始复合体形成后，各种氨基酰-tRNA按照mRNA模板上密码子的顺序依次结合到核糖体上，反复进行进位、转肽、移位三步反应，肽链不断延长（图12-5）。

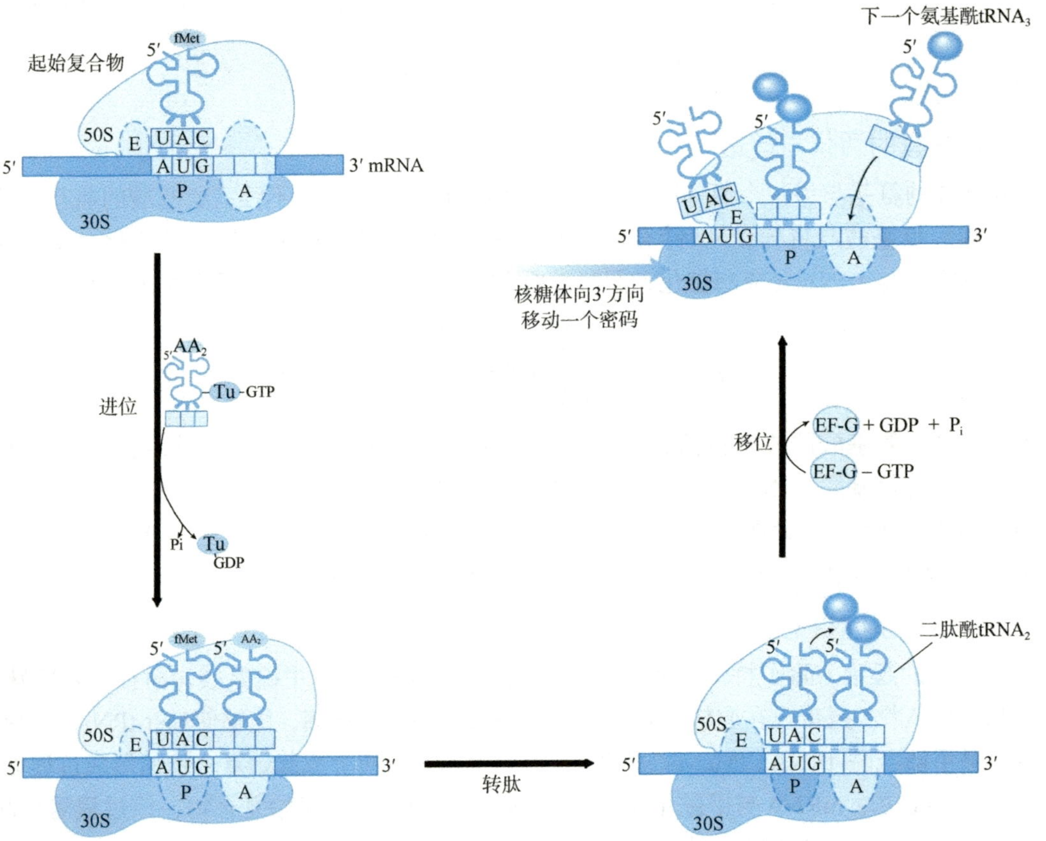

图12-5 肽链的延长

（1）进位 在合成肽链前，起始复合体的A位空置，按照该位置mRNA上的密码子，相应的氨基酰-tRNA通过其反密码子与密码子结合，进入A位。该反应由延伸因子Tu（EF-Tu）催化，由GTP供能，需Mg^{2+}和K^{+}参加。进位前氨基酰-tRNA必须先与EF-Tu和GTP形成三元复合物，然后进入大亚基上的A位，结合时GTP被水解为GDP和Pi，为反应提供能量。

（2）转肽 在70S起始复合物形成过程中，核糖体的P位上已结合了起始甲酰甲硫氨酰-tRNA。进位后，P位和A位上各结合了一个氨基酰-tRNA，在转肽酶作用下，P位上氨基酰-tRNA的甲酰甲硫氨酰基转移出来，与A位上的氨基酰-tRNA的氨基形成肽键，这就是转肽过程（图12-6）。此步不需要消耗能量，但需Mg^{2+}和K^{+}参加。转肽后，在A位上形成了一个二肽酰-tRNA。

（3）移位 转肽作用发生后，二肽位于A位，P位上没有负荷氨基酸的空载tRNA就进入了E位，随后脱落。同时，核糖体沿着mRNA向3′端方向移动一个密码子的距离，使得原来结合二肽酰-tRNA的A位转变成了P位，而A位空置，可以接受下一个新的氨基酰-tRNA进入。移位过程需要EF-G、GTP和Mg^{2+}的参加。

此后，肽链上每增加一个氨基酸残基，即重复上述进位→转肽→移位的步骤，直至核糖体移动至终止密码子。mRNA上的信息阅读是从5′端向3′端进行，而肽链的延伸是从氨基端到羧基端。

3. 翻译的终止及多肽链的释放 当核糖体沿mRNA模板向3′端移行遇到任何一个终止密码子时，所有氨基酰-tRNA都不能再进入A位。此时，终止因子（RF）便与终止密码子结合，肽链的延长终止（图12-7）。终止因子结合于大亚基受位后，使大亚基转肽酶活性转变为水解酶活性，催化肽酰-tRNA

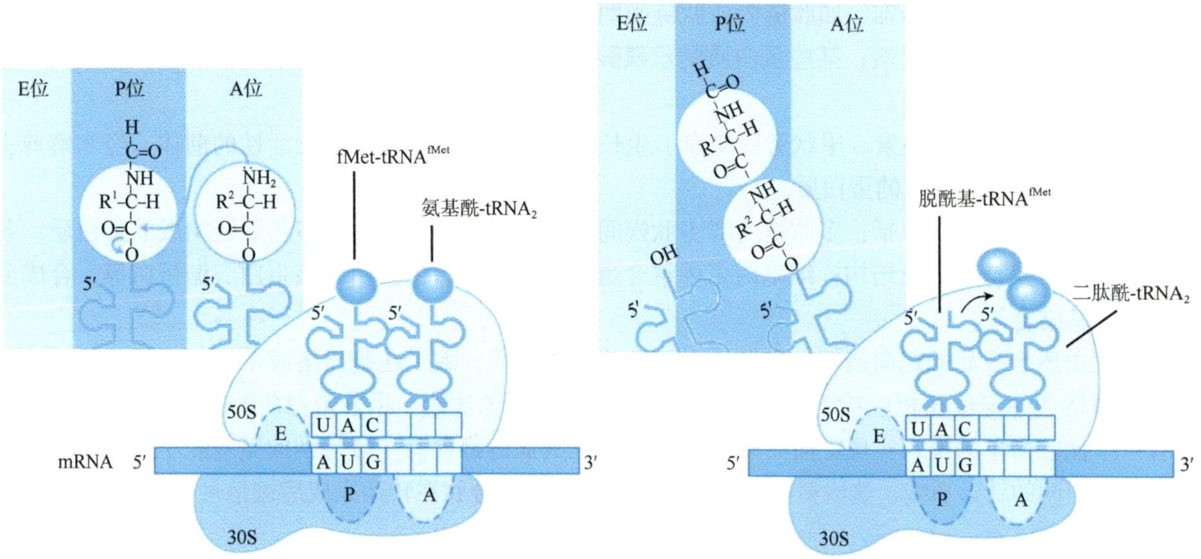

图 12-6 肽键的形成

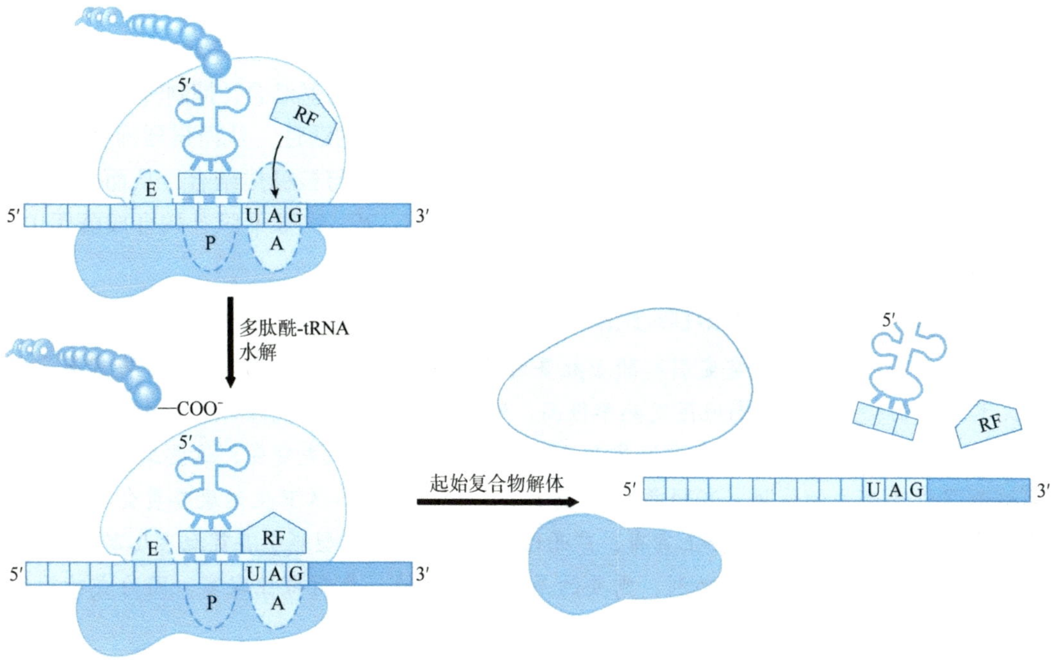

图 12-7 原核生物肽链合成的终止阶段

的水解反应，使合成的肽链从核糖体上释放出来，反应需GTP供能。肽链释放后，tRNA、mRNA与核糖体分离，大亚基、小亚基解聚，起始复合体解体。解体后的各成分又可重新聚合为起始复合体，投入另一条肽链的合成，循环往复，所以这一过程又称核糖体再循环。

（三）翻译后的加工修饰与转运

从核糖体释放出来的新合成的多肽链一般不具有生物学活性，必须经过复杂的加工过程才能转变为具有天然空间结构的活性蛋白质。翻译后的加工修饰包括一级结构的修饰、多肽链的折叠、亚基聚合和辅基连接等。有些蛋白质还需要运输到特定部位才能发挥生物学作用。

1. 一级结构的修饰

（1）去除起始甲硫氨酸　多肽链延长到一定程度后，脱甲酰基酶或氨基肽酶切去起始*N*-甲酰基或N端甲硫氨酸。

（2）个别氨基酸的修饰 如肽链内或肽链间两个半胱氨酸形成二硫键；脯氨酸和赖氨酸羟基化分别生成羟脯氨酸和羟赖氨酸；某些蛋白质的丝氨酸、苏氨酸、酪氨酸可被磷酸化；某些氨基酸的甲基化、乙酰化修饰等。

（3）水解修饰 胰岛素、甲状旁腺激素、生长激素等激素初合成时是无活性的前体，经水解剪去部分肽段后转变为有活性的蛋白质。

2. 高级结构修饰 包括：多肽链内或多肽链间二硫键的正确形成；由多条肽链构成的蛋白质，各亚基合成后，聚合成四级结构；细胞内多种结合蛋白如脂蛋白、色蛋白、核蛋白、糖蛋白等，合成后和相应辅基结合等。

3. 蛋白质合成后的靶向运输 核糖体上新合成的蛋白质，除了在胞质溶胶中行使功能的外，其他的都要被运送并定位在相应功能部位，以行使各自的生物学功能。尽管蛋白质的转运系统非常复杂，但有一个比较简单的模式实现定向——每个需要转运的肽链都含有一段特别的氨基酸序列，引导该肽链输送到不同的转运系统，这段氨基酸序列称为信号肽。信号肽在转运完成后被信号肽酶水解。

（四）蛋白质生物合成的抑制剂

1. 抗生素类药物 多种抗生素通过抑制细菌或肿瘤细胞的蛋白质生物合成，从而起到抗菌和抗癌的作用。例如，四环素可与原核生物核糖体小亚基结合，从而抑制氨基酰-tRNA进位；氯霉素能与原核生物核糖体大亚基结合，引起读码错误，进而抑制肽链的起始合成；链霉素、卡那霉素与原核生物核糖体小亚基结合，阻断翻译延长；嘌呤霉素可与原核生物或真核生物核糖体大亚基结合，抑制转肽酶，阻碍移位。

2. 生物活性物质 白喉毒素通过抑制人或哺乳动物延伸因子的活性，从而强烈抑制蛋白质的生物合成。蓖麻毒素的毒性非常强，它可使参与翻译的延伸因子无法与核糖体结合，从而阻断翻译过程。干扰素主要通过诱导抗病毒蛋白（如蛋白激酶、磷酸二酯酶、2′，5′-寡聚腺苷酸合成酶等）的生成，从而抑制病毒蛋白质的合成。

链接 为了重型地中海贫血患儿零出生——我国科研工作者的坚持

地中海贫血是一种由单基因突变引起的血红蛋白病，分为α地中海贫血和β地中海贫血，在我国南方地区，尤其是广西、广东和海南地区发病率很高。过去的几十年间，我国科研工作者已经发现了超过160种异常血红蛋白，20余种引起β地中海贫血的β基因的点突变和缺失突变，这些工作为疾病的诊断和产前基因检测提供了有力的依据。2024年10月25日，广西壮族自治区卫生健康委员会举行了广西妇幼健康工作进展与成效新闻发布会，会上宣布，广西已连续5年实现重型地中海贫血患儿零出生。

科学研究就是探索真理，切忌功利，需要的是刻苦和坚持，要耐得住寂寞，因为成功往往就出现在坚持到的最后一秒之中。

考点：氨基酰-tRNA合成酶的作用特点，蛋白质的生物合成过程

自测题

（一）名词解释

冈崎片段 前导链 复制子 引物酶 有意义链 翻译 氨基酸的活化

（二）填空题

1. mRNA分子中相邻________个核苷酸编成一组，决定某种氨基酸，称为________。
2. 真核生物中tRNA的3′端具有________结构，mRNA的3′端具有________结构。
3. DNA聚合酶具有催化________聚合到具有3′端的多核苷酸链上的作用，由于催化聚合时需要DNA母链为模板，因此又称为________。
4. 引物酶以________为模板，催化一段________引物的合成。
5. 在复制过程中________的延长可以连续进行，而________的延长是不连续进行。

6. 原核生物RNA聚合酶是由________酶和________共同组成全酶。转录时，________酶沿DNA模板链的______方向移动，RNA链的合成方向沿着________方向进行。

7. 蛋白质合成过程中肽链的延长包括________、________、________三步反应，反复进行。

（三）选择题

【A型题】

1. 合成DNA的原料是
   A. dAMP、dGMP、dCMP、dTMP
   B. dADP、dGDP、dCDP、dTDP
   C. dATP、dGTP、dCTP、dTTP
   D. AMP、GMP、CMP、TMP
   E. ATP、GTP、CTP、TTP
2. 不参与DNA复制的酶是
   A. 核酶　B. 解旋酶
   C. 拓扑酶　D. 引物酶
   E. DNA连接酶
3. DNA连接酶的作用是
   A. 解开DNA双螺旋
   B. 复制时切断、理顺DNA链
   C. 去除RNA引物
   D. 填补去除引物后的空隙
   E. 催化前一个片段的3′-OH和相邻的后一个片段的5′-磷酸基团脱水形成磷酸二酯键
4. 有关原核生物转录延长阶段，叙述不正确的是
   A. RNA聚合酶全酶催化此过程
   B. RNA聚合酶与模板结合松弛
   C. RNA链沿5′→3′方向逐渐延长
   D. σ因子从转录起始复合物上脱落
   E. RNA聚合酶沿模板链3′→5′方向滑动
5. 蛋白质生物合成的部位是
   A. 核小体　B. 线粒体
   C. 核糖体　D. 细胞核
   E. 胞质溶胶
6. 有关遗传密码的错误描述是
   A. 每种编码氨基酸至少有一个密码子
   B. 位于mRNA分子上
   C. 有起始密码子和终止密码子
   D. 具有连续性、简便性和通用性
   E. 所有密码子都负责编码氨基酸

【B型题】

（第7～10题共用选项）

A. 端粒　B. 前导链
C. 后随链　D. 冈崎片段
E. 引物

7. 需多次生成RNA引物的是
8. 与复制叉前进方向相同的是
9. 在复制过程中能够连续延伸的是
10. 维持真核生物DNA线性末端长度需要

（第11～13题共用选项）

A. UAG　B. UCA
C. AUG　D. AGA
E. GUA

11. 可作为遗传密码中的起始密码子是
12. 可作为遗传密码中的终止密码子是
13. 编码甲硫氨酸的密码子是

【X型题】

14. 生物遗传信息传递的中心法则包括
    A. DNA→DNA　B. DNA→RNA
    C. RNA→DNA　D. RNA→RNA
    E. RNA→蛋白质
15. RNA生物合成需要的物质有
    A. NTP　B. 引物
    C. DNA模板　D. RNA聚合酶
    E. 氨基酰-tRNA合成酶
16. 原核生物和真核生物的转录相同之处在
    A. 都需数种不同的RNA聚合酶
    B. 都在线粒体内进行
    C. 转录起始点不一定是翻译起始点
    D. RNA链都是沿5′→3′方向逐渐延长
    E. 原料都是NTP
17. 蛋白质生物合成中需要能量的步骤是
    A. 氨基酰-tRNA的合成
    B. 起始复合体的形成
    C. 进位
    D. 转肽
    E. 移位
18. 下列有关大肠埃希菌DNA复制的叙述哪些是正确的
    A. 双链中有一条链进行不连续合成
    B. 生成冈崎片段
    C. 需要RNA引物
    D. 单链结合蛋白可防止复制期间的螺旋解链
    E. DNA聚合酶Ⅰ是DNA复制最主要的酶

（四）简答题

1. 试述遗传中心法则的主要内容。
2. 什么是DNA的半保留复制?
3. 遗传密码有哪些生物学特性?这些特点有何意义?

（魏碧娜）

第13章

药物在体内的生化过程

学习目标

1. 知识目标：掌握药物转运的概念和方式，生物转化的概念、意义和分类；理解药物转运体分类与功能、生物转化的酶系；了解影响药物转运、生物转化的因素。

2. 能力目标：能应用本章知识协助开展相关药学社会服务。

3. 素质目标：具备科学严谨的态度和思维，能运用科学方法解决实际问题；具备社会责任感，能将生物转化知识应用于药物研发等领域，为社会作出贡献。

第1节　药物在体内的转运

一、药物转运的概念

药物转运是指药物在体内的吸收、分布、排泄等空间位置上（包括跨血管、组织、细胞等）的迁移过程。理解这个过程对于理解药物的疗效、毒性和药代动力学特性至关重要。

药物在体内的转运主要包括以下几种方式。

1. 被动转运　是离子或小分子在浓度差或电位差的驱动下顺电化学梯度的一种跨膜转运。被动转运又分为简单扩散、易化扩散和滤过三种形式。药物依靠其脂溶性通过生物膜，从高浓度区域向低浓度区域扩散称为简单扩散。简单扩散不消耗能量，不需要载体蛋白，无饱和现象和竞争性抑制现象。易化扩散则需要载体或转运蛋白的参与，但不消耗能量，顺着浓度梯度进行，存在饱和现象和竞争性抑制现象。滤过是指药物分子借助流体静力压或渗透压随体液通过细胞膜的水性孔道或细胞间隙进行跨膜转运。

2. 主动转运　是物质逆浓度梯度（即从低浓度一侧向高浓度一侧）进行跨膜运输的过程。它需要细胞膜上的载体蛋白参与，并且要消耗能量（通常是ATP）。主动转运分为原发性主动转运和继发性主动转运两类。

原发性主动转运直接利用ATP水解产生的能量来驱动物质逆浓度梯度进行跨膜转运。钠-钾泵（Na^+, K^+-ATP酶）是最典型的原发性主动转运系统。它位于细胞膜上，每分解1分子ATP，可以将3个Na^+泵出细胞，同时将2个K^+泵入细胞。通过这种方式，维持细胞内外Na^+和K^+的浓度差，使得细胞内K^+浓度远高于细胞外，细胞外Na^+浓度远高于细胞内。这对神经冲动的传导、细胞的渗透压调节等生理功能至关重要。

继发性主动转运是间接利用ATP能量进行的主动转运。它借助原发性主动转运建立的离子浓度梯度，利用该离子顺浓度梯度扩散时释放的能量来驱动其他物质逆浓度梯度转运。小肠黏膜上皮细胞吸收葡萄糖和氨基酸就是继发性主动转运。在这个过程中，钠-葡萄糖协同转运蛋白（SGLT）和钠-氨基酸协同转运蛋白起关键作用。以葡萄糖吸收为例，细胞外的Na^+顺着浓度梯度进入细胞，这个过程所释放的能量用于同时驱动葡萄糖逆浓度梯度进入细胞。而细胞外的Na^+浓度梯度最初是由钠-钾泵消耗ATP建立起来的。

3. 膜动转运　通过细胞膜的主动变形将物质摄入细胞内（如胞饮）或从细胞内释放到细胞外（如胞吐）的转运过程。膜动转运是蛋白质、多肽等大分子的重要吸收方式，并且有一定的部位特异性（如蛋白质在小肠下段的吸收最为明显）。

考点：药物转运的概念、方式

二、药物转运体

药物转运体是药物载体的一种，是一类特殊的跨膜蛋白，它们在药物的吸收、分布、代谢和排泄过程中起着至关重要的作用。在机体几乎所有的器官，特别是胃肠、肝、肾、脑等重要器官均存在药物转运体。药物经转运体转运的方式主要是主动转运。这些转运体能够将药物分子从一处转移到另一处，如从细胞外到细胞内，或者从血液到组织。根据转运机制和方向的不同，药物转运体主要分为以下两大类。

1. 摄取型转运体　如寡肽转运体1（PEPT1）和小肠中的有机阳离子转运体（OCT），能促进药物向细胞内转运，从而促进药物吸收，增加细胞内药物浓度。

2. 外排型转运体　如P-糖蛋白（P-gp）和乳腺癌耐药蛋白（BCRP），主要功能是将药物从细胞内排出，限制药物的吸收，类似一个排出泵。

考点：药物转运体的分类

三、影响药物转运的因素

影响药物转运的因素是多方面的，主要包括以下这些因素。

（一）药物的理化性质

药物的分子量、溶解性能、解离度都会影响其转运。分子量小的药物通常容易通过生物膜，转运速度较快；分子量大的药物则转运相对困难。脂溶性高的药物容易通过生物膜，扩散进入细胞；水溶性高的药物主要通过水性孔道或细胞间隙进行转运，但转运速度相对较慢。非解离型药物脂溶性高，容易通过生物膜；解离型药物脂溶性低，不易通过生物膜。

（二）药物的剂型和给药途径

不同剂型的药物在体内的转运过程和速度可能不同。例如，内服液体制剂比片剂和胶囊剂更容易被吸收，因为液体制剂中的药物已经处于溶解状态，无须经过崩解和溶解过程。

不同的给药途径会直接影响药物的吸收和转运速度。注射给药的药物迅速进入血液循环，无吸收过程，起效最快。口服给药的药物需要经过胃肠道的吸收过程，受胃肠道生理状态、药物剂型、食物等因素的影响。吸入给药的药物通过呼吸道黏膜吸收，治疗呼吸道疾病的效果较好，吸收速度较快。局部给药的药物主要在局部发挥作用，吸收相对较少，但对于一些皮肤疾病或眼部疾病等具有特定的治疗优势。

（三）生理因素

影响药物转运的生理因素包括胃肠道生理状态、血液循环和组织器官的血流量、血浆蛋白结合率、特殊生理屏障等。

胃肠道的pH不同，会影响药物的解离度和吸收。例如，胃内呈酸性环境，有利于弱碱性药物的溶解；小肠内呈弱碱性环境，弱酸性药物在小肠中容易被吸收。胃排空速度和肠蠕动速度会影响药物在胃肠道的停留时间，从而影响吸收程度。一些食物可以促进药物的吸收，如高脂肪食物可以增加脂溶性药物的吸收；而另一些食物则可能抑制药物的吸收，如富含纤维素的食物可能减少某些药物的吸收。

药物的分布和代谢与血液循环密切相关。血流量大的组织器官，如心、肝、肾等，药物容易到达并迅速分布；血流量小的组织器官，如脂肪组织、皮肤等，药物分布相对较慢。

药物与血浆蛋白结合后，不能自由通过生物膜。血浆蛋白结合率高的药物，分布范围相对较小，代谢和排泄速度也会受到影响。

脑毛细血管内皮细胞、基膜和星形胶质细胞突起形成的血脑屏障，可阻止许多药物进入脑组织，只有脂溶性高、分子量小的药物才能通过血脑屏障。由胎盘绒毛膜、滋养层细胞和基膜组成的胎盘屏障，可阻止某些药物从母体进入胎儿体内。

（四）药物相互作用

药物相互作用的形式多样，如有些药物能改变胃肠道的pH、蠕动速度或与另一种药物形成复合物，从而影响其吸收；有些药物可以竞争血浆蛋白结合位点，使另一种药物的游离浓度增加，从而增强其药理作用或毒性；有些药物可以诱导或抑制药物代谢酶的活性，从而影响其他药物的代谢速度；有些药物可以竞争肾小管分泌或重吸收的位点，从而影响另一种药物的排泄速度。

（五）疾病与遗传差异

某些疾病会影响药物的转运。例如，肝脏疾病会影响药物的代谢，肾脏疾病会影响药物的排泄。个体的遗传差异可能导致药物代谢酶和转运蛋白的表达和活性不同，从而影响药物的转运和代谢。

考点：影响药物转运的因素

第2节　药物在体内的代谢

一、生物转化的概念与意义

药物、毒物等非营养物质在体内经氧化、还原、水解、结合等反应使其极性增强，水溶性增加，易随胆汁或尿液排出体外，这一过程称为生物转化（biotransformation）。

肝、肾、肠、肺、皮肤等的细胞都存在生物转化的酶系。但由于肝细胞的微粒体、胞质溶胶、线粒体等存在的酶系种类多，含量高，故肝脏是生物转化的主要器官。

链接　人体“化工厂”——肝

肝是人体的重要器官。肝在机体糖类、脂类、蛋白质、激素和维生素等物质代谢中起着重要作用。它还有生物转化、代谢物分泌和排泄等众多生理功能。因此，人们把肝比喻为人的“综合性化工厂”或“中心实验室”。

生物转化对于机体来说，具有以下作用。

1. 解毒作用　机体内的一些毒性物质，如氨、药物、食品添加剂、毒物、废气和环境污染物等，经血液运输至肝、肾、肠和皮肤等部位，进行生物转化而排出体外，起到解毒作用。但也有些物质经生物转化作用反而毒性增强。

2. 灭活体内活性物质　体内产生的一些生理活性物质，如激素、神经递质、胺类等，多经过生物转化而灭活，以维持机体代谢调节与功能的正常。

3. 改变药物活性　大多数药物都是以原型发挥作用的，但也有相当一部分药物要经过生物转化作用之后，才能发挥作用，如环磷酰胺、水合氯醛等。而大多数药物的灭活则要通过生物转化作用，很少以原型排出。

考点：生物转化的概念与意义

二、生物转化的类型

生物转化反应可分为两相反应，即第一相反应和第二相反应。第一相反应包括氧化、还原、水解反应。第二相反应主要为结合反应。

（一）第一相反应

1. 氧化反应 是生物转化作用中最常见的反应，由肝细胞中的加单氧酶系、单胺氧化酶和脱氢酶系等催化。

（1）加单氧酶系 又称混合功能氧化酶，存在于微粒体。该酶系有两种主要类型：依赖细胞色素P450的加单氧酶和含黄素蛋白的加单氧酶。其中最重要的是依赖细胞色素P450的加单氧酶。该酶催化的反应需要O_2和NADPH参与，反应通式如下。

$$RH + O_2 + NADPH + H^+ \longrightarrow ROH + NADP^+ + H_2O$$

式中，RH代表底物，反应后O_2中的一个氧原子加入底物分子使之羟化，另外一个氧原子接受电子被还原成H_2O，因此，该酶又称为羟化酶。加单氧酶系不仅参与药物和毒物的生物转化，还参与食品添加剂、维生素D_3、类固醇激素、胆汁酸盐等的羟化。另外，有些物质如对乙酰氨基酚、香烟中的3, 4-苯并芘等，经此反应可能生成有毒物或致癌物。

（2）单胺氧化酶 是存在于肝细胞、肠细胞的线粒体中的一类黄素酶，以FAD为辅助因子，另外还含有Cu^{2+}，该酶可催化各种胺类氧化脱氨转变为醛类，反应通式如下。

$$RCH_2NH_2 + O_2 + H_2O \longrightarrow RCHO + NH_3 + H_2O_2$$

（3）脱氢酶系 主要有醇脱氢酶和醛脱氢酶，它们存在于肝细胞的内质网和胞质溶胶中，以NAD^+为辅助因子，其作用是催化醇和醛氧化成相应的醛和酸。反应通式如下。

$$RCH_2OH + NAD^+ \longrightarrow RCHO + NADH + H^+$$

$$RCHO + H_2O + NAD^+ \longrightarrow RCOOH + NADH + H^+$$

2. 还原反应 肝线粒体内含有硝基还原酶和偶氮还原酶，分别催化硝基化合物和偶氮化合物转变成相应的胺，反应由NADPH供氢。例如，硝基苯通过硝基还原酶还原为亚硝基苯，再进一步还原成苯胺。

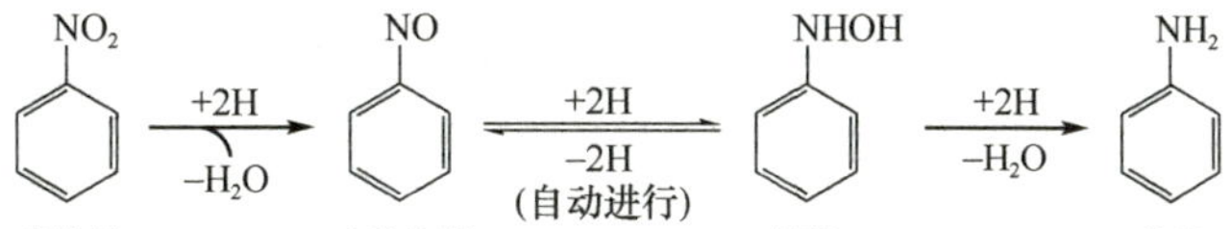

3. 水解反应 在肝、肾、肠等细胞的内质网和胞质溶胶中含有多种水解酶类，如酯酶、酰胺酶、糖苷酶等，分别催化脂类、酰胺类、糖苷类水解。例如，乙酰水杨酸在酯酶作用下被水解为水杨酸和乙酸。水解反应的产物往往还需经第二相反应才能排出体外。

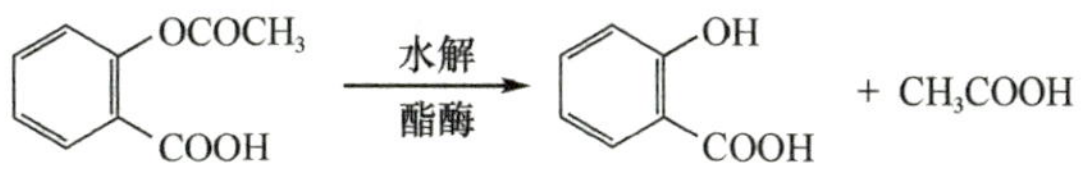

（二）第二相反应

第二相反应是结合反应。凡含有羟基、巯基、氨基、羧基等功能基团的激素、药物、毒物均可与结合基团的供体发生结合反应。结合后的产物极性进一步增大，水溶性增强，既利于排泄，又可掩盖其功能基团，使之失去生物学活性。结合反应的供体主要有尿苷二磷酸葡萄糖醛酸（UDPGA）、3′-磷酸腺苷-5′-磷酰硫酸（PAPS）、乙酰CoA、谷胱甘肽、甘氨酸和*S*-腺苷甲硫氨酸等。

1. 葡萄糖醛酸结合反应 这是最常见的结合反应，肝、肾、胃肠道黏膜细胞皆能进行。该反应由UDP-葡萄糖醛酸基转移酶催化，以UDPGA作为葡萄糖醛酸基的直接供体。肝细胞内质网含有活性极高的UDP-葡萄糖醛酸基转移酶，能使葡萄糖醛酸转移到含有羟基、巯基、氨基、羧基的化合物上，生成相应的葡萄糖醛酸苷。由于生成的结合物中增添了具有多个羟基和可解离羧基的葡萄糖醛酸基，极性和水溶性增加，易于从尿中或胆汁中排出。类固醇类（甾族化合物）、甲状腺素、胆红素、吗啡、可待因、樟脑、大黄蒽醌衍生物等许多物质都可与葡萄糖醛酸结合。

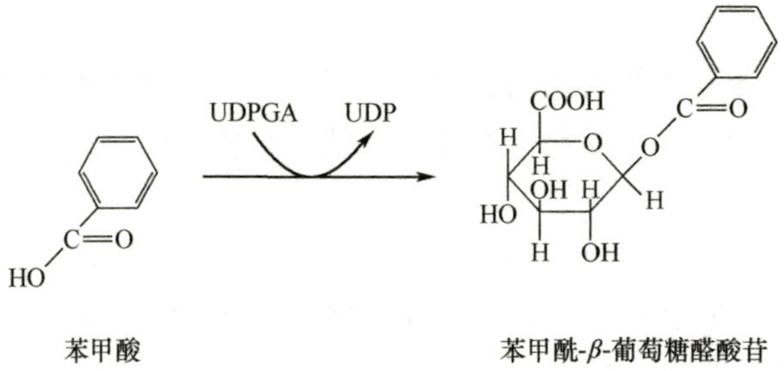

2. 硫酸结合反应 硫酸与其他物质结合前必须先活化，在ATP参与下，经多步反应生成PAPS。PAPS是活性硫酸的直接供体，它在硫酸转移酶（存在于肝、肾、肠细胞的胞质溶胶）作用下，将活性硫酸根转移给羟基（醇、酚）或芳香胺类的氨基生成相应的硫酸酯。活性硫酸根的受体包括正常代谢物或活性物（如甲状腺素、5-羟色胺、酪氨酸等），也包括外来药物（如氯霉素、水杨酸等）以及从肠道吸收的腐败产物（如吲哚酚等）。

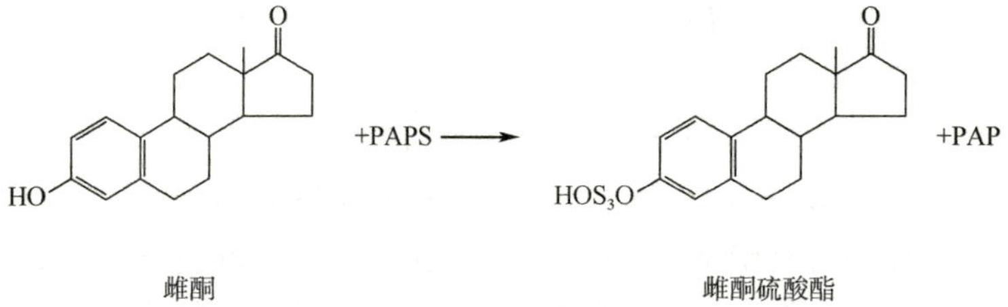

3. 乙酰基结合反应 该结合反应的乙酰基供体是乙酰CoA。在乙酰基转移酶（存在于肝细胞、肾细胞的胞质溶胶和线粒体中）作用下，乙酰CoA将乙酰基转移给含氨基的生理活性物或药物（如对氨基苯甲酸、苯胺、苯乙胺、对氨基苯磺酰胺等）生成乙酰化合物。例如，抗结核药物异烟肼就是在肝内乙酰化而灭活的。

需要特别要说明的是，乙酰化作用并不能使被结合物质的水溶性增强，反而使其水溶性下降，但很多时候其活性和毒性大大降低甚至丧失。

4. 谷胱甘肽结合反应 在肝细胞的胞质溶胶和微粒体中，谷胱甘肽-*S*-转移酶（GST）催化谷胱甘肽与卤代化合物或环氧化合物结合，生成的结合产物可通过肝细胞膜上的依赖ATP的谷胱甘肽结合物输出泵排出细胞，随胆汁流入肠腔后排泄，也可在肝细胞继续代谢，脱去谷氨酸和甘氨酸，然后再乙酰化生成硫醚氨酸通过肾脏排泄。

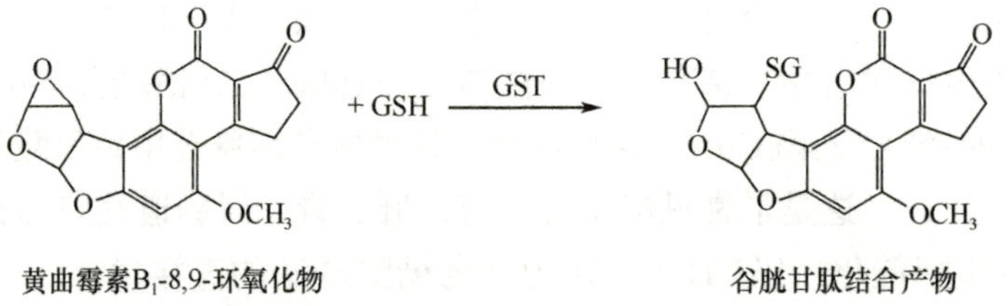

5. 甘氨酸结合反应 有些非营养物质含有自由的羧基，在体内被激活成酰基CoA后，可在甘氨酸

酰基转移酶的催化下，与甘氨酸发生结合反应。

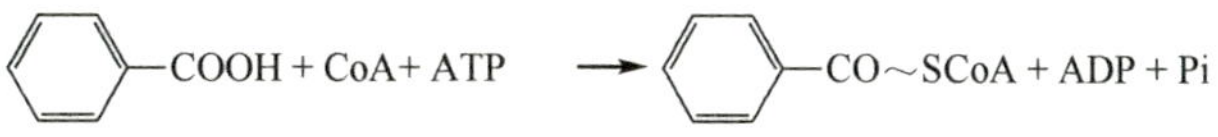

苯甲酸 苯甲酰CoA

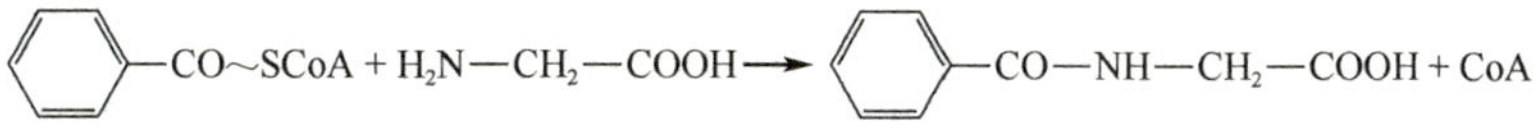

苯甲酰CoA 甘氨酸 马尿酸

6. 甲基结合反应 甲基结合反应的供体为*S*-腺苷甲硫氨酸，催化酶为甲基转移酶，可把含氮杂环化合物甲基化灭活。

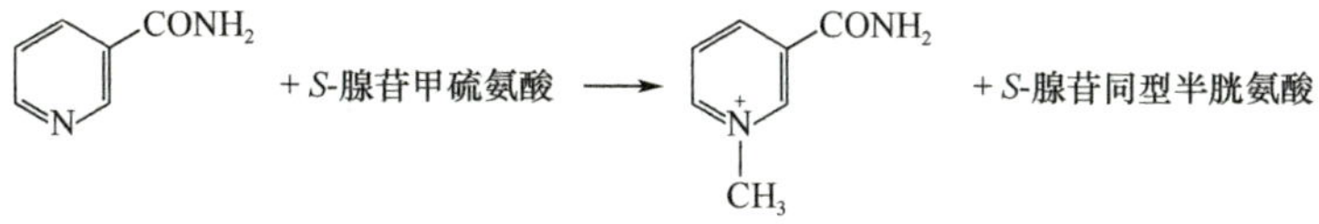

烟酰胺 *N*-甲基烟酰胺

考点：生物转化的类型

三、影响生物转化的因素

生物转化作用受年龄、性别、疾病、诱导物及遗传等体内、外因素的影响。

（一）年龄、性别对生物转化的影响

新生儿生物转化酶系发育不完善，药物或毒物的耐受性较差，易发生药物中毒、高胆红素血症、胆红素脑病。老年人由于器官退化，肝微粒体代谢药物的酶不易被诱导，对药物的转化能力降低，易出现中毒现象。女性的乙醇脱氢酶活性高于男性，对乙醇的代谢率高，其生物转化能力高于男性。

（二）肝病变对生物转化的影响

肝病变时，参与生物转化的各种酶活性降低，肝的生物转化能力下降，药物和毒物容易在体内发生蓄积中毒，因此肝病患者用药要慎重。

（三）毒物和药物的诱导作用

毒物和药物可诱导肝内相关酶的合成，加快其生物转化速度。例如，利福平、苯巴比妥、卡马西平等对多种肝药酶都有诱导作用。

（四）遗传对生物转化的影响

遗传和变异可引起种群或个体之间存在代谢酶种类、数量和活性的差异。代谢酶的多态性也是影响毒性反应的个体差异的重要因素。

链接 深研药动六十载 弘扬中药佑万代

刘昌孝（1942年5月15日—2024年7月25日）是我国药代动力学的带头人和开拓者之一。他在药代动力学领域深耕近60年，开创了我国药代动力学研究的多个第一，被誉为我国药代动力学的“开山鼻祖”——1968年建立第一个药代动力学实验室，1975年率先将药代动力学学科用于新药评价，1980年出版了第一本药代动力学专著……更值得一提的是，他首次提出了“中药质量标志物”的重要理论，并开展了大量研究，为中药质量标准化研究指明了方向，也为中药现代化发展奠定了基础。

考点：影响生物转化的常见因素

四、几类重要物质的生物转化过程

（一）苯及含苯化合物的代谢

苯、甲苯、二甲苯等化合物可通过呼吸道进入人体，过量摄入会引起DNA过度损伤、抑制拓扑异构酶Ⅱ活性等。苯及苯的化合物在体内主要通过肝进行代谢，也可在肺代谢。代谢的产物主要被细胞色素P450加单氧酶氧化成酚，再进一步氧化成氢醌。这些生成物可以与UDPGA、GSH等进行结合反应后通过肾随尿排出体外。

（二）巴比妥酸衍生物的代谢

巴比妥酸（又称丙二酰脲）亚甲基上2个氢原子被烃基取代后的若干衍生物，称为巴比妥类药物，其是一类重要的镇静催眠药物。巴比妥类药物主要在肝脏进行代谢，包括5位取代基的氧化、酰脲环的水解开环等。苯巴比妥部分以原型自肾脏排泄，部分在肝脏代谢为羟基苯巴比妥，再和葡萄糖醛酸或硫酸等结合后排出体外。

（三）胆色素的代谢

胆色素包括胆红素、胆绿素、胆素原、胆素等。人体内70%以上的胆红素来自体内衰老的红细胞破坏后释放出的血红蛋白。血红蛋白被降解为珠蛋白和血红素——珠蛋白可供机体再利用；血红素经加氧酶催化，转变为胆绿素，胆绿素再经还原酶催化，转变为胆红素。这种未经结合反应的胆红素（又称间接胆红素）以清蛋白为载体经血液运送到肝细胞，再由胞质溶胶中的载体蛋白转运至内质网。在肝细胞内质网，胆红素与葡萄糖醛酸结合，生成胆红素葡萄糖醛酸酯，称为结合胆红素（又称直接胆红素）。结合胆红素从肝细胞分泌进入毛细血管，通过胆道排入肠道，在肠道菌作用下，脱去葡萄糖醛酸，逐步还原为胆素原。胆素原随粪便排出后经空气氧化成黄色的粪胆素，成为粪便的主要颜色。肠道中的10%～20%胆素原被肠黏膜重吸收，经门静脉再入肝，其中大部分（约90%）又随胆汁排入肠道，此过程称为胆素原的肠肝循环。重吸收的小部分（约10%）胆素原通过体循环经肾随尿排出，在接触空气后，被氧化成黄色的尿胆素，成为尿液的主要色素。

（四）肾上腺素与去甲肾上腺素的代谢

肾上腺素和去甲肾上腺素只有很少部分直接从尿中排出，大部分在肝内代谢，经历的代谢变化有三种：①单胺氧化酶催化侧链胺氧化脱氨基，生成的醛根据底物不同再被氧化或还原。②依靠儿茶酚氧位甲基转移酶（COMT）催化3位酚羟基甲基化。③4位酚羟基的硫酸结合反应或葡萄糖醛酸结合反应。

（五）乙醇的代谢

乙醇在体内的生物转化过程，主要在肝脏中进行。乙醇进入人体后，少量经肺部呼出或经汗腺排出体外，绝大部分先在肝脏中乙醇脱氢酶作用下生成乙醛。乙醛对人体有害，但它很快会在乙醛脱氢酶的作用下转化成乙酸，并最终分解成二氧化碳和水。人体内乙醇脱氢酶的含量较多，但是乙醛脱氢酶的含量因人而异，且与遗传有关。当乙醇摄入过量或乙醛脱氢酶缺少时，乙醇不能被完全分解为水和二氧化碳，就会以乙醛形式蓄积在组织器官，尤其是肝脏和脑。蓄积到一定程度，即出现“酒精中毒”。

自测题

（一）名词解释

药物转运　生物转化

（二）填空题

1. 药物转运体主要分为两大类：________和________。
2. 生物转化的第一相反应包括________、________、________；第二相反应为________。
3. 生物转化的主要器官是________。
4. 第一相反应中，氧化反应通常由________、________、

________所催化。

（三）选择题

【A型题】

1. 肝细胞中，UDP-葡萄糖醛酸基转移酶主要存在于
   A. 胞质溶胶　　B. 细胞核
   C. 线粒体　　D. 细胞膜
   E. 内质网
2. 生物转化中第二相反应最常见的结合物是
   A. 乙酰基　　B. 硫酸
   C. 葡萄糖醛酸　　D. 甘氨酸
   E. 谷胱甘肽
3. 下列关于主动转运描述错误的是
   A. 药物分子依靠浓度梯度移动
   B. 药物分子逆浓度梯度移动
   C. 需要消耗能量
   D. 通常涉及特定的载体蛋白或泵
   E. 可分为原发性主动转运和继发性主动转运
4. 生物转化作用中最常见的反应是
   A. 结合反应　　B. 氧化反应
   C. 还原反应　　D. 分解反应
   E. 置换反应

【B型题】

（第5～7题共用选项）

A. 混合功能氧化酶
B. 酯酶
C. 单胺氧化酶
D. 儿茶酚氧位甲基转移酶
E. 醇脱氢酶

5. 催化维生素D_3进行羟化反应的酶是
6. 加单氧酶又称
7. 催化乙酰水杨酸水解的酶是

【X型题】

8. 药物转运体的功能直接影响药物在体内的药代动力学过程，包括
   A. 药物的吸收　　B. 药物的分布
   C. 药物的代谢　　D. 药物的排泄
   E. 药物的消化
9. 第二相反应中，与结合基团的供体发生结合反应的药物通常含有下列哪些功能基团
   A. 羟基　　B. 巯基　　C. 氨基
   D. 羧基　　E. 甲基
10. 影响生物转化的因素有
   A. 年龄　　B. 性别
   C. 肝脏疾病　　D. 药物和毒物的诱导作用
   E. 遗传

（四）简答题

1. 药物转运主要包括哪几种方式？
2. 生物转化有何意义和特点？

（王辅明）

第14章

代谢及代谢调控概论

学习目标

1. 知识目标： 掌握代谢的概念；理解代谢的特点、酶活性调节的方式，糖类、脂类、蛋白质、核酸在代谢上的相互联系；了解代谢的研究方法。

2. 能力目标： 能够用代谢的观点指导日常饮食。

3. 素质目标： 培养科学学习观、辩证观以及理论联系应用的职业能力。

第1节　代谢概论

一、代谢的概念

新陈代谢（metabolism）简称代谢，指机体与环境之间的物质和能量交换以及生物体内物质和能量的自我更新过程。新陈代谢包括物质代谢和能量代谢，物质代谢的同时总伴随着能量的变化，二者是不可分割的。新陈代谢包含了生物体内发生的所有化学反应。

新陈代谢是生物体最基本的特征之一，也是生物体与非生物体最本质的区别。

二、代谢的特点

新陈代谢具有许多特点，主要概括为以下五点：①整体性——体内各种物质代谢不是各自孤立的，而是同时进行、彼此联系，相互转变或相互依存构成统一的整体；②可调节性——机体存在着精密、完善的调节机制，使各种物质代谢的强度、方向和速度适应体内外环境的变化；③组织特异性——由于各组织器官的结构不同，其所含酶系的种类、含量亦不同，所以代谢途径及功能各异，各具特色；④途径多样性——体内物质代谢通常由许多酶促反应组成，既有从头到尾没有支路的直线反应，也有代谢途径可以通过某个共同中间物交叉的分支反应，还有可以从任一中间物起始、终止的循环反应；⑤机体以ATP作为能量利用的共同形式，ATP在物质代谢中起着重要的作用。

我国生物化学家刘思职院士曾高度哲理性地概括了代谢的动态平衡，即："生者化，化又生，生化即化生；新则陈，陈乃谢，新陈恒代谢。"

链接　扎根献中华，桃李满天下——著名生物化学家刘思职

刘思职院士为建立我国生物化学学科，倾注了毕生的心血。早在中华人民共和国成立前夕，他就在国内首先招收生物化学学科研究生，为我国生物化学界培养了大量优秀人才。1952年，他主编了我国第一部汉英对照《生物化学名词》，为国内普遍采用。1954年，他又呕心沥血主编了我国第一部自编的汉文生物化学教科书——《生物化学大纲》；几经修订，书名改为《生物化学》，成为高等医药院校的教科书。他还根据我国广大中级卫生干部的需要，编写了《生物化学讲义》。为了介绍我国生物化学工作者和国外科学家的成就，他约请多位专家、教授共同编译《蛋白质的生物化学》一书。

三、代谢的研究方法

机体内任何物质的代谢过程都是错综复杂的，用单一方法研究常难以确定某物质的代谢变化过程和中间产物。目前，除利用正常机体的方法外，还可以使用病变动物法、器官切除法、同位素示踪法、基因突变法、转基因和基因敲除法、脏器灌注法、组织切片或匀浆法、纯酶法及酶抑制剂法、使用亚细胞成分等方法进行研究。

以上研究方法，可以归纳为两大类，即活体研究和离体研究。

考点：代谢的概念与特点

第 2 节　代谢调控概论

生物体内每种物质都有自己独特的代谢途径。各代谢途径既相对独立又彼此联系，既相互制约又彼此协调，纵横交错、相互沟通，共同组成了体内复杂的物质代谢网。当机体内外环境发生变化时，各代谢途径会及时改变其反应速度，达到新的动态平衡。机体正是在这种不断的动态变化之中适应环境从而得以生存。这一切表明，体内的物质代谢是在严密的调控下进行的。

物质代谢调节机制普遍存在于生物界，是生物在漫长的进化过程中逐步形成的一种适应能力。进化程度越高的生物，其代谢调节的机制越复杂、精细和严密。一旦机体的代谢调节机制发生障碍，某一代谢环节运转失调，就会造成机体代谢紊乱，导致疾病发生，甚至危及生命。代谢调节一般有三种方式：细胞水平代谢调节、激素水平代谢调节及整体水平代谢调节。这三种调节方式统称为三级水平代谢调节。在代谢调节的三级水平中，细胞水平的调节是基础，激素及整体水平的调节都是通过细胞水平的调节实现的。

一、细胞水平的调节

细胞内物质代谢主要通过对关键酶进行调节来实现。主要表现为两种方式，一种是酶浓度调节，另一种是酶活性调节。

（一）酶浓度调节

酶浓度调节是指对酶的合成和降解的调节，通过改变酶分子的合成、降解速度来改变细胞内酶浓度，一般经历数小时才能实现。酶浓度调节属于基因表达的调节。

生物体内有一些酶只有当诱导物存在时才诱导其合成，或者当终产物存在时才阻遏其合成。它又表现为转录水平的调节、转录后的调节、翻译水平的调节，属于慢速调节。对于酶降解的调节，近年来的研究表明，改变酶分子的降解速度，也可调节细胞内酶的浓度，从而影响代谢速度。例如，饥饿时，大鼠精氨酸酶活性升高是由于酶的降解速度减慢，而非酶的合成增加。此时精氨酸酶活性升高，有利于氨基酸分解供能。

（二）酶活性调节

酶活性调节是通过改变酶分子结构来实现对酶促反应速度的调节，一般在数秒或数分钟内即可发生，属于快速调节。调节方式包括酶原激活、变构效应调节、共价修饰调节等。

1. 酶原激活　又称酶的不可逆共价调节，具有以下特点：①它们是以酶活性形式的前体——酶原形式合成和分泌的；②当需要时会在相应的蛋白酶作用下切去一小段肽链而活化；③酶原的这种转变是不可逆的；④接受这种调节的酶主要是一些消化酶和执行防御功能的酶；⑤它们的激活往往不是靠一种蛋白酶，而是借助酶的级联体系完成的。例如，胰蛋白酶原、糜蛋白酶原、弹性蛋白酶原及羧肽酶原在胰腺细胞内以酶原形式合成，然后在激素等控制下分泌到十二指肠。在小肠，胰蛋白酶原首先被激活，转变为胰蛋白酶后可激活糜蛋白酶原、弹性蛋白酶原、羧肽酶原，转变为糜蛋白酶、弹性蛋白酶和羧肽酶。它们被激活后在肠道发挥协同作用，参与肠道中食物蛋白的消化。

2. 变构效应调节 变构酶与其他符合米氏方程的酶不同，其动力学不符合米氏方程。在此以果糖-1, 6-二磷酸酶为例来说明酶变构调节的机制。果糖1, 6-二磷酸酶是由四个相同亚基组成的聚合体，每个亚基上既有催化部位，也有调节部位。其催化部位可与1, 6-二磷酸果糖结合，调节部位可与变构剂结合。此酶以紧密型（高活性）和松弛型（低活性）两种形式存在，AMP为其变构抑制剂。当该酶处于紧密型时，其调节部位转至聚合体内部而难以与AMP结合，因而不受AMP抑制，表现出较高的活性。当第一个AMP分子与其调节部位结合后，引发其构象改变，由紧密型转变为松弛型，各亚基的调节部位相继暴露并与AMP结合，酶的活性减弱，表现出AMP对它的抑制作用。酶的这种变构过程是可逆的，在变构激活剂的作用下，又可由低活性变为高活性。

3. 共价修饰调节 这种调节往往不是一步完成的，而是通过多级放大后，才最终作用于代谢途径，因而只需很少的调节物（如激素）就可达到很强的调节效果。共价修饰调节包括磷酸化和去磷酸化、乙酰化和去乙酰化、腺苷化和去腺苷化、甲基化和去甲基化以及巯基（—SH）和二硫键（—S—S—）互变等。对于人体来说，最常见的酶共价修饰是磷酸化与去磷酸化。酶的磷酸化是在蛋白激酶的催化下，由ATP提供磷酸基及能量完成的，而去磷酸化则是由蛋白磷酸酶催化的水解反应。酶蛋白分子中丝氨酸、苏氨酸及酪氨酸的羟基是磷酸化修饰的位点。磷酸化时虽消耗ATP，但远少于合成酶蛋白的ATP消耗，且作用迅速，效应明显，是体内酶活性调节经济、有效的方式。

二、激素水平的调节

体内的一种代谢过程常可受多种激素影响，一种激素通常也可以影响多种代谢过程，这是高等生物体内代谢调节的一种重要方式。激素对代谢的调节是通过与靶细胞受体特异结合，将激素信号转化为细胞内一系列化学反应，最终表现出激素的生物学效应。调节过程中激素作为第一信使，被激素受体识别后将其转变为启动细胞内一系列化学反应的信号。根据靶细胞中受体存在部位的不同，一般把受体分为细胞膜受体和细胞内受体两大类。例如，蛋白质、多肽及氨基酸衍生物等含氮类的亲水性激素，不能直接通过靶细胞质膜，只能与位于质膜上的特异受体结合，引发受体蛋白质的构象变化，通过活化G蛋白或酪氨酸蛋白激酶，再激活效应酶而引发靶细胞内一系列的生物学效应（图14-1）。类固醇激素和甲状腺激素等亲脂性激素，可经简单扩散方式透过靶细胞质膜进入细胞内，通过影响细胞的基因表达而发挥其代谢调控作用。

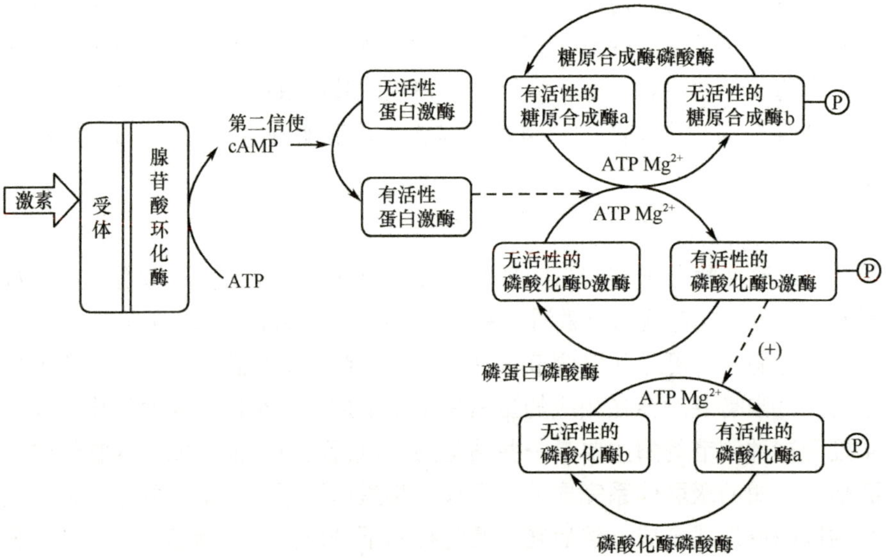

图14-1 激素水平的调节作用示意图

三、整体水平的调节

高等动物有完善的神经系统，神经系统不仅控制各种生理活动，也控制物质代谢。代谢的整体调节是指在神经系统的支配下通过神经-体液途径将代谢过程迅速进行分析整合，对机体进行多细胞整体综合调节以保持内环境的相对稳定。为适应内、外环境变化，人体接受相应刺激后，将其转换成某种信息，这种多细胞整体调节在饥饿及应激状态时表现尤为明显。

神经系统可通过协调各内分泌腺的功能状态间接调节代谢，也可以直接影响器官、组织的代谢。例如，饱食时血糖浓度升高，刺激胰岛细胞分泌胰岛素，胰岛素使血糖浓度回落；过低的血糖又可刺激下丘脑的血糖调节中枢，通过交感神经刺激肾上腺素分泌，使血糖浓度有所回升。在神经系统的协调下，通过刺激的交互作用，达到血糖浓度的相对恒定。神经系统还可以通过上下级关系影响多种激素的分泌。例如，当大脑皮质接到特异的神经信息后，使下丘脑正中隆起附近的神经末梢分泌促释放因子或抑制因子（第一级）；它们进入下丘脑正中隆起的毛细血管，再经垂体门静脉系统进入垂体，促进或抑制垂体前叶促激素（第二级）的生成和分泌；这些促激素又作用于内分泌腺分泌各种外周激素（第三级）。

考点：代谢调节的方式，酶活性调节的方式

第 3 节　糖类、脂类、蛋白质、核酸在代谢上的相互关系

在体内，糖类、脂类、蛋白质和核酸的代谢不是各自孤立的，而是通过共同的中间代谢物、三羧酸循环和生物氧化等彼此联系、相互转变（图 14-2）。

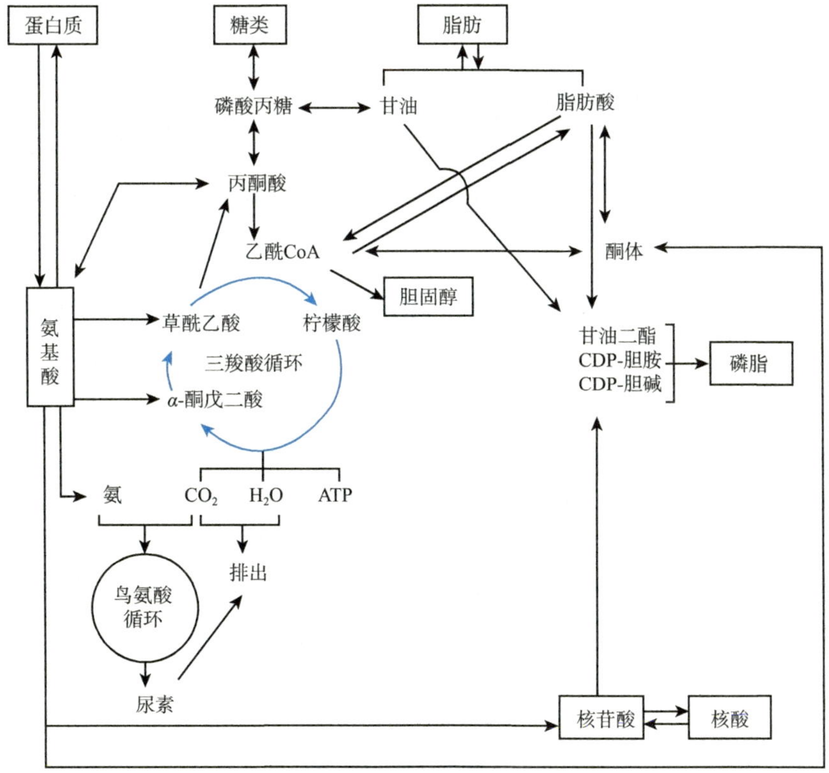

图 14-2　糖类、脂类、蛋白质和核酸在代谢上的相互联系、相互转变

一、糖类与脂类在代谢上的相互关系

糖类代谢产生的乙酰CoA和磷酸二羟丙酮是糖类代谢和脂类代谢的主要联系枢纽。一方面，糖类代谢产生的乙酰CoA和NADPH可以用于合成脂肪酸和胆固醇；另一方面，糖类代谢产生的磷酸二羟

丙酮可以还原成3-磷酸甘油，进而合成甘油三酯储存于脂肪组织。所以，若长期高糖膳食，即使食物中脂肪含量低，机体也可将过剩的葡萄糖转变成脂肪，甚至导致肥胖。但必需脂肪酸不能由糖转化而来，所以，食物中不可以缺少脂类的供给。

甘油三酯分解生成脂肪酸和甘油。由于脂肪酸分解生成的乙酰CoA不能逆向转变为丙酮酸，所以脂肪酸不能直接异生为葡萄糖。脂肪分解产生的甘油可以在肝、肾等组织的甘油激酶作用下转变成3-磷酸甘油进而转变成糖。甘油三酯的分解代谢程度还与糖的供应相关。当饥饿或糖供应不足时，甘油三酯分解代谢加快，反之则减慢。

二、糖类与蛋白质在代谢上的相互关系

糖代谢的中间产物，如丙酮酸、α-酮戊二酸、草酰乙酸等可氨基化生成非必需氨基酸。但要注意的是糖转变为氨基酸只能提供α-酮酸，氨基需由氨基酸通过氨基移换作用提供。也就是说，糖转变为氨基酸并不能增加体内氨基酸的数量，只能调整不同氨基酸之间的比例。另外，必需氨基酸不能由糖代谢中间产物转变而来，只能由食物直接供给。

组成人体蛋白质的20种氨基酸中，除生酮氨基酸外，其他的都可通过脱氨基作用生成相应的α-酮酸。这些α-酮酸可转变成某些能进入糖异生途径的中间代谢产物，沿着糖异生途径转变为葡萄糖，成为饥饿或进食高蛋白食物时糖异生的主要原料。

三、蛋白质与脂类在代谢上的相互关系

体内的氨基酸分解生成的乙酰CoA，可作为合成脂肪酸的主要原料，进而合成脂肪。氨基酸分解产生的乙酰CoA也可用于合成胆固醇。氨基酸还可作为合成磷脂的原料，如丝氨酸脱羧可转变为乙醇胺（胆胺），乙醇胺经甲基化可转变为胆碱。丝氨酸、乙醇胺及胆碱分别是合成丝氨酸磷脂、脑磷脂及卵磷脂的原料。所以，氨基酸能转变为多种脂质。

脂肪中的甘油可异生为葡萄糖，所以和糖类一样可转变为某些非必需氨基酸。脂肪酸β-氧化所产生的乙酰CoA，虽然可以进入三羧酸循环生成α-酮戊二酸和草酰乙酸，再通过转氨基反应生成氨基酸，但这样极其不经济，所以转化极有限。胆固醇等类脂不能转变为氨基酸。

四、核酸与糖类、脂类、蛋白质在代谢上的相互联系

体内许多游离核苷酸在代谢中起着重要的作用。例如，ATP是能量和磷酸基团转移的重要物质，GTP参与蛋白质的生物合成，UTP参与多糖的生物合成，CTP参与磷脂的生物合成。体内许多辅酶或辅基含有核苷酸组分，如辅酶A、辅酶Ⅰ、FAD等。

核苷酸的嘌呤、嘧啶环从头合成涉及甘氨酸、天冬氨酸、谷氨酰胺等数种氨基酸原料，而另一原料一碳单位也是一些氨基酸在分解过程中产生的。核苷酸的核糖是从糖代谢的磷酸戊糖途径而来。另外，糖和脂肪的氧化分解为核苷酸和核酸的合成提供了能量。核酸参与了蛋白质生物合成的几乎全过程，而核酸的生物合成又需要许多蛋白质分子参与。

考点： 糖类、蛋白质、脂类、核酸在代谢上的相互关系

自测题

（一）名词解释

代谢

（二）填空题

1. 机体代谢调节可通过________、________、________三种方式进行代谢调节。
2. 细胞水平的调节主要表现为两种方式：________和________。
3. 新陈代谢的特点包括________、________、________、

________、________等。

4. 糖代谢的中间产物如________、________、________等可氨基化生成非必需氨基酸。

（三）选择题

【A型题】

1. 关于共价修饰酶，下列说法错误的是
   A. 这类酶一般存在活性和无活性两种形式
   B. 酶的这两种形式通过酶促的共价修饰相互转变
   C. 伴有级联放大作用
   D. 高等生物独有的代谢调节方式
   E. 属于快速调节类型
2. 关于物质代谢，下列说法错误的是
   A. 又叫新陈代谢
   B. 通常伴随能量的变化
   C. 具有整体性
   D. 具有可调节性
   E. 主要是分解代谢
3. 下列不属于酶活性调节的是
   A. 胰蛋白酶原激活
   B. 果糖-1，6-二磷酸酶变构调节
   C. 饥饿时精氨酸酶活性增高
   D. 磷酸化酶磷酸化
   E. 变构剂与酶分子共价结合
4. 变构调节时，酶分子发生改变的是
   A. 一级结构
   B. 空间结构
   C. 与辅酶的结合方式
   D. 与辅基的结合方式
   E. 与金属离子的结合方式

【B型题】

（第5～7题共用选项）

A. 变构调节酶　　B. 共价修饰酶
C. 诱导酶　　D. 同工酶
E. 酶原

5. 磷酸化酶通过接受或脱去磷酸基而调节活性。磷酸化酶属于
6. 果糖-1，6-二磷酸酶通过紧密型和松弛型两种形式转换。该酶属于
7. 在细胞内合成或初分泌时没有活性的酶的前体称为

（四）简答题

简述糖类、脂类、蛋白质在代谢上的联系。

（郑　敏）

第 3 篇　生物化学实践技能训练

实　训

项目1　蛋白质的定量测定

常用的蛋白质含量测定方法有凯氏定氮法、紫外分光光度法、双缩脲法、Folin-酚试剂法和考马斯亮蓝法。凯氏定氮法用于标准蛋白质含量的准确测定，该法干扰少，但操作烦琐，费时太长，这里不作介绍；紫外分光光度法简便、快速、不损失样品，但样品中如含有核酸，会产生较大误差，故应当进行校正；双缩脲法比较简便，受蛋白质氨基酸组成影响小，但灵敏度低，样品用量大；Folin-酚试剂法是蛋白质测定最常用的方法，灵敏度高，但不同蛋白质中酪氨酸、色氨酸的含量会影响显色强度，产生误差；考马斯亮蓝法快速、灵敏、稳定，是近年来普遍使用的测定方法。

方法一　紫外分光光度法测定蛋白质含量

预习要求

1. 认真阅读本项目的“安全提示”，实验之前再复习1遍。
2. 复习本书第1章相关内容，阅读本项目的全部内容。
3. 思考紫外分光光度法测定蛋白质含量有何优缺点？

（一）项目任务

1. 掌握紫外分光光度法测定蛋白质含量的原理和操作。
2. 了解紫外分光光度计的工作原理。

（二）项目原理

由于蛋白质分子组成中含有芳香族氨基酸（如酪氨酸和色氨酸）残基，在280nm处的紫外线波长下有最大光吸收峰，而且在280nm处的吸光度与蛋白质溶液的浓度成正比，故可用于蛋白质的含量测定。该法简单快速，不消耗样品，低浓度盐类不会干扰测定。该法在蛋白质和酶的生化制备中广泛采用，特别是在柱层析分离过程中，常用于检测判断蛋白质吸附或洗脱情况。

需要注意的是，该法对于测定与标准蛋白质的酪氨酸、色氨酸组成差异较大的蛋白质有一定的误差。此外，核酸在280nm波长处也有光吸收，会对蛋白质的测定产生干扰。但核酸的最大吸收峰在260nm波长处，如同时测定260nm波长处的吸光度，通过计算可以在一定程度上消除核酸对蛋白质测定的影响。

（三）项目材料

1. 器材　751型紫外分光光度计；试管9支；移液管3支（1ml 2支，5ml 2支）等。

2. 试剂

（1）标准蛋白质溶液　准确称取经凯氏定氮法校正的结晶牛血清白蛋白，用蒸馏水精确稀释至1mg/ml的浓度。

（2）样品液　用蒸馏水配制浓度为1mg/ml左右的酪蛋白溶液。

安全提示

1. 紫外分光光度计接地要良好，否则显示读数不稳定。

2. 当仪器停止工作时，关掉电源。电源开关需同时切断，以免产生安全隐患。

（四）项目实践

1. 标准曲线的绘制　取8支试管编号，按下表加入各试剂。

项目	管号							
	0	1	2	3	4	5	6	7
标准蛋白质溶液（ml）	0	0.5	1.0	1.5	2.0	2.5	3.0	4.0
蒸馏水（ml）	4.0	3.5	3.0	2.5	2.0	1.5	1.0	0
蛋白质浓度（mg/ml）	0	0.125	0.25	0.375	0.5	0.625	0.75	1.0
A_{280}								

试剂加完后混匀，在紫外分光光度计上测定各管在280nm处的吸光度（A_{280}）。以蛋白质含量（mg/ml）为横坐标，以吸光度为纵坐标绘制标准曲线。

2. 样品液测定　取待测蛋白质样品液1.0ml，加蒸馏水3.0ml，在紫外分光光度计上于280nm处测定其吸光度，并从标准曲线上查出其对应浓度。

（五）“三废”处理

本实验产生的废液可直接排入下水道。

（六）拓展训练

在实验过程中，如果样品中含有核酸类杂质，可能会对实验结果产生干扰。为了校正这种影响，应该采取哪些措施？

链接　标准曲线法

标准曲线法是配制一系列不同浓度（C）的标准溶液，以不含被测组分的空白溶液作为参比，按标本处理方法作相同处理，在特定波长下测定各标准溶液的吸光度（A），绘制A-C曲线，这种曲线就是标准曲线。在相同条件下测定样品的吸光度，从标准曲线上就可找到与之对应的样品浓度。制作和应用标准曲线时应注意下面几点。

1. 当测定条件发生变化时（如更换标准品、更换光电池或光源以及试剂批号不同时），标准曲线应重新绘制。

2. 标准品应有高的纯度，标准液的配制必须准确。

3. 当待测液吸光度超过线性范围时，应将标本稀释后再测定。

4. 标本测定的条件应和标准曲线制作时的条件完全一致。

5. 标准溶液设置的浓度范围须足够大，应达到观察拐点。

方法二　双缩脲法测定蛋白质含量

预习要求

1. 认真阅读本项目的“安全提示”，实验之前再复习1遍。
2. 复习本书第1章相关内容，阅读本项目的全部内容。
3. 思考蛋白质分子中除肽键外还有哪些基团可能会有双缩脲反应？

（一）项目任务

1. 掌握双缩脲法测定蛋白质含量的原理和方法。
2. 理解标准管在测定中的意义。

（二）项目原理

双缩脲是2分子尿素缩合而成的化合物，在碱性溶液中与硫酸铜反应生成紫红色络合物，此反应即为双缩脲反应。含有2个或2个以上肽键的化合物都具有双缩脲反应。

蛋白质分子具有多个肽键，可与双缩脲试剂反应而呈紫红色，其颜色深浅与蛋白质浓度成正比，故可做比色测定。本法测定波长为540nm，可测定的蛋白质浓度范围为1～10mg/ml。

（三）项目材料

1. 器材　722型分光光度计；试管3支；移液管4支（1ml 2支，2ml、4ml各1支）等。

2. 试剂

（1）酪蛋白标准溶液（5mg/ml）　酪蛋白预先用微量凯氏定氮法测定蛋白质含量，根据其纯度称量，用0.05mol/L NaOH 配制成蛋白质标准溶液。

（2）双缩脲试剂　称取1.50g硫酸铜（$CuSO_4 \cdot 5H_2O$）和6.0g酒石酸钾钠（$NaKC_4H_4O_6 \cdot 4H_2O$），用500ml蒸馏水溶解，边搅拌边加入300ml的10%NaOH溶液，用水稀释至1L，储存于塑料瓶中（或内壁涂有石蜡的瓶中）。此试剂可长期保存。若储存瓶中出现黑色沉淀，则需要重新配制。

（3）血清稀释液　人血清溶液用蒸馏水稀释10倍，冰箱保存待用。

（四）项目实践

1. 测定吸光度　取3支试管按下表进行操作。

项目	空白管	标准管	测定管
血清稀释液（ml）	0	0	1.0
酪蛋白标准溶液（ml）	0	1.0	0
蒸馏水（ml）	2.0	1.0	1.0
双缩脲试剂（ml）	4.0	4.0	4.0
A_{540}			

摇匀，37℃ 水浴20min后，用722型分光光度计于540nm处比色，以空白管调零点，在30min内测定各管吸光度（超过30min可能有雾状沉淀产生，从而干扰测定结果）。

2. 蛋白质含量计算　按下式计算蛋白质含量：

$$\text{血清总蛋白质含量} = \frac{(A_{测}/A_{标}) \times 0.005 \times 100}{0.1}$$

式中，血清总蛋白质含量、单位为g/100ml。

（五）“三废”处理

本实验产生的废液应集中处理，不可直接倒入下水道。

(六)拓展训练

双缩脲试剂除可用于蛋白质的含量测定外，还有哪些用途？

链接 722型分光光度计的使用方法与注意事项

722型分光光度计能在近紫外和可见光谱区域内对样品物质作定性和定量分析，是理化实验室常用分析仪器之一。

(一)使用方法

1. 连接电源，确保仪器供电电源有良好的接地性能。

2. 接通电源，将选择开关置于“T”，开机使仪器预热20分钟。预热仪器和不测定时应将试样室盖打开，使光路切断。

操作视频

3. 转动波长旋钮，根据实验要求调至所需单色波长。

4. 固定灵敏度挡在能使空白溶液很好地调到“100%”的情况下，尽可能采用灵敏度较低的挡。使用时，首先调到“1”挡，灵敏度不够时再逐渐升高。但换挡改变灵敏度后，须重新校正“0%”和“100%”。选好的灵敏度，实验过程中不要再变动。

5. 调节T=0%。轻轻旋动“0%”旋钮，使数字显示为“00.0”(此时试样室是打开的)。

6. 调节T=100%。将盛蒸馏水(或空白溶液，或纯溶剂)的比色皿放入比色皿座架中的第一格内，并对准光路，把试样室盖子轻轻盖上，调节透过率“100%”旋钮，使数字显示正好为“100.0”。

7. 吸光度的测定。将选择开关置于“A”，盖上试样室盖子，将空白液置于光路中，调节吸光度调节旋钮，使数字显示为“0.000”。将盛有待测溶液的比色皿放入比色皿座架中的其他格内，盖上试样室盖，轻轻拉动试样架拉手，使待测溶液进入光路，此时数字显示值即为该待测溶液的吸光度。读数后，打开试样室盖，切断光路。

(二)注意事项

1. 仪器应安放在干燥的房间内，使用温度为5～35℃。

2. 仪器使用时放置在坚固平稳的工作台上，避免强烈震动或持续震动。

3. 室内照明不宜太强，避免日光直射。

4. 电风扇不宜直接吹向仪器，以免影响仪器的正常使用。

5. 尽量远离高强度的磁场、电场及产生高频波的电器设备。

6. 供给仪器的电源电压为220V±10%，49.5～50Hz，必须装有良好的接地线。宜使用100W以上的稳压器，以加强仪器的抗干扰性能。

7. 避免在有硫化氢、亚硫酰氟等腐蚀性气体的场所使用。

方法三 Folin-酚试剂法测定蛋白质含量

预习要求

1. 认真阅读本项目的“安全提示”，实验之前再复习1遍。
2. 复习本书第1章相关内容，阅读本项目的全部内容。
3. 思考本法是否可以用于酪氨酸和色氨酸的定量测定？

(一)项目任务

1. 学会Folin-酚试剂法测定蛋白质含量的操作和计算。
2. 理解Folin-酚试剂法测定蛋白质含量的原理。

（二）项目原理

Folin-酚试剂由甲试剂和乙试剂组成。甲试剂相当于双缩脲试剂，由碳酸钠、氢氧化钠、硫酸铜及酒石酸钾钠组成。蛋白质中的肽键在碱性条件下，与酒石酸钾钠铜盐溶液起作用，生成紫红色铜-蛋白质络合物。乙试剂由磷钼酸、磷钨酸、溴等组成。此试剂在碱性条件下极不稳定，易被酚类还原呈蓝色。由于蛋白质（或多肽）中含有带酚基的酪氨酸，故有此呈色反应，且蓝色深浅与蛋白质浓度在一定范围内呈线性关系，因此可做比色测定。此法也适用于测定酪氨酸和色氨酸的含量。本法测定波长为500nm，蛋白质浓度适宜在25～250μg/ml。若浓度在5～25μg/ml，波长宜采用750nm。

（三）项目材料

1. 器材 722型分光光度计；试管8支；移液管5支（0.2ml 1支，1ml 3支，5ml 1支）；烧瓶；小玻璃珠数颗；磨口回流装置；棕色瓶等。

2. 试剂

（1）Folin-酚试剂甲 预先配制4% Na_2CO_3溶液、0.2mol/L NaOH溶液、1% $CuSO_4$溶液、2%酒石酸钾钠溶液。临用前将前两者等体积混合配制成Na_2CO_3-NaOH溶液；后两者等体积混合，配制成$CuSO_4$-$NaKC_4H_4O_6$溶液。然后将这2种试剂按50：1的比例混合，即成Folin-酚试剂甲。此试剂临用前配制，1天内有效。

（2）Folin-酚试剂乙 称取钨酸钠（$Na_2WO_4 \cdot 2H_2O$）100g、钼酸钠（$Na_2MoO_4 \cdot 2H_2O$）25g，置2L磨口回流装置内。加蒸馏水700ml、85%磷酸溶液50ml和37%浓盐酸100ml，充分混匀使其溶解。小火加热，回流10小时（烧瓶内加小玻璃珠数颗，以防溶液溢出）。再加入硫酸锂（Li_2SO_4）150g，蒸馏水50ml及液体溴数滴，在通风橱中开口煮沸15分钟，以除去液体中多余的溴。冷却后定容至1000ml，过滤即成Folin-酚试剂乙储存液。此溶液应为黄色，不带任何绿色。倘若呈绿色，滴加数滴液体溴，使其氧化至溶液呈淡黄色，置棕色瓶中暗处保存。若储存液使用过久，颜色由黄变绿，可加几滴液体溴，煮沸数分钟，恢复原色后继续使用。

试剂乙储存液在使用前应确定其酸度。用其滴定标准氢氧化钠溶液（1mol/L左右），以酚酞作指示剂，溶液颜色由红→紫红→紫灰→墨绿时即为滴定终点。该试剂的酸度应为2mol/L左右，将其稀释至相当于1mol/L酸度使用。

（3）酪蛋白标准溶液 预先经微量凯氏定氮法测定蛋白质含量，根据其纯度称量，先用0.1mol/L NaOH润湿、溶解，加蒸馏水配制成250μg/ml的溶液。

（4）样品液 人血清原液，使用前稀释100倍。

安全提示

1. 本实验所用试剂皆对人体有害，请避免吸入溶液和固体。
2. Folin-酚试剂乙配制过程中谨防暴沸，注意水电安全，并请戴防护手套在通风橱中进行。

（四）项目实践

1. 标准曲线的制作 取7支试管编号，按下表加入试剂。

项目	管号						
	0	1	2	3	4	5	6
酪蛋白标准溶液（ml）	0	0.1	0.2	0.4	0.6	0.8	1.0
蒸馏水（ml）	1.0	0.9	0.8	0.6	0.4	0.2	0
Folin-酚试剂甲（ml）	5.0	5.0	5.0	5.0	5.0	5.0	5.0
	摇匀，室温放置10分钟						
Folin-酚试剂乙（ml）	0.5	0.5	0.5	0.5	0.5	0.5	0.5
A_{500}							

迅速摇匀（加一管摇一管，使还原反应产生在磷钼酸-磷钨酸试剂被破坏之前），30℃（或室温）放置30分钟。以0号管作空白，在500nm处比色，记录各管吸光度。以A_{500}为纵坐标，以标准蛋白含量为横坐标，制作标准曲线。

2. 样品测定 取试管1支，准确吸取0.2ml样品液，再加入0.8ml蒸馏水。其他操作与标准曲线绘制部分相同。样品蛋白质含量测定应与标准曲线制作同时进行，再根据所得数据从标准曲线上查出样品蛋白质含量。

3. 蛋白质含量计算 按下式计算样品蛋白质含量：

$$\text{样品蛋白质含量}=\frac{A_{500}\text{对应标准曲线蛋白质含量}\times 10^{-6}}{\text{测定时所用稀释血清的毫升数}}\times\text{血清稀释倍数}\times 100$$

式中样品蛋白质含量的单位为g/100ml血清。

（五）“三废”处理

本实验产生的废液应集中处理，不可直接倒入下水道。

（六）拓展训练

查阅资料，总结哪些因素可干扰 Folin-酚试剂法测定蛋白质含量。

方法四 考马斯亮蓝法测定蛋白质含量

预习要求

1. 认真阅读本项目的“安全提示”，实验之前再复习1遍。
2. 复习本书第1章相关内容，阅读本项目的全部内容。
3. 思考应在什么环境下配制考马斯亮蓝G250染料？为什么？蛋白质标准溶液应如何选定？

（一）项目任务

1. 掌握考马斯亮蓝法测定蛋白质浓度的方法。
2. 理解考马斯亮蓝法测定蛋白质浓度的原理。

（二）项目原理

考马斯亮蓝法是利用蛋白质能与考马斯亮蓝染料结合的原理，定量测定微量蛋白质浓度的方法。该法测定速度快、操作简便，是目前灵敏度最高的蛋白质测定方法，因而得到了广泛的应用。

酸性溶液中，考马斯亮蓝G250染料与蛋白质结合，使染料的最大吸收波长由465nm变为595nm，溶液的颜色也由棕黑色变为蓝色。通过测定595nm处吸光度的增加量可知与染料结合的蛋白质量。研究发现，染料主要是与蛋白质中的碱性氨基酸（特别是精氨酸）和芳香族氨基酸残基相结合。蛋白质与染料的结合过程很快，约2分钟即可反应完全，呈现最大光吸收并可稳定1小时。蛋白质-染料复合物具有很高的消光系数，在测定溶液中含蛋白质5μg/ml时就有0.275吸光度值的变化，比 Lowry法灵敏4倍。其测定范围是10～100μg/ml蛋白质，微量测定范围是1～10μg/ml蛋白质。

此反应重复性好，精确度高，线性关系好。标准曲线在蛋白质浓度较大时稍有弯曲，这是由于染料本身的2种颜色光谱有重叠，试剂背景值随着染料与蛋白质结合而不断降低。但直线弯曲程度很小，不影响测定。由于各种蛋白质中精氨酸和芳香族氨基酸的含量不同，因此考马斯亮蓝染色法用于不同蛋白质测定时有较大的偏差。在制作标准曲线时通常选用γ-球蛋白为标准蛋白，以减少这方面的偏差。

此方法干扰物少。研究表明，NaCl、KCl、$MgCl_2$、乙醇、$(NH_4)_2SO_4$无干扰；强碱缓冲液在测定中有一些颜色干扰，但可以用适当的缓冲液对照消除其影响；三羟甲基氨基甲烷（Tris）、乙酸、2-巯基乙醇、蔗糖、甘油、EDTA，以及微量的去污剂如 Triton X-100、SDS、玻璃去污剂等有少量颜色干扰，用适当的缓冲液对照很容易扣除其影响。但是，大量去污剂的存在对颜色影响太大且不易消除。

（三）项目材料

1. 器材 试管8支；移液管4支（0.1ml 3支、5ml 1支），恒温水浴箱，722型分光光度计等。

2. 试剂

（1）考马斯亮蓝试剂 考马斯亮蓝G250 100mg溶于50ml 95%乙醇中，加入100ml 85%磷酸，用蒸馏水稀释至1000ml。考马斯亮蓝G250染料不宜久存，以1～2个月为宜。

（2）蛋白质标准溶液 结晶牛血清蛋白，预先经微量凯氏定氮法测定蛋白质含量，根据其纯度用0.15mol/L NaCl配制成1mg/ml蛋白质溶液。

（3）蛋白质待测溶液 人血清原液，使用前用0.15mol/L NaCl稀释200倍。

安全提示

1. 考马斯亮蓝G250对呼吸道、眼睛和皮肤有刺激性，在配制该试剂时必须佩戴安全眼镜和手套，在通风橱内操作。如果有试剂溅出，立刻用大量水冲洗干净。

2. 本实验使用的乙醇为易燃品，需远离热源及明火。

3. 磷酸溶液有较强的腐蚀性，操作时避免接触皮肤和眼睛。如有意外发生或感到不适，立刻用大量清水冲洗或就医。

4. 该方法灵敏度高，在实验过程中务必保证环境、器具的洁净度和操作的准确性。

（四）项目实践

1. 制作标准曲线 取7支试管，按下表平行操作。

项目	管号						
	0	1	2	3	4	5	6
加入蛋白质标准溶液（ml）	0	0.01	0.02	0.03	0.04	0.05	0.06
加入0.15mol/L NaCl（ml）	0.1	0.09	0.08	0.07	0.06	0.05	0.04
加入考马斯亮蓝试剂（ml）	5.0	5.0	5.0	5.0	5.0	5.0	5.0
摇匀，1小时内以0号管为空白对照，在595nm处比色							
A_{595}							

测定时，不可放置太长时间，否则会使测定结果偏低。另外，测定中不可使用石英比色皿，可用玻璃比色皿。

以A_{595}为纵坐标，标准蛋白质含量（单位为μg/ml）为横坐标绘制标准曲线。

2. 待测溶液蛋白质浓度测定 测定方法同上，取合适体积的蛋白质待测溶液，使其测定值在标准曲线的直线范围内。根据所测定的A_{595}值，在标准曲线上查出其相当于标准蛋白的量，从而计算出蛋白质待测溶液的蛋白质浓度（单位为μg/ml）。

3. 未知样品的蛋白质含量计算 未知样品的蛋白质浓度=稀释样品浓度×稀释倍数，式中蛋白质浓度单位为mg/ml。

（五）“三废”处理

本实验产生的废液应集中处理，不可直接倒入下水道。

（六）拓展训练

根据下列所给的条件和要求，选择一种或几种常用蛋白质定量方法测定蛋白质的浓度：①样品不易溶解，但要求结果较准确；②要求在短时间内测定大量样品；③要求较快地测定一系列试管中溶液的蛋白质浓度且不破坏样品。

（王辅明）

项目2 核酸的定量测定

核酸的定量测定是分子生物学研究中的一项基本技术，它对于确定实验中酶和试剂的用量、评估样品质量以及排除实验干扰等方面都至关重要。测定方法有定磷法、定糖法、紫外分光光度法、荧光染料法等。定磷法灵敏度高，可以同时测定DNA和RNA，但操作相对复杂，可能受到样品中无机磷的干扰。定糖法实验操作简便，成本较低，但灵敏度较低、受干扰物质影响。紫外分光光度法操作简便，设备要求低，但灵敏度不够高，易受样品中其他杂质的干扰。荧光染料法灵敏度高，所需样品量少，但染料一般都含有较高毒性，检测结果受染料与核酸的结合率影响。每种方法都有其特定的应用场景和限制，选择合适的定量方法需要根据实验的具体需求和可用资源来决定。在实际操作中，还需要注意样品的纯度、操作的准确性以及仪器的校准等因素，以确保定量结果的准确性和可靠性。本项目主要介绍定磷法、定糖法、紫外分光光度法的实践过程。

方法一 定 磷 法

预习要求

1. 认真阅读本项目的“安全提示”，实验开始前再复习1遍。
2. 阅读本方法的全部内容和本书第2章的相关内容，熟悉核酸的理化性质。
3. 根据本方法的内容，画出操作流程图，推导出核酸质量分数的计算公式。
4. 查阅资料，了解核酸的消化过程中发生了哪些反应。

（一）项目任务

1. 掌握定磷法测定核酸含量比色操作。
2. 学会核酸样品的消化操作。
3. 理解定磷法测定核酸含量的原理。

（二）项目原理

核酸分子中含有一定比例的磷（RNA含磷量约为9.4%，DNA含磷量约为9.9%），由此可以推导出核酸质量约为其含磷量的11倍，测定其含磷量即可求出核酸的量。

核酸分子中的有机磷经强酸消化后转变为无机磷，在酸性条件下，无机磷与钼酸铵结合生成黄色磷钼酸铵，磷钼酸铵在还原剂（如抗坏血酸、氯化亚锡等）的作用下还原成钼蓝。钼蓝于660nm处有最大吸收值，在一定浓度范围内，钼蓝溶液的颜色深浅和无机磷的含量成正比，因此，可用比色法测定样品中的磷含量。

该法测得的磷含量为总磷量，需要减去无机磷的含量才是核酸中有机磷的真实含量。根据有机磷的含量可以推算出样品中核酸的质量分数。

（三）项目材料

1. 器材 722型分光光度计；试管11支；移液管8支（1ml 5支，5ml 3支）；消化管（硬质玻璃试管）2支；小烧杯1个；容量瓶3个（50ml 2个，100ml 1个）；滴管；吸耳球；恒温水浴锅；电炉；电子天平；玻璃珠；冰箱等。

2. 试剂

（1）磷标准溶液　将磷酸二氢钾（AR）置110℃烘箱烘至恒重，然后放入干燥器内降至室温。精确称取0.2195g（含磷50mg），用水溶解，定容至50ml（含磷量为1mg/ml），储存于冰箱中。临用时准确稀释100倍，使含磷量为10μg/ml。

（2）定磷试剂　将17ml浓硫酸缓缓加入到蒸馏水中溶解（边加边搅拌），并用蒸馏水定容至100ml，得3mol/L硫酸（17%硫酸，溶液①）；将2.5g钼酸铵加入到蒸馏水中溶解，并用蒸馏水定容至100ml，得25g/L钼酸铵溶液（2.5%钼酸铵溶液，溶液②）；将10g维生素C加入蒸馏水中溶解，并用蒸馏水定容至100ml，得10%维生素C溶液（溶液③），储存于棕色瓶中，冰箱内保存。

临用时将上述3种溶液与水按溶液①：溶液②：溶液③：蒸馏水=1：1：1：2（*V*：*V*）的比例混合。现配现用，如溶液呈淡黄色至黄绿色尚可使用，呈深黄色甚至棕色即失效。

（3）其他　6mol/L硫酸；5%氨水；30%过氧化氢。

安全提示：

1. 浓氨水溶液、浓过氧化氢溶液均有腐蚀性，吸入其蒸气或雾对呼吸道有强烈刺激性，操作时避免接触皮肤和眼睛，同时要注意避免吸入。
2. 硫酸有强腐蚀性，操作时避免接触皮肤和眼睛。
3. 消化操作应在通风橱内进行，戴防护眼镜和手套。

（四）项目实践

1. 磷标准曲线的绘制　取7支干燥试管编号后，按下表所示加入试剂。

项目	试管号						
	0	1	2	3	4	5	6
加入磷标准溶液（ml）	0	0.1	0.2	0.4	0.6	0.8	1.0
加入蒸馏水（ml）	3.0	2.9	2.8	2.6	2.4	2.2	2.0
加入定磷试剂（ml）	3.0	3.0	3.0	3.0	3.0	3.0	3.0
A_{660}							

加毕摇匀，在45℃水浴中保温10分钟，冷却，以0号管调零点，于660nm处测吸光度。以磷含量（μg）为横坐标，吸光度为纵坐标作图。

2. 样品总磷量测定

（1）称取粗核酸0.1g，用少量水溶解（若不溶，可滴加5%氨水调至pH7.0）。待全部溶解后，移至50ml容量瓶中，加水至刻度（此溶液含样品2mg/ml），即配成核酸溶液。

（2）取消化管（硬质试管）2支，标空白管和测定管。空白管加入蒸馏水1.0ml，测定管中加入上述核酸溶液1.0ml。两管分别加入6mol/L硫酸1.0ml及1粒玻璃珠，于通风橱内直火加热至溶液透明（切勿烧干）。待溶液呈黄褐色后，取出稍冷，加入1～2滴30%过氧化氢溶液（勿滴于管壁），继续消化，直至溶液透明为止。取出，冷却后加1.0ml蒸馏水，于沸水浴中加热10分钟，以分解消化过程中形成的焦磷酸。然后将消化管中的内容物用蒸馏水定量地转移到50ml容量瓶内，定容至刻度。

（3）取2支试管，分别加入1ml上述消化后定容的样品和空白溶液，如前法进行定磷比色测定。以空白管调零点，于660nm处测样品吸光度，并从标准曲线中查出磷的微克数，再乘以稀释倍数即得每毫升样品中的总磷量。

3. 样品无机磷的含量测定 吸取核酸溶液1.0ml，置于100ml容量瓶中，加蒸馏水至刻度，混匀。取2支试管，标空白管和测定管。空白管中加入蒸馏水3.0ml，测定管中加测定液3.0ml，两管分别加定磷试剂3.0ml，如前法进行定磷比色测定。以空白管调零点，于660nm处测样品吸光度，并从标准曲线中查出磷的微克数，再乘以稀释倍数即得每毫升样品中的无机磷含量。

4. 推导与计算 根据推导出的公式计算样品中核酸的含量。

（五）“三废”处理

所用试剂基本都是无毒的，可用大量水冲入下水道。

（六）拓展训练

如何消除硫酸中可能含有的无机磷对实验结果的影响？

方法二 定 糖 法

预习要求

1. 认真阅读本项目的“安全提示”，实验开始前再复习1遍。
2. 阅读本方法的全部内容和本书第2章的相关内容。
3. 根据本方法的内容，画出操作流程图。
4. 查阅资料，了解定糖法的反应过程。

（一）项目任务

1. 掌握定糖法测定核酸含量的方法。
2. 理解定糖法测定核酸含量的原理。

（二）项目原理

核酸中的戊糖在浓硫酸或浓盐酸的作用下可脱水生成醛类化合物，醛类化合物与某些呈色剂发生缩合反应生成有色化合物，可用分光光度计测定溶液的吸光度。在一定浓度范围内，该溶液的吸光度与核酸的含量成正比。

DNA在酸性溶液中加热降解，其分子中连接嘌呤碱与脱氧核糖的糖苷键亦断裂，产生的2-脱氧核糖进一步脱水生成ω-羟基-γ-酮基戊醛。ω-羟基-γ-酮基戊醛与二苯胺试剂一起加热生成蓝色化合物，在595nm波长处有最大吸收，且在40～400μg/ml范围内，吸光度与DNA的浓度成正比。可利用标准曲线求出样液中DNA的微克数，按下式计算DNA的质量分数：

$$\text{DNA的质量分数}=\frac{\text{样液中测得的DNA的量}}{\text{样液中的样品量}}\times 100\%$$

式中，样液中的样品量和测得的DNA的量，单位皆为μg。

在二苯胺试剂中加入少量乙醛，可以提高反应灵敏度。除DNA的2-脱氧核糖外，脱氧木糖、阿拉伯糖也有同样反应。其他多数糖类，包括核糖在内，一般无此反应。

RNA与浓盐酸共热时发生降解，产生的核糖可转变成糠醛，后者在Fe^{3+}或Cu^{2+}催化下，与3, 5-二羟基甲苯（又称苔黑酚、地衣酚）反应，生成绿色复合物。该产物在670nm波长处有最大吸收。在20～250μg/ml范围内，吸光度与RNA浓度成正比。可通过制作的标准曲线求出样液中RNA的微克数，按下式计算RNA的质量分数：

$$\text{RNA的质量分数}=\frac{\text{样液中测得的RNA的量}}{\text{样液中的样品量}}\times 100\%$$

式中，样液中的样品量和测得的RNA的量，单位皆为μg。

苔黑酚法只能测定RNA中与嘌呤连接的核糖，且凡戊糖均有此反应，DNA和其他杂质也能与苔黑酚试剂反应产生类似颜色，所以该法误差大、特异性差。最好用与被测样品相同来源的纯化RNA制作标准曲线，测定RNA时也可先测得DNA含量再计算RNA含量。

（三）项目材料

1. 器材 试管16支；移液管7支（2ml 5支，5ml 2支）；恒温水浴锅；722型分光光度计等。

2. 试剂

（1）DNA标准溶液（须经定磷法确定其纯度） 取小牛胸腺DNA钠盐以5mmol/L氢氧化钠溶液配成200μg/ml的溶液。

（2）DNA样品溶液 准确称取DNA干燥制品以0.1mol/L氢氧化钠溶液配成200μg/ml的溶液。

（3）二苯胺试剂 称取1g重结晶二苯胺，溶于100ml分析纯的冰醋酸中，再加入10ml高氯酸（60%以上），混匀即为A液，储于棕色瓶中待用；B液为1.6%的乙醛液，临用前配制。

临用时将A液20ml与B液0.1ml混合即得。

（4）RNA标准溶液 称取10mg RNA（须先经定磷法确定其纯度）用少量水溶解（若不溶可用2mmol/L氢氧化钠溶液调至pH7.0），定容至100ml，配成100μg/ml的溶液。

（5）RNA样品溶液 配成每毫升溶液含RNA干燥制品50～100μg。

（6）苔黑酚试剂 先取0.1g三氯化铁（$FeCl_3 \cdot 6H_2O$）加入100ml浓盐酸，配成0.1%三氯化铁的浓盐酸溶液。临用前以此溶液作为溶剂，加入0.1g苔黑酚，配成0.1%苔黑酚溶液。

安全提示

1. 高氯酸易燃易爆，具有强腐蚀性和强刺激性，可致人体灼伤，配制时须穿防护服和戴防护手套，密闭操作、局部排风。若接触皮肤，须立即用大量清水冲洗15分钟，并就医；若不慎吸入，须迅速离开现场至空气新鲜处，必要时吸氧。如呼吸困难，应立即就医。

2. 乙醛易燃，具刺激性和致敏性，配制时须穿防静电工作服，戴橡胶手套，密闭操作，全面排风。若接触皮肤，须立即用肥皂水和清水彻底冲洗；若不慎吸入，须迅速离开现场至空气新鲜处，必要时吸氧。如呼吸困难，应立即就医。

3. 浓盐酸、NaOH溶液均有腐蚀性，操作时避免接触皮肤和眼睛。如有意外发生，立刻用大量清水冲洗或就医。

4. 3, 5-二羟基甲苯、三氯化铁等是有害化学品，对呼吸道、眼睛和皮肤有刺激性。在配制该试剂时必须佩戴安全眼镜和手套，在通风橱内操作。

（四）项目实践

1. DNA的含量测定 取干燥试管8支，编号为0～7，按下表所示加入试剂。加完后立即混匀，于60℃恒温水浴中保温1h。冷却后以0号管作对照，于595nm波长处比色测定。

项目	试管号							
	0	1	2	3	4	5	6	7
加入DNA标准溶液（ml）	0	0.4	0.8	1.2	1.6	2.0	0.0	0.0
加入DNA样品溶液（ml）	0.0	0.0	0.0	0.0	0.0	0.0	2.0	2.0
加入蒸馏水（ml）	2.0	1.6	1.2	0.8	0.4	0.0	0.0	0.0
加入二苯胺试剂（ml）	4.0	4.0	4.0	4.0	4.0	4.0	4.0	4.0
A_{595}								

根据测定数据，以DNA含量（单位为μg）为横坐标，以0～5号试管的A_{595}为纵坐标，绘制出标准曲线。根据6号管和7号管测得的吸光度，从标准曲线上查出相应的DNA含量，计算DNA样品溶液的百分含量。

2. RNA的含量测定　取干燥试管8支，编号为0～7，按下表所示加入试剂。加完后立即混匀，于沸水浴中加热25分钟，取出置自来水中冷却。以0号管作对照，于670nm波长处比色测定。

项目	试管号							
	0	1	2	3	4	5	6	7
加入RNA标准溶液（ml）	0	0.4	0.8	1.2	1.6	2.0	0.0	0.0
加入RNA样品溶液（ml）	0.0	0.0	0.0	0.0	0.0	0.0	2.0	2.0
加入蒸馏水（ml）	2.0	1.6	1.2	0.8	0.4	0.0	0.0	0.0
加入苔黑酚试剂（ml）	3.0	3.0	3.0	3.0	3.0	3.0	3.0	3.0
A_{670}								

根据测定数据，以RNA含量（μg）为横坐标，以0～5号试管的A_{670}值为纵坐标，绘制出标准曲线。根据6号管和7号管测得的吸光度，从标准曲线上查出相应的RNA含量，计算RNA样品溶液的百分含量。

（五）“三废”处理

废液倒入废液瓶中，统一处理。

（六）拓展训练

蛋白质对DNA和RNA测定都有干扰。若样品中蛋白质含量高，请设计简单方法将其除去。

方法三　紫外分光光度法

预习要求

1. 认真阅读本项目的“安全提示”，实验开始前再复习1遍。
2. 阅读本方法的全部内容和本书第2章的相关内容。
3. 根据本方法的内容，画出操作流程图。

（一）项目任务

1. 掌握紫外分光光度法测定核酸含量的基本原理和操作方法。
2. 学会使用离心机。

（二）项目原理

核酸中的嘌呤环和嘧啶环具有共轭双键，故DNA和RNA都有吸收紫外线的性质，吸收高峰在260nm波长处。在此波长下，浓度为1μg/ml的RNA溶液的吸光度为0.024，而相同浓度的DNA溶液的吸光度为0.020。当待测的核酸样品中含有核苷酸类杂质时，需要加入钼酸铵-高氯酸试剂处理，先沉淀除去大分子核酸，然后测定上清液在260nm处的吸光度（A_2），再从未加沉淀剂时测得的样品液在260nm处的吸光度（A_1）中扣除。样品核酸的含量计算式如下：

$$\text{DNA（或RNA）的质量分数}=\frac{\dfrac{A_1-A_2}{0.020(\text{或}0.024)}}{\text{样品浓度}}\times 100\%$$

式中，样品浓度单位为μg/ml。

蛋白质也能吸收紫外线，通常吸收峰在280nm处，在260nm处的吸光度值仅为核酸的十分之一或更低，故核酸样品中蛋白质含量较低时对核酸的紫外分光光度法测定影响不大。RNA在260nm与280nm处的吸光度比值在2.0以上，DNA的比值在1.9左右，当样品中蛋白质含量高时比值即下降。

（三）项目材料

1. 器材 分析天平；烧杯；玻璃棒；试管；移液管5支（2ml 3支，0.5ml 2支）；容量瓶3个（50ml）；751型紫外分光光度计；离心管2支；离心机等。

2. 试剂

（1）钼酸铵-高氯酸试剂（沉淀剂） 取3.6ml 70%高氯酸和0.25g钼酸铵溶于蒸馏水中，定溶至100ml。

（2）5%～6%的氨水 用25%～30%的氨水稀释5倍。

（3）样品 RNA或DNA干粉。

安全提示

1. 高氯酸易燃易爆，具有强腐蚀性和强刺激性，可致人体灼伤，操作时务必注意安全。

2. 浓氨水有腐蚀性，操作时要注意安全。如不慎接触皮肤和眼睛，立刻用大量清水冲洗或就医。

3. 离心之前必须做好离心管的平衡，并严格按离心机操作规程执行，否则易损坏离心机部件，甚至造成严重安全事故。

（四）项目实践

1. 样品溶液配制 用分析天平准确称取待测的核酸样品500mg，加少量蒸馏水调成糊状，再加入少量蒸馏水稀释，然后用5%～6%氨水调至pH 7.0，再定容至50ml。

2. 样品检测 取2支离心管，向第一支离心管内加入2ml样品溶液和2ml蒸馏水，向第二支离心管内加入2ml样品溶液和2ml钼酸铵-高氯酸试剂。分别摇匀，在冰浴中放置30分钟，3000r/min离心5分钟。从第一、第二支离心管中各取0.5ml上清液，分别用蒸馏水稀释，定容至50ml，选用光程为1cm的石英比色皿于260nm处测定其吸光度，记为A_1和A_2。根据公式计算核酸样品的DNA（或RNA）含量。

（五）“三废”处理

实验的废液中含有有毒的高氯酸，需倒入废液缸集中处理。

（六）拓展训练

利用紫外分光光度计，设计简单实验，判断样品中的蛋白质对核酸的含量测定影响的大小。

链接 离心机的使用方法和注意事项

离心机是利用高速旋转产生的离心力，来促进液相非均匀体系中的液-固或液-液分离的设备。离心机的种类很多，根据液-固分离的原理不同，可分为过滤式离心机和沉降式离心机。现介绍生物化学实验常用的台式电动离心机（沉降式）的使用方法和注意事项。

（一）使用方法

1. 将样液转移到离心管内，装样量不超过离心管的最大刻度（如未标刻度，一般装样量不超过离心管高度的3/4），以免溢出。

2. 在天平的两个托盘内各放一只干净的烧杯，调节游码使天平两边平衡。将2支离心管分别放在两个烧杯中，用滴管均匀离心管中的样液，使天平平衡。

3. 将平衡好的离心管，按对称位置放到离心机中，盖严离心机盖。

操作视频

4. 旋转定时旋钮设定离心时间，旋转调速旋钮设定离心转速。

5. 接通电源，打开电源开关，转子开始旋转；设定时间到，离心结束。

6. 电机停止旋转后，先将调速旋钮拨到“0”，然后关闭电源开关，取下电源插头。

7. 打开离心机上盖，取出离心管。

（二）注意事项

1. 离心过程中，若听到破裂声，应立即停止离心。如果离心管破碎，须将残管和碎渣置于利器盒中，更换离心管后，按上述使用方法重新操作；若离心管未破碎，也需要重新平衡后再离心。

2. 离心机在运转时，不允许打开上盖，更不允许在转子未停止旋转时用手撇卡转盘。离心结束后，先切断电源，再取出离心管。

3. 应避免连续长时间使用离心机。一般台式小离心机使用40分钟后停机10分钟。

4. 含有腐蚀性试剂的液相体系在离心时如出现渗漏，必须及时擦掉漏出的液体。

5. 若需低速运转，应将调速旋钮拨至高速（如4000r/min），待电机高速启动后，再慢慢降到1000r/min以下运转。

6. 为确保安全用电，要求供电电源用三芯安全插座引出，其接地端必须可靠接地。

（付风洋）

项目3 糖的定量测定

预习要求

1. 认真阅读本项目的“安全提示”，实验开始前再复习1遍。
2. 复习本书第4章相关内容，熟悉糖的性质及常用的含量测定方法。
3. 查阅资料，了解、比较糖类定量测定不同的方法的优缺点。
4. 思考总糖含量计算时为何要乘以0.9？

（一）项目任务

1. 掌握3, 5-二硝基水杨酸法定量测定糖的比色测定方法。
2. 学会还原糖和总糖的提取制备。
3. 理解3, 5-二硝基水杨酸法定量测定糖的原理。

（二）项目原理

还原糖是指含有自由醛基或酮基的糖类。常见的单糖几乎都是还原糖；二糖中乳糖、麦芽糖是还原糖，但蔗糖不是还原糖；多糖都不是还原糖。

还原糖的测定是糖定量测定的基本方法。还原糖的测定方法很多，包括3, 5-二硝基水杨酸法、费林试剂法、高锰酸钾滴定法等，本项目选用3, 5-二硝基水杨酸法（DNS法）。

在碱性的条件下，还原糖与3, 5-二硝基水杨酸共热，3, 5-二硝基水杨酸被还原为棕红色的3-氨基-5-硝基水杨酸，还原糖的量与棕红色物质颜色深浅的程度呈一定的比例关系。在540nm波长下测定棕红色物质的吸光度，查对标准曲线并计算，便可分别得出样品中还原糖和总糖的含量。

（三）项目材料

1. 器材 分析天平；电炉；恒温水浴锅；722型分光光度计；容量瓶3个（100ml）；漏斗；研钵；量筒2个（50ml）；锥形瓶2个（100ml）；移液管6支（1ml 2支，2ml 3支，10ml 1支）；试管12支等。

2. 试剂

（1）3，5-二硝基水杨酸试剂　溶解6.9g结晶酚于15.2ml 10%氢氧化钠溶液中，并用水稀释至69ml，在此溶液中加6.9g亚硫酸氢钠，即得甲液；称取255g酒石酸钾钠加入300ml 10%氢氧化钠溶液中，再加入880ml 1% 3, 5-二硝基水杨酸溶液，即得乙液。

将甲乙两种溶液混合即得黄色试剂，贮于棕色瓶中备用，室温放置7～10天以后使用。

（2）1.0g/L葡萄糖标准液　准确称取0.1g预先在105℃干燥至恒重的无水葡萄糖（分析纯），用少量蒸馏水溶解后，定量转移到100ml容量瓶中，再定容到刻度，终浓度为1mg/ml。

（3）其他试剂　20%氢氧化钠溶液；6mol/L盐酸；酚酞指示剂；面粉。

安全提示：

1. 盐酸、氢氧化钠溶液、结晶酚均有腐蚀性，操作时避免接触皮肤和眼睛，如有意外发生或感到不适，立刻用大量清水冲洗或就医。

2. 亚硫酸氢钠接触酸或酸气能产生有毒气体，受高热分解放出有毒的气体，具有腐蚀性，操作时应注意避免以上条件。

（四）项目实践

1. 葡萄糖标准曲线的制定　取7支试管，按下表操作。

项目	试管号						
	0	1	2	3	4	5	6
加入1.0g/L葡萄糖标准液（ml）	0	0.2	0.4	0.6	0.8	1.0	1.2
加入3，5-二硝基水杨酸试剂（ml）	1.5	1.5	1.5	1.5	1.5	1.5	1.5
	沸水浴5分钟后，冷水冷却至室温						
加入蒸馏水（ml）	2.0	1.8	1.6	1.4	1.2	1.0	0.8
A_{540}							

以0号试管作为空白对照，于540nm波长处测吸光度（A_{540}）。以葡萄糖含量（mg/ml）为横坐标，A_{540}为纵坐标，绘制标准曲线。

2. 样品还原糖和总糖含量的测定

（1）还原糖的提取　准确称取3g面粉，置于100ml锥形瓶中，先以少量蒸馏水调成糊状，然后加50ml蒸馏水搅匀，置于50℃恒温水浴中保温20分钟，使还原糖浸出。过滤，滤液用蒸馏水定容至100ml，摇匀，即为还原糖提取液。

（2）总糖的水解和提取　准确称取1g面粉，置于100ml锥形瓶中，加入10ml 6mol/L盐酸及15ml蒸馏水，置于水浴中加热水解30分钟。待锥形瓶中水解液冷却后，加入1滴酚酞指示剂，以20%氢氧化钠溶液中和至微红色。过滤，再用少量蒸馏水冲洗锥形瓶，将滤液全部收集在100ml容量瓶中，用蒸馏水定容至刻度，摇匀，此为总糖提取液。精确吸取定容后的总糖提取液10ml，移入另一100ml的容量瓶中，以水稀释定容，摇匀，即为总糖待测液。

（3）显色和比色　取5支试管，按下表操作，于540nm波长处测吸光度，由标准曲线查算还原糖与总糖的含量。注意换算成提取液的糖含量时，要考虑稀释倍数。

项目	空白管	还原糖测定管		总糖测定管	
		1	2	1′	2′
加入还原糖提取液（ml）	0	1.0	1.0	0	0
加入总糖待测液（ml）	0	0	0	1.0	1.0
加入3，5-二硝基水杨酸试剂（ml）	1.5	1.5	1.5	1.5	1.5
	沸水浴5分钟后，冷水冷却至室温				
加入蒸馏水（ml）	2.0	1.0	1.0	1.0	1.0
A_{540}					

3. 结果处理 按照下列公式分别计算样品中还原糖和总糖的质量分数。

$$\omega(\text{还原糖})=\frac{C_1V_1}{m}\times100\%$$

$$\omega(\text{总糖})=\frac{C_2V_2}{m}\times0.9\times100\%$$

ω：糖的质量分数；

C_1：还原糖提取液中还原糖的质量浓度（单位为mg/ml）；

C_2：总糖提取液中总糖的质量浓度（单位为mg/ml）；

V_1：还原糖提取液的体积（单位为ml）；

V_2：总糖提取液的体积（单位为ml）；

m：样品质量（单位为mg）。

（五）“三废”处理

本实验产生的废液倒入废液桶内，集中处理。

（六）拓展训练

随着生活水平的提高，紫薯越来越常见，成为人们餐桌上的一道健康美食。而紫薯含有丰富的膳食纤维、淀粉及多种微量元素，不但能提供能量，还可抗氧化、抗肿瘤、增强机体免疫功能。请设计实验测定紫薯中的多糖含量。

（虞菊萍）

项目4 血清总胆固醇及甘油三酯的定量测定

预习要求

1. 认真阅读本项目的“安全提示”，实验之前再复习1遍。
2. 复习本书第5章和第9章相关内容，熟悉胆固醇和甘油三酯的代谢特点及高脂血症的危害。
3. 阅读本项目的全部内容，画出操作流程图。
4. 查阅资料，了解、比较各种血清总胆固醇及甘油三酯的定量测定方法的优缺点。

（一）项目任务

1. 掌握血清总胆固醇及甘油三酯的测定方法。

2. 理解酶法测定血清总胆固醇及甘油三酯的原理。

（二）项目原理

1. 血清中总胆固醇（TC）的含量测定（CHOD-PAP法） 血清中总胆固醇包括胆固醇酯（CE）和游离型胆固醇（FC），酯型占70%，游离型占30%。胆固醇酯酶（CEH）先将胆固醇酯水解为胆固醇和游离脂肪酸（FFA），胆固醇在胆固醇氧化酶（CHOD）的作用下氧化生成Δ^4-胆甾烯酮和H_2O_2。H_2O_2经过氧化物酶（POD）催化与4-氨基安替比林（4-AAP）和酚（三者合称PAP）反应，生成红色的醌亚胺色素（Trinder反应），其颜色深浅与胆固醇的含量成正比。在500nm波长处测定吸光度，与标准管比较可计算出血清胆固醇的含量。反应式如下。

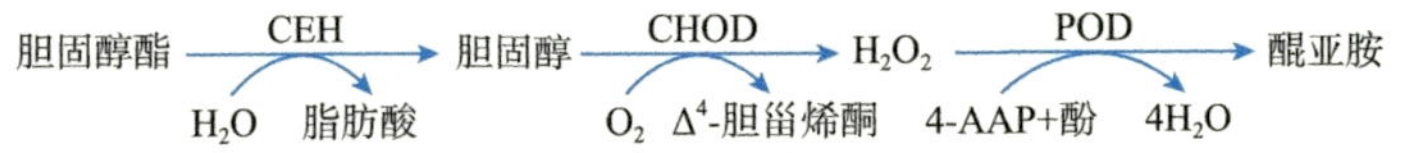

2. 血清甘油三酯（TG）的含量测定（GPO-PAP法） 血清中的甘油三酯在脂蛋白酯酶（LPL）的作用下，可水解为甘油和游离脂肪酸（FFA）。甘油在ATP和甘油激酶（GK）的作用下生成*α*-磷酸甘油。*α*-磷酸甘油在甘油磷酸氧化酶（GPO）的催化下，与O_2、H_2O反应，生成磷酸二羟丙酮和H_2O_2。H_2O_2经过氧化物酶催化与4-氨基安替比林和4-氯酚反应，生成红色的醌亚胺色素，颜色深浅与甘油三酯的含量成正比。在500nm波长处测定吸光度，与标准管比较可计算出血清甘油三酯的含量。反应式如下。

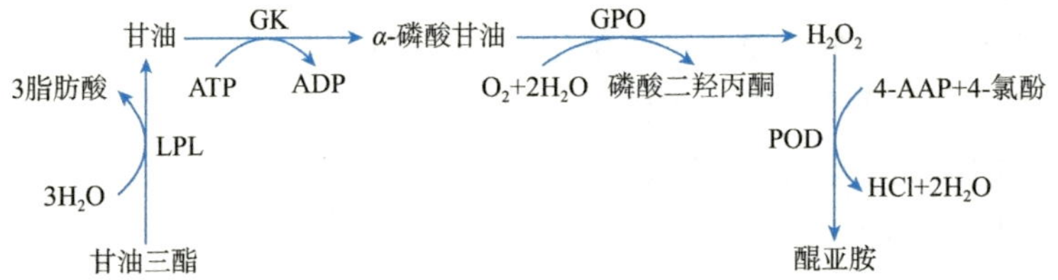

（三）项目材料

1. 器材 试管6支；微量移液器；移液管2支（5ml）；吸耳球；恒温水浴箱；分光光度计（比色皿光径1cm）等。

2. 样品 新鲜无溶血的血清（2～8℃可稳定7天，-20～-15℃可保存1个月，忌反复冻融）。

3. 试剂

（1）市售胆固醇测定试剂盒（干粉型）的组成见下表。

试剂盒	试剂名称	浓度
试剂1（R_1）冻干粉	胆固醇酯酶	≥1140U/L
	胆固醇氧化酶	≥800U/L
	过氧化物酶	≥6000U/L
试剂2（R_2）液体	苯酚	3.5mmol/L
	4-氨基安替比林	0.5mmol/L
标准品液体（胆固醇）	牛血清基质	5.17mmol/L

注：胆固醇标准品浓度每批次略有不同，具体参见试剂盒的说明。

（2）市售甘油三酯测定试剂盒（干粉型）的组成见下表。

试剂盒	试剂名称	浓度
试剂1（R_1）液体	4-氯酚	3.5mmol/L
	Tris缓冲液（pH7.6）	150mmol/L
	亚铁氰化钾	6μmol/L
试剂2（R_2）冻干粉	脂蛋白脂肪酶	≥3000U/L
	甘油激酶	≥200U/L
	磷酸甘油氧化酶	≥2500U/L
	过氧化物酶	≥150U/L
	4-氨基安替比林	0.35mmol/L
	ATP	≥0.15mmol/L
标准品液体（甘油三酯）	水溶性基质	1.6mmol/L

注：甘油三酯标准品浓度每批次略有不同，具体参见试剂盒的说明。

安全提示

1. 不可直接接触血清样品，防止疾病传播。

2. 分光光度计在使用之前必须预热，并进行参数设置，但其中的数学公式不可随意改动。严格按照分光光度计的操作规程进行操作，否则会影响其准确度，甚至造成安全事故。

（四）项目实践

1. 工作液的准备

（1）测定胆固醇的工作液准备　取一定量的R_2（参看R_1瓶签）加入1瓶R_1中，溶解即为工作液。标准品放置室温融化，混匀后使用。

（2）测定甘油三酯的工作液准备　取一定量的R_1（参看R_2瓶签）加入1瓶R_2中，溶解即为工作液。标准品开瓶即可使用。

2. 血清总胆固醇（TC）测定

（1）取试管3支，编号，按下表操作。

项目	测定管（ml）	标准管（ml）	空白管（ml）
加入样品液	0.04	–	–
加入胆固醇标准液	–	0.04	–
加入纯化水	–	–	0.04
加入工作液	4.00	4.00	4.00

（2）上述3支试管分别混匀，37℃保温10分钟。

（3）预热分光光度计，然后进行参数设置，调节波长500nm。装载工作液，以空白管校零。加载样品和标准品进行测定，读取数据并记录。注意：比色皿毛面的液体可以用滤纸吸附，光滑面的液体要用擦镜纸由上而下轻轻擦拭干净；比色皿的装液量达到2/3～4/5，不可过少。

（4）按下式计算血清总胆固醇含量。

$$血清总胆固醇含量=A_{测定}/A_{标准}\times 5.17（正常参考范围3.10\sim 5.70mmol/L）$$

3. 血清甘油三酯（TG）测定

（1）取试管3支，编号，按下表操作。

加入物	测定管（ml）	标准管（ml）	空白管（ml）
样品液	0.04	–	–
甘油三酯标准液	–	0.04	–
纯化水	–	–	0.04
工作液	4.00	4.00	4.00

（2）上述3支试管分别混匀，37℃保温10分钟。

（3）预热分光光度计后，进行参数设置，调节波长500nm。装载工作液，以空白管校零。加载样品和标准品进行测定，读取数据并记录。

（4）按下式计算血清甘油三酯含量。

血清甘油三酯含量 = $A_{测定}/A_{标准}\times1.6$（正常参考范围0.56～1.70mmol/L）

（五）“三废”处理

本项目所产生的废液应集中处理，不可直接倒入下水道。

（六）拓展训练

血脂四项检测中，还包括LDL-C和HDL-C的检测，使用同样的血清样品，请选用合适的试剂盒，查询并设计检测方法对其进行检测。

链接 血脂检测四项指标

1. 总胆固醇（TC） 增高常见于动脉粥样硬化、原发性高血脂、糖尿病、肾病综合征、胆总管阻塞、甲状腺功能减退等；降低常见于低脂蛋白血症、贫血、败血症、甲状腺功能亢进、肝疾病、严重感染、营养不良、肠道吸收不良和药物治疗过程中的溶血性黄疸及慢性消耗性疾病（如癌症晚期）等。

2. 甘油三酯（TG） 病理性增高见于原发性高脂血症、动脉粥样硬化、糖尿病、肾病综合征、糖原沉积病、脂肪肝等；病理性降低见于原发性β-脂蛋白缺乏症、甲状腺功能亢进、肾上腺皮质功能降低和严重肝功能低下等。

3. 低密度脂蛋白胆固醇（LDL-C） 是动脉粥样硬化发生和发展的主要危险因素。

4. 高密度脂蛋白胆固醇（HDL-C） 是一种抗动脉粥样硬化的脂蛋白，血浆中HDL-C水平与患心血管病的风险呈负相关。

（程红娜）

项目5 血清谷丙转氨酶活力测定

预习要求

1. 认真阅读本项目的“安全提示”，实验之前再复习一遍。
2. 复习本书第10章相关内容，阅读本项目的全部内容，画出操作流程图。
3. 查阅资料，了解并比较赖氏法和酶法的优缺点，了解不同的氨基转移酶对肝病诊断的价值。

（一）项目任务

操作视频

1. 掌握血清谷丙转氨酶活力测定的方法。
2. 理解血清谷丙转氨酶活力测定的原理。

（二）项目原理

血清中的谷丙转氨酶（GPT）在37℃、pH7.4的条件下，可催化底物液中的*L*-丙氨酸和*α*-酮戊二酸生成*L*-谷氨酸和丙酮酸。

$$L\text{-丙氨酸}+\alpha\text{-酮戊二酸} \xrightarrow{GPT} \text{丙酮酸}+L\text{-谷氨酸}$$

在反应30分钟后，加入2, 4-二硝基苯肼-盐酸溶液终止反应。生成的丙酮酸与2, 4-二硝基苯肼反应生成丙酮酸-2, 4-二硝基苯腙，进而在碱性条件下生成红棕色的苯腙硝醌化合物。反应液颜色的深浅在一定范围内与丙酮酸的生成量成正比，即与GPT活性的高低成正比，故可用比色法进行测定。与相同处理的丙酮酸标准液进行比色，即可计算出血清中GPT的活性。

（三）项目材料

1. 器材 紫外分光光度计；恒温水浴箱；试管7支；移液管6支（0.1ml 2支，0.5ml 3支，5ml1支）等。

2. 试剂

（1）1mol/L氢氧化钠溶液 准确称量40.0g氢氧化钠溶解于适量水中，并加水至1000ml，室温下可长期稳定。

（2）0.4mol/L氢氧化钠溶液 准确称量16.0g氢氧化钠溶解于适量水中，并加水至1000ml，室温下可长期稳定。

（3）0.05mol/L硫酸溶液 准确量取98%浓硫酸2.72ml加入适量水中，并加水至1000ml，室温下可长期稳定。

（4）1mol/L盐酸溶液 准确量取37%浓盐酸83.68ml加入适量水中，并加水至1000ml，室温下可长期稳定。

（5）0.1mol/L磷酸氢二钠溶液 准确称量17.80g二水合磷酸氢二钠溶解于适量水中，并加水至1000ml，4℃保存。

（6）0.1mol/L磷酸二氢钾溶液 准确称量13.61g磷酸二氢钾溶解于适量水中，并加水至1000ml，4℃保存。

（7）0.1mol/L磷酸盐溶液 准确量取420ml 0.1mol/L磷酸氢二钠溶液与80ml 0.1mol/L磷酸二氢钾溶液混匀，加入氯仿数滴，置4℃保存。

（8）底物缓冲液（*L*-丙氨酸200mmol/L、*α*-酮戊二酸2mmol/L） 准确称取1.78g *L*-丙氨酸和29.22mg *α*-酮戊二酸先溶于约50ml 0.1mol/L磷酸盐溶液中，用1mol/L氢氧化钠溶液（约0.5ml）调节至pH 7.4，再加入磷酸盐溶液至100ml，置4℃保存，可保存1个月。

（9）1.0 mmol/L 2，4-二硝基苯肼溶液 准确称取19.82mg 2，4-二硝基苯肼，溶于1mol/L盐酸溶液中，完全溶解后，加蒸馏水至100ml，置于棕色玻璃瓶内室温保存，若有结晶析出，应重新配制。

（10）2mmol/L丙酮酸标准液 准确称取22.01mg丙酮酸钠溶解于适量0.05mol/L硫酸溶液中，完全溶解后，加入0.05mol/L硫酸溶液至1000ml。

（11）人血清原液。

安全提示：

1. 任何标本都要被视为传染品，操作时加强自身防护。
2. 避免试剂直接接触皮肤和眼睛，切勿吞咽。
3. 浓硫酸有强腐蚀性和高反应活性，配制时戴耐酸手套、防护眼镜和面罩，在通风良好的地方操作，将浓硫酸缓慢加入水中，并用玻璃棒不断搅拌。

（四）项目实践

1. 标准曲线绘制 按照下表对试管进行编号并依次加入相应试剂，各管加入2，4-二硝基苯肼溶液0.5ml并混匀后，置37℃温育20分钟，最后加入0.4mol/L氢氧化钠溶液5ml，室温静置。

项目	试管号				
	0	1	2	3	4
0.1 mol/L磷酸盐溶液（ml）	0.1	0.1	0.1	0.1	0.1
2 mmol/L丙酮酸标准液（ml）	0	0.05	0.1	0.15	0.20
底物缓冲液（ml）	0.50	0.45	0.40	0.35	0.30
1.0 mmol/L 2，4-二硝基苯肼溶液（ml）	0.5	0.5	0.5	0.5	0.5
混匀，37℃温育20分钟					
0.4 mol/L氢氧化钠溶液（ml）	5.0	5.0	5.0	5.0	5.0
相当于酶活性浓度（卡门氏酶活性单位）	0	28	57	97	150

室温静置5分钟后，用分光光度计在波长505nm处以蒸馏水调零点，读取各管吸光度，用各管吸光度减去“0”号管吸光度所得差值，与对应的卡门氏酶活性单位绘制标准曲线。

2. 标本测定 测定前取适量的底物溶液及待测血清在37℃温育5分钟后使用，按照下表往试管中依次加入相应试剂。

项目	对照管	测定管
待测血清（ml）	0.1	0.1
底物缓冲液（ml）	–	0.5
混匀，37℃温育20分钟		
1.0 mmol/L 2，4-二硝基苯肼溶液（ml）	0.5	0.5
底物缓冲液（ml）	0.5	–
混匀，37℃温育20分钟		
0.4 mol/L氢氧化钠溶液（ml）	5.0	5.0

室温静置5分钟后，用分光光度计在波长505nm处以蒸馏水调零点，读取各管吸光度，测定管吸光度减去对照管吸光度后，从标准曲线查得GPT活力单位。

3. 注意事项

（1）赖氏比色测定法在底物α-酮戊二酸浓度和2, 4-二硝基苯肼浓度不足时，反应产物丙酮酸的量与GPT活性不再成正比，因此标准曲线不能再延长至200卡门氏单位，当血清标本酶活力超过150卡门氏单位时，应将血清用生理盐水稀释5倍或10倍后再进行测定。

（2）血清中GPT在室温（25℃）可以保存2天，在4℃冰箱可保存1周，在–20℃以下可保存1个月。

（3）底物中的α-酮戊二酸和2, 4-二硝基苯肼均为显色物质，称量必须很准确。每批试剂的空白管吸光度上下波动范围不应超过0.015，如超过此范围，应检查试剂及仪器方面问题。

（4）各试管加入待测血清后，试管架应置37℃水浴中操作，以一定的时间间隔向各试管中加入底物缓冲液，边加边混匀。以加入第一管开始计时，准确反应20分钟后，立即依相同的时间间隔，依次向各管加入2, 4-二硝基苯肼并即刻充分混合，使反应完全，这样才能保证GPT测定的准确性。

（5）最后加入氢氧化钠溶液也要保持一定的时间间隔，否则不同的加入速度会导致吸光度读数的差异。

（五）“三废”处理

1. 实验所用的标本不能随便丢弃，要注意消毒。

2. 实验所用的废液要倒入指定废液缸里，不可随意倒入下水道。

（六）拓展训练

使用血清和血浆标本来测定氨基转移酶时，结果有何不同？为什么？

链接　GPT与肝功能

GPT是体内活力最强的氨基转移酶之一，参与体内许多氨基酸的代谢，具有重要的生理作用。GPT广泛分布在人体的各组织器官内，分布次序为：肝＞肾＞心＞肌肉，在肝脏中活性最高。正常时GPT主要存在于胞质溶胶内，只有少量在线粒体中，血清中的活性很低。当组织细胞受损时，细胞内的酶可释放入血，使血清中酶的活力增高。由于GPT在肝细胞内浓度高于血清1000～3000倍，所以只要有1%肝细胞坏死，就能使血清GPT增高1倍，故GPT是反映肝功能损害最敏感的检测指标。

（洪宏海）

项目6　血清蛋白醋酸纤维素薄膜电泳

预习要求

1. 认真阅读本项目的“安全提示”，实验开始前再复习1遍。

2. 阅读本项目的全部内容和本书第1章第4节的相关内容。

3. 查阅资料，了解蛋白质电泳的不同方法和各自的优缺点。

4. 思考电泳时，醋酸纤维素薄膜点样端应置于正极还是负极，为什么？通过血清醋酸纤维素薄膜电泳可将血清蛋白依次分为哪几条区带？

（一）项目任务

1. 学会醋酸纤维素薄膜电泳测定血清蛋白质含量的操作和计算。

2. 理解醋酸纤维素薄膜电泳法分离血清蛋白质的原理。

操作视频

（二）项目原理

带电颗粒在电场中向其电性相反电极移动的现象称为电泳。醋酸纤维素薄膜电泳是以醋酸纤维素薄膜作为支持介质的一项电泳技术。

蛋白质是两性电解质，各种蛋白质的等电点（pI）不同。血清中各种蛋白质的等电点虽不相同，但都在pH 7.5以下，在pH 8.6的缓冲液中均带负电荷，在电场中向正极移动。各种蛋白质由于分子量及带电荷量不同，在电场中的迁移速度不同。分子量小、带电荷量多者，迁移速度较快；分子量大、带电荷量少者，迁移速度较慢。电泳一定时间后，通过染色、漂洗，在醋酸纤维素薄膜上从正极到负极将血清蛋白质分离并依次显示清蛋白、α_1-球蛋白、α_2-球蛋白、β-球蛋白及γ-球蛋白5条区带。这些区带经洗脱后比色，即可计算出各部分蛋白质的相对百分含量。

（三）项目材料

1. 器材　醋酸纤维素薄膜（2cm×8cm）、电泳仪、分光光度计、点样器（盖玻片）、培养皿、粗滤纸、玻璃板（载玻片）、镊子、直尺、剪刀、试管架、吸量管等。

2. 试剂

（1）巴比妥缓冲液（pH 8.6，离子强度0.07） 称取巴比妥钠12.76g、巴比妥1.66g，加蒸馏水约500ml，加热溶解，冷却至室温后，加蒸馏水至1000ml。置4℃冰箱保存备用。

（2）氨基黑染色液 称取氨基黑10B 0.5g，量取甲醇50ml、冰醋酸10ml、蒸馏水40ml，四者混匀，在带塞试剂瓶内储存。

（3）漂洗液 量取95%乙醇45ml、冰醋酸5ml、蒸馏水50ml，混匀，在带塞试剂瓶内储存。

（4）透明液 量取冰醋酸25ml、无水乙醇75ml，混匀，在带塞试剂瓶内储存。

（5）0.4mol/L氢氧化钠溶液 称取氢氧化钠0.8g，定容至50ml。

（6）样品液 人血清原液，要求新鲜、无溶血现象。

安全提示

1. 使用盖玻片点样时，握持不可太过用力，以免捏碎伤手。
2. 氨基黑10B对皮肤和眼睛有刺激，实验时一定要戴手套，最好戴护目镜。如不慎溅入眼内，立即以大量水冲洗。

（四）项目实践

1. 准备 将薄膜切成2cm×8cm的小片，在薄膜无光泽面距一端1.5cm处用铅笔确定点样线，标明点样位置。再用镊子将薄膜无光泽面向下，浸入巴比妥缓冲液中，使膜条自然浸湿下沉，大约10分钟，充分浸透后取出。浸泡过程中安装电泳槽，加入缓冲液，装上滤纸桥（先剪裁尺寸合适的滤纸条，取双层滤纸条附着在电泳槽的支架上，使它的一端与支架的前沿对齐，而另一端浸入电泳槽的缓冲溶液内。用缓冲溶液将滤纸全部润湿并驱除气泡，使滤纸紧贴在支架上，即为滤纸桥）。

2. 点样 取出薄膜，用滤纸将表面的多余缓冲液吸干，无光泽面朝上，平铺在载玻片上。用点样器蘸取血清在点样线点样，待血清吸入薄膜后，移开点样器，这样即在膜条上点上了细条状的血清样品。将点样后的薄膜无光泽面朝下，点样端靠近负极侧，平贴于电泳槽的滤纸桥上，将电泳槽盖好，平衡5分钟。

3. 电泳 接通电源，调节电压为110～120V，电流为0.4～0.6mA/cm，通电50～60分钟，使电泳区带展开约3.5cm后，关闭电源，停止电泳。

4. 染色 将膜条取出，浸入氨基黑染色液中染色5分钟后取出。

5. 漂洗 将膜条浸入漂洗液中，连续漂洗3次，每次漂洗约5分钟，直到背景颜色漂净为止。漂洗后得到五条蛋白质区带，从正极端起，依次为清蛋白、α_1-球蛋白、α_2-球蛋白、β-球蛋白及γ-球蛋白。

6. 定量 将漂净的薄膜用滤纸吸干后，剪下各条蛋白质区带，分别浸入加有0.4mol/L NaOH溶液的长试管中（清蛋白管加溶液4.0ml，其余各管为2.0ml），充分振摇至蓝色完全浸出。用分光光度计比色，在600～620nm波长下，以空白管调零，测定各管吸光度，按下式计算各部分蛋白质所占的百分比（相对百分含量）。

$$\text{清蛋白含量}=\frac{\text{清蛋白管吸光度}\times 2}{T}\times 100\%$$

$$\alpha_1\text{-球蛋白含量}=\frac{\alpha_1\text{-球蛋白管吸光度}}{T}\times 100\%$$

$$\alpha_2\text{-球蛋白含量}=\frac{\alpha_2\text{-球蛋白管吸光度}}{T}\times 100\%$$

$$\beta\text{-球蛋白含量} = \frac{\beta\text{-球蛋白管吸光度}}{T} \times 100\%$$

$$\gamma\text{-球蛋白含量} = \frac{\gamma\text{-球蛋白管吸光度}}{T} \times 100\%$$

式中，T=清蛋白管吸光度$\times 2+\alpha_1$、α_2、β、γ-球蛋白各管吸光度。

（五）“三废”处理

本实验的固废可分类投入垃圾箱。实验时使用的染色液和漂洗液应倒入废液缸，不要直接倒入下水道，以免造成污染。

（六）拓展训练

现有一份含A、B、C三种蛋白质的混合样品，其pI依次为4.5、10.2、9.2，在pH 8的缓冲溶液中进行醋酸纤维素薄膜电泳分离，请在薄膜上标示出点样位置及电泳结果。

（罗小莉）

项目7　唾液淀粉酶的提取及活性影响因素考察

预习要求

1. 阅读本项目的全部内容和教材第3章第4节的相关内容。
2. 查阅资料，了解考察酶活性影响因素的各种实验方法。
3. 思考温度、pH、激活剂与抑制剂对酶促反应有何影响？在pH对酶促反应的影响中，设计第4管是何目的？试管应与哪管颜色相同？

（一）项目任务

1. 掌握唾液淀粉酶的提取方法。

2. 掌握温度、pH、激活剂与抑制剂对酶促反应影响的实验原理和方法，并能根据实验现象进行分析、推断。

（二）项目原理

唾液淀粉酶可催化淀粉水解，生成分子大小不等的糊精、麦芽糖和少量葡萄糖。不同温度、pH及某些化学因素（如激活剂、抑制剂等）存在条件下，淀粉酶活性会发生改变，表现为对淀粉的水解程度不同，因而遇碘后会呈现不同的颜色。根据反应产物遇碘反应的颜色差异，可判断淀粉的水解程度，从而间接判断酶活性大小，得以了解上述因素对酶活性的影响。

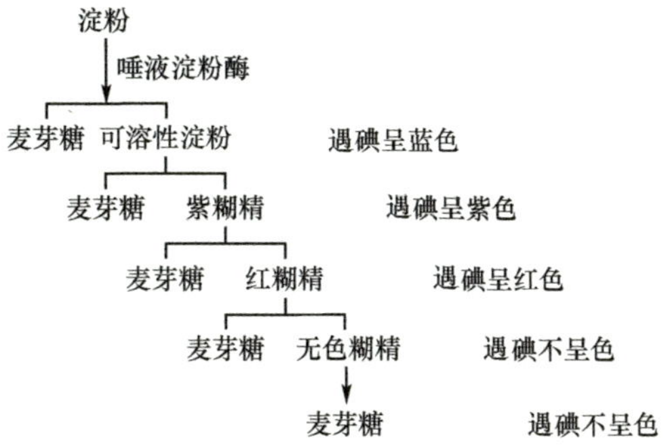

（三）项目材料

1. 器材 恒温水浴箱；沸水浴箱；冰浴箱；白瓷板1块；试管10支；烧杯1个（50ml）；漏斗；棉球；滴管4支；移液管9支（1ml 5支，2ml 1支，5ml 3支）等。

2. 试剂

（1）pH 3.0磷酸缓冲液 取0.2mol/LNa_2HPO_4溶液205ml，0.1mol/L柠檬酸溶液795ml，混合即成。

（2）pH 6.8磷酸缓冲液 取0.2mol/LNa_2HPO_4溶液772ml，0.1mol/L柠檬酸溶液228ml，混合即成。

（3）pH 8.0磷酸缓冲液 取0.2mol/LNa_2HPO_4溶液972ml，0.1mol/L柠檬酸溶液28ml，混合即成。

（4）稀碘溶液 称取I_2 1g，KI 2g，同溶于100ml蒸馏水中，储于棕色瓶。

（5）其他 稀释唾液；1%淀粉溶液；1%NaCl溶液；1%$CuSO_4$溶液；1%Na_2SO_4溶液。

安全提示：

使用沸水浴时注意安全。在配制或使用缓冲液时避免溅在皮肤或眼睛上。如果有试剂溅在皮肤或眼睛上，立刻用大量水冲洗干净。

（四）项目实践

1. 唾液淀粉酶溶液的制备 先用蒸馏水漱口，再含10ml左右蒸馏水，漱动2分钟后吐出，用棉球过滤，滤液收集在烧杯中，即得清澈的唾液淀粉酶原液。根据酶活性高低稀释，即为唾液淀粉酶溶液。

2. 温度对酶活性的影响 取3支试管编号，按下表操作。

项目	试管号		
	1	2	3
加入唾液淀粉酶溶液（ml）	1.0	1.0	1.0
加入pH6.8磷酸缓冲液（ml）	2.0	2.0	2.0
加入不同温度预处理5分钟	冰水浴	37℃	沸水浴
加入1%淀粉溶液（ml）	2.0	2.0	2.0
保温（与预处理温度相同）	10分钟		
加碘液（滴）	2	2	2
记录现象			

根据实验现象分析温度对酶活性的影响。

3. pH对酶促反应的影响 取3支试管编号，按下表操作。

项目	试管号		
	1	2	3
加入pH3.0磷酸缓冲液（ml）	3.0	0	0
加入pH6.8磷酸缓冲液（ml）	0	3.0	0
加入pH8.0磷酸缓冲液（ml）	0	0	3.0
加入1% 淀粉溶液（ml）	1.0	1.0	1.0
预保温	混匀，37℃水浴中保温2分钟		
加入唾液淀粉酶溶液（ml）	1.0	1.0	1.0
检查淀粉水解程度	摇匀，置37℃水浴中继续反应，每隔1分钟从各管中取出1滴反应液加在预先滴好碘液的白瓷板上，检查反应进行情况，直至2号管反应液不再变色，即可停止反应，取出所有试管		
加碘液（滴）	1	1	1
记录现象			

根据实验现象分析pH对酶活性的影响。

4.激活剂与抑制剂对酶促反应的影响 取4支试管编号，按下表操作。

项目	试管号			
	1	2	3	4
加入pH6.8磷酸缓冲液（ml）	1.0	1.0	1.0	1.0
加入1%淀粉溶液（ml）	0.5	0.5	0.5	0.5
加入蒸馏水（ml）	0.5	—	—	—
加入1%NaCl溶液（ml）	—	0.5	—	—
加入1%$CuSO_4$溶液（ml）	—	—	0.5	—
加入1%Na_2SO_4溶液（ml）	—	—	—	0.5
加入唾液淀粉酶溶液（ml）	0.3	0.3	0.3	0.3
保温反应并检查淀粉水解程度	摇匀，37℃水浴反应，每隔1分钟左右分别从各试管取1滴反应液加在预先滴好碘液的白瓷板上，比较水解情况。待2号管的反应液不再变色时，取出所有试管			
加入碘液（滴）	1	1	1	1
记录现象				

分析实验现象，推导出唾液淀粉酶的激活剂和抑制剂。

（五）“三废”处理

本实验的废液可直接倒入下水道，用大量水冲走。

（六）拓展训练

设计唾液淀粉酶的特异性实验。现有稀释唾液、1% 淀粉溶液、pH6.8 缓冲液试剂，还需要哪些试剂？

（李肖晓）

项目8 不同水果中的维生素C的提取及含量比较

预习要求：

1. 阅读本项目的全部内容和本书第6章第3节的相关内容。
2. 查阅资料，了解维生素C不同测定方法的优缺点。
3. 思考：维生素C为什么可使2，6-二氯靛酚被还原？还原的2，6-二氯靛酚颜色有何改变？

（一）项目任务

1. 掌握2，6-二氯靛酚滴定法测定维生素C的原理和方法。
2. 学会从不同水果中提取维生素C。

操作视频

（二）项目原理

维生素C又称为抗坏血酸，是人类营养中最重要的维生素之一。它在自然界中分布广泛，水果和蔬菜中含量更为丰富。但人和灵长类动物自身不能合成维生素C，需要由食物供给，缺乏会导致坏血病。维生素C有很强的还原性。在碱性条件下加热并有氧化剂存在时，维生素C易被氧化破坏。

2，6-二氯靛酚滴定法是确定维生素C含量的常用方法。还原型2，6-二氯靛酚无色；氧化型2，6-二氯靛酚在中性或碱性溶液中呈蓝色，在酸性溶液中呈粉红色。当用蓝色2，6-二氯靛酚滴定含有维生素C的酸性溶液时，如果溶液中维生素C尚未全部被氧化，滴下的2, 6-二氯靛酚立即被其还原成无色；当溶液中的维生素C全部被氧化后，滴下的2, 6-二氯靛酚立即使该酸性溶液呈淡粉红色。所以，当溶液从无色转变为淡粉红色时，表示溶液中的维生素C 刚刚全部被氧化，即为反应终点。从滴定时消耗的2, 6-二氯靛酚的量，可以计算出样品中维生素C含量。

由于维生素C是强还原剂，容易因受热或氧化剂存在而被破坏，因此，取样品时应尽量减少操作时间，并避免与铜、铁等金属接触以防止氧化。

（三）项目材料

1. 器材 新鲜苹果、柑橘、猕猴桃等；移液管7支（1ml 3支，10ml 4支）；锥形瓶8个（100ml）；容量瓶3个（50ml）；微量滴定管1架（2ml）；量筒1个（100ml）；漏斗3个；分析天平；玻璃棒；白纱布；白陶土；台秤1台；组织捣碎机1台等。

2. 试剂

（1）2%草酸溶液　草酸2g，溶于100ml蒸馏水。

（2）标准维生素C溶液　精确称取维生素C 50mg，用1%草酸溶解，并稀释至500ml。储于棕色瓶内，冷藏，最好临用时配制。

（3）0.1% 2, 6-二氯靛酚溶液　精确称取500mg 2, 6-二氯靛酚溶于300ml含有104mg$NaHCO_3$的热水中，冷却后加水稀释至500ml，滤去不溶物，储在棕色瓶内，冷藏（4℃大约可保存1周）。每次临用时，以标准维生素C溶液标定：取5ml标准维生素C溶液，加1%草酸溶液5ml，以2, 6-二氯靛酚滴定使溶液呈淡粉红色，并在15秒内不褪色即为终点。计算2, 6-二氯靛酚溶液的浓度，最后将2, 6-二氯靛酚溶液调节至每1ml相当于0.088mg 维生素C。

（4）其他　辛醇。

安全提示

1. 容量瓶、烧杯等玻璃器材要轻拿轻放，以免破裂。
2. 本实验所用试剂除维生素C外皆对人体有害，请避免吸入溶液和固体。
3. 正确使用组织捣碎机，注意安全。刀片清洗时要特别小心，谨防伤手。

（四）项目实践

1. 样品的提取 苹果、柑橘、猕猴桃皆去皮和核，分别称取可食用部分20.0g，加2% 草酸溶液100ml，置组织捣碎机中打成浆状。称取浆状物5.0g，倒入50ml 容量瓶中以2%草酸溶液稀释至刻度（如浆状物泡沫过多，可加数滴辛醇），静置10分钟，过滤，弃去数毫升初滤液，取续滤液备用（如滤液颜色太深，滴定时不易辨别终点，可先加一勺白陶土，振荡5分钟，使滤液脱色，过滤后备用）。

2. 标准维生素C溶液的滴定 将0.1% 2, 6-二氯靛酚溶液装入微量滴定管中。如装液后微量滴定管中有气泡，必须将气泡排尽，方可滴定。

准确吸取标准维生素C溶液1.0ml（含0.1mg 维生素C）置100ml锥形瓶中，加9ml 1% 草酸溶液，摇匀，用0.1% 2，6-二氯靛酚溶液滴定至呈淡粉红色，并在15秒内不褪色即为终点。由所用2, 6-二氯靛酚溶液的体积计算出1ml 2, 6-二氯靛酚溶液相当于多少毫克维生素C。要使结果准确，滴定使用的2, 6-二氯靛酚溶液应在1～2ml。

3. 样品液的滴定 准确吸取柑橘、苹果制成的样品液各两份，每份10ml，分别装入100ml 锥形瓶中；准确吸取5ml猕猴桃样品液两份，分别装入100ml锥形瓶中，各加5ml 1%草酸溶液。滴定方法同标准维生素C溶液的滴定，记录各次2, 6-二氯靛酚溶液的用量。滴定过程必须迅速，不超过2分钟。

4. 结果计算 将各实验数据填入下表中，分别计算出每100g水果样品中维生素C的含量。

类别	苹果	柑橘	猕猴桃
滴定时所用样品液的量（ml）			
滴定样品所用2，6-二氯靛酚溶液量（ml）			
维生素C含量（mg/100g）			

按下式计算样品中维生素C的含量：

$$维生素C含量=\frac{V\times T\times 100}{W}$$

式中，维生素C含量单位为mg/100g样品；

V——滴定时所用去的2，6-二氯靛酚溶液的体积（ml）；

T——1ml 2，6-二氯靛酚溶液氧化的维生素C的量（mg）；

W——10ml样品液所含样品的量（g）。

分析比较不同水果中的维生素C含量，讨论本法的误差来源。

（五）“三废”处理

微量滴定管中剩余的2，6-二氯靛酚溶液倒回试剂瓶。本实验的固废可分类投入垃圾箱；废液应倒入废液缸，不可直接倒入下水道。

（六）拓展训练

为何滴定过程中使用1%草酸溶液，而样品提取过程中使用2%草酸溶液？

（严永旺）

项目9　酵母RNA的提取、组分鉴定和含量测定

预习要求

1. 认真阅读本项目的“安全提示”，实验开始前再复习1遍。
2. 复习本书第2章相关内容，熟悉RNA的理化性质。
3. 阅读本项目的全部内容，画出操作流程图。
4. 查阅资料，了解、比较RNA不同提取方法的优缺点。

（一）项目任务

1. 掌握定磷法测定RNA含量的方法。
2. 掌握离心机的操作方法。
3. 学会稀碱法提取酵母RNA的方法。
4. 学会核酸组分的鉴定方法。

（二）项目原理

由于原料的特点和产品的用途不同，RNA的制备方法有很多种，如苯酚法、稀碱法、浓盐法等。苯酚法是实验室常用的方法，能较好地除去DNA和蛋白质，提取的RNA多呈自然状态，可供继续研究用，但产量低、污染大。工业上制备RNA多选用低成本、适于大规模操作的稀碱法或浓盐法，这两种方法工艺比较简单，提取得到的均为变性的RNA，主要用作制备单核苷酸的原料。

绝大多数生物体内都含有RNA。酵母细胞的RNA含量高（通常占干菌体重量的2.67%～10.0%，

有的品种可以达到18%)，而DNA含量较低（仅为干菌体重量的0.03%～0.516%)，故本项目选择以酵母为原料提取RNA。

本项目用稀碱法提取酵母RNA：先用稀碱使酵母细胞裂解，离心去除菌体碎片后，用酸调节上清液的至pH 4.5左右，沉淀出部分蛋白质和DNA，再将pH调至RNA等电点附近，加入乙醇使RNA沉淀，将沉淀脱水干燥后得到RNA粗品。

RNA的水解产物含有核糖、碱基和磷酸等组分。核糖与浓盐酸共热后转变成糠醛，糠醛与地衣酚（3, 5-二羟基甲苯）在Fe^{3+}或Cu^{2+}催化下生成鲜绿色复合物；嘌呤碱在碱性条件下与硝酸银反应能产生白色的嘌呤银化物沉淀；磷酸与钼酸铵试剂作用生成的黄色磷钼酸铵，在还原剂存在下，会被还原成蓝色的钼蓝。利用上述反应，可对RNA的水解产物进行成分鉴定。

RNA的定量测定方法通常有定糖法、定磷法、紫外分光光度法等。本项目选用定磷法测定粗品RNA中RNA的含量（原理和方法见项目二），并可据此计算出干酵母粉中RNA的百分含量。

$$\text{干酵母RNA含量}=\frac{\text{粗品RNA的含量}}{\text{干酵母粉重量}}\times 100\%$$

式中，粗品RNA的含量和干酵母粉重量的单位皆为g。

（三）项目材料

1. 器材 干酵母粉；量筒2个（10 ml1个，50ml1个）；研钵；恒温水浴锅；锥形瓶2个（250ml)；滴管；玻璃棒；试管3支；移液管6支（0.2ml 2支，1ml 3支，2.0ml 1支）；托盘天平；离心管；台式离心机等。

2. 试剂

（1）三氯化铁浓盐酸溶液 将2ml 10%三氯化铁（$FeCl_3 \cdot 6H_2O$）溶液加入400ml浓盐酸中。

（2）苔黑酚（3, 5-二羟基甲苯）乙醇溶液 称取6g苔黑酚溶于100ml 95%乙醇。

（3）项目2中“方法一 定磷法”涉及的所有试剂。

（4）其他 0.04mol/L氢氧化钠溶液；2.0mol/L盐酸溶液；95%乙醇；无水乙醇；乙醚；1.5mol/L硫酸溶液；浓氨水；0.1mol/L硝酸银溶液。

安全提示

1. 乙醇、乙醚的蒸气与空气可形成爆炸性混合物，遇明火、高温易引起爆炸，使用时必须远离明火和热源，并确保全面通风。硝酸银、3，5-二羟基甲苯、三氯化铁等对呼吸道、眼睛和皮肤有刺激性，硫酸、浓盐酸、浓氨水、NaOH溶液均有腐蚀性，如不慎接触到皮肤或眼睛，必须立即用大量清水冲洗。浓盐酸、浓氨水挥发性强，如不慎吸入必须迅速脱离现场至空气新鲜处。

2. 离心之前必须做好离心管的平衡，并严格按离心机操作规程执行，否则易损坏离心机部件，甚至造成严重安全事故。

（四）项目实践

1. 酵母RNA的提取 称取5g干酵母粉置于研钵中，加入20ml 0.04mol/L氢氧化钠溶液，充分研磨，使酵母均匀悬浮于氢氧化钠溶液中。将悬浮液转入锥形瓶，以10ml 0.04mol/L氢氧化钠溶液荡洗研钵，荡洗液合并入锥形瓶。将锥形瓶置沸水浴加热30分钟，使酵母细胞裂解。裂解液放冷后转入离心管，4000r/min离心30分钟。将离心管中的上清液缓缓倒入干净的锥形瓶中（离心管中的沉淀弃去)，滴加2.0mol/L盐酸溶液至pH 4.5左右，静置10分钟后转入离心管，4000r/min离心10分钟。离心后取上清液，滴加盐酸溶液至pH 2.0～2.5，再加入10ml 95%的乙醇溶液，搅匀后静置（如未出现明显的沉淀，可继续补加乙醇）。待RNA沉淀完全后，转入离心管，4000r/min离心5分钟。弃去上清液，用95%乙醇将沉淀转移至布氏漏斗中抽滤，再用无水乙醇和乙醚各洗涤沉淀1次并抽滤。洗涤后的沉淀在空气中干燥，称量并记录所得RNA粗品的重量。

2. RNA组分鉴定　称取0.5g RNA粗品置于锥形瓶中，加入10ml 1.5mol/L硫酸溶液，于沸水浴中加热10分钟，放至室温，取水解液进行组分鉴定。

（1）嘌呤碱　取水解液1ml，先加入1ml 0.1mol/L硝酸银溶液，再加入过量浓氨水，观察有无白色的嘌呤银化物沉淀。

（2）核糖　取水解液1ml，加入三氯化铁浓盐酸溶液2ml、苔黑酚乙醇溶液0.2ml，沸水浴10分钟，观察核糖是否变成鲜绿色。

（3）磷酸　取水解液1ml，加定磷试剂1ml，沸水浴加热，观察溶液是否变成蓝色。

对观察结果进行分析，结合反应原理加以推断、说明。

3. RNA含量测定　按照项目2中“方法一、定磷法”的步骤对所得RNA粗品进行磷含量测定，分析其纯度，并根据公式计算干酵母粉的RNA含量。

（五）“三废”处理

乙醇和乙醚洗涤液倒入各自的回收瓶，集中回收后再利用。本实验的废液应倒入废液缸集中处理，废渣可视同厨余垃圾投入垃圾桶。

（六）拓展训练

现有3瓶未知溶液，已知它们分别是蛋白质、葡萄糖和RNA，请选用合适的试剂，设计简便的方法对其进行鉴别。

（虞菊萍）

项目10　酪蛋白的提取及凝胶过滤层析法分离纯化

预习要求

1. 认真阅读本项目的“安全提示”，实验开始前再复习1遍。
2. 复习本教材第1章第4节、第5节的内容，熟悉蛋白的理化性质以及常用分离纯化方法。
3. 查阅资料，比较不同蛋白质提取分离方法的优缺点。
4. 思考：除了盐析法，还有哪些提取酪蛋白的方法？除了凝胶过滤层析法，还有哪些分离蛋白质的方法？

（一）项目任务

1. 掌握盐析法提取蛋白质的原理和方法。
2. 掌握台式离心机的操作。
3. 学会凝胶过滤层析法纯化蛋白质的方法。
4. 理解凝胶过滤层析法纯化蛋白质的原理。

操作视频

（二）项目原理

牛奶中主要含有酪蛋白和乳清蛋白两种蛋白质，其中又以酪蛋白为主，约占牛奶蛋白的80%。酪蛋白是数种含磷蛋白质的混合物，性质比较稳定，等电点为4.7。酪蛋白是白色、无味的物质，常温下在水中可溶解0.8%～1.2%，微溶于25℃水和乙醇等有机溶剂，能溶于稀碱和浓酸溶液。

蛋白质在水溶液中的溶解度是由蛋白质分子周围亲水基团与水形成水化膜的程度及蛋白质分子所

带电荷的情况决定的。当加入大量中性盐后，由于中性盐对水分子的亲和力大于蛋白质，于是蛋白质分子周围的水化膜层减弱乃至消失。同时，中性盐加入蛋白质溶液后，由于离子强度发生改变，蛋白质表面电荷大量被中和，更加导致蛋白质溶解度降低。这两种因素的共同作用，导致蛋白质分子聚集而沉淀。

凝胶过滤层析法是以被分离物质的分子量差异为基础的一种层析方法，又称凝胶色谱法、分子筛层析法、排阻层析法，是广泛应用于蛋白质、酶、核酸等生物大分子分离分析的有效方法之一。

凝胶过滤层析法的固相载体是具有分子筛性质的凝胶，目前使用较多的是具有各种孔径范围的葡聚糖凝胶、聚丙烯酰胺凝胶和琼脂糖凝胶。以葡聚糖凝胶为例，它是由一定分子量的葡聚糖和甘油基以醚桥形式相互交联形成的，是内部具有三维网状结构的一种水不溶性物质。“网眼”的大小决定了被分离物质能够自由出入凝胶内部的分子量范围，可分离的分子量范围从几百到数十万道尔顿不等。由于凝胶骨架中的多糖链含有大量羟基，因而凝胶具有极强的亲水性，能在水和电解质溶液中膨胀。凝胶的交联度越大，孔径和吸水量越小，膨胀度也越小。不同型号的交联葡聚糖用“G-数字”表示，G后面的数字为凝胶的吸水量（ml水/g干胶）乘以10得到的数。

一般根据欲分离物质的大小及工作目的来选择合适的葡聚糖凝胶装填层析柱。待分离的物质通过此柱时，各组分由于分子量不同及在固定相中阻滞作用的差异而在柱中以不同的速率移动。分子量大于允许进入凝胶网眼的范围的物质被凝胶完全排阻，不能进入凝胶颗粒内部，随着溶剂在凝胶颗粒之间流动，所以流程短、阻滞作用小、移动速度快，故而先流出层析柱；分子量小到可以完全渗入凝胶颗粒的物质，阻滞作用大，流程长，移动速度慢，从层析柱中流出就较晚；分子量介于完全排阻和完全渗入之间的物质，则在二者之间从柱中流出。由此就可达到分离的目的。

在一定的凝胶柱内，凝胶颗粒内部所占的水相体积称为内水体积（V_i），凝胶颗粒间的自由空间所含水或缓冲液的体积为外水体积（V_o），被分离成分通过凝胶柱所需洗脱液的体积为（V_e）。对于混合物中某一被分离成分在凝胶层析柱内的洗脱行为，常用分配系数（K_d）来表示：

$$K_d = \frac{V_e - V_o}{V_i} \quad (0 \leqslant K_d \leqslant 1)$$

一般情况下，K_d值分布在0和1之间，即$0 \leqslant K_d \leqslant 1$，而洗脱峰都出现在$V_o \leqslant V_e \leqslant (V_o + V_i)$区间。当$V_e=V_o$时，$K_d=0$，完全排阻；$V_e=V_o+V_i$时，$K_d=1$，完全渗入；$V_e=V_o+K_d \times V_i$，$0 < K_d < 1$，部分进入凝胶网眼。

凝胶过滤层析技术操作简便，所需仪器设备简单，分离效果好，重复性好，而且凝胶是一种不带电荷的惰性物质，不会引起被分离物生物活性的变化，每次样品洗脱完毕经再生后可反复使用，这些优点使凝胶层析法成为一种应用广泛的分离、分析方法。

本实验采用盐析法从牛奶中提取酪蛋白，采用凝胶过滤层析法分离酪蛋白和核黄素（核黄素系人为添加，目的是使实验过程更直观），采用蓝色葡聚糖溶液测定外水体积。层析时以葡聚糖凝胶Sephadex G-50作为固相载体，它适用分子量范围在1500～30 000Da的多肽与蛋白质的分离。当酪蛋白（分子量36 700Da）和核黄素（分子量376Da）混合物流经层析柱时：酪蛋白由于相对分子质量较大，完全排阻在凝胶颗粒外，先流出层析柱；核黄素则完全渗入凝胶颗粒内部，后流出层析柱。通过作洗脱曲线可以清楚地表示出葡聚糖凝胶G-50对这两种物质的分离效果。

（三）项目材料

1. 器材 托盘天平、砝码一套；量筒（100ml）；烧杯（100ml）；胶头滴管；玻璃棒；吸耳球；离心管；玻璃层析柱（直径1.0～1.3cm，管长25cm）；试管30～40支；试管架；恒压瓶；真空泵；沸水浴；低速台式离心机等。

2. 试剂

（1）纯牛奶10ml　超市售卖的袋装或盒装脱脂牛奶。

（2）饱和硫酸铵溶液　称取37.7g（NH_4）$_2SO_4$溶于50ml蒸馏水中（硫酸铵在20℃时溶解度为75.4g），用玻璃棒搅拌使其溶解。

（3）双缩脲试剂　取1.5g $CuSO_4 \cdot 5H_2O$和6.0g酒石酸钾钠，用500ml蒸馏水溶解后，加入300ml 10% NaOH溶液，最后用蒸馏水定容至1000ml。

（4）层析洗脱液　取6.18g H_3BO_3溶于1000ml水中，配成0.1mol/L硼酸溶液，即为A液；取9.54g $Na_2B_4O_7 \cdot 10H_2O$溶于1000ml水中，配成0.025mol/L硼砂溶液，即为B液。

将70ml A液与30ml B液混匀，配成0.1mol/L硼酸缓冲液（pH8.0），即为层析洗脱液。

（5）Sephadex G-50。

（6）其他　95%乙醇溶液；无水乙醇；0.1mol/L NaOH溶液；0.5%蓝色葡聚糖溶液；核黄素。

安全提示

1. 乙醇的蒸气与空气可形成爆炸性混合物，遇明火、高温易引起爆炸，使用时必须远离明火和热源，并确保全面通风。

2. 凝胶沸水浴溶胀，注意时间控制，同时防止水浴锅烧干。

3. 离心之前必须做好离心管的平衡，并严格按离心机操作规程执行，否则易损坏离心机部件，甚至造成严重安全事故。

（四）项目实践

1. 酪蛋白的提取

（1）盐析　取10ml纯牛奶倒入烧杯中，加入等体积饱和硫酸铵溶液，边加边搅拌，静置5分钟。

（2）离心　盐析液分装入两支离心管中（每管大约10ml），3000r/min离心20分钟。弃去上清液。用95%乙醇溶液10ml洗涤管底固体，2000r/min离心10min，弃去上清液。重复洗涤步骤1次。再用无水乙醇10ml洗涤沉淀1次，2000r/min离心10分钟。注意：离心前必须平衡离心管；乙醇的洗涤速度要尽量快，避免蛋白质变性。

（3）干燥　取出离心管，弃去上层清液，用保鲜膜封口，膜上扎5～10个小孔，贴好标签，放入真空干燥器中干燥（备用）。

2. 凝胶过滤层析法分离酪蛋白与核黄素

（1）样品准备　取0.3g酪蛋白样品（干燥）置于离心管中，加入0.1mol/L NaOH溶液3ml，蒸馏水2ml，振荡，60℃水浴溶解30分钟。放至室温后，加入少量核黄素粉末使饱和，3000r/min离心5分钟，取黄色上清液备用。

（2）凝胶的准备　称取3g Sephadex G-50，加蒸馏水50ml，室温溶胀6小时以上或沸水浴溶胀2小时，一般常采用后一种方法。用倾泻法除去凝胶上层水及细小颗粒，反复以蒸馏水洗涤直至无细小颗粒（细小颗粒会影响层析液的流速），然后用水泵抽气除去气泡。凝胶保存在蒸馏水中。

（3）装柱　将洁净层析柱垂直固定在铁架上。关闭层析柱出口，然后将溶胀后的凝胶搅匀并加入柱中，待柱底凝胶沉积约2cm高时，打开柱的开口，继续装柱至柱床高度约为22cm。装柱过程严禁产生气泡及柱床分层，如有气泡及分层应重装。装完后，用细玻璃棒轻轻搅动柱床表面层，待凝胶自然沉降形成平面后，床面用滤纸覆盖。再用洗脱液洗涤柱床0.5小时，使之稳定，并始终保持凝胶上端有数厘米高的洗脱液。

（4）装柱效果检查及外水体积测定　将层析柱出口打开，使柱面上溶液流出，直至液面与柱床面刚好齐平（注意：整个实验过程中都必须保证液面不低于柱床面，否则气体会进入柱床！）。关闭出口，在柱床面上轻轻滴加10滴0.5%蓝色葡聚糖溶液，切勿搅动柱床表面。打开出口，使蓝色葡聚糖溶液缓慢进入柱床，直至柱面与液面齐平。同上法加入20滴洗脱液，待洗脱液完全进柱后，再加入多量的洗脱液进行洗脱，控制流速约4滴/分钟。蓝色葡聚糖进柱后，立即开始试管收集，同时观察蓝色葡聚糖在柱中的移动行为。若蓝色谱带较集中，表明装柱效果良好。待色带流至柱底时，开始按每管5滴进行收集。待蓝色液全部流出层析柱后，将第1管至蓝色最深的收集管中的洗脱液全部合并，量出体积，即为外水体积。

（5）酪蛋白与核黄素的分离　外水体积测定后，层析柱用洗脱液洗脱，使柱床稳定。将层析柱出口打开，使液面与柱床面刚好齐平。关闭出口，将10滴酪蛋白与核黄素的混合液轻轻滴加于柱面，勿使床面扰动。打开出口，使样品液进柱，然后开始洗脱，洗脱液为0.1mol/L硼酸缓冲液。流出液分别收集，每管收集30滴，控制流速约10滴/分钟。出现黄色收集液后继续洗脱，直至黄色彻底消失后停止收集。在出现黄色前的各收集管中加入10滴双缩脲试剂（与酪蛋白络合形成紫红色），观察记录颜色变化。

（6）绘制洗脱曲线　以各管颜色变化为坐标（相对表示洗脱液内物质浓度的变化），以试管编号（或毫升数）为横坐标，绘出酪蛋白洗脱曲线。

（7）卸柱、回收凝胶　将层析柱从铁架上拆卸下来，并用吸耳球从柱的出口向柱床内吹气，将凝胶吹出，回收到容器内。

（五）“三废”处理

本实验的乙醇废液倒入乙醇回收瓶、其他废液可直接倒入下水道，用大量水冲走。

（六）拓展训练

1. 现有鸡蛋清溶液，请选用合适的试剂，设计简便的方法提取鸡蛋清蛋白。

2. 现有含3种未知蛋白质的溶液，已知它们分子量分别为43 000、85 000、160 000Da，请选用合适的凝胶，设计简便的方法对其进行分离。

（虞菊萍）

主要参考文献

高向东，2019. 生物制药工艺学. 5版. 北京：中国医药科技出版社

何雄，2019. 食品营养与健康. 北京：人民卫生出版社

黄纯，2021. 生物化学. 4版. 北京：科学出版社

李玉琴，张艳平，沈红元，2024. 生物化学. 上海：上海交通大学出版社

刘家秀，2021. 生物化学与分子生物学. 北京：人民卫生出版社

陆涛，2022. 有机化学. 9版. 北京：人民卫生出版社

吕士杰，王志刚，2019. 生物化学. 8版. 北京：人民卫生出版社

唐炳华，2021. 生物化学. 5版. 北京：中国中医药出版社

张谦，王丹，2019. 食品营养与健康. 北京：中国医药科技出版社

周春燕，药立波，2018. 生物化学与分子生物学. 9版. 北京：人民卫生出版社

自测题选择题参考答案

绪论

1. C　2. A　3. D　4. A　5. C　6. E　7. ABDE

第1章

1. B　2. C　3. D　4. A　5. C　6. C　7. B
8. E　9. E　10. A　11. B　12. C　13. C　14. D
15. ABCD　16. CE　17. AB　18. ABCDE
19. BCE　20. ACE

第2章

1. C　2. E　3. D　4. C　5. B　6. D　7. D　8. C
9. E　10. B　11. B　12. C　13. C　14. D　15. A
16. B　17. E　18. AB　19. BCD　20. ABCE

第3章

1. A　2. E　3. B　4. A　5. A　6. A　7. C　8. D
9. B　10. D　11. D　12. A　13. B　14. A　15. C
16. ABCD　17. ABCDE　18. BCDE　19. CE
20. ABCD

第4章

1. B　2. A　3. A　4. C　5. B　6. A

第5章

1. A　2. C　3. E　4. A　5. E　6. C　7. E
8. ABCD　9. BCDE

第6章

1. C　2. C　3. B　4. C　5. B　6. E　7. C　8. A
9. B　10. E　11. C　12. B　13. E　14. A　15. DE
16. ABC

第7章

1. C　2. B　3. A　4. C　5. C　6. D　7. A　8. D
9. A　10. E　11. E　12. C　13. ABCD　14. ABD

第8章

1. E　2. B　3. A　4. D　5. D　6. D　7. A　8. D
9. A　10. B　11. B　12. D　13. D　14. D　15. B
16. D　17. E　18. E　19. D　20. A　21. B
22. ABD　23. AB　24. ABCDE　25. ABC　26. BD

第9章

1. E　2. A　3. A　4. B　5. B　6. A　7. C　8. E
9. B　10. A　11. D　12. D　13. A　14. C　15. B
16. ACDE　17. ABC　18. ABCE

第10章

1. B　2. C　3. C　4. D　5. C　6. D　7. D　8. A
9. D　10. B　11. A　12. B　13. D　14. B　15. C
16. A　17. ABCDE　18. CD　19. ABC

第11章

1. A　2. D　3. C　4. A　5. A　6. ABCDE

第12章

1. C　2. A　3. E　4. A　5. C　6. E　7. C　8. B
9. B　10. A　11. C　12. A　13. C　14. ABCDE
15. ACD　16. CDE　17. ABCE　18. ABC

第13章

1. E　2. C　3. A　4. B　5. A　6. A　7. B
8. ABCD　9. ABCD　10. ABCDE

第14章

1. D　2. E　3. C　4. B　5. B　6. A　7. E